新基建丛书

工业互联网信息安全技术

兰 昆 著

電子工業出版社
Publishing House of Electronics Industry
北京 • BEIJING

内 容 简 介

本书系统介绍了工业互联网的平台、工业 App、工业互联网标识解析等技术、应用及信息安全需求，分析其面临的安全威胁、存在的脆弱性，在此基础上深入介绍工业互联网安全防护基本原理、技术内涵，特别论述了区块链、人工智能、边缘计算、轻量级密码等新技术在工业互联网安全防护中的应用。本书包括工业互联网技术基础、模型分析、威胁分析、国内外工业互联网信息安全现状分析、工业互联网安全防护理论及技术体系、工业互联网安全防护的新技术等内容，内容全面、深入浅出、便于理解，启发意义明显，是一本工业互联网安全方面的学术专著，尤其适用于高等院校师生、相关科研院所及企事业单位的研发人员，可指导其工业互联网信息安全方面的学术研究、工程实践和技术开发。

图书在版编目（CIP）数据

工业互联网信息安全技术 / 兰昆著. 一北京：电子工业出版社，2022.1

（新基建丛书）

ISBN 978-7-121-42240-9

Ⅰ. ①工…　Ⅱ. ①兰…　Ⅲ. ①计算机网络－网络安全－研究　Ⅳ. ①TP393.08

中国版本图书馆 CIP 数据核字（2021）第 212456 号

责任编辑：徐蕾薇　　文字编辑：赵　娜
印　　刷：北京七彩京通数码快印有限公司
装　　订：北京七彩京通数码快印有限公司
出版发行：电子工业出版社
　　　　　北京市海淀区万寿路 173 信箱　　邮编　100036
开　　本：787×1092　1/16　印张：22.25　字数：570 千字
版　　次：2022 年 1 月第 1 版
印　　次：2023 年 12 月第 5 次印刷
定　　价：110.00 元

凡所购买电子工业出版社图书有缺损问题，请向购买书店调换。若书店售缺，请与本社发行部联系，联系及邮购电话：（010）88254888，88258888。

质量投诉请发邮件至 zlts@phei.com.cn，盗版侵权举报请发邮件至 dbqq@phei.com.cn。

本书咨询联系方式：xuqw@phei.com.cn。

PREFACE 序

工业互联网是新型基础设施建设的关键领域之一，是未来制造业竞争的制高点，正在推动创新模式、生产方式、组织形式和商业范式的深刻变革，推动工业链、产业链、价值链的重塑。可以肯定地说，工业互联网必将对未来工业发展产生全方位、深层次、革命性的变革，对社会生产力、人类历史发展产生深远影响。当今世界，新一轮科技革命和产业变革正在兴起，工业互联网作为制造业与互联网深度融合的产物，已经成为新工业革命的关键支撑和智能制造的重要基石。工业互联网的发展可以实现整个生产供应链的信息流通，让生产数据透明，数据将成为未来工业生产制造过程中的核心资产。同时，未来工业互联网是新一代信息通信网络技术与工业生产制造深度融合的全新工业生态、关键基础设施和新型应用模式，将通过人、机、物的安全可靠智联，实现生产全要素、全产业链、全价值链的全面连接。动态、变革、智能、跨链、自主是工业互联网发展的几个关键词。

工业互联网安全是工业互联网技术的基础，其技术创新发展将是工业互联网技术进步的驱动和保障。在未来工业互联网生产要素时空大连接、制造流程柔性构造和网络化调控的趋势下，传统网络安全技术以网络、系统和应用安全为主的格局将被打破。数据驱动、广域分布和人机协同的应用场景，将出现一些超出人类以往认知范围的攻击风险。因此，需要不断创新应用人工智能、区块链、5G及边缘计算等新技术，赋能入侵检测、边界防护和病毒查杀等基本安全防护需求，解决工业互联网发展过程中出现的新威胁、新场景防护问题。工业互联网信息安全防护技术将呈现与信息系统安全，甚至与工业控制系统信息安全截然不同的发展路径，出现跨代式的技术发展。

《工业互联网信息安全技术》瞄准工业互联网国家重大战略需求，把握未来工业互联网发展趋势，紧扣工业互联网技术不断演进的趋势，大处着眼于新型基础设施赋能工业生产制造高质量发展的国家重大需求，小处着手于工业互联网信息安全业界普遍关心的技术问题，从认识威胁和如何防护两条主线展开，详细介绍了工业互联网信息安全的基本理论和防护模型，系统地分析了安全防护技术体系，特别介绍了一些新技术、新方法在工业互联网信息安全防护中的应用，力求使读者既能整体掌握工业互联网信息安全技术，又能了解工业互联网信息安全中的新方法、新理论。本书作者来自国内知名网络安全企业，具有多年工业互联网技术研究、产品研发、标准制定和产业化的丰富经验。全书内容新颖且浅显易懂，处处可见作者对工业互联网信息安全技术的深入思考，相信将给读者带来很好的启发。

饶志宏
中国电子科技集团有限公司首席科学家

前言 FOREWORD

近年来，党中央、国务院高度重视工业互联网发展。习近平总书记连续四年对推动工业互联网发展做出重要指示，强调要持续提升工业互联网创新能力，推动工业化与信息化在更广范围、更深程度、更高水平上实现融合发展。工业互联网是工业智能化发展的关键综合信息基础设施，其本质是以机器、原材料、控制系统、信息系统、产品及人之间的网络互联为基础，通过对工业数据的全面深度感知、实时传输交换、快速计算处理和高级建模分析，实现智能控制、运营优化和生产组织方式变革，工业互联网是国家新型基础设施建设的重要组成部分。

工业互联网由三大体系构成，即网络、平台、安全。其中，网络是基础，平台是核心，安全是保障。工业互联网信息安全关系到经济发展和社会稳定，是制造强国和网络强国战略的基石，其重要性不言而喻。随着工业设备智能化、企业两网的深度融合，工业控制网络更加复杂，工业控制网络边界外延，工业大数据的基础性作用日趋明显。网络信息安全风险不断叠加，除传统工业控制系统自身的信息安全风险外，互联网、云平台、物联网、大数据、企业内部办公网、工业 App 等安全风险也给制造企业的信息安全、业务安全带来诸多困扰。工业互联网时代，数据、网络、控制与应用的融合度更高，信息安全与数字化转型将不再是分离的，工业互联网信息安全将突破“打补丁”模式，进入智能安全的新阶段，并且是当前国际信息安全界关注度很高的前沿技术之一，各国工业界、学术界与监管部门等纷纷在该领域布局。

工业互联网信息安全技术仍处于探索过程中，体系性的理论、技术和实践方法尚未成熟。工业互联网信息安全的内涵和目标是什么？工业互联网信息安全技术是什么样的？工业互联网信息安全防护有什么特点？区块链、人工智能、数字孪生、边缘计算、5G 等新技术与工业互联网信息安全怎么结合？工业互联网信息安全技术的发展趋势是什么样的？本书将尝试论述和解答上述问题。

本书首先介绍工业互联网技术基础，引出其存在的脆弱性和安全威胁，进而分析工业互联网信息安全的基本理论和防护模型，阐述相应的关键技术，分析一些应用案例，进一步总结工业互联网信息安全发展趋势。特别地，本书从新技术、新视角、新应用方面深入剖析了工业互联网信息安全技术的发展。本书旨在为全面认识工业互联网信息安全规律、发展工业互联网信息安全技术、指导工业互联网信息安全应用提供帮助。

为了满足学术界、工程技术界对工业互联网信息安全技术基本概念和基本理论的系统性掌握需求，同时结合工业互联网技术本身并不成熟且处于不断发展变化中的特点，本书在内容方面力求通俗易懂，概念准确而又不老套过时，尽量体现工业互联网信息安全技术的新需求、新概念、新观点，以及数据驱动的技术发展态势；在写作方面力求深入浅出、图文并茂。特别地，本书介绍的一些新技术、新方法，对工业互联网信息安全技术领域的研究人员、工程技术人员及高校师生的技术启发有重要意义。

本书由中国电子科技集团公司第三十研究所兰昆研究员著；四川大学网络空间安全研究院副院长刘嘉勇教授、中国电子科技集团有限公司首席科学家饶志宏研究员对本书提出了许多宝贵的意见，在此深表感谢；同时，还要感谢家人在本书写作过程中给予的大力支持。

由于本人水平有限，书中难免存在疏漏和不妥之处，恳请读者给予指正。

兰　昆

2021 年 4 月

目录 CONTENTS

第1章　工业互联网技术基础……1

1.1　工业互联网的概念……1

1.2　工业互联网相关技术……4

1.2.1　工业互联网技术参考架构……5

1.2.2　工业互联网平台……11

1.2.3　工业云技术……16

1.2.4　工业 App 技术……19

1.2.5　工业互联网标识解析技术……22

1.2.6　工业大数据……24

1.2.7　工业软件……28

1.2.8　工业互联网环境下的柔性供应链……31

1.2.9　5G 与工业互联网融合……34

1.3　工业互联网技术发展趋势……38

第2章　工业互联网的脆弱性和安全威胁……42

2.1　工业互联网的脆弱性……42

2.2　工业互联网面临的威胁与风险分析……48

2.2.1　工业互联网面临的人员威胁与风险……48

2.2.2　工业互联网潜在的技术威胁与风险……51

2.2.3　工业互联网安全威胁模型……56

2.3　国内外工业互联网典型攻击事件……59

第3章　工业互联网信息安全防护的基本特点……62

3.1　信息安全概述……62

3.1.1　信息安全一般概念……62

3.1.2　工业控制系统信息安全……63

3.1.3　工业互联网信息安全……63

3.2　功能安全概述……65

3.3 工业互联网中的信息安全与功能安全的区别与融合……68
3.4 工业互联网安全与工业控制系统安全……72
3.4.1 传统 IT 信息网络安全防护技术机制……72
3.4.2 工业控制系统信息安全防护技术机制……79
3.4.3 工业互联网信息安全需求……89
3.4.4 工业互联网信息安全面临的挑战……91
3.4.5 工业互联网信息安全模型……96
第 4 章 工业互联网信息安全防护技术体系……98
4.1 工业互联网云侧的安全防护技术……98
4.1.1 以数据安全为主的工业互联网云侧的安全防护技术……98
4.1.2 面向服务的体系结构及其安全技术……121
4.1.3 虚拟化机制及其安全技术……126
4.1.4 数据属性驱动的安全防护技术……136
4.2 工业互联网管（网）侧安全防护技术……140
4.2.1 通信网络和连接的加密保护……140
4.2.2 信息流保护……143
4.2.3 工业互联网管（网）侧安全防护策略……151
4.2.4 工业互联网网络安全态势感知技术……151
4.2.5 工业互联网蜜罐和蜜网技术……155
4.3 工业互联网边侧安全防护技术……162
4.3.1 工业互联网中的边缘层……162
4.3.2 边侧安全服务框架……163
4.3.3 系统安全管理……165
4.3.4 安全接口技术……166
4.3.5 面向工业互联网边缘层的入侵检测技术……167
4.4 工业互联网端侧安全防护技术……170
4.4.1 工业互联网端侧安全防护实现的功能……170
4.4.2 终端节点的安全威胁和漏洞识别……170
4.4.3 保护终端节点的体系结构应考虑的因素……173
4.4.4 终端节点物理安全……176
4.4.5 建立可信根……177
4.4.6 终端节点的身份标识……178
4.4.7 工业互联网终端节点的访问控制……179

4.4.8 工业互联网终端节点的完整性保护……180
4.4.9 工业互联网终端节点的数据保护……182
4.4.10 工业互联网终端节点的监测与配置管理……183
4.4.11 适用于终端节点保护的加密技术……183
4.4.12 工业互联网终端节点的隔离技术……185
4.4.13 工业互联网终端节点安全的引导启动和固件更新……187

第5章 工业互联网信息安全防护中的新技术、新方法……190

5.1 区块链技术在工业互联网信息安全防护中的应用……190
5.1.1 工业互联网中的区块链……190
5.1.2 应用区块链进行数据分发和确权……191
5.1.3 以区块链为基础的工业互联网软件更新安全防护技术……193
5.2 人工智能与工业互联网信息安全防护……202
5.2.1 人工智能技术与工业互联网融合……202
5.2.2 人工智能辅助的信息安全技术……207
5.2.3 工业互联网中利用人工智能的攻击方法和防御机制……213
5.3 边缘计算在工业互联网信息安全防护方面的应用……223
5.3.1 边缘计算参考架构……223
5.3.2 边缘计算应用于工业互联网安全防护技术……225
5.3.3 基于边缘计算的可重构工业互联网安全技术……234
5.4 工业互联网中应用场景与资源匹配的轻量级密码技术……241
5.4.1 轻量级密码技术概述……241
5.4.2 工业互联网设备联网的轻量级认证机制……249
5.4.3 工业大数据应用中的高效轻量级加密散列函数……255
5.4.4 工业互联网设备程序实现中的轻量级密码技术……260
5.5 可信工业互联网信息安全防护技术……266
5.5.1 可信计算技术简介……266
5.5.2 供应商提供的可信计算解决方案……270
5.5.3 工业互联网可信保护框架……272
5.6 5G赋能工业互联网涉及的信息安全防护技术……275
5.6.1 5G应用于工业互联网面临的安全威胁……275
5.6.2 5G与工业互联网结合背景下的信息安全技术……285
5.7 数字孪生与工业互联网信息安全防护……295

第 6 章　国内外工业互联网信息安全研究进展 304

6.1　国外工业互联网安全标准、指南和规范发展情况 304

6.2　国内工业互联网信息安全标准发展情况 311

第 7 章　工业互联网信息安全发展趋势 313

第 8 章　工业互联网信息安全技术应用解析 322

8.1　工业互联网供应链信息安全防护技术应用 322

8.2　工业大数据信息安全防护技术应用 327

8.3　智能电网分布式能源控制系统的信息安全技术应用 333

8.4　轨道交通控制系统终端信息安全技术应用 338

参考文献 341

第 1 章　工业互联网技术基础

1.1　工业互联网的概念

工业互联网（Industrial Internet）最早是由美国 GE 公司（通用电气公司）于 2012 年年末提出的，GE 公司将工业互联网定义为：全球工业系统与具有先进计算、分析能力和低成本的传感器及互联网提供的高水平连通性进行融合。GE 公司对工业互联网的定义包括两个关键部分：将工业机器、传感器和执行器的本地处理与互联网连接；与其他能够独立产生价值的重要工业网络的前端连接。消费者/社交互联网和工业互联网的主要区别在于创造价值的方式和数量。尽管在这两种应用中，互联网的功能都是提供广域连接能力，但这一表述清楚地将互联网和工业互联网区分开。换个角度理解，工业互联网可以被认为是工业控制系统中的万物互联，因此，国际工业界有时也将工业互联网等同于工业物联网（IIoT）。

另外，GE 公司的研究者们认为工业互联网是工业控制高效运转和一系列激动人心的技术创新成果相结合的根源：首先，那些使得几乎每个工业部门的数据规模呈指数级增长的技术，即工业大数据的出现，促进了工业设备中新型传感器和数据采集技术的发展；其次，物联网技术的出现与广泛应用，产生了更多的来自设备、产品、工厂、供应链、医疗设备等源头的数据，而类似数据湖（Data Lakes）等新技术的出现，使得采集和处理这些多样异构数据成为可能；再次，数据分析领域的技术进步，实现了通过挖掘和分析数据洞察工业设备状态，并将状态数据作为设备资产绩效管理（APM）的一部分，或基于健康状态数据，进而具备预测故障或其他类型事件的能力；最后，设备自身状态或病人状态数据是工业控制和医疗救治的核心，监视工业设备输出服务的能力和病人的康复状态可以产生显著的经济效益，甚至在有些极端情形下可以挽救生命。所有这些方面的叠加将展现出工业互联网的清晰内涵——物理和数字世界的紧密结合。工业互联网使制造企业可以使用各种传感器、软件、机器和机器的学习及其他技术，汇集和分析由物理实体或其他大型数据源产生的数据，并使用这些分析结果管理操作过程及在有些情形下提供新的增值服务。

除了 GE 公司对工业互联网做出的定义，近几年随着工业互联网在全球范围内受到广泛关注并成为热点领域，世界各国多家研究机构对工业互联网也做出了不同的定义。

百度百科（https://baike.baidu.com/）将工业互联网定义为（2020 年 11 月查询）：工业互联网（Industrial Internet）是开放、全球化的网络，将人、数据和机器连接起来，属于泛互联网的目录分类。它是全球工业系统与高级计算、分析、传感技术及互联网的高度融合。工业互联网的本质和核心是通过工业互联网平台把设备、生产线、工厂、供应商、产品和客户紧密地连接、融合起来。工业互联网可以帮助制造业拉长产业链，形成跨设备、跨系统、跨厂区、跨地区的互联互通，从而提高效率，推动整个制造服务体系智能化。同时，工业互联网还有利于推动制造业融通发展，实现制造业和服务业之间的跨越发展，使工业经济各种要素资源能够高效共享。

维基百科（https://en.wikipedia.org/wiki/）对“Industrial Internet”的定义（2020 年 11 月查询）翻译成中文是：工业互联是指互相连接的传感器、仪表及其他与计算机中的制造和能源管理应用软件连接的设备。这种连接允许数据采集、交换和分析，有助于提高生产率和效率及其他经济效益。工业互联网通过应用云计算改善和优化过程控制，实现更高程度的自动化，是分布式控制系统的高级形态。

美国工业互联网联盟（Industrial Internet Consortium，IIC）是由美国电报电话公司（AT&T）、思科（Cisco）、通用电气（GE）、国际商用机器（IBM）和英特尔（Intel）五家企业在 2014 年 3 月 27 日发起成立的，该组织试图将多国的企业、学术界、政府聚集起来，共同推动工业互联网技术的开发、普及、传播及广泛使用。美国工业互联网联盟定义工业互联网是“一种物品、机器、计算机和人的互联网，它利用先进的数据分析法，辅助提供智能工业操作，改变商业产出模式。它包括全球工业生态系统、先进计算和制造、普适感知、泛在网络连接的融合。”需要说明的是：定义中的“互联网”对应的英文是“Internet”，表示采用因特网（Internet）技术构成的、相互连接的网络，而 Internet 则是联通全球的因特网专有的名称，所以，这里的“互联网”与“Internet of Things”（物联网）中的“Internet”的含义不同。物联网直接的中文译名应该是“物品因特网”，当然，现在公认的物联网同样包括人与人、人与物的互联。所以，工业互联网并不属于“因特网”这类全球的信息基础设施，而属于应用于工业领域的特殊的互联网技术，或者可以说至少目前还没有成为 Internet 的一部分。但是，物联网技术标准应该充分考虑工业互联网的需求，并且能够支持工业互联网的技术，通过未来的全球信息基础设施，支持工业互联网的组网与应用[1]。

Techopedia 将工业互联网定义为：工业互联网融合了智能机器或特定设备的思想，以及嵌入式技术和物联网（IoT）技术。例如，装备了智能技术的机器或车辆部件，包括允许制造设备或其他类型设备双向发送数据或能够实现“相互交谈”的机器和机器的通信技术。工业互联网广泛应用于各个行业，如智能汽车、轨道交通、医疗制药、能源化工、服装制造、食品加工、装备制造等。

工业互联网是一个不断发展的技术和产业复合体系，各工业大国都积极在该领域开展原始创新，如德国工业界提出的“工业 4.0 战略”，日本的“工业价值链参考框架”（Industrial Value Chain Reference Architecture，IVRA），英国工业界提出的“英国制造业2050”，法国政府倡导的“新工业法国战略”，以及俄罗斯大力发展无人机、机器人和 3D 打印三大领域的智能制造发展战略。

工业互联网使用许多与物联网相关的技术，并将其应用于工业环境的复杂需求和场景中。工业互联网是一系列技术的组合，用于在传统隔离的工业设备内收集和传输数据，这些设备位于监控和数据采集（SCADA）系统和其他工业控制系统中。通过云平台、大数据等“纽带”，使得原来相对隔离的工业控制系统及其各个环节互联起来，实现信息互通，从而改变工业生产的基本模式和格局，极大地提高工业生产效率。

工业互联网是由许多通过通信软件连接的设备组成的，由此产生的系统，甚至是组成它的单个设备，都可以监控、收集、交换、分析信息，并立即对信息进行分析处理，从而智能地改变它们的行为或环境，而所有这些操作都可以不需要人工干预。

工业互联网应用案例有：ABB 的智能机器人——ABB 是全球范围内最能接受预测性维护概念的公司之一，使用与机器人连接的传感器，监测机器人的运行状态和维护需求（跨越全球五大洲），并在零件损坏前触发维修预警。与工业互联网相关的，还有该公司的协作机器人技术。ABB 小件装配机器人 YuMi，是为机器与人类合作而设计的协作机器人，可以通过以太网和工业协议（如 Profibus 和 DeviceNet）进行信息交互。空中客车公司（Airbus）——未来工厂项目。飞机制造涉及数百万个组件和数以万计的组装步骤，在这个过程中出错的可能性和代价是十分巨大的。为了解决这一复杂性问题，空中客车公司推出了一项名为“未来工厂”的数字化制造计划，以实现简化运营并提高生产能力。该公司将传感器集成到车间级的工具和机器上，并为工人提供了可穿戴设备（包括工业智能眼镜），可以辅助其操作过程，并减少错误和提高工作现场的安全性。例如，在一个被称为座舱座椅识别的过程中，可穿戴设备在几乎消除错误的同时，使生产效率提高了500%。日立公司（Hitachi）——大力推广工业互联网技术。日立公司在运营和信息技术方面的整合和经验，在其他工业制造企业中独树一帜。日立公司研发了一个名为 Lumada 的工业互联网平台，通过该平台生产了大量基于互联技术的产品，包括轨道交通列车系统，并将火车作为一种服务进行销售。日立公司还开发了一种以工业互联网为基础的增强型生产模式，该模式将其为电力、交通、钢铁制造和其他行业生产控制设备的工厂的生产周期缩短了一半。马士基公司（Maersk）——智能物流。这家丹麦航运巨头向全球121 个国家运送数百万个集装箱，并采用工业互联网技术跟踪其资产，优化燃料消耗和船舶航线。基于工业互联网的集装箱运输管控技术在长距离冷藏集装箱管控方面特别有用，如果不进行严格的温度控制，集装箱内的货物可能会变质。马士基公司每年花费约 10 亿美元用于运输空集装箱，其利用传感器和数据分析应用程序对集装箱的存储、定位和运输过程进行预测性规划后，极大地节约了开支并产生了明显的经济效益，而且该公司还正在利用区块链技术进一步优化其供应链运营管理水平。工业互联网技术在全球工业界的应用已经日益成熟，成功的案例非常多。

变革、变化、超越、多样是目前全球各国工业互联网技术发展的基本形态，尽管存在明显的差异性，但是积极拥抱人工智能、制造要素可重构、人机协同、机器自主控制、数字孪生等新技术和新理念，进而推动智能制造技术的不断演进，是世界各国政府、产业界和学术界的共识。

1.2 工业互联网相关技术

工业控制系统（Industrial Control System，ICS）已被广泛应用于实现工业部门的工业自动化。当这些自动化控制系统与工业互联网中更广泛的系统联机时，控制仍然是工业系统的核心和基本概念。在这种情况下，控制是自动对物理系统和环境施加影响的过程，基于感官输入实现人为和商业目标。许多今天的控制系统将低延迟、细粒度的控制应用于近距离的物理系统，而没有连接其他系统。而正因为如此，很难创建本地协作控制，更不用提全球性的协调操作。

有些自动控制工程师认为，工业互联网是传统意义上的两个不同领域的结合，它们各自有着不同的目的、标准和支持学科：IT（信息技术）和 OT（操作技术）。在 IT 领域，所有的事物都可以简化为代表程序员头脑中的想法的“比特”，并以某种方式进行转换进而产生有用的推理，从电子表格列中的数字总和计算公示到电子邮件系统，再到日程计划最优化问题。这些方法的根本问题，也被认为是人工智能领域的一个基本问题，就是所谓的“符号接地问题”：机器中的符号（处理器传递的数字）因为程序员的原因只对应于世界对象，而对机器没有意义。符号接地问题要解决符号如何获得意义、符号和它们的意义如何联系起来的问题。在 OT 领域，控制（传统是模拟信号的）直接应用到物理过程中，而不尝试创建要由机器处理的符号或模型。例如，对于 PID（比例积分导数）控制器，可以使用控制工程师定义并证明适用于特定应用场景的特定反馈方程，实现对线路上的电压的控制，而不需要更多地考虑通用性，也不需要在多个处理单元之间划分问题。IT 进入 OT 领域的主要原因是需要将更多的工业系统联网，建立对机器层级的控制，同时也希望将通用的 IT 理念注入 OT 世界（例如，资源消耗的调度和优化）。还有一种趋势是控制，即数字模拟物理世界，将根据仿真模型而不是控制工程师的方程式做出控制决策。这使得其他已经在 IT 中被检验过的方法，如机器学习，可以应用到 OT 中。这也将导致 OT 系统更容易受到 IT 问题的影响，如网络拒绝服务攻击和欺骗及上述符号接地问题。IT 和 OT 结合是一个巨大的进步，体现在工业系统中的认知层面，就是将在一定程度上避免符号接地问题，因为 IT 和 OT 的结合是基于物理世界的表现形式（而不是程序员提供的模型），以及信息与物理系统自身固有的规律（因此不再局限于人类的认识论概念）。然而，即使是支持基于真实世界数据而非工程模型的高级分析方法和最先进的技术突破也难以改变工业互联网的根本属性特征，主要障碍来源于安全性和弹性。任务关键型的 OT 应用程序，一旦失败会危及生命或人类健康，OT 应用程序对可靠性的要求远高于 IT 应用程序中的可靠性。因此，在任务关键型的 OT 应用程序中，IT 系统中常规的可靠性水平可能不可接受。此外，物理世界中的操作通常无法撤销，这是 IT 系统通常不必解决的问题。

近几年，计算和通信技术取得的一系列创新发展，可以应用于工业互联网，并使工业控制系统在两方面取得显著改变。

（1）提高本地自主协作能力：新型传感和探测技术提供了越来越精确的数据。更强大的嵌入式计算能力使这些数据能够进行更高级的分析，并能更好地模拟物理系统的状态及其运行环境。这种组合的结果将控制系统从单纯的自动控制转变为自主控制，即使系统设计者没有预料到当前的系统状态，也能让他们做出适当的反应。对等系统之间无处不在的连接性使融合和协作达到了前所未有的水平。

（2）通过全局协调提高系统优化能力：从整个控制系统收集传感器数据并进行应用分析，包括通过机器学习开发的模型对这些数据进行分析，进而可以深度掌握企业运营过程。有了这种全局把握能力，并通过自动和自主的编排，可以在全球范围内改进决策和优化系统操作。

这两种优势对工业互联网发展将产生深远的影响，尽管每个工业控制系统都有不同的侧重点，但将以不同的方式平衡这两种能力。

工业互联网涵盖了机器和机器（Machine to Machine）、工业通信技术及自动化应用领域。工业互联网本身为更好地理解制造过程铺平了道路，从而实现高效和可持续的生产，它提出了一个美好的愿景，但远未成熟。截至本书写作时，工业互联网技术参考架构、工业互联网平台、工业云技术、工业 App 技术、工业互联网标识解析技术、工业大数据、工业软件、柔性供应链和 5G 与工业互联网融合等，构成了工业互联网的技术体系。

1.2.1　工业互联网技术参考架构

美国工业互联网联盟（Industrial Internet Consortium，IIC）发布的工业互联网参考架构（Industrial Internet Reference Architecture，IIRA），是目前世界范围内影响力较大的关于工业互联网的参考架构。IIRA 的视角是通过分析美国工业互联网联盟和其他组织、机构开发的各种工业互联网的实践案例进行定义的，其中明确了工业互联网系统的利益相关者，并确定了适当的关注视角框架，这四种视角分别是：商业视角、用户视角、功能

图 1-1　工业互联网参考架构

视角和实施视角（见图 1-1）。四种视角构成了从具体的应用场景层面对工业互联网系统进行逐层详细分析的基础。在具体的应用过程中，将工业互联网视角作为其体系结构设计基础的工程师，可以根据需求定义额外的视角进行扩展，并基于其特定的系统需求组织系统的视角结构层次。

商业视角：关注的是利益相关者的识别和他们的业务远景，并在其业务和监管环境中建立工业互联网系统的价值观和目标。商业视角进一步明确了工业互联网系统如何通过将能力映射到基本系统实现预期的目标，而这些关注点是面向业务的，业务决策者、产品经理和系统工程师会对商业视角特别感兴趣。

用户视角：解决预期系统使用的问题。它通常表示为涉及人类或逻辑用户的活动序列（例如，系统或系统组件），这些活动将交付其预期功能，最终实现其基本系统功能。用户视角的参与方通常包括系统工程师、产品经理和正在设计工业互联网系统规范的个人，以及在最终使用环节代表用户的个人。

功能视角：关注工业互联网系统中的功能组件、功能组件的结构和相互关系、功能组件之间的交互作用，以及系统与环境中外部因素的关系和相互作用，支持整个系统的使用和活动。系统和组件架构师、开发人员和集成商会对功能视角特别感兴趣。

实施视角：关注处理实现功能视角层所需的技术，功能视角实现元素间的通信方案和生命周期过程，这些元素从使用角度的行为（使用视角）和业务角度对系统功能的支持方面进行协调。系统和组件架构师、开发人员和集成人员及系统操作人员会对实施视角特别感兴趣。

工业互联网参考架构从工业互联网的全生命周期涉及的各个方面描述了工业互联网的全貌，而工业互联网技术参考架构从技术实现层面解构工业互联网。工业互联网技术参考架构是技术层面的抽象描述，有助于识别不同应用场景的问题和挑战。工业互联网技术架构的设计，需要强调使用不同技术的异构设备之间的可扩展性、可伸缩性、模块化和互操作性。已有的一些参考架构起源于过去在不同的应用环境中的工业互联网[3]。通常采用的方法是根据所选的技术现状、业务需求和技术需求，围绕每个级别提供的服务进行多层描述。例如，国际电信联盟支持由五层组成的物联网体系结构：传感、访问、联网、中间件和应用层。有些学者提出了物联网的三个主要层次：感知层（传感器层）、网络层和服务层（或应用层）。工业 4.0（RAMI 4.0）中的技术参考架构模型侧重于下一代工业制造系统；该架构确定了一个三维模型，其轴是与产品生命周期相关的生命周期和价值流，以及与不同组件功能相关的层次结构。这个层次与轴结合的模型还描述了信息、通信和互联网技术等，并包括一个通信层[4]。

数据流和控制流是两种不同类型的信息在工业互联网系统中传输，数据流是需要处理的数据，控制流是某些生产过程的结果数据。关于工业互联网的技术架构也正在不断出现，但不同的版本提供了功能一致的系统实现，并为创新的业务模型和服务提供条件，而且通常是一个多层次的结构，层次的数量由具体的、异构的设备和网络决定。由美国 IIC 提出[2]的工业互联网三层技术参考架构被业界广泛接受，即工业互联网技术架构由边缘层、平台层和企业层构成，如图 1-2 所示。

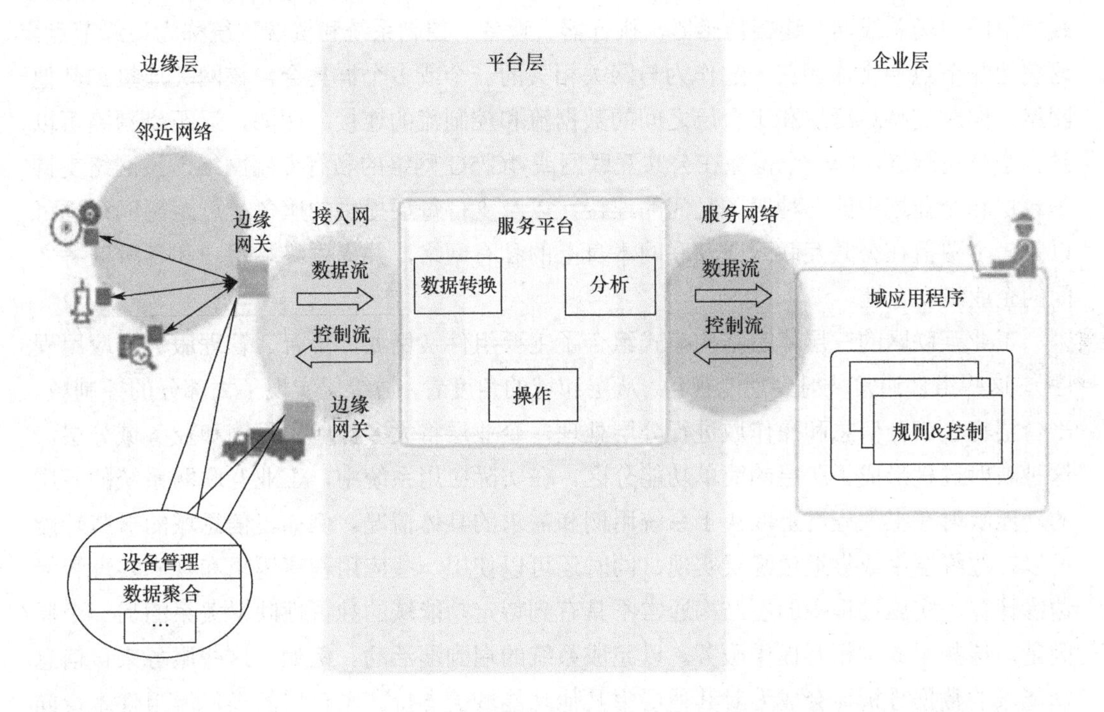

图 1-2　工业互联网的三层技术参考架构

边缘层从边缘节点收集数据，使用近距离网络（一般以现场总线网络为主）通信，该层的体系结构特征包括分布的广度、位置、管理范围和近距离网络的特性，根据具体的应用场景而有所不同。很明显，工业互联网中的边缘计算网关可以管理一个由工业现场控制设备组成的工业互联网的子系统。

平台层从企业层接收、处理和转发控制命令到边缘层，该层整合流程并分析来自边缘层和其他层的数据流，提供设备和资产的管理功能，还提供非特定领域的服务，如数据查询和分析。

企业层实现特定用户域内的应用程序，如决策支持系统等，并为终端用户（包括操作专家）提供接口。企业层从边缘层和平台层接收数据流，并向平台层和边缘层发出控制命令。

图 1-2 中每层都具有功能块，这些功能块表示该层的主要功能位置，但并不专门分配给该层。例如，平台层中的“数据转换”功能也可以在边缘层中找到（例如，由网关

执行），尽管这些功能块将以不同的方式和目的实现。例如，边缘层的“数据转换”功能块通常通过特定设备的配置和接口实现，并且不同的设备具有不同的实现方式，与平台层的方式差异很大。而在平台层中，“数据转换”功能块通常作为一个高级服务进行实现，该服务对从任何设备源或类型抽象出来的数据进行操作。

在工业互联网中使用不同的网络通信技术连接这三层结构：近距离网络（如基于有线网络的现场总线网）连接传感器、执行器、设备、控制系统和资源，统称为边缘节点。这些边缘节点通常连接在一起作为与网关相关的一个或多个群集合，该网关连接到其他网络，同时支持边缘层和平台层之间的数据流和控制流的连接。例如，近距离网络可以是一个公司网络，即一个覆盖在公共互联网或4G/5G网络的私有专用网络，该网络支持平台层和企业层中的各种服务之间的连接，以及支持每层提供的服务；近距离网络也可以是一个覆盖在公共互联网或互联网本身上的私有网络，并提供终端用户和各种服务之间的企业级安全性。

工业互联网的三层体系结构模式组合了主要组件（例如，平台、管理服务、应用程序），这些组件通常映射到功能视角。从层和域的角度看，边缘层实现了大部分的控制域，平台层将大部分信息和操作域进行分层处理，企业层将大多数应用程序和业务域分层，这种映射过程形成了跨层的简单功能分区。在实际应用系统中，工业互联网系统的各层的功能映射在很大程度上取决于系统用例和需求的具体情况。例如，信息域的一些功能可以在边缘层中或靠近边缘层实现，同时还可以使用一些应用程序逻辑和规则实现智能边缘计算。实施过程中的层结构通常不具有到特定功能域的独占性映射关系的另一个原因是，这些层通常相互提供服务，以完成系统的端到端活动。例如，这些服务来自信息功能域的数据分析，会成为对其他层中其他功能域的支持。平台层的操作域组件本身向同一层或另一层中的其他组件提供服务（资产管理服务流）。类似的操作域服务也可以提供给企业层中的应用程序域组件，相反，操作域组件可以使用数据服务，目的是从资产数据中获得更好的信息或知识。例如，用于资产的诊断、预测和优化。因此，来自所有功能域的组件都可以利用相同的数据，并使用分析平台和服务将数据转换为特定用途的信息。

由网关作为中介的边缘连接和管理体系架构包括用于工业互联网系统边缘的本地连接解决方案，具有连接广域网的网关的网络结构，如图1-3所示。

网关充当广域网的端点，同时隔离边缘节点的本地网络。此架构模式允许本地化操作和控制（边缘分析和计算），主要好处是可以降低工业互联网系统的复杂性，工业用户则可以同时扩大在网络中管理资产的数量。但是，这种模式并不适合于一些特定应用，即不允许工业资产在本地网络边界内以稳定集群的方式移动工业应用环境。边缘网关还可以用作设备和资产的管理点和数据聚合点，其中一些数据处理和分析及控制逻辑功能在边缘网关中部署，本地网络可以使用如下所述的不同拓扑结构：

在星形拓扑结构中，边缘网关充当一个集线器，用于将一组边缘节点相互连接并连接到广域网。网关本身直接连接集群中的每个边缘实体，允许从边缘节点输入数据，以及向边缘节点输出控制命令数据流。

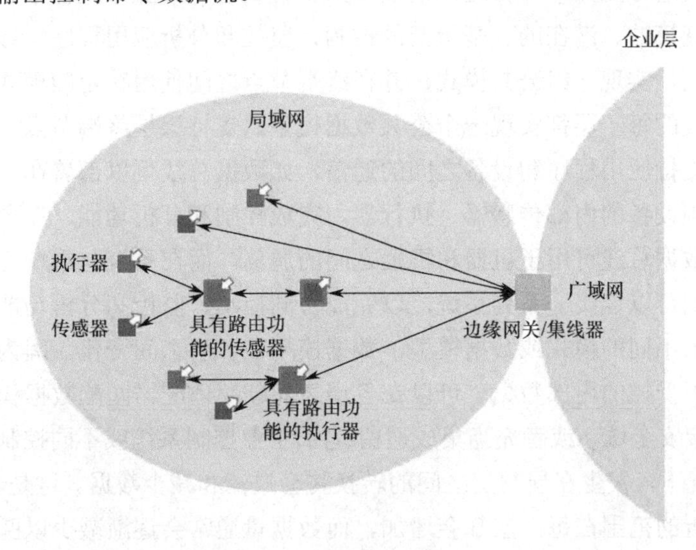

图 1-3　由网关作为中介的边缘连接和管理体系架构

在网状网络（或对等）拓扑结构中，边缘网关还充当连接边缘节点集群到广域网的集线器。然而，在这种拓扑结构中，一些边缘节点具有路由能力。例如，从一个边缘节点到另一个边缘节点的路径，边缘网关的路由路径会发生变化，并且会动态、经常性地改变。这种拓扑最适合于地理广域分布的、资源受限设备中的低功耗和低数据速率应用程序，并可以提供广泛的区域覆盖。

在这两种拓扑结构中，边缘节点都不能从广域网直接访问。边缘网关充当边缘节点的单向入口点和提供路由及地址转换的管理点，其支持以下功能：

- 通过有线串行总线和短程无线网络实现本地连接，而且新的通信技术和协议正在新的工业互联网边缘现场部署场景中出现。
- 支持边缘终端节点和广域网之间各种数据传输模式的网络和协议桥接：异步、流式、基于事件触发和存储转发。
- 本地数据处理，包括融合、转换、过滤、整合和分析。
- 设备和资产控制及管理终端节点，在本地管理边缘节点，并充当代理，通过广域网对边缘节点进行远程管理。
- 在本地范围内执行控制站点的特定决策和应用程序逻辑。

此外，分层数据总线也是工业互联网技术参考架构中的重要内容。分层数据总线是跨多个行业的工业互联网系统的通用架构，这种体系结构提供了低延迟、安全、跨系统逻辑层的对等数据通信。对于必须管理现场应用程序之间的直接交互（如控制、本地监视和边缘分析）的工业控制系统而言，分层数据总线非常有用。在系统的底层，智能工业控制设备利用现场数据进行本地控制、自动化操作和实时分析。更高级别的系统使用另一个数据总线进行监控，并将这些终端节点整合到整个工业系统体系中，进而实现复杂的、互联网规模的、潜在的、基于云的控制、监控和分析应用程序。数据总线是一个逻辑连接的空间，实现一组公共模式，并在终端节点之间使用特定的模式集进行通信。因此，数据总线的每一层都实现一个公共数据模型，支持该层终端节点之间的互操作通信。数据总线支持应用程序和设备之间的通信，如数据总线可以部署在一台智能控制设备内，连接控制设备的内部传感器、执行器，完成控制和分析功能。在更高的智能系统层次，另一种数据总线可用于机器和机器之间的通信。而在系统与系统之间的层级，不同的数据总线则可以连接一系列系统，以完成协同控制、监控和分析功能。每种数据总线可能具有一组不同的模式或数据模型，数据模型在各层之间变化，因为较低级别的数据库只导出一组受控的内部数据。可以在各层之间使用适配器匹配数据模型，适配器还可以分离和桥接安全域，或者充当集成遗留/老旧工业控制系统或不同控制协议的适配接口点。一般情况下，发生在层与层之间的转换将会过滤和减少数据。这是一种重要功能，因为控制和分析的范围在每一层都会增加，而数据量通常会逐渐减少以匹配更广泛的范围、更大的延迟和更高的抽象层级。除了在控制、信息、应用和企业领域的应用外，这种分层数据总线体系结构在工业控制的操作领域也很有用，用于监控、支持和管理系统内的设备、应用程序和子系统。

数据总线的核心是一个以数据为中心的发布-订阅通信模型，数据总线中的应用程序只需“订阅”所需的数据，并“发布”所生成的信息，消息直接在通信节点之间按逻辑传递，基本通信模型表示的过程是：发现应该发送什么数据及何时何地发送数据，这种设计体现了日常工业控制过程中时间紧迫的信息传递系统过程。发布-订阅模型能够有效地快速分发大量时间紧迫的信息，特别是在存在不可靠的传递机制的情况下。

工业互联网分层数据总线体系结构具有以下优点：

- 快速的设备与设备的集成能力，交付时间以毫秒或微秒为单位。
- 总线内部和总线之间自动的数据和应用程序发现能力。
- 可扩展集成，包括数十万个传感器和执行器。
- 自然冗余，允许极端的可用性和分层的子系统隔离，使复杂系统设计的开发成为可能。

一方面，工业互联网技术架构是由美国工业互联网联盟（IIC）提出的一个在全球范围内接受度较高的架构，由边缘层、平台层和企业层构成。另一方面，在工业互联网系统工程建设及实施层面，该三层架构由工业互联网云、管（网）侧、边、端的技术体系落地。工业云平台、工业互联网平台、工业标识解析等对应工业互联网云侧即企业层；工业互联网 4G/5G/光纤等通信信道设施对应工业互联网管（网）侧即平台层；工业边缘计算网关及各类接入和汇聚网关等组成工业互联网边侧即边缘层。而工业互联网中的仪器仪表、执行器和传感器等具有一定的信息存储和分析能力，则构成工业互联网端侧。

1.2.2　工业互联网平台

1. 工业互联网平台的发展阶段

在工业 4.0（第四次工业革命）时代，将物理和网络组件融合在一起，从数据中洞察工业过程，实现提高生产率、效率和可靠性，已成为一种趋势[5]。工业互联网平台（IIPs）管理物理和网络组件之间的交互，它们是工业互联网运行的核心。近十年来，世界各国工业界在工业互联网平台方面已经开展了大量的工作，如 GE 公司的 Predix，ABB 公司的 ABB Ability，西门子公司的 MindSphere，PTC 公司 ThingWorx 等。当前主流的工业互联网平台扩展了管理领域，覆盖了产品生命周期的所有阶段。例如，西门子开发的 MindSphere 工业互联网平台，实现了约 100 万个设备和系统的互连，并为这些设备提供预测性维护服务。工业互联网平台将物理和网络组件连接在一起，无处不在地为制造系统提供资源、数据和知识，已成为学术界和工业界的一个新兴热点。工业互联网平台主要关注智能产品的维护，而对制造系统运转的研究很有限，制造系统的运行通过各种企业信息系统实现，包括人力资源管理系统（HRM）、客户关系管理（CRM）系统、企业资源计划系统（ERP）、制造执行系统（MES）等，这些企业信息系统之间的协作很困难，因为通常由不同的公司在不同的时期开发，造成很多信息孤岛。而同样需要注意的是，企业信息系统应该与其他系统协作，以满足快速变化的市场需求。例如，产品设计师将考虑从客户关系管理系统中获得客户的偏好信息，客户数据应与设计数据相融合，支持协同优化。为符合主动协作方案的要求，不同的企业信息系统应该可以协同操作并连接在一起，从而形成一个有效的企业管理信息系统框架，这对于将整个供应链中的企业整合起来为客户提供服务具有重要意义。而这种需求，反过来将导致向更具合作性的信息/知识驱动的企业信息系统环境不断演变。工业互联网平台将物理和网络组件集成在一起，削弱了不同企业信息系统的边界，从而构建了一个可重新配置和无处不在的服务环境，为端到端协作提供了良好的条件。这种松耦合结构有利于提高系统的弹性，因为服务和系统结构可以根据事件发展状况进行动态调整。按照工业部门需求和技术形态实际发展情况划分，工业互联网平台的发展大致经历了三代。

第一代工业互联网平台本质上是一种具有多个企业信息（如企业信息系统企业资源计划、制造执行系统、供应链管理）的 SaaS（软件即服务）模型的系统，协作实现支持制造系统的操作。这些企业信息系统是面向云计算架构开发的，并在 PaaS（平台即服务）平台上实现（例如，Windows Azure、Google App Engine 和 Force.com 网站）为企业提供经营服务。典型的第一代工业互联网平台有：工作流管理系统（WFMS），通过提高信息可用性、流程标准化、自动分配任务并跟踪流程相关信息和每个实例流程的状态实现提高流程效率；面向客户关系管理（CRM）系统的SaaS，使用跨行业的数据挖掘标准流程（CRISP-DM）方法管理现有客户并探索进一步的商机；基于SaaS平台的业务流程管理（BPM）系统，以减少业务任务对环境变化的响应时间。此外，为管理SaaS平台上的不同企业信息系统，国外有研究机构提出了一种混合无线网络集成方案，根据服务访问要求和用户安全凭证筛选出合适和可用的云服务。通常，这些工业互联网平台是由不同的供应商在不同的时期，使用不同的软件架构开发的，随着工业数据共享和分析需求的发展，SaaS模式难以适应企业信息系统的快速发展。

工业大数据的指数级增长推动了工业大数据分析平台的出现，即第二代工业互联网平台。在数据分析过程中，目前的研究主要集中在数据建模、提取、集成、转换和预处理的效率方面。事实上，数据在企业内部通过系统集成方法，实现精细化管理和优化是很重要的。国外有研究机构研究了在工业大数据语法集成的企业应用场景中，通过不同数据库间的等同映射进行数据集成的可行性。然而，随着工业大数据量的不断增加，传统的数据集成框架已经不能满足数据请求、查询和分析的需求。为了获取涉及隐私问题的大规模异构工业大数据，工业界有研究人员提出了基于雾计算的工业大数据集成与共享系统，用于传输中间数据分析结果，实现分布式数据分析与集成。公开的报道显示，国内外在第二代工业互联网平台方面的主要研究成果有：从企业信息系统的不同数据集中提取数据的细粒度分布方法；在数据集成方法方面，通过将reward-complement balanced（奖励补偿平衡）数据集转换为多个平衡数据集后，大量利用特定分类算法构造的分类器被构建出来，并用特定的集成规则对分类结果进行组合；专门用于海洋环境数据的清洗、转换和集成的新型数据仓库系统技术，并提供数据访问接口；在Apache Spark平台中应用新的并行随机森林算法，改进了用于大数据集成学习的算法；可以集成结构化和非结构化异构原始数据的创新设计方法；用于并行学习和分布式数据学习的有效的决策树合并方法；地球大数据分析与应用项目；具备描述性、预测性和规范性特点的大数据分析框架，该框架可以将从数据中提取的知识与相关的行为联系起来；利用神经网络模型分析数据集的方法，该方法涉及数据挖掘和故障诊断。在工业互联网平台的第二阶段，大数据平台正逐渐成为构建不同类型的企业信息系统的基础，并成为通过大数据分析实现更好的协同优化能力的核心技术之一。然而，在工业4.0时代，制造系统在不断变化的动态环境中面临着新的挑战，因此，仅靠集成不同企业信息系统的大数据平台很难适应快速变化的智能制造系统的需求。

第三代工业互联网平台的发展源于物联网技术的出现，物联网提供的日益增长的广域大连接特性，为工业互联网平台融合实体工业组件和企业信息系统成为一个整体提供了新的机会。许多企业纷纷推出新型工业互联网平台，抢占新工业革命的制高点。工业互联网联盟（IIC）是世界领先的组织，通过加快工业物联网（IIoT）及oneM2M标准和全球物联网标准倡议的应用，改变了工业互联网平台的商业和社会规则。作为 IIC 的龙头企业，美国通用电气（GE）公司发布的工业互联网平台——Predix，已经实现了对十多个领域的工业控制设备的接入。ABB 在印度班加罗尔为节能逆变器设立了一个新的数字远程服务中心，为终端用户工厂的变频器提供端到端的远程访问，以便进行预测性维护和状态监测。ABB 的下一代数字解决方案和服务将在 Microsoft Azure 云平台中开发和构建，并与 IBM Watson 物联网认知计算合作，在智能工厂中创建实时认知分析功能。霍尼韦尔为相互连接的辅助发电机组（APUs）开发了一个名为 GoDirect 的预测性维护服务，我国的海南航空成为全球首家采用 GoDirect 的航空公司。互联的辅助发电机组服务使用飞机上已有的数据连接机制下载辅助发电机组维护和故障数据，实现预测和防止早期的硬件故障，并减少由此产生的辅助发电机组中断。故障数据将返回霍尼韦尔进行分析，并以简明的可视化图表呈现给海南航空的维修团队。霍尼韦尔利用这些数据确定是否需要维修 APUs，并避免意外的过期维修事件。测试表明，霍尼韦尔的预测性维护服务减少了 35%的失效设备，显著减少了运行中断，使误报率低于 1%。工业互联网平台有望将所有资源单元连接在一起，以便更好地运行。事实上，困难是客观存在的，因为目前的工业互联网平台不能实质性地提高制造系统的性能。从系统发展的角度观察，工业互联网建设尚处于起步阶段，还存在以下需要完善的方面。

（1）智能制造系统通常需要经过重构或再优化，以满足快速变化和不断发展的客户需求。系统中单个的资源单元集合，如机器人、传感器和数控机床可以重新配置和重组。因此，面临一个日益严峻的问题：工业互联网平台如何适应不断变化的系统结构？为了实现制造系统的重构与重组，所有机器、机器人和自动引导车辆（AGV）都应“即插即用”，这意味着资源单元的功能和制造执行模式可以很容易地重组。

（2）在制造系统中，值得注意的是，各资源拥有机构之间的协作，将向更具合作性的信息/知识驱动的企业信息系统环境不断演变。但是，目前的工业互联网平台只是简单地将设备连接在一起，采用相对松散的结构，很难支持制造系统的协同优化。因此，在工业操作系统中，所有的资源单元都应该连接起来组成一个关系链，通过关系链可以将所有的资源单元集合在一起，实现知识的构建、过程监控、决策支持、需求管理和控制。

（3）通过工业互联网平台，专门从事企业信息系统开发的公司可以为用户开发和发布工业应用程序。并且，不同的工业应用程序可以结合在一起，实现制造系统的操作。但目前的工业互联网平台，如果考虑到不同企业信息系统中的两个模块彼此的互操作问题，则局限性很明显。因此，在工业操作系统中采用了微服务模型，并设计了微服务的互操作方法，以实现行业应用的深度协作与集成。

2. 工业互联网平台的技术特征

工业互联网平台是为连接工业环境中的资产/设备而量身定做的，工业互联网是指重工业，如制造业、能源、石油和天然气及农业中的工业资产连接到互联网。据不完全统计，目前全球有超过 150 种工业互联网平台在世界各地运转，但这些工业互联网平台来自不同的制造厂商，甚至不同的行业，技术实现路线差异很大，且处于不断完善发展阶段，尚未形成统一的技术标准、规格、规范或模式，因此，目前很难对工业互联网平台技术给出完整、统一和确定的技术框架定义。研究分析世界各国主流的、知名工业互联网平台，可以总结概括出工业互联网平台的一般性技术特征：工业互联网平台的新方法和新技术，已经可以将工业控制应用中海量异构的"程序孤岛"和"数据烟囱"连接起来，支持跨制造领域的应用程序和流程的整体数据驱动优化，更重要的是支持新型数据驱动的智能工业应用程序。例如，云计算技术构建于虚拟化基础之上，包括容器化和动态工作负载编排技术，使大规模的计算能力能够随需应变，具有前所未有的可扩展性、可访问性、可用性和通过规模经济实现低成本的弹性。此外，这些技术已经成熟，使其能够部署在小型数据中心和小型服务器集群中，从而在工业生产制造环境的边缘实现小型分布式计算，并具有可扩展性、可靠性和易于管理的优点。另外，由于大量数据将在制造环境中存储和管理，需要大数据中的横向扩展能力。最后，机器学习建模方法越来越成为一种分析能力，该方法与传统的面向第一性原理（简单而言，第一性原理的思维方式是用物理学的角度看问题，一层层拨开事物表象，看到本质，再从本质向前推演，重新思考新的方向）的建模方法相辅相成，在智能制造环境中引入机器学习能力已经取得了丰硕的成果。工业互联网平台建立在上述广泛的技术基础上，并且面向制造环境，应力求抽象出数据驱动智能软件应用程序所需和共享的一组通用功能，并将其作为横向平台服务提供，以减少这些功能在传统架构中的重复实现。这些关键的公共平台功能与工业互联网的核心要素一致，即数据、分析模型和应用程序（实现业务逻辑）。在工业互联网平台的一般性模型中，数据框架提供统一的数据采集、处理和存储功能，以实现对生产数据的全生命周期管理，避免现有制造环境中常见的数据孤岛。分析模型框架提供了一个统一的执行框架，从其下一层次的数据框架中提取数据，同时高效地将多个分析模型作为插件运行。为完成闭环反馈回路，从数据分析中获得的知识与运营和业务逻辑结合起来，转化为操作。一般情况下，生产制造过程涉及许多应用程序，为避免建造新的"烟囱式"封闭应用，这些应用程序需要在统一的应用程序开发和操作（DevOps）环境中运行和管理。这样的环境将提高应用程序的可靠性，减少应用程序开发的工作量，降低系统操作和维护管理的复杂性。此外，数字孪生框架提供了一个统一的、系统的方法代表，不仅可以配置和管理数字空间中的真实世界对象，还为应用程序开发提供了与实际对象的统一接口，类似于面向对象编程中的接口概念，因此，通过将应用程序开发人员从复杂的物理世界分离的方式，可以简化应用程序本身的开发过程。

工业互联网平台本质上是一种新的、数据驱动的工业操作平台，数据驱动的工业互联网平台如图 1-4 所示。

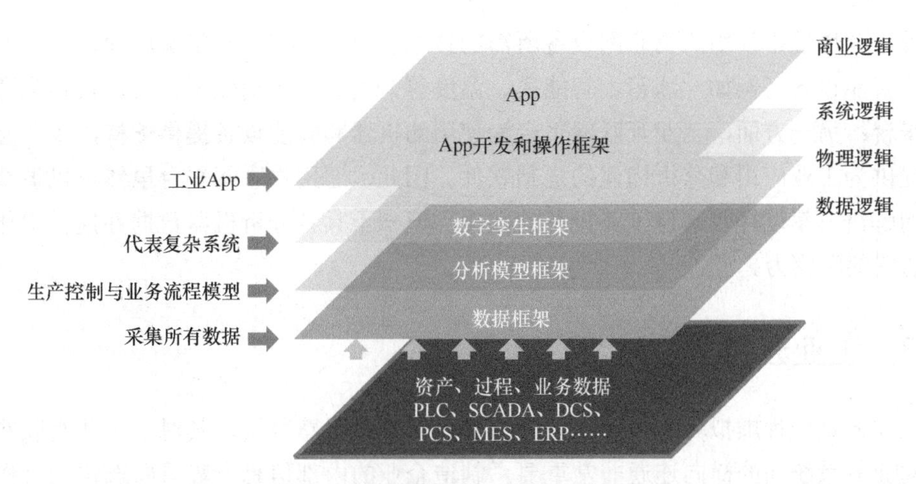

图 1-4　数据驱动的工业互联网平台

工业互联网平台以数字孪生框架作为数据驱动操作平台，且包含上述必要的架构元素：数据框架、分析模型框架、数字孪生框架、应用程序开发和操作（DevOps）框架、应用程序（App）。同时，参考并符合工业互联网联盟（IIC）发布的工业互联网参考架构（IIRA）的功能视角层的结构，数据框架对应数据逻辑层，主要完成数据采集功能；分析模型框架对应物理逻辑层，运行各种工业模型；数字孪生框架对应系统逻辑层，代表各种复杂的系统；商业逻辑层包含应用程序开发和操作框架、应用程序，运行很多制造商、用户和第三方的应用程序。工业互联网平台建立在云计算、大数据和机器学习/人工智能等一系列新技术基础之上，并提供一个清晰、简单的水平分层架构，抽象出数据驱动的智能工业应用所需的通用核心能力。这种水平分层体系结构由松散耦合的数据、模型和应用框架组成，这些框架由一个数字孪生框架统一而成。因为工业互联网平台起源于云计算，该体系结构具有固有的可扩展性和可靠性，并支持便捷的数据集成、模型执行、应用程序开发和系统操作框架构建，可以灵活地部署在各种环境中，如公共云、私有云甚至边缘云（如在制造环境中），提供必要的性能、安全和控制。以数字孪生框架作为数据驱动操作平台的工业互联网平台架构将包含越来越多的基于 GUI 的工具，以更短的周期和更低的成本，简化数据驱动工业应用程序的开发，从而使工业互联网更经济地适用于更多的制造环境。在智能制造环境中部署这样一个水平可扩展的工业互联网平台，不管它有多复杂和庞大，完整的生产资产和流程可以用数字孪生框架来表示、配置和管理。所有资产、流程和系统的数据都可以收集、预处理、存储和管理到单个数据框架中。在这样一个框架的支持下，许多数据分析模型可以在单个模型框架中运行和管理，依托数字孪生框架，可以开发许多软件应用程序，并在单个应用程序开发和操作框架中运行和维护。

从与物联网平台的区别角度分析工业互联网平台，一般情况下，通用物联网平台提供管理工业环境中使用的物联网设备所需的技术和工具。在这一定义层面，一方面，管理家用智能设备（例如，冰箱、智能窗、温度等）的家庭自动化平台可以被称为通用物联网平台；另一方面，工业互联网平台为使用的机器和智能设备提供支持，工业互联网平台提供为工业应用和分析构建的定制软件。因此，通用物联网平台虽然可以调整通用物联网解决方案以接收来自工业设备的数据，但却不具备分析机器数据并提供优化工业运营所需的洞察力。

1.2.3 工业云技术

工业云是一种虚拟环境，使企业能够安全地交换敏感数据，其对于工业互联网场景中不同业务系统间的横向连通非常重要。制造企业的内部信息一般只向选定的合作伙伴提供，如生产所需组件的相关信息，这类信息通常专门用于供应链或生产设备状态数据，仅由服务提供商用于远程维护。工业云安全地将用户、传感器和机器连接到整个供应链上。因此，产品可以通过更灵活、更高效、更智能的方式生产。同时，利用工业云技术，制造企业可以获得丰富的资源，以较低的成本使用先进的技术。工业云计算是一种新型的IT运营模式，通过网络服务向工厂提供各种计算机资源，帮助工厂实现数据集成和应用程序间的协作。一般来说，工业云实现了互联互通和实时控制，工业云通过使用虚拟化技术将物理资源转换为虚拟机，以保证资源的有效使用，而工厂可以在提交虚拟机列表请求后租用数据中心资源。工厂提交的虚拟机集成，充分利用了物理资源，达到了资源利用率最大化、能耗降低的目的。

1. 工业云技术基本架构

国内高度重视工业云的发展，近年来，国家出台了一系列政策鼓励工业云的发展，全国各地方政府纷纷进行工业云发展规划，着力建设了一批工业云平台，面向企业提供工业软件、知识库、标准库、制造装备等资源集成共享服务，形成了按需使用、以租代买的服务模式。国外方面，工业云的产业化应用也得到了GE、西门子、菲尼克斯、罗克韦尔等自动化巨头企业的重视，推出了一批有代表性的技术和产品。全国信标委云计算标准工作组从产业政策、应用现状和标准化3个维度梳理了国内外工业云发展现状，提出了工业云典型应用框架，主要聚焦于工业界[6]。尽管世界各国、各大企业实现工业云的技术路线风格各异，但概括起来，工业云技术的基本架构如图1-5所示。

如图1-5所示，工业控制系统、信息物理系统（CPS）和云计算技术的融合构成了工业云，其发展过程是基于向设备和系统提供服务的初衷，并依赖工业设备及网络中与生产控制相关的其他数据源的数据，建立了在物理和网络（虚拟）世界之间的智能交互。在工业云的云端不仅可以部署制造执行系统、企业资源计划系统、运行维护系统，也可以部署监视资源、分析资源、预测资源和计算资源等，还可以部署 SCADA/DCS 系统的主站端，极大地提升了传统工业控制系统的资源和数据处理能力。

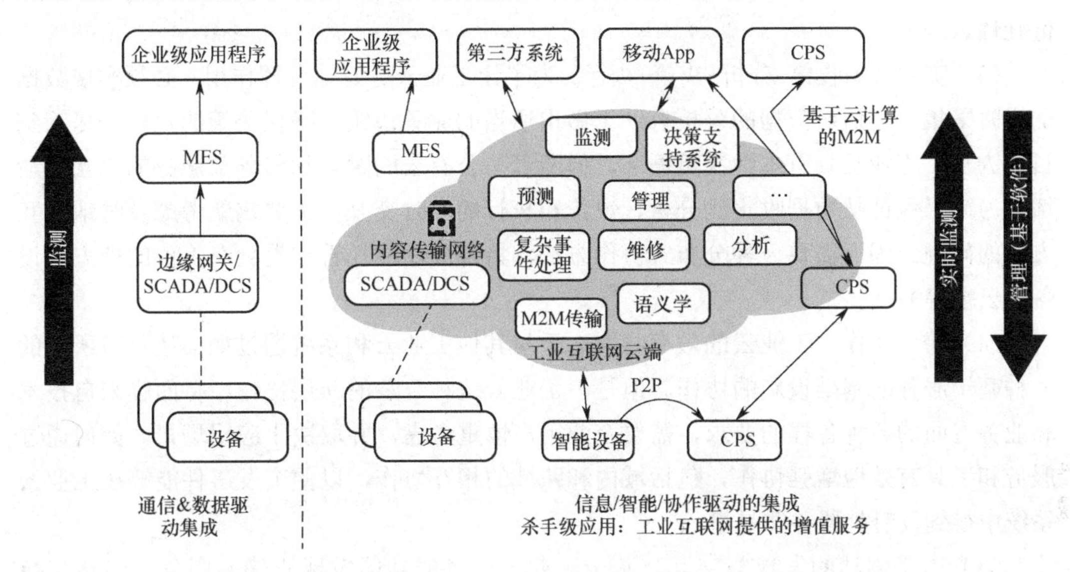

图 1-5　工业云技术的基本架构

生产制造企业利用工业云的好处是，那些在资源受限的单台工业设备上无法实现的附加功能，可以充分利用云计算特性，如虚拟化可伸缩性、多租户、性能、生命周期管理等进行实现。例如，制造商可以使用这种基于云的服务监视已部署设备的状态，对设备固件进行软件升级，检测潜在的故障并通知用户，安排积极主动的维护计划，更好地了解和掌握控制设备的使用情况，改进产品性能等。

2. 工业云涉及的主要关键技术

为了使新的云计算基础设施在工业生产过程中实现，需要充分解决以下几个关键技术问题，进行更多的研究和试验，以评估这些问题对工业云系统的影响，以及所需的实现程度，尤其是关键基础设施。

（1）跨系统、跨平台的大型信息系统高效管理。对于成千上万台在一个工厂工业环境中活跃的设备或仪器仪表，或在一个更大的城市范围，如智慧城市中部署的各种行业和组织的各种传感、控制装置，如何进行便捷管理，需要创新研究方法。动态发现设备间信息的微交互和微交换，以及生命周期管理，特别是在联邦系统中的管理，面临实现方式、成本和可用性方面的挑战。

（2）弹性结构及可靠性和安全性。工业云具有影响现实世界和控制现实世界的基础设施的能力，一旦出现故障可能会导致生产控制系统发生破坏，并影响安全的升级，因此，工业云在多大程度上可以确保设计安全性、可靠性与弹性，是其作为一个更大的生态系统的一部分运行时，必须充分考虑的问题。解决工业云生态系统的可靠性和恢复能力问题，将是其在关键工业系统中应用的关键因素，或者说，将影响核心关键基础设施的健壮性。

（3）实时数据收集-分析-决策-执行。为了让工业云更好地发挥作用，必须实现数据的实时采集，之后对数据的分析有助于做出适当的业务决策并确保决策的执行。尽管到目前为止，工业云具有本地决策循环，但随着与公有云的融合和与外部服务的交互逐渐增多。为了保证从数据收集到分析、决策和执行的实时交互，需要重新考虑及时地交互方面的问题。因而需要一种分布式协作方法，将部分功能托管部署到有价值的地方（设备、云端等）。

（4）跨层协作。工业云的效率将取决于与其他工业云和系统通过如前述章节所述的一种基于服务的基础设施的协作。但是，工业云这种复杂的跨层协作，将面临来自技术和业务方面的各种各样的要求，需要企业用户慎重考虑，并取决于应用场景。如何通过服务和工具有效地增强协作，包括域内和跨域的相互协作，以便突发事件能够在工业云系统中得到及时处置并非易事。

（5）语义驱动的发现与交互。基于工业云提供的功能发现正确的服务，能够交换具有互操作能力的数据，并建立协作关系，是未来工业云的关键推动因素。但是，如何在由大量异构（硬件和软件）系统和服务组成的多个领域实现这种交互性，面临巨大的挑战。

（6）基于通用工业云应用程序开发接口（API）的应用程序开发。具备核心功能的工业云 API 需要重新研发设计，并提供标准化的交互能力，在此基础上才可以构建更复杂的行为和服务。在语义驱动的交互被完全解决之前，这种接口将在短期内发挥推动性作用。然后，应用程序和服务就可以建立在工业云本身提供的最小服务中，以及工业云所需要的支持基础设施之上，并依据应用需求进行扩展。

（7）工业云对现有方法的迁移和影响。工业云的引入将引发对基础设施本身，以及依赖基础设施的控制过程的各个层面的改变。但是，评估对更大规模系统的确切影响可能是一项挑战，必须仔细研究。随着工业云将逐渐取代传统单机/单系统的控制方法，需要将遗留系统迁移到工业云系统中。为此，还需要研究系统和行为的模拟器/仿真器，协助评估这些迁移和过渡过程将产生的影响。

（8）面向供应过程的可持续管理。工业云带来了更有效地利用全球可用资源，以及从不同角度进行优化的可能性，如执行、沟通、互动、管理等。因此，可以实现更可持续的基础设施和企业管理战略，如能源驱动管理。工业云对供应过程的赋能效应应放在更大的背景下才能发挥明显作用，如跨企业、跨行业和智慧城市大平台等。因而，需要能在大规模、复杂工业云中有效集成这些方法的工具和能力。

（9）新型的工业云敏捷开发和工程工具。为了简化复杂环境中工业云生态系统服务的创建和编排，必须借助开发或集成环境。跨平台可用性和功能，是提供复杂服务的技术基础。并且，这些工具需要与适当的“向导”配合使用，即调试工具（在本地和系统范围内），以及可以实现各种假设条件方法的模拟环境。

（10）数据的全生命周期管理与共享技术。从物理和网络世界获取数据是第一步，共享数据进而构建复杂的服务并对其进行有效管理面临巨大的挑战，后者必须考虑到操作环境，即安全、隐私等方面的要求。同时，应使其广泛可用，如作为适当形式的开放数据，供其他合作方提取相应过程的信息。虽然具体的业务需求和要求必须得到满足，但是来自工业云的数据在未来几年将成为一种商品，而且将以这样的方式进行交易。

（11）面向大数据赋能的工业云的数据科学。技术发展变革带来大规模工业云基础设施及其与云的融合，将使得基于所获取的大量数据进行分析，进而掌握工业过程的最佳控制细节的需求出现。这种“大数据”可以在云端进行分析，并为工业过程提供新的深入分析，从而可能实现更好的企业运营和识别优化。对可用大数据的数据处理方法，将对企业或组织设计和运行工业云基础设施的方式产生广泛影响。

1.2.4　工业 App 技术

工业互联网设备为工业生产控制过程带来了巨大的数字化变革，而移动性则增强了在正确的时间获得准确信息的可能性。与传统制造企业的做法相比，工业互联网企业的移动性实现了更好的协作、更快的信息收集、增强的决策能力和更好的性能。对移动性的日益依赖使得工业企业投资基于工业移动的应用程序开发的积极性很高，对于那些想跟上日益激烈的竞争的制造企业而言，数字创新和产品研发转型是基本要求。工业 App 技术帮助智能工厂实现了流程自动化，缩短了上市时间，移动应用解决方案则帮助各行业提高了生产率，并为员工提供了安全的工作环境。工业 App 应用于工业互联网的方式有如下四种。

1）助力工业企业数字化转型

制造企业采用工业 App 的驱动力之一是其在数字化转型方面能发挥作用，投资工业 App 软件的制造企业将体验到更高级别的可访问性和简化的资产管理模式。这些经济高效且易于配置的工业 App 使策略、安全、数据和访问管理措施能够有效地推出，移动显示屏幕提供了更好的可视性和更快的事件响应能力。程序开发级的移动接口将简化设备的调试、校准、诊断、故障排除、维修和更换过程，直接影响工业产品生产加工流程的有效性，简化决策过程，最终降低成本。

2）提供无缝的、安全的数据

借助工业 App，制造企业将可以极大地减少对配套文档的依赖，并允许不同利益相关者，以及研发技术人员和现场工人之间无缝地共享数据。所有远程工业现场的数据都将安全地传输到存储系统，方便后续检索和分析。工业 App 强制执行严格的身份认证和访问控制管理解决方案，将有助于确保仅授权人员的访问和使用。

3）工业数据可视化

生产制造企业可以利用工业 App 实现更丰富的数据可视化能力，而数据可视化有助于提高工业产品用户的参与度和交互性，非常符合工业互联网的发展愿景。工业 App 还应将数据放在具体行业领域的业务中，这样可以更容易地处理信息和获得可靠的分析结果。

4）快捷的工业数据处理

利用移动承载工具的可移动性和可以无限接近工业现场及控制设备的特性，工业 App 软件可以借助环境优势、工艺参数等辅助处理来自不同来源的工业数据，并可以在工业资产/设备附近进行本地分析，而这些分析将有助于提供快速的信息采集和数据分析能力，以便更好地做出决策。

工业 App 在智慧工厂、汽车制造、智慧物流、能源化工、数字化工厂和食品加工等行业广泛应用。

1. 工业 App 的基本特点

工业 App 作为一种新型的工业应用程序，是为智能手机、平板电脑等移动设备平台设计和开发的一种软件应用程序。本地应用程序和 Web 应用程序是工业 App 的两大类，尽管从开发人员的观点和用户体验看，它们并不相同，但具有以下基本技术要素[7]：

（1）定向解决一个或多个问题。每个工业 App 都可以完整地表达一个或多个特定功能，是解决特定具体问题的工业应用程序。

（2）特定自动化控制技术的具体实现。工业 App 中封装了针对特定生产工艺或控制过程的配方、流程、逻辑、数据流、顺序、算法、知识、比例等工业技术，每个工业 App 都是一些专门的工业生产制造过程的集合与载体[7]。

（3）轻量级、可组合、可装配。工业 App 功能单一，只针对某种特殊的控制应用设计，不需要考虑普适性，不同的 App 之间耦合度较低。工业 App 一般占用内存空间不大，没有很强的计算能力，不同的工业 App 可以通过一定的逻辑与交互进行叠加以解决特定问题。工业 App 集成了针对特殊应用场景的工业技术，所以，工业 App 可以重复应用到不同的环境条件中解决相同的问题[7]。

（4）层次结构清晰、可表达。工业 App 是规程与方法、数据与信息、技巧与知识等工业技术，以一定的结构进行梳理和抽象形成的一种模式，多数工业 App 以各种可视化方式定义这些工业技术及其相互间的联系，并提供图形化 HMI（人机交互界面），以及具有可操作性的输入和输出。

（5）软件开发简单化。工业 App 的开发主体是掌握工业控制技术的软件开发人员。

工业 App 的开发必须简单化，才能适合更多的自动控制系统从业人员，便于他们将工业自动化知识与软件开发进行结合[7]。

（6）良好的兼容性。工业 App 聚焦解决一定输入和输出条件下的工业技术问题，因此，为适应工业互联网应用环境中的多样化设备环境，需要具有软件程序的跨平台兼容能力和共用、复用性。

2. 工业 App 的开发

工业 App 的开发常用的工具涉及 Android 平台、SQLite 数据库和 AChartEngine 等。

1）Android 平台

Android 是一个基于 Linux 的操作系统，主要用于智能手机和平板电脑等触摸屏移动设备，是一个面向移动设备的开源软件项目，也是由 Google 发起的开源项目。Android 软件开发工具包（SDK）是一组用于构建、测试和调试 Android 应用程序的库和开发工具。为了构建和开发 Android 原型，需要下载并安装 Android SDK，而 Android 应用程序通常使用 Java 编程语言（应用程序通常使用 Android 软件开发包，并基于 Java 编程语言开发，但是其他的开发工具可用）。

2）SQLite 数据库

SQLite 是一种轻量级的关系数据库引擎，是专门为嵌入式设备设计的，运行时只需要很少的内存。与 Android 相同，SQLite 的源代码也开源，因此，对每个企业开发者和学生等都是免费的。并且 SQLite 已经嵌入 Android 数据库的 API 中，将这些内嵌 SQLite 的 API 接口导入 Android App project 中，无须任何数据库设置或管理，应用程序就可以构建和管理自己的私有数据库。SQLite 已经有大约 13 年的历史，已经更新了很多版本，与其他开源数据库管理系统相比，它的执行速度更快。此外，从 SQLite 2 开始支持面向事务的开发，并使用二叉树实现。SQLite 可以在多种操作系统下运行，如 Windows、Linux、UNIX，通常没有任何图形用户界面，免费的 SQLite 图形用户界面工具如 SQLite 管理员、SQLite 监视器和 SQLite 管理器等。

3）AChartEngine

AChartEngine 是一个图表软件库，用于运行在移动电话上的 Android 应用程序，以及使用 Android SDK 1.5 及更高版本开发的平板电脑和其他 Android 设备。目前，AChartEngine 支持十几种不同类型的图表，包括 Android 原型系统中使用的折线图。使用 AChartEngine 的原因在于没有用于开发图表的现成 Java 库。在常见的几种绘制图表解决方案中，AChartEngine 在大多数 Android 手机上具有良好的图表显示性能。工业 App 的基本用户界面是不同的图形组件，Android 开发者 API 指南推荐了五种基本布局，如线性布局、相对布局、Web 视图和列表视图、带适配器的网格视图（除这五种布局模式之外，还有很多其他的模式，但这五种是最普及的，并由 Android 开发者 API 指南推荐给开发者）。通过将这些布局与其他类型的基本图形用户组件结合使用，可以辅助工业 App 构建更实用的用户界面。

工业 App 的开发具有很强的定制化特点，不同行业、不同企业、不同用户和不同应用场景的工业 App 往往差异性很明显，因此，设计和研发阶段用户的参与必不可少，需求对开发的强引导性是此类软件开发的显著特点。

1.2.5 工业互联网标识解析技术

1. 工业互联网标识解析概述

工业互联网标识解析技术是工业互联网正常运转的网络基础要素，是确保工业互联网信息互通与共享的核心枢纽，主要由标识编码和标识解析两部分组成，其作用类似互联网的域名系统（Domain Name System，DNS）。工业互联网标识解析体系通过赋予每一个实体物品（产品、零部件、模块、机器设备等）和虚拟资产（模型、算法、工艺等）全球唯一的标识符号即“身份证”，实现全网资源的完整标识、灵活区分和信息管理，是实现工业企业数据流通、信息交互的关键条件。从工业企业角度来说，通过实施标识解析数据采集方式、建立企业内标识编码管理系统及开展标识解析集成创新应用，可以有效促进工业产品的供应链协同，支撑面向产品全生命周期的产品追溯[8]。

工业互联网标识解析系统类似于域名解析系统，是实现资源互联互通的核心基础设施之一，主流的标识解析体系主要有 Handle、GS1 和 OID 等，目前多用于流通环节的供应链管理、产品溯源等场景中。随着新基建的不断推进，采用公有标识对各类生产制造资源进行标准化编码将有力地推进智能制造的不断发展。

Handle 标识解析技术于 20 世纪 90 年代初被发明，至今已成功运营 20 多年，作为互联网发展的关键性基础设施，已经交由全世界各个国家共同管理，并在世界多个国家部署根服务器，各国家拥有对自己国家的 Handle 系统运营和服务的自治权。2014 年 1 月 20 日，Handle 系统的全球运营与管理组织——数字对象网络架构（Digital Object Network Architecture，DONA）基金会，由 CNRI 和国际电信联盟（ITU）共同发起，在瑞士日内瓦正式注册成立，是非政府间非营利性国际组织，负责运营管理 Handle 系统。Handle 系统是数字对象架构（Digital Object Architecture，DOA）的主要实现形式，采用分段管理和解析机制，实现对象的注册、解析与管理。Handle 系统采用两段式命名机制，结构为权威域（Naming Authority）/本地域（Local Name），权威域和本地域之间用“/”分隔，权威域下可管辖若干子权威域，从左到右用“.”隔开。Handle 系统采用分级解析模式，由全球 Handle 注册机构（Global Handle Registry，GHR）提供权威域查询，本地 Handle 服务（Local Handle Service，LHS）提供本地命名查询。

GS1（Global Standard1）是国际物品编码协会建立的一种标识体系，由编码体系、载体体系、数据交换体系组成。GS1 拥有一套全球跨行业的产品、运输单元、资产、位置和服务的标识标准体系和信息交换标准体系，使产品在全世界都能够被扫描和识读。GS1 通过全球数据同步网络（GD-SN）确保全球贸易伙伴都使用正确的产品信息。GS1 通过电子产品代码（EPC）、射频识别（RFID）技术标准提供更高的供应链运营效率，同时 GS1 还提供了可追溯解决方案。

对象标识符（Object Identifier，OID）是由 ISO/IEC、ITU 共同提出的标识机制，按照 GB/T 17969.1（ISO/IEC 9834-1）的定义，对象是指“通信和信息处理世界中的任何事物，它是可标识（可以命名）的，同时它可被注册”。OID 主要用于对任何类型的对象、概念或事物进行全球统一命名，一旦命名，该名称终生有效。OID 的编码方式为分层的和树形结构，不同层次之间用“.”进行分隔，即 XX.XX.XX.XX，每层的长度没有限制，层数也没有限制。

在解析技术层面，目前采取的主要技术路线是多套标识编码标准和体系之间相互兼容，互认互通。

2. 工业互联网标识解析关键技术

1）面向生产制造的工业互联网标识编码技术

覆盖工业生产设计、研发、测试、生产、运维等全生命周期的工业互联网标识编码技术是工业互联网标识解析的基础性技术之一，工业互联网利用标识编码将人、机、物等资源连通，通过实体对象或虚拟对象之间的协作交互，实现工业生产全要素、全产业链、全价值链、全环节的互联互通，有效提高工业生产效率。因此，用来唯一识别不同联网对象的工业互联网标识技术是工业互联网应用服务的先决条件。工业互联网标识编码技术是指对物理实体或虚拟资源赋予唯一标识，人类和机器可对标识进行识读，然后可将其解析为信息。目前，标识编码规则并不统一，行业内各种企业规范风格迥异，难以实现全产业链数据的无障碍交换和共享。智能制造现场应用场景复杂多样，被标识的对象形式多变，对标识编码结构提出了严峻的挑战，而标识编码结构则决定了标识空间的大小，并与管理策略紧密相关，直接影响标识解析系统设计，标识编码过程需要综合考虑唯一性、特定性、可用性、可扩展性和安全性等方面的要求。分层结构化和扁平化随机编码是目前常用的两种标识编码方案。

2）地址映射技术

在对工业互联网物理实体或虚拟资源进行标识编码的过程中，和与其对应的地址信息进行匹配映射是首先需要考虑的问题。工业互联网解析寻址技术一般有三类，即传统解析寻址技术、改进型解析寻址技术、变革型解析寻址技术。传统解析寻址技术是通过 DNS 域名查找对应的 IP 地址，再由 IP 地址找到 MAC 地址；改进型解析寻址技术仍然基于 DNS，通过局部的适当改进满足工业互联网的需求；变革型解析寻址技术是指采用与现有的互联网解析寻址技术截然不同的新型解析寻址方案，同时又能够与互联网域名系统兼容，目前主要是指 Handle 标识编码及其标识解析系统，该技术方案可以更好地满足工业互联网发展的需求。

3）标识解析的网络安全防护技术

安全问题产生于工业互联网标识解析的实际应用场景，如应用端根据标识编码向业务中心请求服务时，标识编码所对应的服务地址具有可公开的风险，特别是对于时间敏感的工业生产控制过程数据，工业企业更希望可以自己控制信息的访问权限，但 IP 互联网中从 DNS 域名系统到 IP 地址的解析是公开的，访问查询面向用户开放。因此，工业互联网标识解析系统应当考虑安全机制，应该对与地址属性相关的各种访问控制操作进行定义，设计相应的权限管理方案，特别注意工业数据上线后面临的隐私保护和网络攻击防护问题。

1.2.6 工业大数据

在工业互联网时代，数据量将呈指数级增长，而速度，即数据生成、接收和处理的速率，对于反馈到系统以控制实时工业过程的决策至关重要。工业互联网由多种异构系统组成，数据的多样性也非常复杂。大数据已经成为工业互联网的一个关键因素，有研究人员提出，工业企业可以利用基于云的大数据技术，创造竞争优势，提高生产率。

1. 工业大数据基本概念

工业大数据是指工业设备高速运行产生的大量与时间序列相关的数据，通常分布在世界各地的工厂，工业大数据用于辅助管理，生产控制人员根据基本信息做出决策，因此，企业将能够通过提高服务质量来降低维护成本。通用大数据和工业大数据有一些共同的特征，如体积、种类、速度、可变性和准确性。但是，工业大数据的应用程序增加了两种额外的属性：①可视化，指对现有处理数据的非期望发现；②价值，强调分析的目标，从数据中创造新的价值。通用大数据与工业大数据的另一个区别是，工业大数据比一般用途的大数据具有更高的结构化、相关性和更易于分析。这是因为一方面工业大数据是由自动化设备产生的，在这种情形下，环境和过程比社会网络中的人际互动更受控制。另一方面，除了大数据系统基本特点外，工业大数据与生产过程结合，还具有新特性：潜在关系、污损情况、质量状况。潜在关系指的是挖掘出工业生产控制对象实体的关系和捕捉工业生产中出现的典型现象背后的线索；污损情况是指数据本身的数量、完整性方面的概念，它存在于许多工业系统中；质量状况是指处理低质量数据的问题，可能会导致工业生态系统的灾难。

工业大数据技术结构或系统可以从自上而下划分为三层：工业生产业务分析层、工业分析引擎层、工业基础设施层，如图 1-6 所示。

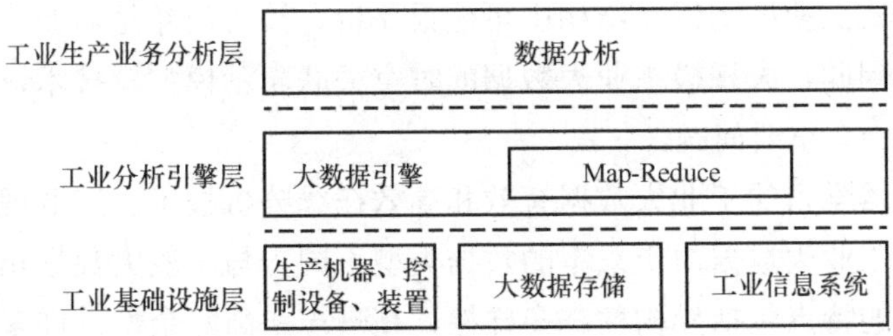

工业生产业务分析层　数据分析
工业分析引擎层　大数据引擎　Map-Reduce
工业基础设施层　生产机器、控制设备、装置　大数据存储　工业信息系统

图 1-6　工业大数据结构

工业生产业务分析层：该层负责执行数据分析，分析过程由专门的引擎处理，该引擎使用 Map-Reduce 基础设施层的资源加速数据的计算和访问进程，并且结合工业生产控制的流程、工艺和产供销状态进行细粒度分析。

工业分析引擎层：该层的基本功能是负责协调大数据生态系统的不同方面。通过 Map-Reduce 引擎提供分布式和并行处理方面的支持，进而为不同的分析过程提供支持。典型的数据分析引擎工具包括 Hadoop、Storm 和 Spark 技术，工业数据分析引擎的主要特征是必须考虑类型多样的工业应用程序。

工业基础设施层：提供存储在生产机器、控制设备和装置群中的低层级的资源，如 Apache 系统中的开源分布式资源管理框架（MESOS）、单设备存储卡和 Hadoop 资源管理器（YARN）支持。为存储数据，至少需要一个类似 Hadoop 分布式文件系统（HDFS）的大数据存储机制，可以安全地访问存储在其中的大型数据集，还可以引用任何其他分布式文件系统（例如，NFS 或 Lustre）并能够提供大而高效的存储空间。另外，该层还应包括支持数据安全交换、标识和映射的工业信息系统。

2. 工业大数据关键技术

高度分布和异构多态的数据源给工业数据的访问、集成和共享造成多方面的挑战。此外，不同数据源产生的海量数据往往采用不同的表示方法和结构规范进行定义。将这些多样化的数据汇聚在一起将面临不少的问题，因为这些原始数据并没有为数据的集成和管理准备好足够的处理基础。而且，如果数据是分布式的，还缺乏适当的数据处理框架支撑进行大数据分析。因此，工业大数据涉及的关键技术如下：

（1）基于时空关联特性的海量异构数据表示技术。在工业控制领域，每个数据采集设备都放置在特定的地理位置，每个工业数据都有时间戳，时间和空间的强相关是工业数据的一个重要特征，在工业大数据分析和处理过程中，时间和空间是统计分析的重要维度。不同来源产生的海量工业数据集，往往采用不同的表示方法和结构规范进行定义，将这些数据汇集在一起非常困难，因为这些数据没有为数据时空整合和融合做好适当的处理，缺乏一致性标准。而且，如果数据仍然是分布式的，则表示该技术缺乏适当的信息基础设施服务，以支持对数据的统一分析。统计推断过程通常需要某种形式的聚合，这种聚合在分布式工业控制体系结构中可能很昂贵，核心问题是需要找到更便宜的数据近似拟合方法。因此，大规模工业大数据的时空关联表示模型及技术，成为工业大数据分析需要解决的一个重要问题。

（2）基于机器学习的工业大数据有效和高效在线分析技术。工业现场的设备、装置和传感器产生的工业大数据由于采集的数据类型不同，与一般大数据相比具有不同的特点，其中最显著的特点包括异构性、多样性、高噪声和高冗余性。许多工业大数据分析场景（例如，大量检测机器异常和监控生产质量）需要实时给出分析结果。除了通过增加计算设备的数量加速计算过程之外，还需要将在线大规模机器学习算法应用到工业大数据分析框架中，提供有效和高效的知识发现能力。此外，传统的数据管理技术通常是针对单个数据源设计的，能够很好地组织多个模型数据（如许多设备状态流、地理空间和文本数据）的高级数据管理方法仍然需要深入研究。因此，基于机器学习的工业大数据有效和高效在线分析技术是工业大数据分析的瓶颈性技术之一。

（3）面向工业生产过程全生命周期的数据管理与组织。工业互联网涉及的信息物理系统正在以前所未有的速度生成数据，其规模远远超过了存储管理系统技术的发展。而其中面临的一个较为紧迫的技术挑战是当前的存储系统，特别是工业控制设备的小容量、小尺寸存储机制难以承载大体量的数据。一般来说，工业大数据中隐藏的价值取决于数据的及时性、可靠性，因此，需要建立与分析值相关的数据质量保证技术机制，判决哪些接收到的实时数据应该被存储，哪些数据应该立即被抛弃。

（4）工业大数据实时可视化技术。工业大数据分析的海量结果产生了丰富多样的信息，原始数据的良好可视化展现将可以启发解决问题的新思路，而分析结果的可视化又可以揭示内在的知识结构，有助于决策。工业生产数据的可视化也可以揭示大量不同数据因素之间的相关性或因果关系，工业大数据分析场景中的多种模式导致数据视图的高维特性，如空间、时间、机器和业务。这种可视化系统的设计比只存在于一维世界的传统数据呈现系统更复杂，因为系统需要同时与多个设备和用户进行通信，并以不同的频率发送和接收不同格式的数据。目前，虽然可视化数据的方法已经取得了很多进展（最显著的是基于地理信息系统的显示能力），但是分析大规模的工业互联网数据，特别是那些本质上异构的智能工厂数据，还需要在可视化层次和关联方式等方面进一步深化，因为这些数据集合在信息形态上可能表现出难以归一化处理的明显差异。

（5）工业互联网行业数据隐私保护。大多数工业大数据服务提供商由于容量有限，无法有效维护和分析如此海量的数据集，因而需要依赖专业机构、人员或工具分析这些数据，但这也增加了潜在的信息安全风险。例如，事务性数据集通常包括一组完整的操作数据驱动关键业务流程，这类数据一般包含最细粒度的详细信息甚至敏感信息，如信用卡账户和密码。因此，工业大数据分析操作只有在采取适当的、有效的防护措施保护

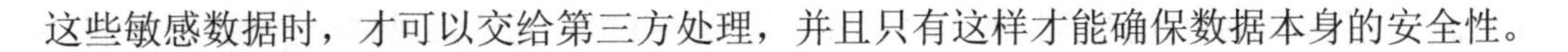

这些敏感数据时，才可以交给第三方处理，并且只有这样才能确保数据本身的安全性。

3. 工业互联网数据供应链

工业互联网数据供应链技术是工业互联网大数据的发展趋势，在讨论技术细节之前，设想以下的生产场景：一家中小规模的工业制造企业为满足各种客户需求，需要生产多个钣金零件，该企业自动化程度很高，拥有最先进的钣金冲床，而该冲床有许多子系统。其中一些子系统由专业公司提供给冲床制造商。例如，一旦子系统是冲压智能驱动和集成电机，则该子系统就将有自己的一套传感器、控制器和嵌入式软件。最终该制造企业将委托另外的工业自动化咨询公司将机器集成到整个生产控制系统中。于是，该方案包括三个主要参与者：企业经营管理者（与工业自动化咨询公司合作）、钣金冲床制造商和智能驱动制造商。根据工业互联网的愿景，所有这些参与者都将可以从日常运营中产生的数据获益。例如，企业经营管理者可以优化调度和生产过程，提高生产能力和降低成本。钣金冲床制造商和智能驱动制造商可以了解他们的设备如何在现场操作，并可以将警报和错误与生产条件和机器设置相关联，这种相关性可用于调整某些设置或完全更新其设备的固件版本。并且，该解决方案的三个参与者获得这些收益几乎没有任何障碍，工厂所有者（连同工业自动化咨询公司）最终决定哪些数据可以公开。通常情况下，如果没有立竿见影的成果，数据安全隐私保护方面的规定将会要求避免向外部世界公开任何制造企业的内部数据。如果工厂所有者决定让钣金冲床制造商访问他的设备，那么接下来钣金冲床制造商就有权决定智能驱动制造商何时可以访问有关其设备的数据。值得注意的是，为更灵活地开展工业制造数据交换而进行的合作与协同过程，将能够使每个参与方获益，特别是可以分析某些数据集进而获得高价值的特殊信息。

通过对上述应用场景的分析，可以深入了解数据供应链的概念。在冲孔工具磨损分析与检测的场景需求中，如果冲孔工具不够锋利，金属板会卡在冲头中。如果在高度自动化的生产线中没有人工监督，这种错误或缺陷可能会导致整个轮班的生产停止。由于冲压的金属板厚度和材料多种多样（对刀具的磨损方式不同），因此仅计算冲头的数量无法准确预测刀具何时需要进行锐化处理。一般情况下，机器生产商是凭借经验进行处理的，即当刀具变钝时，智能驱动制造商将以不同于刀具锋利时的方式耗费电量。出现这种情况时，机器制造商一般会向工厂所有者解释潜在的可能性并提出访问机器的需求，而工厂所有者将向机器制造商提供对机器的访问及工厂正在使用的工具的详细信息，机器制造商通过存储当前绘制的时间序列演化过程进行研究分析。同时，时间序列连同相关的生产条件信息，会被转发给智能驱动制造商，智能驱动制造商将对其进行分析，并设计或训练预测刀具磨损情况的模型，而新发现的知识将立即被智能驱动制造商编码并与新版本的冲床控制器软件一起发布。上述数据供应链对所有工业生产制造参与者都有直接好处，智能驱动制造商可以直接将他的分析报告提交给机器制造商，加强他们之间的联系。反过来，机器制造商的机器有了新的功能，这将有可能加强与客户的关系，并产生新的订单。为了实现这一设想，必须解决许多问题，包括技术问题和组织问题。

开放式消息接口（O-MI）和开放式数据格式（O-DF）标准规范是推动工业互联网数据供应链发展的重要技术支撑。开放式物联网工作组有一个非常清晰和雄心勃勃的愿景：Web 使用 HTTP 协议传输 HTML 格式的信息，这些信息在浏览器中呈现并供人类使用，而物联网将使用 O-MI 传输 O-DF 有效载荷，这些有效载荷将主要由信息系统使用。这两种协议的最初想法和需求来自 PROMISE EU FP6 项目，在该项目中，实际工业应用需要收集和管理涉及重型和个人车辆、家用设备、机械设备等许多领域的产品实例的信息，如传感器读数、警报、制造、拆卸和供应链事件等，这些信息与整个产品生命周期相关的其他信息需要在不同组织的产品和系统之间进行交换。其主要目标是找到中间智能生产和后端信息系统之间可以进行无缝通信的解决方案，这种功能通常被称为闭环产品生命周期管理（CL2M）。可以基于这些实际应用的需求，确定并扩展关键功能需求，为大规模可扩展的工业互联网系统提供更通用的解决方案。由于在没有广泛修改或扩展的情况下，无法确定满足这些要求的现有标准，PROMISE 协议使用者们开始致力于研究满足需求的规范，最终实现 O-MI 和 O-DF 的开发和使用标准化。O-DF 被指定为可扩展的 XML 模式，它的结构是一种层次化的结构，其顶部元素是“Objects”元素。O-MI 标准是一种 Web 协议，其目的是将物理产品数据（包括传感器、执行器和任何其他机器信息）从本地内部网公开并传输给连接 Internet 的任何其他目的相关用户。

1.2.7 工业软件

工业软件是一个应用程序、过程、方法和功能的集合，可帮助收集、操作和管理规模化的工业生产制造中的信息。使用工业软件的部门包括运营、制造、设计、建筑、采矿、纺织厂、化工、食品加工和服务提供商等。

1. 工业软件基本概念

工业软件是指编程、配置和操作自动化系统所需的软件，如 CAD、CAE、MES、PLM 等，目前主要包括：

- 嵌入式系统的软件，通常称为固件。
- 软件驱动程序，支持与主机应用程序中的嵌入式系统通信。
- 使用软件驱动程序的主机应用程序（如 SCADA、DCS）。
- 操作软件，如 MES、工厂资产管理、维护管理。
- 工程与设计工具。
- 用于现场操作和诊断的应用程序。

与消费类软件相比，工业软件的发行量通常较小。客户预期的生命周期或使用周期则与此相反。除了少数特例之外，工业过程实现程序的确定性执行控制在几分之一秒之内是工业软件的关键指标。工业软件通常是为专用硬件设计的，且不能由用户进行二次开发（在附加组件、插件等方面）。尽管 OPC 和 FDT/DTM 等技术提供了明确定义的开放式接口，打破了这种封闭性，但来自不同工业设备制造商的软件组件的组合并不能总是确保不会出现故障。工业软件将在工业互联网的实施环节发挥关键作用，软件模块的智能组合，将是一种弥补单个硬件组件之间的语义鸿沟的手段，也只有使用合适的软件（算法）才能从大量的单个数据中生成有意义的信息。工业软件已经为自动化技术的制造商和用户创造了显著的附加值。

2. 工业软件的核心技术要素

从研发、设计、生产控制再到信息管理，现代化工业生产的各个流程都离不开工业软件的参与。不同行业的工业软件差异很大，如航空航天领域的工业软件与化学工业、核工业、汽车制造领域的软件需求不同、应用场景不同、控制逻辑不同，使得实现方式大相径庭。为了使工业互联网的概念具有生命力，该领域的所有组件都需要更加一致和广泛地配置计算存储和通信连接能力。工业互联网应用场景中的数据交换持续可用和分散数据处理需求，将使工业软件至少需具备以下核心技术要素。

1）提供通信参与者之间的互操作性

在工业互联网的发展进程中，自动化控制系统各组成部分之间的通信结构将发生根本性的变化，不仅会影响硬件模块，还会影响软件。与通信领域基本上预先定义的分层通信路线不同，工业互联网带来了主动通信参与模式（例如，生产线的交互式作业情形），这些通信参与者可以独立联网，而且在此过程中，还可以根据实时情况同时充当数据发生源和数据接收器。此外，这种信息互通关系是高度动态的，可以不断适应当前的状态，将对工程开发过程产生重大影响。虽然在工业控制系统阶段，可以在规划和调试期间明确规划组件之间的所有通联关系，但是在工业互联网时代，目前在离线规划过程中执行的步骤将转移到在线实时过程，而这种能力非常符合用户参与或定制化生产制造过程的需求。然而，实现这种服务和能力，需要新的跨制造商的国际标准及其实现技术，主要涉及以下方面：

- 开放式软件接口，无特定公司专属限制的增强功能，如 OPC-UA、FDI 和 FDT。
- 自描述性接口，包括数据的语义描述，标准化数据格式，非功能属性的定义如服务质量、参数、响应时间，对象和实例的标准化、唯一化标识。
- 为接口定义变更过程，需要相应的生命周期管理功能。例如，软件开发语言从.NET 1.1 到.NET 2.0 的转换。与传统 IT 互联网软件相比，工业自动化软件的使用寿命要长得多，在这种背景下，这种技术尤为重要。

此外，用于工业互联网应用程序的软件还需要在各种平台和运行环境中工作，意味着需要支持嵌入式领域的多种操作系统平台，同时还需要支持 Web 环境、计算机桌面和移动设备的操作系统（iOS、Android 等）。工业软件实现这些功能指标要求非常困难，因为除了必需的开发和测试工作量之外，还需要特别注意产品成本及经济可行性。同时，重要的是要确保尽可能多地使用跨平台技术，如 HTML5（Web 内容的一种语言描述方式）。控制器应用程序还需要兼容各种 PLC 系统，而具备超出基本语言元素定义的标准的适应性，是实现这种能力的基础，如必须确保有足够的功能范围，并且图形语言也有清晰的交换格式可用。IEC61131-3 由国际电工委员会于 1993 年 12 月制定，是用于规范 PLC、DCS、IPC、CNC 和 SCADA 的编程系统的标准，应用 IEC 61131-3 标准已经成为工业控制领域的趋势。在 PLC 方面，编程软件只需符合 IEC 61131-3 国际标准规范，便可通过符合各项标准的语言架构，进而建立开发人员很容易理解的程序。在实践中，IEC 61131-3 标准仅部分能满足工业软件的适应性要求，在工业互联网技术的发展过程中，将出现更复杂和更大的网络结构，协同完成实际的工业生产控制功能。由此产生的交互性需求需要提前得到保证，如通过离线工程和模拟，这意味着未来工业软件的部署过程，也将越来越有必要在工厂实际运行之前的各个阶段进行，只有确保这些阶段之间的数据交换在收发双向都能进行时，才能真正发挥作用。然而，尽管互操作性能力是典型的功能需求，冲突仍然会发生在设计阶段的工业互联网系统中：工业设备功能组件（包括增强和交换）所需的动态交互能力，会与传统的工业行业的监管需求截然相反。例如，在医药工业规范［美国食品及药物管理局（FDA）的 21 CFR Part 11 条款］中，要求每次生产加工工艺变更后必须进行专门的风险分析，然后重新进行认证；食品部门及香烟和饮料行业也越来越要求遵守这样的规范。

2）对海量数据的处理能力

工业互联网背后的一个关键思想是，数以百万计的工业现场传感器可以不断地传递额外的状态和环境数据及实际工况测量数据。例如，在智能电网领域，已经有电能量测量装置在使用，除了电流和电压之外，单台电能量测量装置可以提供超过 2000 个额外的动态值，理论上这些值可以每秒更新一次。如果这样的设备存在于一个更大的网络中，且数量呈现指数级增长，那么就会有巨大的数据量需要被传输、分发和处理，很明显，这些数据量无法用常规的方法进行管理或评估。特别是在嵌入式系统领域，不仅性能方面将需要得到极大的提升，而且将对计算处理能力产生影响，并行计算和多核程序处理将具有更好的使用前景。此外，在灵活利用分布式资源方面仍需取得进展或突破（例如，传感器出现故障时的备份解决方案）。在处理工业大数据问题时，分布式和集中化的处理和存储模式都可以使用，一方面，会有一些数据需要立即处理或仅在本地处置，在这种情况下，需要进行分布式处理；另一方面，如果数据与整个系统相关，则终端数据源（例如，传感器）或其产生的数据需要在工业互联网的云端可见和可用，然后可由任何（授权的）参与者使用和处理。工业互联网中不基于工业以太网通信的工业组件，将需要额外的通信网络支撑，如无线信道。工业设备组件中将会有更多的数据分析、预处理、压缩和聚合操作，这意味着设备/组件中的软件代码量将增加，导致嵌入式设备的复杂性增加，并且将使用新的通信协议服务，如发布者/订阅者模式。为了从海量数据中识别出相关的、连贯的行为数据，必须使用数据挖掘分析方法。此外，在数据处理方面需要关注的是，在一些定制化产品的制造场景中，每种工业设备产生的数据都需要生成一定的时间戳，则将有不同类别的数据会受到不同程度的精确性方面的影响。

3）用户友好和高可用性

大多数工业互联网的工业部件必须由受过专门培训的人员操作使用，原因通常可以归结为在设计阶段对可用性考虑欠缺，在工业产品的调试过程中这种缺陷很明显：无用户操作引导功能；缺乏自学习机制；大量技术支持或注释有限的代码标识符；说明文档过于复杂，用户一般不看；简单罗列操作步骤，缺乏重点，导致出现操作不当。随着工业系统向第三方运营商模式的转移，维护系统的人将面临重大挑战，系统操作人员将深陷来自工业现场的消息（无论是预警还是告警）的困扰，这意味着关键的、更高优先级的消息有可能在海量信息数据中被覆盖。因此，技术进步的最终目标应该在不断改善工业系统和组件的用户及其体验方面，工业现场的大量信息输入需要被智能地过滤、压缩和条理化，并以与特定角色关联的方式呈现。例如，在化学工业中，需要根据对各种事故的性质和分析，制定相应的建议和指南，这些建议和指南将与某种自动装置相关的操作界面和术语列表（尤其是石化工业）结合在一起，系统性呈现。实现工业互联网系统或设备的用户友好或高可用性，首先必须以更直观、简单和标准化的方式设计用户界面，并使其适应工厂操作员的使用习惯和认知模式。为此，可以在软件开发领域中使用这些技术：设计用户友好界面、基于角色的关联树定义技术、增强现实、智能穿戴型输出设备、面向特定输出设备的图形界面和信息创建方式（响应式设计）、手势控制、自适应图形界面。例如，电子消费品行业已经在智能手机领域制定了许多事实上的标准，工业互联网用户（如多点触摸和手势控制或应用程序技术）甚至智能工厂操作员也越来越需要或期望智能手机的使用。由于工业组件数量众多，版本、可能的组合和配置选项复杂，工业互联网时代的工业产品将更多地考虑用户友好方面的技术突破。

此外，工业软件的开源开发模式，第三方软件模块的跨平台集成，也为攻击者和入侵者提供了相对开放的空间。在工业互联网中，随着对通信技术的相应需求的发展，将产生更大规模的数据量，其中许多数据属于敏感数据。因此，工业软件的信息安全问题十分重要，特别是恶意病毒软件的防护及数据隐私保护问题需要慎重处理。

1.2.8　工业互联网环境下的柔性供应链

1. 工业互联网环境下的柔性供应链基本概念

传统供应链的定义是指工业生产及流通过程中，涉及将产品或服务提供给最终用户活动的上游与下游企业，所形成的网链结构。供应链包括涵盖广泛活动的流程，如采购、制造、运输和销售实物产品和服务。在过去的20年里，供应链已经实施了数千种不同的ERP解决方案，试图将信息、订单和流程整合到一种单一的高效率计划中，然而，受经济全球化和产品销售活动的多因素影响（众多的竞争者、自然灾害、政治对手及各种监督团体等），不确定性增加，要求制造商在接到客户订单通知后，必须立即快速获取所有信息，并且立即重组各种生产要素，柔性供应链由此产生。为适应多变的市场环境，柔性供应链的需求非常迫切，柔性或灵活性使得供应链的各个参与方都能进行有效和即时的沟通。

工业互联网将各种工业控制系统与高级计算、分析、感应、存储及云平台等技术有机结合，工业互联网环境中的柔性供应链是基于专门的、也可能是第三方的信息平台提供的技术支持和服务而组建的动态、交互式供应链。与传统供应链相比，柔性供应链具有以下特点：

（1）传统供应链相对固定；柔性供应链是动态、可重构的。

（2）传统供应链一般是单一的、存在一个中心的、围绕核心制造企业的扇形结构；柔性供应链是网状结构，各实体间是互联互通的。

（3）传统供应链由核心企业提供技术支持和服务，一方面核心企业必须投入大量人力和物力满足业务发展需求；另一方面其合作伙伴又担心受制于核心企业；工业互联网时代的柔性供应链由专门的信息平台（工业互联网平台、大数据中心等）提供技术支持和服务，既有利于提高效率和质量，降低成本，同时也激发了合作伙伴平等参与的积极性。

（4）柔性供应链为终端用户、制造商、零部件供货商、代理商、服务商等生产制造各方提供了参与生产制造过程的可能性，从根本上找到了提高产品和服务质量的途径。

（5）工业互联网环境下的柔性供应链提供了用户订单驱动型、产品制造中心型和销售中心型等多种产品销售组织模式，更加灵活便捷。

2. 工业互联网环境下的柔性供应链关键技术

除工业互联网自身的技术突破要求之外，工业互联网环境下的柔性供应链还将涉及以下几方面技术需要发展：

（1）面向供应链全环节的人工智能和增强智能。在过去的几年里，物流业已经开始整合包括智能交通在内的人工智能解决方案、路线规划，以及运营中的需求规划。但这仅仅是开始，从“最后一公里”智能交付式机器人和可持续发展的解决方案，再到仓库自动化拣选系统和预测优化软件，人工智能已经在物流方面产生了巨大的改变。与人工智能一起，增强智能也有望在未来使用中激增，增强智能将人类智能与人工智能自动化过程相结合。例如，在物流规划中，使用增强智能甚至比单独使用人工智能更为优越，因为它可以将人类规划师的输入（经验、责任、客户服务、灵活性、常识等）与人工智

能技术相结合，而人工智能技术只能完成重复而烦琐的工作。

（2）数字孪生技术。与数字孪生技术的结合可能是最近几年最令人兴奋的供应链技术趋势之一。正如许多物流专业人士所熟悉的那样，产品永远不会与他们的计算机模型完全相同，在其当前状态下的建模设计并没有考虑零件磨损和更换的方式、结构中疲劳累积的方式，或者制造商如何根据不断变化的需求进行修改。然而，数字孪生技术正在彻底改变这一切：物理世界和数字世界融为一体，就可以提前接触到物理对象或部件的数字模型，就像对待它们的物理对应物实体一样。

（3）实时供应链可视技术。客户和运营商现在比以往任何时候都更需要供应链的实时数据，供应链企业需要专注于在其运营中实施先进的全供应链可视化技术，通过新的供应链可视化技术，供应链企业将借助实时数据促进对需求变化的快速响应。实时数据是多方面的，除了产品自身的数据之外，还包括交通模式、天气或道路和港口状况等综合信息，这些数据辅助采取行动、重塑需求、重构生产过程、重新调整供应关系和优化路线。供应链可视化的基础是工业互联网平台、数量众多的物联网传感器，以及其他跟踪产品的关键资产。产品零部件模块中的物联网传感器标识使得产品库存中心可以通过云平台跟踪库存、车辆和设备，同时，通过实时监控、提高材料利用率、实施预测性维护，以及使产品入库和出库操作变得主动而非被动，工业互联网支持的集装箱管理也会变得更加容易。

（4）供应链环节中的区块链技术。区块链是一种开放的交易账本，分布在给定网络中的计算机之间，因为共享区块链中的每个用户都可以访问相同的交易账本，完全透明，使得用户不可能入侵或欺骗系统，从而消除了第三方参与的必要性。在柔性供应链中，区块链将使不同的承运人或托运人更容易共享敏感数据，制造企业可以创建更加平等开放的贸易融资和供应链解决方案。但工业互联网的供应链环节要实现完全采用区块链还需要突破一些瓶颈技术，首先，需要实现供应链环节的关键要素全数字化、标准化和数据动态清洗机制。其次，要研发行业范围内的技术标准或者实施规范，形成供应链条内的合作伙伴都认同的生态系统，以便在共享的、无许可限制的区块链环境中使用该区块链体系。

（5）机器和机器（Machine to Machine，M2M）通信技术。M2M 通信技术允许无线和有线系统与其他具有相同能力的设备进行通信，现代 M2M 通信已经从一对一的连接扩展到将数据传输到个人设备的网络系统，M2M 领域包括系统监控/遥测、资产跟踪、数字签名及远程信息处理。在工业互联网供应链中有许多 M2M 应用，如跟踪供需和做出明智的决策，利用传感器对过程进行实时监控，实现对过程的检测、预测和保证过程的顺利进行。为实现 M2M 技术形态的固化，需要优化消息传递网络中的高性能消息处理组件，使这些组件能够处理数百万个设备和应用程序之间的连接。

1.2.9 5G与工业互联网融合

未来的智能工厂在生产和物流中既利用信息物理系统（CPS）进行技术集成，又在工业过程中应用“物联网和服务”（IoTS），机器人、3D打印、先进材料、新型传感器、自动驾驶车辆等先进技术，这些都有助于提高智能工厂的效率和灵活性。部分效率和灵活性可以通过以智能和可管理的方式连接和集成这些技术实现，并实现操作过程的可视化。物联网技术、云解决方案、大数据处理器和网络安全组件是实现数字化工厂的关键要素，5G技术可以在整合这些技术方面发挥关键作用，5G提供了一个无所不在的平台，将机器、机器人、流程、自动导航车辆、货物、远程工人等连接起来。

1. 5G对工业互联网的赋能

1）5G为新技术在工业互联网应用提供必要的基础平台

上述趋势和技术的结合是工业互联网时代创新产品和商业模式生产和开发的基础，在制造商市场产生了颠覆性影响。制造商不仅需要重新设计他们的价值主张，还需要重新设计他们的商业模式和组织结构，这种转变需要在许多领域建立新的能力，如价值网络、流程、产品性能、用户体验、财务、管理等。加上这些新的能力，制造商需要在三个主要领域改变其组织设计：①在“横向一体化”方面；②在“垂直一体化”方面；③在“端到端集成”方面。

此外，还要求水平、垂直和环形领域的紧密结合，5G是实现这一系列转变的技术基础，为这些转变提供了支撑平台。

2）5G为智能制造新价值链的横向整合提供技术条件

从供应商到商业伙伴的维度即横向整合域，是指产业间价值链和供应链从原材料开始，到成品交付给客户的整个过程。智能化和服务化特性现在可以在任何商品中实现，如智能锁、智能电表、智能灯、电梯、车辆、数控机床和任何可以想象的产品，不仅对这些产品的设计、制造、销售和维护产生了重大影响，而且随着供求关系的不断变化，也影响供应商与客户的关系。要转变为一个综合产品服务提供商，需要供应商和支持网络之间更大程度的合作，可以在智能手机行业观察到这一种协作关系，那些智能手机行业的成功厂商能够与内容提供商、金融业、媒体业、娱乐业等建立非常紧密的合作关系。每次引入新的、与通常的供应商角色大不相同的供应商角色，都需要在原有产品基础上创建一个丰富的服务（e-service）生态系统，以便增加创新资源和商业模式。

3）5G为网络化制造的内部纵向协同提供制造基础设施和支撑环境

网络化生产制造的内部垂直纵向集成是指在工业互联网制造商边界内，需要由多个制造系统执行的生产过程之间的相互协作。在高度定制化、可变更的生产时代，产品的研发与生产依赖最佳的、高效的工业过程，而产品的配套服务需要灵活的设计制造基础设施和支撑环境，以便适应生产过程中各种服务要素的完全集成。例如，新的、个性化的用户需求，可以与所设计和提供的、新的产品服务相匹配。然而，这些服务不仅是在实体产品制造完成时就能提供的，也可以是产品已经交付给客户之后才具备的服务，因此就需要一种新的联系产品制造商的各个基础设施环节的技术方法，而 5G 恰好提供了这种能力。

4）5G 为整个产品生命周期的端到端集成提供技术可能性

5G 从产品性能到用户参与度，全方位提供了端到端集成的技术可行性，而这种端到端的集成，是指在整个产品生命周期过程中的集成，目的是构思、设计、构建、交付和处置业务需求所需要的产品和服务。产品服务系统的建立使得与客户或用户的联系更加紧密：客户的输入和反馈是以不同的方式获取的（如消费习惯捕捉、引导培训、电子表格反馈、用户社区等），从以产品为中心的组织转变为以产品服务为中心的组织的一个关键方面是，通过先进的通信网络基础设施支持充分且广泛的服务内容，客户关系从简单的交易转变为长期合作关系。通过智能化和服务化，并在通信网络基础设施的支持下，产品制造商可以了解用户或公司使用其提供的产品的模式。这些信息是非常有价值的输入，制造商可以依据这些信息重新设计其产品或推动产品的迭代更新完善。通常商业创新需要缩小与产品最终用户的差距，将智能工厂结合其生态系统的下一个层次进行分析考察，则需要设计满足新的工业级需求的服务水平协议（SLA）。

5G 技术对工业互联网的支持，主要体现在以下方面：

- 高度可靠的无线通信系统，将移动机器人、AGV 小车等集成到闭环控制过程中。
- 有线和无线网络技术无缝混合形成高效管理网络，实现工厂连接资产的统一管理。
- 网络切片产生的制造流程创新，提供新的网络化的服务。

5G 技术将作为支持所有通信场景、提供移动性特征和无缝服务体验的统一平台发挥关键作用，5G 技术的这一作用非常符合 5G 自身的目标，即将网络、计算和存储资源整合到一个可编程和统一的基础设施中。这种统一特征将允许持续优化和更动态地使用所有分布式资源，并融合固定、移动和广播服务。5G 研发企业愿景中的 5G 平台，需要将无线接入与有线工业以太网连接起来，还将包括边缘计算、云平台、本地网关、大数据和分析、物联网管理等组件。此外，广域网、局域网和个人区域网之间的界限越来越模糊，形成这些领域之间的无缝交互。

2. 5G 与工业互联网融合的关键技术

为满足工业互联网发展的需要，5G 技术需要遵守特定行业（其应用行业）在时间和空间、异构性、安全性、网络基础设施要求及网络性能和服务管理方面的要求。5G 社区可以在提供统一的技术构件方面发挥重要作用，支持制造商通过高度连接的生产链实现显著的效率提升。

（1）面向工业控制场景的时间敏感和高确定性5G通信技术。时间敏感方面的要求因行业和工厂的具体设置而异，很多行业中已经定义了用于实时通信的通用标准。通常，过程自动化行业（如石油和天然气、化工、食品和饮料、发电厂等）需要大约100ms的循环时间，工厂自动化（如汽车生产、工业机械和设备、消费品）的典型周期时间为10ms，运动控制应用（印刷机、纺织品、造纸厂等）设定了最高要求，要求周期时间小于1ms，抖动时间小于1μs。虽然目前已有的有线系统是为满足这些需求而设计的，但要实现无线通信条件下的相同确定性通信行为能力却面临很多方面的挑战。对于移动应用而言，这种确定性的无线数据交换能力是能够将机器人和可穿戴设备集成到闭环控制回路中的关键因素。除了产生可管理的服务质量（QoS）要求的时序要求外，还存在其他特定的、多方面的应用需求：可运行时更换的设备（热交换、热连接），而且不会影响通信和应用程序计划的网络同步操作过程；除了严格的延迟要求外，在智能制造业中最为重要的是，在预定义的时间间隔内确认对时间要求较低的数据的传输，并需要使用经过确认的通信服务，IEC 6115818和IEC 61784规定了此类网络的基本原理和特点。

（2）工业互联网多样化、异构特性的兼容技术。除了不同的时间和环境因素之外，5G与工业互联网融合的主要挑战之一是异构性，主要表现在：

- 同一种技术的不同媒介（铜质、光学、无线电）。
- 不同的控制网络技术（现场总线、工业以太网、工业无线、IT网络）。
- 不同的协议和服务（同一介质中的实时协议和尽力而为协议）共存问题。
- 不同供应商的网络组件、互操作性问题。
- 不同的实现平台（包括标准IT系统和操作系统、遗留或型号老旧的自动化组件、嵌入式设备和物联网组件）。
- 不同的处理和管理概念、工具。

工业互联网中的无线通信系统将变得越来越多样化，并且随着多种不同的移动设备频繁地进入和离开单一的无线通信域，还将经历不断变化的过程。工业互联网中的5G技术需要适应这些不断变化的异构环境，优化所有可用设备的可用频谱的使用，而不破坏无线设备之间的资源访问公平合理性。在技术层面，需要通过软件定义的网络接口和可重新配置的天线，对无线电（PHY和MAC）进行重新配置，并具有实时交换协议的能力，以及具有利用无线通信网络的传感器协议的设计特性。在更高的层次方面，需要能够从语义层次描述其功能的即插即用协议，并且无须人工配置，可以适应一系列异构的、受限于特定制造业的协议套件。在产品生命周期的不同阶段（从设计和规划、装配、调试、操作和维护到拆卸）管理异质特征的不同方面，需要不断引入一些新工具，进而增加研发成本。而5G技术则可以在整合和简化对许多工具的需求方面发挥关键作用，同时将可以明显限制对新工具的需求，有效控制产品成本投入。

（3）功能安全与信息安全技术的不断演进。5G 与工业互联网的融合应用过程中，需要避免任务关键流程中的新漏洞，这些漏洞可能会影响机器的总体必要的正常运行时间和吞吐量，信息安全成为互联化的智能工厂的另一个关键要求。一般情况下，资源受限、连接状态中的工业传感器和组件无法执行充分的加密和解密算法。因此，在工业互联网中，通常使用“域”的概念，即定义物理和逻辑访问受限且内部通信未加密的区域，但必须确保整个区域中的系统的一致性。然而，与 IP 互联网络相比，有关信息安全性目标的权重却不同，系统的可用性是最重要的目标，其次才是完整性和保密性。由于工业互联网的异构性，在其中部署充足的信息安全防护措施非常困难，并且组件的分布式部署（一个数字化工厂内多达数万个节点）也给安全管理提出了挑战。而关于功能安全，遵守 IEC 61508 等标准中规定的安全完整性水平也存在挑战，此外，工业制造厂商对所有机器和设备在各种环境条件下的正常和安全运行有特殊要求。因此，新技术需要符合气候条件（灰尘、湿度、温度等），机械条件（冲击、振动等）和本质安全条件（例如，限制功耗以避免爆炸）要求。

（4）工业信息与通信网络基础设施的跨代升级技术。5G 提供一个统一的基础设施，可以整合制造商使用的不同通信技术。智能工厂需要各种通信基础设施支撑工厂内部的分布式室内通信，以及支持与连接的货物、连接的运输车辆、远程诊断控制中心、客户、供应商的远距离室外通信。考虑到恶劣生产制造环境下的室内通信，有必要增加 5G 信号覆盖范围，以实现恶劣的、金属化的工厂区域的无线通信。需要设计解决方案，以尽量减少对网关和其他昂贵的通信基础设施组件的需求，同时优化无线节点的覆盖范围、可用性和灵活的重新配置能力。此外，需要智能技术监控无线通信介质和防止网络性能下降。对于室外通信，对该网络的主要要求涉及现有通信基础设施的成本和再利用问题，以及无处不在的覆盖范围和性能保证。鉴于自动化制造业的关注重点是正常运行时间和提高生产吞吐量，因此需要一个符合超高服务级别要求的通信网络基础设施。而在智能工厂相关控制通信的任务关键性特征方面，还要求网络基础设施不完全由外部合作伙伴管理（例如，电信合作伙伴或网络平台运营商）。5G 和工业互联网融合需要新的解决方案，促进工业产品制造商自身（或共同）具有对通信网络的管理能力，在网络质量可能影响生产效率的情况下，让制造商能完全控制备份网络的切换。网络切片（Network Slicing）、软件定义网络（SDN）和网络功能虚拟化（NFV）等概念是 5G 中的重要组成部分，将构成工业互联网时代制造商之间相互沟通的通信基础设施。此外，还需要制定一条智能转型路径，以便随着时间的推移，将现有的相对独立的工业通信基础设施迁移到未来的融合型基础设施。采用进化式的方法比“大爆发”式的调整更有可能实现，但需要跨越以下领域开发互通性：

- 工业固定和移动的无线接入技术。
- 通用工业 IT 技术，自动化信息与通信技术融合的基础设施。

- 宏观层面的跨公司、公司内部云与本地私有工厂云的协同，包括跨域的资源管理/控制协调，确保所需的QoS。

（5）人工智能在生产制造控制服务中的深层次应用。分布式传感器、机器、零件、货物、车辆等的集成，增加了管理由所有这些计算和操作资源收集的数据的复杂性，而不只是提供高性能的连接能力，5G应用于工业互联网也将可以通过网络化服务支持数据和应用程序的管理。可以部署提供“机器学习即服务”“语义互操作性即服务”“协议转换器即服务”的网络组件。这种虚拟化的网络化能力将有助于制造商管理和持续优化生产工厂的分布式智能。5G融合工业互联网时代，人工智能特性通常在制造执行系统、PLC控制器、SCADA控制器、本地控制系统等之间传播。但目前人工智能在工业互联网的各个层面应用进展缓慢，原因在于缺少将人工智能组合到数据驱动工作流中的接口技术，阻碍了数据分析服务的快速部署，而数据分析服务可以推动更快的转换、更优化的生产调度程序和更少的系统停机。大量的新数据源需要新的决策引擎，这些决策引擎可以灵活地决定需要在哪里处理原始数据。将大量原始数据发送到远程数据中心可能会导致非常昂贵的经济和时间成本开销，而与此相反，本地/边缘位置的数据预处理和过滤器的解决方案有助于管理整个数据流，网络嵌入式大数据技术将成为允许实时数据处理的有利因素。

1.3 工业互联网技术发展趋势

工业互联网连接机器、云计算、控制和管理人员，以提高工业流程的效率，借助工业互联网，工业制造企业可以将整个流程数字化，改变商业模式，在降低成本的同时提高生产效率。例如，在传统条件下，生产制造设备维修的方法一般是在问题出现后解决问题，工业互联网时代是预测性维护，通过大量工业传感器采集数据，然后利用人工智能技术预测问题将产生的位置，并提前对问题进行处理。工业互联网将有助于改进生产制造的业务流程：资产跟踪、数据收集、构建业务模型等。工业互联网解决方案的突出优势在于，允许制造企业将操作人员排除在生产中的危险操作之外，或摆脱日常值守型操作活动，允许操作人员远程控制机器设备。特别是在类似2020年全球新冠肺炎疫情大流行的背景下，工业互联网可能成为全球制造业确保生产和业务流程连续性的重要因素之一。在拥有大型机床群的制造企业中，工业互联网技术的使用明显增加。工业互联网成功地帮助制造企业解决完全不同的生产类型任务的高效执行问题，而且，随着全球化生产制造的发展，跨国企业对于解决离散生产制造中的资产性能监测和预测诊断等复杂任务的需求越来越大，而同样重要的是，可以从各种细分制造过程中促进制造商和用户的相互理解。目前，工业互联网在能源领域应用最为广泛，因为在能源领域首先引入了新的解决方案，工业互联网在运输业和机械工程中也逐渐呈现出积极应用的趋势。此外，工业互联网在医疗、石油、天然气等行业具有良好的发展前景，并在规模化生产方面具有旺盛的需求。工业互联网的发展潜力非常广阔，随着时间的推移，越来越多的行业将使用这些技术。未来工业互联网技术的发展将呈现以下趋势。

1）工业互联网将在全球范围内广泛实施

未来，工业互联网将超越试点项目，开始在全球范围内实施。在过去的几年里，许多世界 500 强公司，如日本三菱，已经尝试过工业互联网项目。大型跨国公司的工业互联网项目的实施通常从局部一个工厂开始，逐渐把开发规模扩大到全世界几十家或几百家工厂。美国的星巴克咖啡就是一个典型例子，该公司利用神经网络技术调整营销策略，吸引消费者，人工智能技术根据年龄和偏好将消费者分类，为消费者提供了一种非常个性化的口味偏好，其效果很显著，在应用该技术后的短短一年时间里，星巴克咖啡的利润达到了 25.6 亿美元。

2）区块链和机器学习将推动工业互联网的发展

由于存在数据泄露的风险，公司可以专注于创新的安全数据交换技术，如区块链的推广使用，而且，越来越多的公司将使用机器学习模型预测和防止服务中断。机器学习将变得更加自动化，公司将把越来越多的资源和资产连接到云制造平台，集成云和工业互联网设备以实现更有效地处理数据。

3）5G 与边缘计算结合应用于工业控制

5G 具有低延迟、高安全性和定制化网络特征，以及人工智能和机器学习能力，使智能工厂能够充分利用传感器和现场测控装置进行资产监控和自动化进程，这些能力大部分发生在内部，但也越来越多地发生在云端。工业互联网平台可以与超大规模数据中心［如 Amazon AWS（亚马逊提供的专业云计算服务）、Microsoft Azure（微软基于云计算的操作系统）］集成，形成支持 5G 的工业互联网生态系统。为支持时间延迟敏感的工业应用程序在 5G 网络边缘位置的应用，亚马逊和 Verizon 联合宣布推出“AWS 延伸项目”。通过将 AWS 基础设施的一部分嵌入 Verizon 的数据中心，将缩短数据从现场控制设备到 AWS 云的过程。微软也推出了 Azure Edge Zones，并收购 Approveded Networks，目的是将基于云的 5G 网络产品推向市场。随着 5G 技术逐渐成熟，“网络边缘”可以作为超大规模数据中心、运营商和工业互联网提供商之间的创新热点，为工业自动化现场控制提供对延迟敏感的工业互联网应用程序的兼容支持。

4）虚拟现实、增强现实和混合现实

虚拟现实、增强现实和混合现实可以通过多种方式应用于制造设备，包括产品设计、生产线开发、推动设备综合效率改进、技术升级和工程支持、用户培训、团队协作、库存管理等。同时，这些技术也将有助于提高企业的效率。一个典型应用场景包括使用增强现实和虚拟现实设计新的生产线或产品，在现实世界的产品原型或生产开始之前在虚拟世界先进行优化和完善。另一个应用场景是工程师使用混合现实技术在生产线上的专业机器中提供远程工程技术支持，在这种情况下，用户的设备和操作使用工程师可以和位于世界另一端的技术支持工程师进行更生动直观的交互。

5）面向智能制造场景的数字孪生技术

数字孪生技术是一种新兴技术，将成为智能制造企业中越来越重要的工具。数字孪生体是物理对象、过程或产品的精确虚拟复制品，并可以实时更新。这项技术在制造业中的应用意义深远，在未来的制造场景中，设备制造商只需要拥有一个设备产品或者整个生产线的数字孪生体，而不需要完整的制造过程要素，工程师就可以在孪生体中运行模拟产品制造过程，并基于人工智能技术开展故障预测、规划运维计划、提高生产设备的综合效率等。

6）生产制造全流程数字化

数字化有时称为数字转换，涉及在生产制造过程中使用数字化技术，或将自动控制企业本身转变为数字化企业。在制造业中，数字化意味着要整合上述许多技术要点，方便系统和设备在企业的每个过程、链、单元、部门和设施中都实现数字化。工业互联网设备产生的数据量将呈指数级攀升，工业数据处理上云将成为趋势。工业互联网技术将与云计算技术一起发展，形成工业云平台，工业互联网用户可以更容易地将其嵌入生产制造业务流程，并接收可靠的数据。此外，增材制造/3D 打印技术也将应用于更多种类型的产品加工过程，且越来越成熟。

7）越来越多地使用协作机器人（cobot）

协作机器人（cobot）是一种设计用于与人类操作工人协作的机器人，通常的形态是小型机械臂，对工作人员和周围操作人员而言是安全的，不需要防护栅栏。普通制造企业很容易编程、维护和重新部署协助机器人，而且协助机器人仅作为操作人员的工具，而不是代替人工的设备，使自动化企业能够控制自己的自动化流程。研究机构预测，协作机器人市场将在 2025 年实现 100 亿美元的规模。工业互联网时代的协作机器人更实惠、更安全、适应性更强、更紧凑。协作机器人为制造商创造了改进生产线的机会，在保证员工安全的同时提高了生产率。

8）小批量多批次混合制造

工业互联网的许多技术，使得终端用户、制造商、供应商、销售商等可以共同参与产品全生命周期中的很多环节，将意味着越来越多的公司可以考虑小批量和多批次的混合生产制造。工业互联网为制造企业的生产能力创造了新的机遇，可以竞争客户范围更广的订单合同，还可以为客户提供个性化产品定制选项的可能性，不仅增加了价值，而且创造了新的商业机会。

9）XaaS 的兴起

随着云计算在工业制造领域变得越来越普遍，一切皆服务（Anything as a Service，XaaS）商业模式也越来越流行，XaaS 背后的基本原则是，与传统的软件许可模式相比，企业可以通过订阅或现收现付模式，为客户提供更好、更具成本竞争能力的解决方案。XaaS 已经不再局限于云计算，而是正越来越多地被用于定义所有基于服务的商业模式，从制造即服务、产品即服务，到运输即服务（Uber 和 Lyft）和购物即服务（Trunk Club 和 Stitch Fix）。客户的需求在不断变化，制造企业必须相应地适应。虽然合同制造一直是一种服务，但数字化正在改变产品的设计方式和合同制造商生产这些产品的方式。这些变化致使制造业即服务业的扩张，企业可以利用制造业基础设施的共享网络，从机器和维护，到软件和网络等多个角度生产新的产品形态。

10）智能供应链技术迅速发展

人工智能、普适计算及区块链技术正在促进智能供应链技术的出现和发展，人工智能和机器学习为智能、自主的供应系统提供了动力，这些系统可以简化供应链任何阶段的流程。无处不在的连接和计算正在改善整个供应链的通信，区块链将提供更大的透明度和信任。智能供应链实现了供应、需求和履约之间的无缝同步，提供了整个供应链和制造运营的实时可视性，同时促进了协作，还可以改进预测能力，优化库存水平，提高运营效率，节省时间和资金。

11）先进材料产生新机遇

机器人、传感器和普适计算技术的突破不仅影响了产品的制造方式，而且影响了制造产品所用的材料。未来的先进材料将包括超强复合材料、超级合金、可以自我“治愈”的生物材料、高凝固性材料等。性能卓越的计算机建模工具，使新材料生产制造企业能够以比传统研发试验更有效、更具成本效益的方式，设计出更具定制化、精确化特性的材料。例如，国外一些研究机构已经能够利用二次离子质谱法研究氢原子如何扩散到钢中，从而探测出任何形式的缺陷，并开发出强度更强的产品。

第2章　工业互联网的脆弱性和安全威胁

2.1　工业互联网的脆弱性

工业互联网将互联网设备引入工业自动控制系统，并在能源、交通、医疗保健、公用事业、城市、农业和其他关键基础设施部门开展业务，将以前存在一定应用障碍的信息技术（IT）和操作技术（OT）网络之间建立更为紧密的联系。虽然这些互联网设备的引入创造了新的效率，提高了性能，提高了生产力，增加了盈利能力，但也给工业互联网引入了新的安全脆弱性和安全威胁。工业互联网是一个系统体系，单个工业互联网系统的体系结构由不同的层组成，每层都执行不同的功能，具有独特的操作特性，并且依赖系统其他层的不同设备和通信协议。由于这些不同层次和功能的独特性，与它们相关的脆弱性和威胁也不同。大型制造企业或组织内部的多方面相关人员都会参与工业互联网的组织、规划和实施，其中一些可能是经验丰富、知识渊博的技术专家，但有相当一部分人却不是。先不考虑技术知识背景如何，要充分认识如果恶意攻击者利用这些漏洞可能造成的灾难性后果，至少需要对工业互联网各层和各子系统相关的安全漏洞和威胁有一定的了解。

数十年来，传统工业过程及其运行的工业控制系统在很大程度上得到了保护，事实上，这些系统通常是专属自动控制系统，其大部分或全部硬件和软件组件，都由同一个制造商设计、生产和集成；并在与其他网络物理隔离的封闭操作网络环境中运行；而且这些专门的自动化控制系统的设计初衷，并不支持云通信，甚至支持双向通信的开放网络连接并暴露在互联网上。然而，上述三个特征都是工业互联网的核心。

在分析工业互联网安全威胁之前，先讨论一下工业控制系统的安全威胁。工业控制系统是从电力和供应水系统到制造业和运输业等关键基础设施网络的中枢神经系统，传统观念认为工业控制系统不太容易遭受网络入侵（但并非免疫），因为它们在以往相当长一段时间内是封闭的，是基于专有控制协议和专用硬件及软件的独立系统，并且不连接互联网。传统工业控制系统的信息安全问题不突出，较为明显的原因是其模糊性。但一旦工业过程中增加了具备互联网功能的设备，这种情形将迅速发生变化，无论是工业控制系统设备制造商还是系统操作员，都不能再将模糊性作为工业控制系统安全的“挡箭牌”。工业操作高度复杂的性质，加上控制过程的高容量输出，使其成为整合新兴工业互联网技术的最合适的环境，原因在于这些技术在降低成本的同时，提高了生产效率和生产力。然而，随着用于工业控制过程的、低成本的、基于互联网协议（IP）的工业互联网设备激增，并引入以往独立的工业控制系统，这些工业控制系统遭受网络攻击的脆弱性也显著增加。工业互联网的一个核心信息安全挑战是长期分离的 IT 和 OT 网络通过互联网连接起来，常见的 OT 网络包括专有工业控制系统、监视控制与数据采集（SCADA）系统、分布式控制系统（DCS）、远程终端单元（RTU）、可编程逻辑控制器（PLC）、制造执行系统（MES）、生产线机器人、设施管理和楼宇自动化系统。传统工业控制系统的脆弱性主要体现在以下几方面[9]。

- 体系架构脆弱性：操作网络与现场网络之间的弱隔离，SCADA 系统的活动组件之间缺乏认证，缺乏网络负载均衡和冗余备份。
- 安全策略脆弱性：补丁、防病毒和访问控制策略定义不完善。
- 软件脆弱性：各类控制软件、应用软件中存在的漏洞。
- 通信协议脆弱性：协议设计初期未考虑保密和验证机制。
- 策略和流程的脆弱性：不适当的信息安全策略和信息安全架构，信息安全审计机制缺乏。
- 平台脆弱性：工业操作系统、工业软件和微型控制装置的固件等错误配置或操作引起的脆弱性。
- 工业控制系统网络脆弱性：现场总线网络或各种专用通信网络缺陷、错误配置和不完善的网络管理过程导致的脆弱性。

当一套独立的工业控制系统由一个制造商完全生产时（如 ABB、Honeywell、Yokogawa、Siemens 等），其通信协议将是该特定设备制造商的专有、专用协议，因此，对这样的系统实施网络攻击，攻击者不仅需要获得专有的工业控制系统软件的副本，还要学习掌握其特定的工业控制及工艺流程知识，才能开发出对该系统有效的恶意软件，但同时也需要发现并利用一个访问机会来传播恶意软件。工业互联网的出现从根本上改变了这种状况，与专有或单一来源的工业控制系统设备相比，工业互联网设备和系统已经由越来越多的制造商协同提供，为了使这些不同厂商的工业互联网组件和设备在同一工业企业中发挥作用，不同制造商生产的硬件和软件组件必须能够成功地相互集成和通信。因此，在工业互联网的技术供给侧，基于标准的互联互通技术发展动力强劲。然而，随着工业协议的标准化程度越来越高，工业网络越来越容易受到网络攻击的影响，而且这些攻击行动可以使用更通用的、极少或不用修改的、可以针对许多不同的工业过程进行攻击的恶意软件实施，互联互通性的增加意味着脆弱性的增加。

网络安全和数据隐私问题是发展工业互联网技术面临的主要问题，这一点在全球工业界已经形成共识，相关的研究和分析报道材料很多。虽然将具有互联网连接能力的设备引入工业控制过程是工业互联网的一个较为明确的特征，但工业互联网的一些特殊之处，使得对工业互联网系统安全性的思考不同于传统互联网的安全性。这些特殊性来源于工业互联网系统的体系结构，和与设备相关的漏洞，以及各种设备之间在不同工业互联网层次的通信。大规模工业生产控制操作非常复杂，依赖多个系统近乎恒定的可用性和可靠性，每个系统都由多个制造商生产的无数组件和模块组成。除此之外，在工业互联网系统不同层次中执行的不同角色和功能，意味着不可能有一劳永逸的安全解决方案。相反，适应特定工业领域或场景的网络安全防护方法变得十分必要。关于工业互联网的架构，目前存在不同的观点，且构建于特定的应用场景中（如定制化设备制造、可复用的生产机器研制、小批量加工工具研发、智能汽车产线生产、智能建筑施工等），如第 1 章所述，工业互联网联盟在其最新发布的工业互联网参考体系结构中，描述了一个由边缘层、平台层、企业层组成的三层工业互联网体系结构。不同工业互联网体系结构虽然存在一定差异，但其功能层次的安全漏洞具有共性特征，可以从功能视角研究工业互联网的脆弱性，即识别由于工业互联网系统中某些功能的特殊性质和特定条件，而存在的安全威胁和漏洞。工业互联网的脆弱性存在于边缘层、无线传感器网络、网关、中间件、SCADA 和 PLC、分布式存储系统、云计算技术和互操作性中。

1）边缘层脆弱性

工业互联网的边缘层区域某种意义上等同于工业现场控制域，如果将工业互联网系统比作高速公路大道，边缘层就是高速公路中的橡胶与道路的交汇处。在边缘设备中，传感器进行测量，执行器是电子自动控制的部件，传感器和执行器的非常规变化，将会导致设备中发生某些意外动作，如打开或关闭阀门。边缘层由机器、物理传感器、执行器、控制器、智能和连接的边缘节点组成，可以通过有线或无线连接，无线连接通常为蓝牙、WiFi、NRF（2.4～2.5GHz 单片射频收发通信）或 LiFi（可见光通信），收发器可以转换数据协议或在不同类型的通信数据之间转换，边缘层级的通信控制网络又被称为机器和机器（M2M）的通信，并且与互联网连接极少。机器和机器的通信或设备之间的直接通信，无须人工干预，可以通过越来越多的通信协议进行有线或无线传输。许多工业互联网边缘设备部署在所谓的低功耗和有损网络（Low Power and Lossy Network，LLN）上，LLN 的计算能力、内存和能量都非常有限。由于其在工业过程中的作用，边缘设备可能是无人值守的，并且可以远程部署在工业操作的边远地理范围内，典型例子是在天然气远程输送管道上安装的流量监测装置。在工业互联网的边缘区域，对传感器、执行器、控制器和其他边缘设备的最大安全威胁不完全是网络，而更可能是电子的或动能干扰，这些干扰是损坏、瘫痪、破坏或摧毁设备的物理攻击。虽然很多关于工业互联网安全的研究都关注网络攻击的风险，但对电子攻击和动能攻击的威胁重视不够，尽管工业互联网物理边缘的设备由于其远程部署和相对不可访问性而极易受到物理攻击。

2）无线传感器网络脆弱性

无线传感器网络（WSN）代表工业互联网系统中边缘层的一个定义特性，在工业互联网系统的最底层本质上是一个集成了无线传感器的网络，该网络提供了工业生产控制的全环节透明性和对地理分散区域的复杂工业操作状态的掌控能力，如在石油、天然气管道的场景中，生产控制流程可能涉及数百千米的地理分布。在一个特定的工业互联网系统中，可能有数百个，甚至数千个小型的、分散的、低功耗的传感器，用于工业质量、状态控制、交通监控、野生动物监测、灾害应对、军事勘察、智能建筑、战场审查、森林火灾探测、湿度记录、洪水探测、温度记录、压力监测和配电区域内光照监测等多种用途。诸如 ZigBee、蓝牙低能量（BLE）和基于低功耗无线个人区域网的 IPv6 等通信技术的进步，是使无线传感器网络能够作为工业互联网系统的一部分发挥作用的关键因素。造成 WSN 脆弱性的因素包括：许多无线传感器网络设备使用开放的无线信道，加上传感器节点的功率、计算和内存限制，使得 RSA 等公钥密码算法不适合在无线传感器网络环境中使用。典型的 IP 互联网安全措施，如加密和数字签名，并不适用于低功率/低带宽的工业互联网边缘层设备。虽然工业无线传感器网络中的传感器、执行器和控制器等，通常不如工业互联网系统中的其他装置和设备复杂，但这并不意味着它们不重要。例如，如果一个炼油厂中控制多个阀门的智能传感器发生故障，可能导致涉及其他设备的连锁反应，从而导致整个系统故障。

无线传感器网络可以成为被动或主动网络攻击的目标。被动攻击包括监视和窃听、假冒、节点捕获和欺骗。针对无线传感器网络的主动攻击类型包括 sinkhole 攻击、感应数据攻击、黑洞攻击、灰洞攻击、伪造路由、干扰、选择性转发攻击、虫洞攻击、“Hello flood”信息泛洪攻击。针对无线传感器网络的被动攻击和主动攻击通常都需要近距离访问目标设备。例如，执行“Hello flood”信息泛洪攻击的恶意行为攻击者，将在目标网络的通信范围内使用更强大的无线收发器，并产生大量“Hello”包。被动攻击与主动攻击一样令人担忧，部分原因是成功的被动攻击可以引发后续的主动攻击，例如，节点捕获不仅使攻击者能够捕获加密密钥和协议状态，而且还可以恶意复制其捕获的数据，进而模仿控制网络中的合法设备进行欺骗和其他恶意攻击。

3）网关脆弱性

无线传感器网络设备之间使用非 IP 通信协议进行通信，来自边缘的原始数据通常不会被聚合，而是会未经处理地被传递到工业互联网系统的更高层次网络中。这些边缘数据的传递过程将通过网关实现。工业互联网的网关包含基于现场总线的接口、协议和数据采集及处理功能，最重要的是网关提供协议数据转换能力，可以对各种工业控制协议进行适配。而工业互联网生产控制现场的通信过程非常强调实时性、低时延，因此这种协议转化过程几乎不设任何安全防护手段，已有的加密、访问控制手段很难应用于工业控制现场共存的多样化控制协议网络环境中。因此，从网关一侧的恶意报文、嗅探报文、重放报文甚至攻击包等非常容易映射到网关另一侧，成功实现跨网、跨域的嗅探和攻击，也就是“穿透”攻击，并且很难被检测和发现。

4）中间件脆弱性

在工业互联网系统中，中间件是连接操作系统或数据库及其应用程序的软件，工业互联网系统中使用的中间件有时也被称为“雾计算”，因为其存在于系统操作员和云端之下，但位于边缘层设备之上。工业互联网的网关存在于雾计算层中，参与雾计算层的上下两层之间的互通。工业互联网系统中所有设备生成的数据量非常惊人，将所有这些数据信息聚合到云端，将在存储、计算和电力方面产生非常昂贵的开支，这就是雾计算产生的基本需求。与云计算一样，雾计算也用于在工业互联网系统中存储和共享数据，但其位置更靠近工业互联网系统中的数据源，并具有足够的延迟，使得针对更接近工业边缘的时间敏感数据进行高效处理成为可能。工业互联网中的雾计算的六个主要功能是：①高性能实时工业大数据挖掘；②从多种类型的工业现场传感器、机器人和机器进行并行数据采集；③快速处理感测数据，在可接受的延迟内为执行器和机器人生成指令；④通过必要的协议转换和映射连接不兼容的传感器和机器；⑤解决系统电源管理问题；⑥数据结构化和过滤等预处理，以避免向控制核心和云端发送不必要的数据。

但工业互联网中的雾计算，必须面对的脆弱性主要来自软件、数据和元数据，以及计算、网络和存储资源与服务。工业互联网中的雾计算节点存在物理暴露和安全边界的开放性，因而威胁将产生于物理安全、通信安全、计算安全等方面。此外，在工业互联网发展过程中，从节约成本开销考虑，原有的老旧遗留应用将会对现有的计算和存储设备进行复用，然而遗留设备在设计时没有考虑开放雾计算相关的安全防护机制，难以简单地用叠加防护设备的方式确保安全性；异构协议和操作流程之间一般不会考虑安全通信加固机制，容易遭受欺骗和重放攻击，需要重新设计。

5）SCADA 和 PLC 的脆弱性

工业 SCADA 系统是生产制造控制系统的中枢神经系统，操作人员坐在控制中心机房的控制台前，以图形化的系统动态运行表征过程为基础，使用 SCADA 硬件和软件监视、管理和控制工业生产过程。传统的工业 SCADA 网络依赖其专有协议的使用和与其他协议的分离，提供安全的网络。制造业企业面临针对工业 SCADA 系统中常见的 Modbus、DNP3 和 IEC-60870-5-014 协议的攻击，在工业互联网时代，由于支持互联网的工业控制设备被整合到工业过程中，随着制造业越来越多的基于 IP 的信息物理系统的发展趋势，漏洞将随之增加。轨道交通控制系统、智能配电管理系统等工业互联网系统中包含的 SCADA 系统，由可编程逻辑控制器（PLC）的下位机控制器、PLC 与远程终端单元（RTU）、人机界面（HMI）和现场总线系统集成，并构成 SCADA 系统的主体。最早于 1968 年出现的 PLC 系统彻底改变了工业控制过程，在此之前的自动化工厂依靠专用控制器、继电器和固定电路来实现生产过程的自动化控制，定期更新这些装置将耗费大量的人力、物力和财力，PLC 负责工业过程中的命令分解。例如，如果一个局部电网需要在整个电网中减少 100MW 的负荷，PLC 会将这个原始命令分解成整个电力控制网络的一系列子控制命令，而针对 PLC 的攻击可以通过多种方式进行。网络入侵可以针对 UDP、TCP、SIP、DNS 和 FTP 等通信控制协议实施，与 PLC 相关的一个已知安全脆弱性是命令分解攻击，一种方法是攻击者通过恶意篡改已分解的命令，从而以攻击者恶意期望的、非正常的方式操纵控制过程；另一种方法是在设备被引入目标系统之前将恶意代码植入，许多研究分析认为，这种方法就是 2010 年震网病毒（Stuxnet）攻击伊朗铀浓缩设施中，针对控制离心机的西门子 PLC 的攻击手段，而那个设施本身并没有连接互联网。

6）分布式存储系统的脆弱性

工业互联网时代，大型制造企业更趋向于从传统的现场数据存储模式迁移到在线存储解决方案。分布式和网络化存储技术的发展促使工业互联网系统可以处理非常庞大的数据集，同时实现系统的可扩展性。工业互联网系统生成并采集、分析、处理和存储大量生产制造数据，分布式存储使应用程序能够在云端运行，大量的数据上传和存储在云端。促进分布式存储系统［如 Hadoop 分布式文件系统（HDFS）］产生的原因包括存储成本的降低与带宽容量、计算能力和存储容量的增加。分布式存储系统的一个明显缺点是，为潜在攻击者提供了多个攻击对象。对几起网络攻击事件的研究分析表明，分布式和网络存储系统已成为恶意行为者非常有价值的攻击目标，因为有价值的数据往往就在其中。通过主动攻击、被动攻击、拒绝服务、伪造、重放和流量分析等技术，恶意入侵者可以攻击分布式存储设备、系统、相关应用程序和网络。

7）云计算技术的脆弱性

在工业互联网技术出现之前，云存储作为本地存储的一种经济高效的替代方案，且无须自己执行硬件升级、软件更新、专用数据库管理员等，吸引了许多公司的关注。虽然云在工业互联网中扮演着中心角色，但其主要的安全脆弱性是工业互联网系统运营商将保护数据安全的责任转移给云服务提供商（CSP）。如表 2-1 所示，世界范围内的云服务提供商在数据安全方面已发生多起安全事件。

表 2-1 云服务提供商导致的安全事件

时间	云平台入侵事件
2013 年	云计算笔记应用 Evernot 遭到黑客攻击，约 5000 万名用户信息泄露
2014 年	苹果公司 iCloud 存在的漏洞，导致包括名人在内的大约 500 张私人照片被泄露
2016 年	5 亿个雅虎账户遭黑客攻击
2016 年	世界反兴奋剂机构的数据库被俄罗斯“花式小熊”组织入侵，大量机密医疗数据被公开曝光

（续表）

时　间	云平台入侵事件
2016年	俄罗斯Cozy Bear和Fancy Bear组织的针对6万封私人电子邮件的大型网络钓鱼行动，其中包括美国民主党高层的邮件
2016年	针对Dyn的DNS（域名系统）基础设施的严重DDoS攻击，包括Twitter、Netfix和Reddit等公司都遭遇服务中断
2016—2017年	玩具公司宠物云的数据库遭到攻击，大量用户私人数据信息被泄露
2017年	Cloudflare是世界上使用最广泛的CDN服务商，由于其HTML解析服务器的一处内存泄露Bug，导致访问使用Cloudflare CDN服务的网站的用户，诸如Session等安全信息被泄露并出现在其他不相关的访问者的页面中，并有可能被搜索引擎缓存下来
2017年	谷歌网络钓鱼诈骗使100万名谷歌文档云存储用户受影响

云计算不仅用于数据存储，而且越来越多地被用于软件应用程序、平台和虚拟基础设施。在工业互联网时代，SCADA系统也可以基于云计算实现，与基于云的SCADA系统相关的一个重大风险，涉及与远程受控设备的通信，因为这些通信可能是通过不安全的卫星或无线信道进行的。

8）伴随互操作性产生的脆弱性

与传统工业控制系统的大多数组件通常由同一制造商生产不同，工业互联网不仅代表融合，同时也包括由越来越多的大小制造商生产的网络物理系统、硬件和软件的同步。传统工业控制设备和工业互联网设备的另一个区别是通信协议不再是专有的，类似Raspberry Pi和Arduino这样的开放平台，以及Modbus、MQTT、REST、WebSocket等标准化协议，使得工业互联网设备制造商能够高效、便捷地构建可以集成到工业互联网系统中并在其内部运行的设备。开放平台和标准化协议有助于集成和操作不同厂商的工业互联网组件，大量使用开源的第三方功能组件、模块快速开发迭代新产品已经成为工业互联网产品开发的主流模式。而这种开放性和互操作性，产生了大量同源、异构和跨平台的软件套装或开发模块并应用于工业互联网中，同时也使恶意攻击者的攻击行动变得相对容易，原因在于开放组件、开放平台或开放协议中存在的漏洞，同样会在使用这种组件、平台或协议的多个系统中存在。并且，第三方开源模块中被恶意植入的恶意代码，经过数次调用或跨平台编译后有可能始终存在，于是极大地扩展了攻击面和影响产品范围。

2.2　工业互联网面临的威胁与风险分析

2.2.1　工业互联网面临的人员威胁与风险

全球信息安全专家普遍认为，对信息系统的最大威胁是人，而不是技术本身。来自各方面的相关人员对工业互联网的威胁可以是外部的，也可以是内部的。外部威胁可能包括恶意攻击者、行业竞争对手和不怀好意的系统操作员。对工业互联网系统构成潜在威胁的外部恶意攻击者，不仅包括外国情报机构（FIS）的网络攻击行动，而且还包括有组织犯罪分子、恐怖分子、黑客组织和极端民族主义者，甚至是恶意攻击者个人。工业互联网系统和组件的制造商，可能因为未能充分设计和构建安全的工业互联网设备而造成安全威胁，或将安全性视为事后考虑而非核心要素在设计时考虑，甚至故意在产品中留下后门，以便将来能够秘密获取用户数据，并在系统操作员不知情或不同意的情况下将其暴露给第三方。另一个外部威胁可能来自安装了不安全设备的制造系统、心存不满的系统外部运维人员或合作伙伴、未能对员工进行充分的财产安全培训，或未充分审查或监督有权使用工业互联网系统设施和设备的承包商和其他第三方。

人员对工业互联网系统的内部破坏即所谓的内部威胁，可能是恶意的，也可能是无意的。恶意的行为人包括根据外国情报机构的情报披露的恐怖组织或间谍人员，以及对企业不满或情绪不平衡的离职员工。非故意的内部威胁是由其他忠诚的员工造成的，他们对安全规章制度的无知、疏忽或懒惰，无意中向恶意攻击者提供未经授权的访问权限，或者可能通过单击钓鱼电子邮件不小心触发了网络攻击。如果系统操作员或其他合法参与工业互联网系统的人员，无意中将敏感数据或信息暴露给未经授权的第三方，则可能导致敏感工业互联网数据的无意泄露。

但是，在工业互联网中还存在着一类特殊的威胁，即新旧设备处于共存或过渡状态产生的攻击威胁。在通信技术领域，企业或组织每隔三至四年更换一次通信网络设备，固定资产财务方面的折旧周期与信息和通信技术的更新进步周期同步，同时也与运行最新应用程序所需的适应和处理能力相匹配。而与信息和通信技术领域不同，工业互联网设备的技术更新和财务折旧周期可能需要很长时间。据权威资料报道，有的关键基础设施中运行的 RTU 设备可能已经运行了超过 35 年，现场控制设备运行超过二三十年在许多工业控制行业并不少见，而且“当一个工业控制系统处于正常工作状态时，不要轻易去碰它，更不要说替换”已经成为工业控制领域的常识性认知。一个很好的例子是，根据英国航空公司 2008 年的调查报告，英国伦敦希思罗机场的 4 号航站楼行李系统在软件升级后发生故障，导致机场遭受严重损失。然而，技术老化过时的工业控制系统在工业互联网时代应被视为一种潜在的威胁，因为处理和存储能力有限的陈旧技术无法运行更安全、更可靠的工业互联网应用程序［如将 Commodore64（1982 年的 8 位家用电脑）的计算能力与当前主流笔记本电脑的基本计算能力进行比较］。随着信息和通信技术在工业互联网领域的不断渗透，这类威胁变得更加突出。如今在净水装置、医院 X 射线和正电子发射断层扫描（PET）系统的控制、自动取款机和桥梁姿态的控制系统中，很容易找到基于 Intel 486 CPU 配置的 Windows XP SP1 系统。普通民众的家用电脑中已经淘汰多年的硬件系统和操作系统，目前却仍然 7×24 小时地运行在很多行业的工业控制系统现场测控设备中。其中的脆弱性问题在于，这类陈旧设备中已经应用的信息通信技术更新换代十分迅速，而工业控制设备本身的使用寿命却相对很长，因此不匹配现象非常突出。此外，依据遗留工业控制系统设备的兼容性标准，可能要求新一代的工业互联网设备不能启用安全功能，因为旧的设备有可能不支持安全功能所需的软硬件资源条件。可以将此类工业控制领域的遗留系统的脆弱性定义为：无法通过常规措施和技术完全保护的系统，因此对受控过程的连续性、完整性和机密性构成更大的风险。而且，应用于工业控制的生产系统的大型运维工作需耗费数年时间，因此生产控制企业的执行管理层很难决策同意为更换和升级遗留工业控制系统规划必要的预算，工业互联网信息安全方面的投资预算往往被列为最不急迫的花费。另外，许多工业控制设备在 20 世纪 60 年代被开发为基于晶体管板技术的专有单板硬件结构，10 年后或更长时间后安装的替换组件将无法在内部直接使用新技术，而更多的是利用现场兼容的接口进行互联互通。制造商可能已将新功能添加到组件中，而该功能仅在手册中有详细说明，需要连接服务器端并进行下载更新。例如，新生产的 PLC 可能包含一个基于 SoC（系统级芯片）的 Web 服务器，该服务器提供对 PLC 的用户友好访问界面、嵌入式电子邮件客户端、SNMP 代理和安全防护相关的资源，通过相应接口连接 PLC 的用户可以对 PLC 进行访问并获得控制权限，同时更新有关资源。而工业现场工程师可能并没有意识到这种功能方面的变化，当出现故障时，工程师往往会立即使用新的部件尽快更换有缺陷的部件。于是，新的 PLC 将具有新的连接访问功能，并将以未配置的出厂设置状态运行，攻击者将可以进行未经授权的连接访问。

工业互联网相关设备在设计方面也存在威胁。工业互联网系统特别是现场控制设备的组件使用出厂默认密码进行打包，默认情况下禁用安全选项。因此，在工业互联网域中安装组件很容易，但本质上非常不安全。一般情况下 30%的工业应用程序出厂后程序将无法更改，或者商业合同中约定不允许更改出厂默认密码。并且很难说服工业控制系统制造商研发具有安全功能的产品组件，直到最近几年，在几次工业控制信息安全事件的推动下，一些工业制造商才开始改变其产品的默认安全状态，即在安装过程中需要更改密码。而与此问题密切相关的威胁是，在工业控制设备中包括密码在内的身份认证信息通常不加密，网络攻击者可以在内存中以明文形式，或在通信过程中通过窃听方式获取这些重要信息。此类威胁的典型案例是一家知名制造商的 PLC 设备外包装清楚地显示钻孔模板，并说明电源插头和 UTP 电缆的连接位置，并且随设备附带的光盘和一份两页的安装手册明确说明可以在连接 PLC 的网络计算机设备中启动光盘。然后，网络中的可执行文件会自动尝试发现 PLC，用户基于 Web 的界面配置 PLC。而就在光盘中的一个 PDF 文件中却详细地说明了如何设置或删除密码。在实际的生产环境中，由于各方面原因，操作工人并不会认真阅读手册，PLC 安装时没有任何密码保护，就直接连接到互联网。使用 Shodan 类互联网搜索引擎（Shodan 是一种搜索引擎，与 Google 类搜索引擎不同，Shodan 搜索网络空间中的在线设备，可以通过 Shodan 搜索指定的设备，或者搜索特定类型的设备如 linksys、cisco、netgear、SCADA 等），恶意攻击者可以很容易发现这些没有任何身份认证保护措施或只有简单防护机制的 PLC 设备，并进一步控制该 PLC 实施下一步网络攻击行动。

2.2.2　工业互联网潜在的技术威胁与风险

1. 有线网络方面存在的攻击威胁

正如Stuxnet和德国钢厂的攻击过程所反映的情况那样，针对工业互联网的网络攻击，其复杂程度将远高于普通的互联网攻击。攻击者一般利用诸如鱼叉钓鱼和水坑等技术实施复杂的多阶段攻击，恶意代码载体利用这类技术诱使工业互联网目标中的生产操作人员无意中将恶意软件下载到公司的核心控制系统中。病毒、蠕虫、特洛伊木马、逻辑炸弹是不同类型的恶意软件，其攻击影响效果从临时中断或拒绝服务到阻止合法用户访问系统（如勒索软件），甚至造成设备的物理破坏（如 2010 年 Stuxnet 和 2014 年德国钢厂事件）。

许多工业互联网系统及其协议都是在专有产品和专属封闭环境中开发设计的，在讨论工业互联网协议的技术脆弱性时，需要区分工业互联网协议规范中固有（难以纠正）的错误和协议实现过程的脆弱性。在协议规范设计方面，工业互联网架构和设计由于应用场景状态模糊、缺乏对工业现场应用场景和工艺流程的了解，以及没有经过任何网络攻击破坏方面的测试，因而呈现出安全的结构较为模式化和逻辑化。因此，各种各样的工业互联网协议不能保护协议消息内容的完整性，不能有效防止中间人攻击，也无法规定当检测到不符合逻辑的协议要素时如何防止遭到破坏。对 Modbus TCP 和 Modbus、KNX/IP 和 KNX/EIB 及其他典型工业互联网协议进行协议安全性形式化分析的研究表明，工业互联网协议并不安全，不能抵御网络攻击。不安全的工业互联网协议容易被恶意攻击者利用，并形成可利用的工业互联网攻击威胁向量和特洛伊木马软件等。除了基本的协议错误和脆弱性外，工业互联网协议的实现也并不健壮。工业控制产品制造商和系统集成商都普遍认为，工业互联网的最终用户通常只对工业控制本身的新功能感兴趣，而对协议实现的安全性和健壮性并不是很关注。随着网络攻击事件发生的频繁程度和破坏能力越来越强，互联网信息技术产品厂商早已吸取教训，并非常注意在通信协议设计时，重点考虑对诸如“ping-of-death”攻击和 DNS 绑定攻击等恶意行为的防范，但工业互联网协议设计实现者却还并未对上述协议攻击给予足够重视，没采取任何实质性的防护设计。网络嗅探器（如 Network sniffers 等）通常被信息与通信技术界的网络管理者用来扫描网络中的活动系统和端口，然而，当工业制造企业的设备控制人员接收到由这类工具发送的意外分组，或不符合逻辑条件的工业互联网通信协议数据分组时，自动控制人员往往会忽略该分组，因为对这些数据分组采取额外的操作可能会发生暂停或延时动作，甚至停止相关操作过程。由于缺乏协议健壮性方面的设计考虑，大多数工业互联网设备在遭遇拒绝服务攻击时会崩溃，而且必须通过重新加载设备电源或重启设备才能恢复正常运行，部分工业控制设备还会在普通的网络级连接扫描过程中崩溃。此外，更为糟糕的情况是，当工业控制设备重新通电后，在并没有加载任何防护性功能插件的情况下，扫描过程将继续重复进行。部分工业互联网控制协议存在严重的关联破坏性安全漏洞，如当控制协议的某些端口遭受持续性扫描探测时，控制设备中该类协议的服务器将会崩溃，连接工业互联网设备的各种其他协议将出现超时，进而导致该工业互联网设备崩溃，类似于“ping-of-death”攻击。这种渗透性测试还会导致出现工业机器人非预期的旋转或动作，城市照明系统突发性变暗等意外事故。尽管工业互联网控制的工业过程与安全生产紧密相关，但缺乏输入验证的威胁，以及工业互联网协议实现时缺乏健壮性的问题，仍然存在于当前大多数工业互联网组件和应用程序中。

2. 无线网络方面存在的攻击威胁

虽然工业互联网系统的基本属性包含了支持互联网的设备，但一个典型的工业互联网系统将使用多种通信体制和协议，包括蓝牙和 WiFi 等空中传送系统。射频（RF）武器是可用于拒绝、欺骗、干扰或瘫痪涉及工业互联网目标设备和/或网络的通信设备。干扰是一种可以用来对付无线传感器网络的射频攻击技术，第一种射频攻击通常利用信号强度，影响目标设备的数据包发送和接收速率和认证速率等。第二种射频攻击是信号注入，通过恶意产生并注入与原有信号特征参数一致的信号，影响目标设备的通信与控制过程。与大多数其他 IT 信息系统不同，工业互联网系统有一个显著特点，其网络系统中的数据流动模式具有一致性和规律性。这将有助于发电厂、水处理设施、电网和其他关键基础设施控制过程的稳定性和可靠性。但不幸的是，全面了解这些系统的恶意参与者可以通过所谓的语义攻击技术，引入错误的控制命令消息对这种控制过程进行破坏。信号注入攻击活动涉及攻击者将虚假数据引入系统，如通过电磁方式锁定一个或多个传感器进行定向信号分析和注入。第三种射频攻击称为侧信道攻击，本质上是被动攻击。在这种类型的攻击中，攻击者通过无线电方式窃听工业互联网系统，侵犯企业和用户隐私，攻击者在执行基于时间分析的基础上，可以掌握隐私信息、设备的功耗、网络流量、故障和电磁特征。另外，恶意攻击者通过进行长时间的恶意窃听，能够开展所谓特权提升攻击，通过窃听无线传感器网络的空中接口并掌握相关无线通信传输技术体制，攻击者可以伪装成合法设备进入网络，获得对设备或系统的特权访问，从而达到破坏目的。

3. 工业互联网攻击威胁的属性特征

1）攻击者和攻击行为的决定因素

针对工业互联网系统的攻击性质方面的因素主要包括：

（1）袭击者类型（敌对国家的极端行为主义者、犯罪实体、政治活动家、不满员工或合作伙伴）。

（2）攻击者的资源和能力。

（3）攻击者选择的攻击目标。

（4）攻击目标本身及其所处环境的特点。

（5）攻击工具或武器的性质。

（6）攻击者的匿名要求。

表 2-2 描述了攻击者类型、访问类型和攻击武器类型。

表 2-2　攻击者类型、访问类型和攻击武器类型

类　型		描　述
攻击者类型	国家控制	网络战部队、外国情报机构等
	依附于国家的民族组织	“爱国黑客”、东欧黑客组织等
	恐怖组织	ISIS、基地组织等
	犯罪组织	勒索者等
	恶意个人	不满的员工或合作伙伴等
访问类型	远程访问	零星分布的或遍布全世界的黑客
	近距离访问	在视线或通信范围内，目标设施外围
	直接访问	接近目标实际操作
	供应链	对目标设备的物理访问
攻击武器类型	网络攻击	为达到破坏性效果而设计或修改的恶意软件
	射频无线攻击	使用射频攻击武器，抵挡、降低、干扰、欺骗或摧毁目标系统
	物理攻击	从硬件/软件的物理篡改到目标设备的销毁

攻击行动的形态可以是公开的、隐蔽的，或者秘密的。公开攻击是指攻击者毫不掩饰自己正在实施的攻击行为，而隐蔽攻击，比如 2010 年的 Stuxnet 攻击事件，受害者虽然已经意识到了正在发生的攻击事件，甚至已经从某种程度上怀疑制造袭击活动的幕后策划者，然而真正的袭击者却保持似是而非的否认态度。在隐蔽攻击行动中，攻击者获得对系统的访问权限，并针对目标系统执行破坏活动，而受害者对此一无所知。秘密袭击的典型案例是俄罗斯对美国能源部门网络的网络入侵行动，在这种特定情况下，攻击者希望行动保密或不被发现，但却难以成功。

2）远程、近距离访问或直接访问产生的攻击威胁

远程访问攻击是指攻击者实际远离目标系统，比如一个黑客组织在海外，向一家目标美国公司的员工发送网络钓鱼邮件。近距离访问攻击是指攻击者必须在物理上离目标系统足够近，才能实施攻击，但不能实际接触系统设备。近距离访问攻击的一个例子是，据报道称俄罗斯军事情报网络情报人员于 2018 年 4 月对荷兰禁止化学武器组织（OPCW）

发动的攻击，攻击嫌疑人潜入荷兰 OPCW 组织的 WiFi 网络范围内，并准备在被捕前获得非法访问，其目的是破坏该组织的重要计算机系统。另一个近距离访问攻击的例子是，攻击者位于目标设施的安全围栏之外，但能够用射频武器（干扰机）锁定设备或网络。在直接访问攻击中，攻击者可以实际访问目标设备。典型案例是一个恶意的内部人员将包含恶意软件的 USB 插入目标系统，另一种情况是，攻击者能够通过各种渠道直接访问部署在远程的、安全性较差的工业设备。

3）供应链面临的攻击威胁

对工业系统最早且具有一定规模的网络攻击行动，实际上是在互联网出现之前的几年里发生的。据有关材料披露，1982 年发生了一次利用传统天然气管道 SCADA 系统漏洞的所谓木马攻击行动，在苏联西伯利亚的一条管道上引发爆炸，该事件被称为史上首次成功的 SCADA 系统网络攻击行动。据美国前空军部长托马斯·里德介绍，“冷战”期间，美国中情局与加拿大当局合作，修改了被克格勃非法收购的 SCADA 系统软件，而该 SCADA 系统软件被安装在苏联境内从西伯利亚乌伦盖气田输送天然气至西欧的管道中。这次秘密的工业软件级的供应链攻击行动，涉及情报人员指使技术人员篡改软件、故意允许苏联在加拿大非法获取，然后坐等毫不知情的苏联工程师安装这种武器化了的软件。“运行泵、涡轮机和阀门的管道控制软件被恶意设置为在适当的时间间隔后失控，以便实现重置泵的速度和阀门的开闭动作间隔，进而产生远远超过管道接头和焊缝可承受的压力。结果是有史以来人类从太空中观察到的最具纪念意义的非核爆炸和火灾。”事后有报道声称，管道爆炸的威力相当于一枚 3000 吨级核武器，中断了苏联的天然气供应，并导致苏联政府在一年多之内急缺外汇收入。

4）工业现场设备面临的攻击威胁

工业现场设备是功能有限，能量、计算能力、内存和存储容量最小的低功耗功能单元组件。其广泛采用无线通信网络，经常远程部署、无人值守，物理安全性比大多数工业互联网设备低得多。正是这些原因，工业现场设备最容易受到物理攻击（近距离或直接进入）或射频无线攻击（近距离攻击）。而网络攻击虽然针对某些系统可能存在，但难度相对较大，抵近式攻击得以实施的先决条件是直接（而不是远程）的连接访问。开放的供应链系统对工业互联网系统架构中更高层次的、高价值 IT 信息系统目标设备构成了相对更大的威胁，原因在于供应链较低层级的员工或第三方承包商更容易对这些工业现场设备进行物理访问，将可能会诱发潜在的攻击行动。

5）本地应用程序面临的攻击威胁

造成本地应用程序漏洞的因素很多，其中非法访问是最重要的。可信的内部人员（如恶意员工或第三方承包商）可以直接插入恶意软件，或者在另一些情形中，不知情的员工不遵守安全政策，无意中使用了受感染的驱动器或允许未经授权的第三方访问操作，也可能导致发生本地攻击事件。在本地应用程序的使用场景中，由物理攻击或射频无线攻击形成的威胁是较小的。

6）工业互联网的生产控制网络面临的攻击威胁

工业互联网的网络中包含的硬件、软件及其通信设备，对恶意攻击者而言是最有价值的目标，不仅是因为其预期的直接攻击影响效果，而且因为攻击这些目标，可能会在系统的其他位置造成明显的连锁攻击反应。工业互联网的生产控制网络是工业互联网系统中价值很高的环节，攻击该网络可能会产生巨大的影响，也将是供应链攻击的高价值目标。由于它们的物理位置和更高的物理安全防护能力，外部恶意攻击者通过近距离访问实施攻击面临很多障碍。但是，虽然物理攻击或射频无线攻击的威胁很小，网络攻击造成的威胁却很大，因为工业互联网提供了恶意攻击者对这些控制设备的远程访问途径（例如，通过网络钓鱼电子邮件或水坑），或者提供了一个可信的（但恶意的）内部人员通过 U 盘传送恶意软件进行直接访问的可能性。即使是一个对企业或组织忠诚的员工，也可能因为不遵守相关信息安全防护规章制度和/或成为恶意攻击者的社会工程策略的受害者，进而直接非授权地访问不应该访问的网络。

7）工业互联网的云计算应用面临的攻击威胁

工业互联网云平台中的服务器受益于良好的物理和 IT 信息安全防护隔离措施、非常有限且受控的员工访问渠道和相对充足的系统冗余开销资源。这些措施都可以减轻近距离或直接访问攻击，并极大地降低射频无线攻击或物理攻击的潜在可能。然而，如前所述，工业互联网运营商在签订云服务合同时，所需要的网络安全性保障，依赖云服务提供商所能提供的充分和一致的安全性防护机制，因此，云服务提供商的安全防护能力成为工业互联网云平台自身安全性的制约性因素。工业互联网中的云计算最大的威胁来自可以远程传播的网络攻击武器，或者通过引入受病毒感染的云组件进行的供应链攻击。

8）远程应用程序面临的攻击威胁

与本地应用程序一样，有许多因素将影响远程应用程序的安全性。同样，物理访问和用户遵守安全策略是主要因素，射频无线攻击和物理攻击不是主要风险，供应链也不是。相比之下，恶意或不知情的内部员工直接访问网络应用程序的威胁更大，同时还有远程网络攻击的风险。

9）新技术的不断应用扩大了攻击面

随着新设备的引入和物理基础设施的改变，以及人工智能、类人脑交互和人机协同操作等新技术在工业互联网中的使用，创建了很多新的攻击面。攻击威胁可能由于技术本身的漏洞造成，技术的非常规性使用在操作过程中也容易形成攻击面，或者是由于人类与各种人工智能体（机器人、机械臂、协作机器人等）的交互界面增多，也将导致更多的攻击面形成。当攻击者利用这些漏洞作为工具在整个系统中发起破坏时，所有漏洞都会进一步危害数据和系统的安全性。

如图 2-1 所示，工业互联网系统的自身复杂性及构成工业互联网系统的各种功能的独特操作特性，造成了不同类型的威胁。

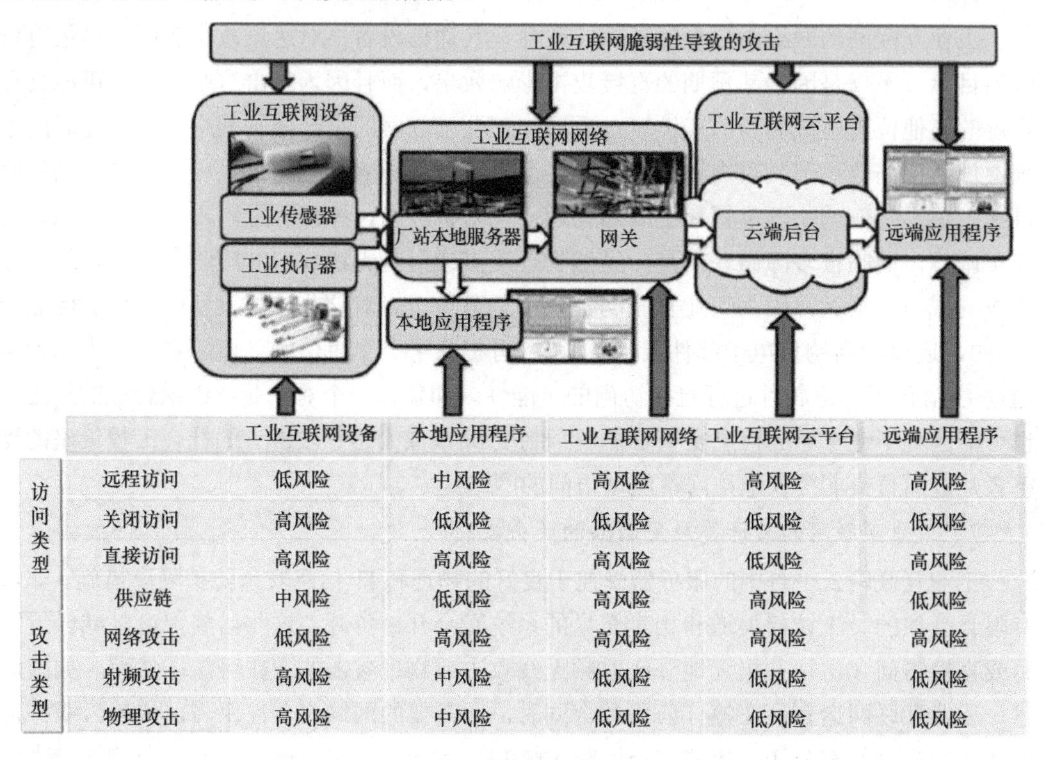

		工业互联网设备	本地应用程序	工业互联网网络	工业互联网云平台	远端应用程序
访问类型	远程访问	低风险	中风险	高风险	高风险	高风险
	关闭访问	高风险	低风险	低风险	低风险	低风险
	直接访问	高风险	高风险	高风险	低风险	高风险
攻击类型	供应链	中风险	低风险	高风险	高风险	低风险
	网络攻击	低风险	高风险	高风险	高风险	高风险
	射频攻击	高风险	中风险	低风险	低风险	低风险
	物理攻击	高风险	中风险	低风险	低风险	低风险

图 2-1 工业互联网结构要素及其攻击威胁类型

2.2.3 工业互联网安全威胁模型

彻底消除安全威胁是不可能的，无论采取何种安全防护措施降低攻击风险，威胁都将不同程度地存在。在现实世界的网络安全部署实践中，安全防护措施都是在承认威胁存在的同时管理风险。但是，除非知道特定应用场景的威胁详情，否则无法缓解威胁可能造成的破坏。

威胁建模是信息安全领域一种有效管理和沟通风险的系统性技术，在威胁建模过程中，基于对工业互联网系统架构和工程实现的深入理解，安全防御人员可以根据威胁发生的概率来识别和评估威胁，并能够按优先顺序减轻风险，既产生成本收益，又带来防护效率。

微软公司为应用程序的开发，建立了一套威胁建模方法，可以将该方法应用于工业互联网系统中。根据微软公司的方法处理工业互联网威胁建模，其过程如图 2-2 所示。

（1）识别受保护的资产：确定必须保护的资产列表。

（2）生成工业互联网系统的总体架构图：记录整个工业互联网系统的架构，包括子系统、平台、应用程序、信任边界、控制和数据流等。

（3）分解工业互联网系统的组成元素：将此架构分解为系统剖面（应用程序、物联网端点）和基础设施（通信协议、数据中心、网络协议）组件剖面，然后基于剖面结构，为特定的工业互联网实体创建一个安全概要文件，目的是发现设计、实现或部署配置中的漏洞。

（4）识别威胁：根据攻击面和攻击向量，利用攻击树和故障树分析方法，识别出威胁。两种常用的威胁识别技术是 STRIDE 和 DREAD，两种技术都是由微软开发的，可以把 IP 互联网中的应用经验在工业互联网系统中使用。

（5）记录威胁：使用一个通用威胁模板记录每个威胁，该模板定义了每个威胁要捕获的核心属性集。

（6）威胁评级：对每种威胁进行评级，并根据其影响确定威胁的优先级。评级过程可以衡量威胁对攻击可能造成的损害的概率，能够有效地引导安全投资和资源分配。威胁的评级和排名可以使用若干种因素完成，图 2-3 所示为基于风险的威胁分级方法，可以在工业互联网的高层次部署中应用。

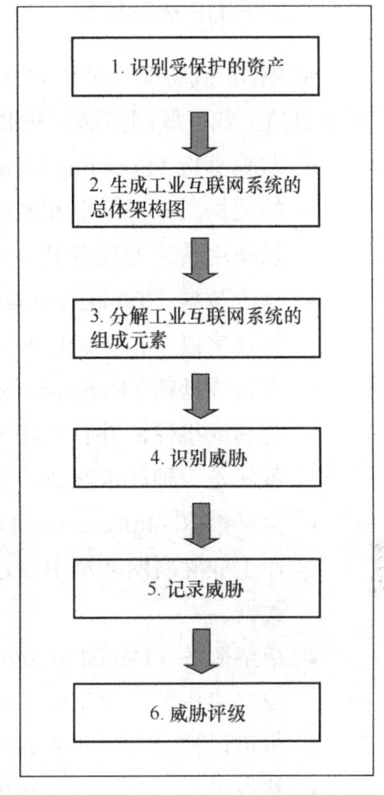

图 2-2　工业互联网威胁建模过程

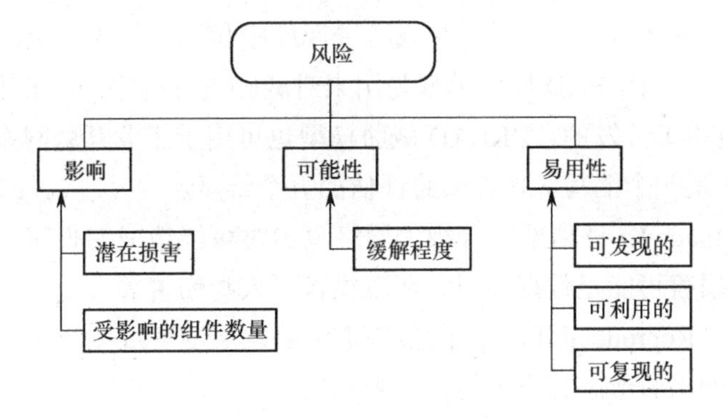

图 2-3　基于风险的威胁分级方法

按照建模过程，并且依据基于风险的威胁分级方法，有两种较为典型的威胁模型可以应用于工业互联网。

1. STRIDE 威胁模型

STRIDE 威胁模型是由微软开发的识别和分类威胁的模型，STRIDE 威胁模型也被扩展到包括工业互联网威胁、物联网威胁的场景。STRIDE 缩写表示以下几种类型的威胁。

- 欺骗身份（Spoofing Identity）：一种威胁形态，其中一个人或设备使用另一种用户的凭据，如登录名和密码、证书等，以获得对无法访问的系统的访问权。设备可以使用伪造的设备 ID。
- 篡改数据（Tampering with Data）：更改数据并发起攻击，这些数据可能与设备、协议字段、正在运行的未加密数据等相关。
- 否认或抵赖（Repudiation）：人员或设备实体能够拒绝承认曾经参与过某一特定的交易或事件，并且无法证明。在工业互联网场景中，无法追踪到相关责任人或设备就是一种严重威胁。
- 信息披露（Information Disclosure）：向无权访问信息的个人或设备披露敏感信息，在工业互联网环境中，这可能意味着蓄谋发动攻击的对手可以访问传感器或操作数据。
- 拒绝服务（Denial of Service）：这种威胁阻止合法用户或设备访问服务器（计算）或网络资源，将工业互联网相关系统功能或性能降低到不可接受的级别的攻击，也可以被视为阻断服务攻击。
- 特权提升（Elevation of Privilege）：未经授权的用户渗透工业互联网的安全防御系统，获得足够级别的信任和访问权限，达到危害或损坏目标系统的目的。

2. DREAD 威胁模型

在对威胁进行确定和分类之后，对威胁进行排序和划分优先级也很重要，必须先解决更高优先级的威胁。DREAD 威胁模型是用来对威胁进行排序的，虽然最初是为子系统组件（软件、固件等）开发的，DREAD 威胁模型也可用于工业互联网系统不同粒度的威胁评估。DREAD 是一个缩写，代表威胁评估的五个维度。

- 损坏（Damage）：评估威胁升级为网络攻击时可能造成的损害，就工业互联网系统而言，损害可能是数据外泄、环境损害、人身伤害等。
- 可重现性（Reproducibility）：衡量特定威胁发展演变成为攻击行动的频率，一个容易复制的威胁形态有更大的机会被利用。
- 可利用性（Exploitability）：对启动攻击行动所需的人员投入、财力投资和专业技能的评估。在工业互联网领域，一些仅仅依靠低水平技能和经验就能实施的攻击威胁，比那些需要高技能人才和大量经费执行的威胁更容易被利用。值得注意的是，在工业互联网的应用中，利用漏洞通常涉及高度的复杂性和工业控制的专业知识。如果工业威胁可以被远程利用，则比需要现场、物理访问和特殊凭证的攻击更容易被利用，价值更高。

- 受影响的用户（Affected Users）：可能遭受攻击影响的用户数量是确定威胁优先级的一个重要尺度，此标准还可以扩展到包括受攻击影响的设备和资产的数量。
- 可发现性（Discoverability）：利用漏洞的可能性，在 DREAD 威胁模型中，根据威胁的风险值对威胁进行量化、比较和排序。可以使用以下公式计算风险值：DREAD 威胁风险=（损坏+可重现性+可利用性+受影响的用户+可发现性）/5（公式中的各项需进行数值化处理）。

2.3　国内外工业互联网典型攻击事件

除了已经深入报道过的针对工业控制系统的网络攻击，如 2010 年的伊朗“震网”病毒攻击事件外，据国内外公开报道的材料，具有工业互联网特点的典型攻击事件有：

- 2021 年 2 月 9 日，俄罗斯卫星通讯社报道称，美国佛罗里达州西部城镇奥兹马市警方 8 日表示，一名黑客在 2 月 5 日试图通过过量释放一种有毒化学物质，侵害该市的供水系统。另外，供水工厂注意到有入侵者远程进入工厂控制系统，并将供应水中的氢氧化钠含量临时调高 10 倍以上，这种腐蚀性化合物即碱液，是一种常见的脱脂剂，也被少量用于该市的水处理中心以控制酸度。
- 2020 年 12 月 8 日，知名网络安全公司 FireEye 发出声明：声称旗下数千名客户遭受了黑客袭击。这些攻击者尝试访问内部系统，搜寻政府客户的相关信息。尽管 FireEye 指出：并没有证据表明客户的数据被泄露，但是这次攻击还是突破了公司安全防御软件的防护。12 月 13 日，美国财政部发出声明，旗下机构已经因为太阳风（SolarWinds）公司的软件遭受黑客攻击，后来美国国土安全局和商务部也表示其线上管理平台也遭遇类似的攻击。据当日海外媒体报告，某黑客组织掌控了美国财政部电子邮件系统进行间谍活动。知情人士称该黑客组织一直在监视美国财政部、商务部的内部电子邮件流量，并表示到目前为止发现的黑客攻击可能只是冰山一角。事态不断发酵，影响范围甚至扩散到核电站。此次 SolarWinds 攻击事件是一次非常典型的供应链攻击。
- 2020 年 5 月，瑞士一家铁路机车制造商向外界披露，其近期遭受了网络攻击，攻击者设法渗透公司的 IT 网络，并用恶意软件感染了部分计算机，很可能已经窃取到部分数据。未知攻击者试图勒索该公司巨额赎金，否则将会公开所盗取的数据。
- 2020 年 4 月 13 日，葡萄牙跨国能源巨头（天然气和电力）EDP（Energias de Portugal）遭到 Ragnar Locker 勒索软件攻击，赎金高达 1090 万美元。攻击者声称已经获取了该公司 10TB 的敏感数据文件，如果 EDP 不支付赎金，那么他们将公开泄露这些数据。EDP 加密系统上的赎金记录显示，攻击者能够窃取有关账单、合同、交易、客户和合作伙伴的机密信息。目前针对 Ragnar Locker 勒索软件的加密文件尚无法解密。

- 2020 年 2 月，美国电力公司遭黑客攻击。伊朗政府资助的黑客组织 Magnallium 针对美国电网基础设施进行了广泛的密码暴力猜测攻击，并对美国的电力公司及石油和天然气公司的数千个账户使用通用密码轮询猜测。
- 2019 年 6 月，美国 Digital Trends 网站报道称，俄罗斯黑客正在探测美国电网。这篇文章引用了《连线》杂志的一篇文章，文章描述了一个黑客组织 Xenotime 或 Triton 与俄罗斯政府试图破坏美国电网有关。
- 2019 年 6 月，全球最大的飞机零部件供应商之一阿斯卡公司（ASCO）关闭了在德国、加拿大和美国的工厂，以防止勒索软件在其位于比利时扎芬图姆的工厂的 IT 系统感染勒索软件病毒后扩散。ASCO 没有向公众公布攻击的具体细节，也不清楚它是通过支付赎金来恢复被攻击的信息系统，还是购买了一个新系统来开始重建其计算机网络。
- 2019 年 2 月 8 日，据报道，英国安全研究人员发现，苏格兰远程监控系统制造商（资源数据管理）开发的制冷控制系统存在重大安全缺陷，影响了全球许多超市和医疗机构约 7400 台制冷设备。攻击者可以扫描互联网，发现暴露在网络中的制冷控制系统及其 Web 管理页面，然后使用默认账户密码登录系统后台，通过修改制冷系统的温度、报警阈值等参数，影响设备的正常运行。
- 2018 年 8 月，全球最大的芯片供应商——台湾积体电路制造股份有限公司（TSMC，以下简称台积电）承认停止生产，且是由未修补的 Windows 7 系统引起攻击而造成的。台积电公司经由 USB 设备感染了类似 WannaCry 的病毒，而感染过程是因为一家供应商在未进行病毒扫描的情况下，将受污染的软件连接到台积电的网络完成的。病毒迅速传播，袭击了台南、新竹和台中的生产设施，受感染的生产设备是由一个身份不明的供应商提供的。
- 2016 年 10 月，美国东海岸地区遭受大面积网络瘫痪，其原因为美国域名解析服务提供商（Dyn 公司）当天遭受超强度的 DDoS 攻击。Dyn 公司报道称此次 DDoS 攻击涉及千万级别的 IP 地址，其中重要的攻击来源于物联网设备，调查显示全球受 Mirai 感染的物联网设备数量达 50 万台。对 Mirai 恶意软件实施的针对物联网设备的分布式拒绝服务攻击事件的研究表明，攻击者可以利用这些弱点进行大规模攻击。在攻击过程中，病毒感染了消费者的物联网设备，如连接互联网的摄像机和智能电视，并将它们改造成僵尸网络，进而形成大量的恶意流量持续性轰炸服务器，直至服务器崩溃。研究人员发现，易被攻击者控制并实施 DDoS 攻击的工业控制设备通常使用供应商默认的密码进行安全保护，并且一般很少开展安全补丁升级或更新。需要注意的是，一些供应商的密码是硬编码到设备固件中的，而且供应商没有给用户提供更改密码的机制。现有的工业生产设施往往缺乏安全技术和基础设施，一旦这种攻击突破了周边保护，就无法检测和反击。

- 2016 年 3 月，黑客利用窃取的凭证远程接入乌克兰电网，切断了 30 个变电站和 22.5 万名用户的供电，攻击手段包括安装自定义固件，删除包括主引导记录在内的文件，以及关闭电话通信。
- 2015 年 7 月，乌克兰电力基础设施遭到沙虫病毒袭击，导致近 50 万名乌克兰居民断电。与俄罗斯有关的黑客对乌克兰电力系统实施的攻击，证明了对关键基础设施的网络攻击行动，可能对国家和民众造成的巨大破坏能力。
- 2012 年 8 月，一种名为 Shamoon 的恶意软件破坏了沙特阿美石油公司约 3 万台电脑。部分恶意程序被配置为销毁硬盘驱动器的主引导记录，阻止它们重新启动。这次袭击的主要目的是蓄意破坏，可能是想打断公司的一些工业活动。事实上，该攻击行动不包含任何旨在控制或攻击工业系统的功能，即使它可能摧毁与生产或机器维护有关的计算机。

恶意攻击软件代码感染各种类型的工业互联网资源后将产生严重的影响，包括非法收集情报、恶意中断生产制造、无效甚至错误的现场操作数据欺骗、向控制器发送错误控制指令等。随着工业互联网技术的不断发展，开放性不断增强，应用场景不断多样化，这种攻击破坏行为将持续扩展。

第3章　工业互联网信息安全防护的基本特点

3.1　信息安全概述

3.1.1　信息安全一般概念

目前，信息安全还没有全球公认的、权威的、统一的概念性定义。其中，美国联邦政府对信息安全的定义如下：信息安全是保护信息免受意外或故意的非授权泄露、传递、修改或破坏。国际标准化组织（ISO）对信息安全的定义如下：信息安全是为数据处理建立和采取的技术和管理的安全保护机制，保护计算机硬件、软件和数据不因偶然和恶意的原因而遭到破坏、更改和泄露。当然，国内外还有其他一些组织也对信息安全做出过相关定义[10]。

综合对信息安全的各种定义，可以总结出广义的信息安全是指保护系统不受意外或未经授权的访问、更改或破坏的条件，系统的安全行为是一个连续统一体，而不是呈布尔状态。信息安全保障通常是根据风险进行评估的，安全风险的要素包括威胁（试图造成伤害的人或物）、目标资产（有价值），资产可以被威胁利用的潜在弱点或弱点，以及试图降低任何安全事件的可能性和影响的对策。为确保信息系统资产的安全，需要考虑的要素是机密性、完整性和可用性，通常被简称为CIA。

机密性是指信息资产不向未经授权的个人、实体或过程提供或披露。违反机密性规定的行为可能会通过语言交流、打印、复制、发送电子邮件或存在允许攻击者执行读取或过滤数据操作的漏洞等方式发生。数据外泄是指在攻击者控制下的另一个位置，未经授权地传输数据的攻击方式，这些数据可能被用于勒索或其他目的。机密性控制机制包括访问控制和加密技术等。

完整性确保防止不当的信息修改或破坏，完整性控制包括散列（Hashing）、校验和、防病毒功能、白名单和代码签名，实现确保系统、代码和应用的基本元素没有被更改的功能。数据完整性是完整性的一个子集，将确保未经授权的实体，无法在未经检测的情况下更改数据并控制系统。

可用性是授权用户按需、及时和可靠地访问和使用信息的属性。负责控制物理过程的系统，应提供由人工操作人员对物理过程进行持续控制和监督的能力，操作人员需要在发生攻击时进行干预，如关闭系统。可用性控制通常包括冗余和工程变更控制，有时还包括发现和减轻软件漏洞的安全活动，这些漏洞将诱发不可靠的执行、隐私信息可视化或对系统产生负面影响的资源消耗。

3.1.2　工业控制系统信息安全

IEC 62443 中针对工业控制系统信息安全的定义是："保护系统所采取的措施；由建立和维护保护系统的措施所得到的系统状态；能够避免对系统资源的非授权访问和非授权或意外的变更、破坏或者损失；基于计算机系统的能力，能够保证非授权人员和系统既无法修改软件及其数据，也无法访问系统功能，却保证授权人员和系统不被阻止；防止对工业控制系统的非法或有害入侵，或者干扰其正确和计划的操作。"工业控制系统的信息安全不仅可能造成信息的丢失，还可能造成工业过程生产故障的发生，从而造成人员伤害及设备损坏，其直接财产的损失是巨大的，甚至有可能引起环境问题和社会问题。在工业控制系统信息安全中，可用性被认为是最重要的，其次是完整性，机密性通常是最后考虑的因素。工业控制系统通常是时间敏感型的，可接受的延迟和不稳定水平与具体的工业应用场景密切相关。有些工业控制系统需要可靠的、确定性的响应，高吞吐量通常不是工业控制系统所必需的。相反，IT 信息系统通常需要高吞吐量，并且 IT 网络通常能够承受一定程度的延迟和抖动。对于一些特定工业控制系统，自动响应时间或系统对人机交互的响应将非常关键。许多工业控制过程本质上要求是连续的，控制工业生产过程的系统出现意外中断是不可接受的，工业控制系统通常不能在生产状态下随意停止或启动。因此，工业控制系统信息安全与传统 IT 系统信息安全差异很明显。

3.1.3　工业互联网信息安全

互联互通性是释放工业互联网全部潜在价值的关键所在，但却系统性地增加了网络攻击面。当工业互联网中的装置、设备、系统等全面连接广域分布的公司网络甚至互联网时，攻击者将可以从多个角度实施网络攻击，为达到各种目标的攻击来源将可以来自外部或内部。因此，如果没有能成功保护所有联网的工业控制系统和设备的多层信息安全机制，工业互联网的美好愿景是无法实现的。安全通信、安全网络监控、安全数据和现场设备级别的安全代码执行等信息安全技术机制是必不可少的，而不是可选的。对于工业互联网设备供应商、系统工程师、承包商、运营商而言，解决每一层的信息安全问题至关重要。工业互联网信息安全与工业控制系统信息安全最显著的区别就在于，工业互联网的信息安全问题将更加复杂多样，大规模网络连接因素（如工业云、工业大数据、供应链等）产生的影响将占有重要地位，数据驱动将成为工业互联网信息安全的基本推动力之一。工业控制系统中的联网型工业控制设备是局部性的或者偶发性的连接，网络因素对工业控制系统信息安全的影响多数情况是间接的。而网络化是工业互联网的基本特征之一，工业控制设备、系统等生产要素将与网络泛在化和持久化连接，网络连接将为攻击者提供入侵破坏重要工业生产过程的多种可能性和可行性。

针对工业互联网技术的三层体系架构，工业互联网安全体系结构必须从端到端跨越三层架构，即从边缘层的设备终端节点到平台层，最后到达企业层。在分层数据总线部署的情况下，安全框架需要包含现场数据总线通信和模式、每层的端点及通过数据总线网关的层间通信过程。工业互联网安全在其三层体系架构中具有普遍的重要性，此外，安全性不能事后考虑，而是应该在部署生命周期的早期阶段评估安全风险，必须在设计时就考虑加入安全问题的对策。然而，在工业互联网部署实践中，这些安全要求并不总是容易实现的，原因在于工业互联网具有一些特殊性，美国IIC（工业互联网联盟）的工业互联网安全框架（IIC-IISF）文件对这类特殊性描述如下[11]：

- 因为工业互联网同时涉及IT和OT，在理想情况下，安全性和实时态势感知应该无缝地跨越IT和OT子系统，而不会干扰任何操作业务流程。
- 据有关研究揭示，目前一个工业系统的平均寿命是19年，使用最新和最安全的技术进行新建、部署并不总是可行的。安全技术通常必须面对现有的、难以更改的遗留系统。在规划的和已部署的系统中，所有受影响方（包括制造商、系统集成商和设备所有者/运营商），必须参与创建一个更安全可靠的工业互联网系统。
- 因为没有单一的、标准的“最佳方法”实现安全性和实现足够安全的行为，技术实现模块应该支持纵深防御的策略，即将逻辑级别的防御能力映射到具体的安全工具和技术中。由于工业控制系统的高度隔离性，安全实现需要在多个上下文环境中应用。多个子网和不同功能区可能具有不同的操作技术和安全要求，为IT环境构建的安全工具和技术并不能完全适用于工业互联网环境。
- 工业互联网系统只有有限的系统资源，需要满足系统的安全性和实时性等各种需求。这些因素并不允许最大限度地实施所有安全措施和控制（如纵深防御策略所要求的条件）技术机制，安全防护程序实施注意事项应包含系统行为的所有必需功能和非功能因素，包括它们的相对优先权。

基于上述特殊性，图3-1显示了多层工业互联网信息安全框架的功能结构。

该安全框架由六个相互作用的功能结构组成，这些功能结构分为三层，第一层由四个核心安全功能结构组成：端点保护、通信和连接保护、安全监视和分析、安全配置和管理。这四个功能结构由数据保护层功能结构和系统范围的安全模型和策略层功能结构支持，具体描述如下。

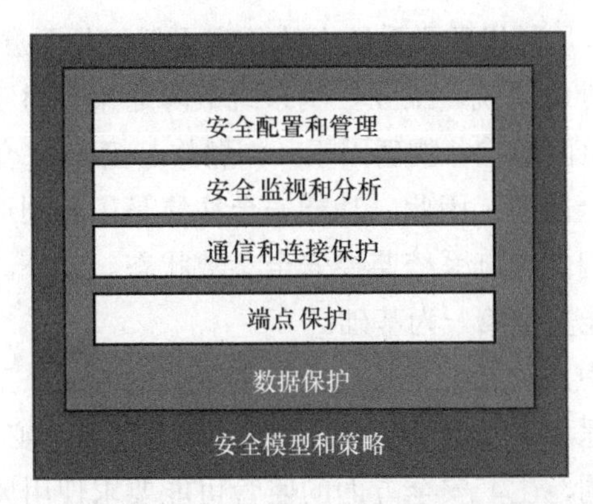

图 3-1　多层工业互联网信息安全框架的功能结构

- 端点保护：在边缘和云端的设备中实现了防御功能，主要关注的问题包括物理安全功能、网络安全技术和权威身份认证，仅靠端点保护是不够的，因为端点必须彼此通信，而信息通信交互过程可能正是漏洞的来源。
- 通信和连接保护：使用端点保护功能结构中的权威身份认证功能实现流量的身份认证和授权。通过加密技术实现完整性和机密性保护，以及借助信息流控制技术，保护通信和连接安全性。
- 安全监视和分析：一旦终端节点和通信网络安全受到保护，系统状态必须进行安全监视和分析。
- 安全配置和管理：系统中所有组件的安全配置必须受控，且受控的安全配置管理在整个操作生命周期中应保持不变。

第二层为数据保护层，图 3-1 所示的工业互联网信息安全框架中的前四个功能结构由一个公共数据保护功能支持，该功能从端点的静止数据扩展到通信中的动态数据，这些数据还包括安全监视和分析功能组成部分收集的所有数据，以及所有系统配置和管理数据，形成了数据保护层。

第三层为安全模型和策略层，该层的主要功能是管理如何实现安全性及确保机密性、完整性的策略，还有系统在整个生命周期中的可用性。该层还将协调所有功能元素如何协同工作，提供具有凝聚力的端到端安全性。

3.2　功能安全概述

功能安全是指在出现直接或间接的因财产或环境损害而造成人身伤害或健康损害的、不可接受风险的情况下，系统的运行状态。越来越多的工业设备和系统结合了硬件、软件和连接性，实现感知和控制公共空间、工厂、办公室和家庭中的物理世界。许多这样的系统如果没有设计功能安全机制，将潜在风险降低到可容忍的水平，将可能会对人类、动物或环境造成危害。现代互联系统中的危害不仅仅是无意的系统缺陷和随机故障，也源于恶意攻击者故意操纵系统。工业控制系统故障通常会对工业生产制造企业的员工和周围环境的安全产生负面影响，物理因素（如爆炸、撞车）、触电、辐射或有毒化学物质释放可能导致功能安全问题。因此，功能安全往往是工业制造企业的首要任务，工业控制系统通常会提供专门的控制系统监控安全参数状态。此外，工业控制系统中的许多程序和制度都必须以功能安全第一为基础。

在工业互联网系统中，功能安全是一个非常重要的方面。工业互联网及其组成的系统管理各种安全关键过程，在工业互联网的整个生命周期中，必须考虑和分析功能安全，根据工业行业领域的不同，生产安全方面的监管可能要求使用风险评估流程为工业互联网构建目标功能安全保证能力。现有的功能安全标准可能适用不同领域（如核工业、轨道交通、医疗、汽车、装备制造、海事、机械和矿山行业的过程控制）的工业互联网系统。许多基于 ISO 615081《电气/电子/可编程电子安全相关系统的功能安全》中确立的基本原则，并未明确说明具体行业应用与工业互联网的交叉关注点、架构、集成和与整个生命周期相关的功能安全问题。完整描述工业互联网功能安全目标和技术不在本书讨论范围内，此处仅介绍功能安全的基本特点。安全性是相关系统的一个紧急属性，对系统工程有两个主要方面的影响：

- 功能安全不是组合的——系统中每个组件的安全并不一定意味着系统的整体安全。
- 如果不能预测系统在某种情况下的行为，就无法预测系统在这种情况下的功能安全。

因此，在工业互联网的设计阶段，不仅必须强调功能安全的一般概念，而且还必须提供使系统集成商能够测量、预测和控制系统行为的机制。为了确保系统集成商保障系统的功能安全，设计人员还必须了解系统的预期行为，同时使用可以约束非预期行为的机制。功能安全可以通过主动和被动方式实现，主动方式通过添加组件调整系统行为确保系统安全，被动方式通过在一个进程周围添加保护措施确保没有任何授权实体可以从保护区域中逃逸。具体的技术机制包括但不限于以下几种。

- 支持独立功能安全的机制：功能安全组件是系统其他部分用来确保安全操作的功能，如汽车中的安全气囊、军用飞机的弹射座椅和核反应堆的自动关闭系统等。一般来说，不可能规定具体的功能安全特性，因为一个系统或环境的功能安全特性可能会导致另一个系统或环境的不安全行为。也就是说，每种具有功能安全要求的关键工业互联网系统，必须实现其安全要求和使用环境所需的功能安全特性。从架构方面出发，功能安全特性应尽可能地独立于系统的其余部分，从而简化系统安全验证过程，并允许系统集成商降低与确保安全系统行为相关的成本。

- 定义明确、验证完整和记录详尽的接口：工业互联网系统中使用的系统组件必须具有定义良好、经过验证和记录详尽的接口，系统集成商可以使用这些接口规范，以及证明组件符合其接口的证据，预测整个组合系统的突发行为。预测过程所关注的接口包括软件（如 API）和相关的物理与处理特性，这些特性包括资源使用需求，以及组件在其预期环境中使用时的行为。组件制造商应提供任何用于验证组件符合其规范的依据或参考材料，从而有助于系统集成商预测两个或多个组件在组合时如何交互。
- 不同功能的强制分离和故障控制机制：不同功能的强制分离和故障控制组件制造商不能为组件行为提供完整的保证，因为测试不能涵盖所有可能发生的情况。此外，系统集成商可以选择使用可靠性较弱的组件控制成本，前提是这些组件不会被用于支持功能安全方面的关键功能；工业互联网系统集成商必须确保保障能力低的组件不会对功能安全产生负面影响，因此，工业互联网系统必须设计相关机制实现强制分离不同的功能和组件，这些强制机制必须隔离故障并防止不同系统组件之间的意外事件。意外事件包括：从另一个软件组件窃取 CPU 资源；破坏另一个程序的数据或指令的软件组件；控制网络中的设备对其他组件进行拒绝服务攻击并阻碍及时通信；传送带上的一罐液体溢出，使得机器附近的地板打滑，导致移动机器人失去牵引力；某型号的电动机，其消耗的功率超出预期值很多，从而使同一支路上的其他设备受到影响。
- 运行时监视和日志记录机制：工业控制过程是人类行为诉求的延伸，而人类对自动控制过程的认识却存在局限性。当工业互联网系统发生某种故障时，也蕴含人类认识的提升过程。收集和保存导致故障的事件链的机制可能有助于确定特定故障事件的根本原因，运行时监视和日志记录是收集和保存此类信息的一种方法。除了支持事故后的取证活动之外，运行时监视和日志记录还有助于防止事故的发生，运行时监视可以监测被监视的系统是否已进入或正趋向于不安全状态，并生成告警。一些系统配备了特殊的安全功能，可自动激活安全模式并响应此告警，这种安全模式旨在驱动系统进入安全状态，或者首先防止系统进入不安全状态（例如，核反应堆的自动停堆系统），运行时监视器可以触发这种模式发生更改。

虽然不同的工业部门早已确立了功能安全方法，但工业互联网的广泛应用却给传统功能安全技术带来了新的和独特的挑战：由于工业互联网攻击面增加，导致信息安全风险增加；工业互联网中的 IT 与 OT 融合更紧密；工业互联网场景中普遍的自治性和自组织性；工业互联网标准不断演变，以及面向多方介入的生产制造过程的监管能力缺失。

3.3 工业互联网中的信息安全与功能安全的区别与融合

信息安全与功能安全存在明显的区别，是两个截然不同的概念。信息安全的主要目标是保护信息的机密性、完整性和可用性，而功能安全则是保护生命、健康、自然环境及资产免受工业系统可能造成的任何损害。信息安全问题侧重于来自系统外部的网络攻击威胁，大多数情况下由恶意攻击者造成，而功能安全问题侧重于无意或误操作事件，这些差异使得防护或缓解方案的优先级顺序及出发点不同。

信息安全和功能安全保护方法的差异，首先反映在术语的定义和所使用的技术方面。用于信息系统边界保护的信息安全技术，如防火墙和入侵检测系统，也可用于保护系统免受恶劣网络环境的影响，尽管也可能具有防止受保护系统免受网络攻击的其他方面的系统功能。而功能安全保护措施则用于保护工业生产环境免受系统可能造成的任何破坏。信息安全的第一道防线是最外层的防火墙等访问控制机制，而功能安全的第一道防线则是系统本身设计的安全预防机制。

事故或事件在信息安全和功能安全领域有两种截然不同的含义，在功能安全方面，一般关注事件和事故，事件在法律允许的范围内，因此可以接受，而事故是必须避免的，因为涉及承担法律责任。在信息安全方面，事故是信息系统用户不想发生或要付出巨大代价的事情，而事件从某种意义上讲则是可以接受的事情。此外，功能安全相关的术语故障和信息安全相关的术语事件之间也有区别，其中事件可用于信息系统本身及其安全措施中的错误，而故障则是指一个或多个功能安全措施不能正常运行，故障可以是系统性的（由系统设计引起）或随机的（由系统的动态特性引起）。意外事件在信息安全和功能安全保护方面都很重要，但在信息安全防护方面，这并不是唯一的问题。在功能安全领域通常会将故意行为可能导致的问题，归结到具体的安全人员。而信息安全事件主要是由恶意攻击者的故意攻击系统行为及其包含的异常信息引起的，少数情况是由意外事件引起的。因此，在信息安全防护领域，与狡猾、执着、恶意的进攻者对抗意味着防御方必须基于其可以信任的信息进行多角度的分析，并根据攻防对抗态势变化不断调整防御手段。例如，随着攻击者不断尝试入侵手段，进行单点突破，防御方必须时刻关注进攻或探测手段的变化，不断调整防御策略和机制，因而将会导致对系统日志的不同的使用意图和方式。在功能安全领域，防护者可以充分信任日志，而在信息安全领域，只有受到保护的日志才能信任。然而，当功能安全日志用于预测趋势甚至危险时，确保功能安全日志的正确性却至关重要。

生命、健康和自然环境的价值可以看成平等的，独立于任何系统，但却不是信息属性。信息安全事件可能会对其他资产造成严重损害，如生命、健康或自然环境，但情况并非总是如此。例如，对患者病历信息的损坏可能会导致误诊，使患者病情加重甚至死亡，而对个人电子邮件的损坏可能只会引起隐私泄露或财产方面的问题。不同类型的信息系统和用户对机密性、可用性和完整性的重要性有不同的侧重点，对于国家机关和企业组织而言，机密性可能是主要考虑因素，而对于商业互联网信息系统而言，可用性和完整性可能被认为是最重要的。但在一般情况下，功能安全事故将造成程度不同的对生命、健康和自然环境的破坏，在功能安全领域，事故界定和调查过程包含的一个重要内容就是对安全生产事故的性质、破坏程度进行定量和定性的裁决，如重特大事故等，并以此为依据，对相关的当事人、涉事企业依法进行处置。

信息安全和功能安全理念之间的差异，还体现在“故障-安全”概念中。假设系统处于功能安全状态，如系统完全关闭停运，故障功能安全机制应始终确保系统能进入安全状态。最终，这意味着如果不能以其他方式实现功能安全性，则功能安全相关的保护机制将始终锁定系统，使其无法运转。对于信息安全性而言，完全关闭信息系统的操作一般很少是可行的解决方案，如银行或运营商网络，彻底关闭系统将给相关组织造成难以承受的经济损失。实际情况是，尽管信息系统出现信息安全漏洞甚至遭受了攻击，但保持系统的可操作性及应急响应与处置是一个至关重要的问题。造成这种差异的原因在于受到保护的对象的价值不同：对于功能安全，生命、健康和自然环境一旦受到威胁，面临的是承担法律责任，使企业或个人完全失去自由。而对于信息安全，所保护的对象的价值是信息的机密性、完整性和可用性，只有少数情况涉及法律责任。在某些情况下，如果能够保证信息的可用性和完整性，违反机密性是可以接受的，如在医院救治病人的紧急情况下，获取正确的患者数据是至关重要的，即使这些数据是通过无线传播公开暴露于空间环境中也不算严重，因为并不涉及功能安全状态可恢复问题。但是，如果一架在三万英尺高空飞行的飞机，若发动机出了问题，就不能简单地关闭发动机。在这样的紧急情况下，功能安全相关控制系统必须在不完全关闭系统的情况下，对整个系统进行某种形式的系统安全运行状态切换处理。风险资产也是信息安全测试和功能安全测试之间存在差异的另一个原因，功能安全测试不能使用真正的、会造成失败结果的案例，而信息安全测试在大多数情况下可以使用真正的网络攻击手段。因此，功能安全测试是建立在更多的理论方法推导基础上的，广泛使用复杂的模拟器和形式化建模分析手段。

功能安全完整性等级（SIL）的概念已经使用了近二十年，而针对信息安全性引入的评估保证等级（Evaluation Assurance Levels，EAL）概念，其产生和应用的时间并不长。SIL 和 EAL 概念是相似的，但并不能完全等同。功能安全完整性等级的概念出现于 1991 年，IEC 61508 吸收及发展了该概念并形成国际标准，大多数源于 IEC 61508 的功能安全相关标准随后也采用了 SIL 这一概念。SIL 是根据故障率定义的，人们普遍将 SIL 误解为实现安全的设备的故障率，这种认识通常是错误的。SIL 取决于功能的故障率，而不是作为该功能实现载体的设备的故障率。为了深入理解这一点，有必要准确把握功能安全完整性的概念。功能安全系统本身也可以是软件系统，因此必须考虑某些特定功能安全组件失效情况下的补救措施，这种情况并不一定会导致功能安全机制的完全失效，因为一种功能安全机制的失效可以由另一种操作机制进行补偿。例如，汽车的手动制动器至少可以部分补偿电子液压制动器的功能失效。换句话说，尽管部分功能安全组件的功能执行失效，但该组件整体仍然有效（只是可能安全防护能力变弱）。执行功能安全的功能组件在部分丧失其执行能力的情况下，功能安全组件仍然能有效发挥作用的能力就是功能安全完整性。因此，功能安全完整性可以有不同的级别，取决于整体有多少措施、有效性和健壮性等因素。对于面向缓解高风险的功能安全组件，要求比处理低风险的功能安全组件具有更高级别的功能安全完整性。在功能安全领域，风险通常以危险率表示，这导致 SIL 与可容忍的危险率相关联，最广泛的分类方法是使用从 SIL 1（最低）到 SIL 4（最高）的四个功能安全完整性级别。SIL 等级越高，相应的可容忍危险率越低。在信息安全领域，通用标准（Common Criteria，CC）中定义了术语评估保证等级（EAL），通用标准是 IT 系统和产品安全认证的标准，有两个主要部分组成：①信息安全功能要求，通用标准的这一部分列出了可能在产品或系统中实现的信息安全功能需求。开发人员从这些需求中选择信息系统应该遵循的需求，信息安全功能需求是在一个层次结构中构建的，该层次结构定义了包含需求族的通用类，这些需求族由特定的需求组件组成。②信息安全保证要求，通用标准的这一部分定义了 EAL 及在特定级别认证的产品必须满足的保证要求。通用标准定义了七种不同的 EAL（1～7），每个 EAL 对应一个信任级别，从 1 到 7 分别为从低到高。每个 EAL 都需要一组信息安全功能（来自《通用标准 第 2 部分》），EAL 级别表示信息安全功能的实现和设计在多大程度上经过了检查和测试，也就是在多大程度上用户或业主可以相信信息安全功能得到了正确的实现和运行。因此，SIL 和 EAL 的差异是比较明显的。

功能安全完整性等级（SIL）系统性定义了系统应满足的一组功能安全要求，即 SIL 是系统属性。由独立的功能安全评估者（ISA）审核系统是否满足这些功能安全要求。但如果功能安全评估者已经判定某个工业系统满足 SIL 3 要求，是不能仅仅通过开展新的、更详细的评估过程就能确定该系统的功能安全等级提高到 SIL 4 的，该系统必须首先升级功能安全技术和管理配置水平，然后需要进行一次全新的评估。功能安全评估者将如何判断组织或机构的功能安全等级升级并没有明确规定，甚至需要提供的证据结构也因不同行业或领域的标准而异。而在信息安全领域，信息安全评估机构通过共同的准则和评价方法，定义了一套具有不同可信度的评价方法，即 EAL 是一种评价属性。信息系统可以通过 EAL 3 认证，并且在不修改系统的情况下，一段时间以后，可以进行 EAL 4 认证，并达到 EAL 4 的水平。信息安全要求没有改变，改变的是满足这些要求的信任程度。目前并没有公认的信息安全要求分类方法，即没有信息安全完整性等级的概念。

工业互联网正在推动信息技术（IT）和操作技术（OT）之间更紧密的集成，IT 资产从技术层面包括企业网络/信息总线、数据库服务、分析引擎和 Web 服务等，OT 资产从技术层面则包括实时网络技术（如工业以太网）、可编程逻辑控制器（PLC）、传感器和执行器。IT 和 OT 的整合不仅意味着物理上的趋同，而且与 IT 系统相关联的许多属性将开始与 OT 系统关联，反之亦然。物理融合涉及在同一平台上托管 OT 和 IT 功能，如使用同一网络托管企业信息总线和实时控制信号可以降低成本。工业互联网时代 IT 和 OT 的深度融合趋势，将推动信息安全和功能安全的融合，主要体现为：

（1）有些功能安全对信息安全的依赖性。通常情况下，系统功能安全性要求会强制实现系统信息安全性要求，而有时功能安全性取决于是否有信息安全功能。例如，如果工业互联网平台缺乏信息安全机制，无法保护工业 App（应用程序）代码不受未经授权的修改，恶意攻击者就可能会破坏安全关键控制算法，并使系统进入不安全状态。在一些应用场景中，功能安全日志自身的安全性需要采取信息安全手段进行保护。

（2）部分功能安全对信息安全具有排斥性。例如，实际上，人们可能希望未经授权或未经认证的用户（如紧急响应人员），能够在遇到突发情况时，立即启动紧急关闭程序。在这种情况下，如果存在任何身份认证或鉴别类的信息安全措施，都可能阻碍紧急关闭程序的实时性，从而导致功能安全事故发生。

（3）随着工业操作变得越来越频繁，不能忽视信息安全风险对功能安全的内在影响，工业互联网的很多功能安全是以一定的信息系统为载体实现的。例如，网络攻击者也会以保护工人、设备和环境的功能安全信息系统为攻击目标，进而通过影响、破坏这些系统，达到影响控制系统的目的。

（4）人、机、物一体的工业互联网生产控制系统一旦发生事故或者故障，就面临事故归因复杂化的问题，即引发事故或故障发生的原因，究竟是功能安全还是信息安全，两者相互嵌套、互相影响，很难明显地区分哪一方面是具体的破坏原因。分辨清楚两者的责任，涉及相关的人员责任问题。

（5）信息安全有可能成为功能安全的一个诱发因素。在传统工业控制系统阶段，功能安全更多是从周期性、可预期的故障或问题角度定义的，信息安全则是从随机的、不可预见的事故或事件维度定义的。但在工业互联网时代，供应链的高度延伸及生产制造过程的多接口参与，使网络攻击面前所未有地扩展，进而使网络安全事件在整个制造过程中变得多发化和常态化。在未来的大规模智能制造场景中，网络攻击因素有可能演化成可预期的、已知的参数，而不再是偶发性的、未知的因素，于是转变成为影响功能安全的常规因素。

（6）在机器和机器（M2M）协同的多系统、大连接复杂场景中，信息安全问题产生的原因不再仅限于人为攻击。生产网络中局部某台机器、某个设备甚至某个模块的随机失效或功能失效，即功能安全问题，有可能转化为整个系统的网络攻击因素，造成信息安全事件，而人类却始终未参与整个过程。

（7）频繁集成第三方组件和跨平台同源重组方式将成为工业互联网的典型模式，

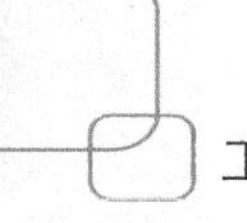

一件简单的产品也可能出现系统性的功能安全问题，而不再是只有航天飞机那样的巨型工程才面临功能安全的复杂性，而且信息安全将成为简单产品的功能安全问题的重要因素。

（8）工业互联网技术极大地扩展了工业生产过程的数据产生和采集能力，并且将贯穿工业互联网的全生命周期，工业互联网时代的数据将呈指数级增长。基于大数据分析的信息安全是技术发展的主流趋势，而功能安全也将更多地依据基础工业数据分析开展。因此，同源数据在信息安全和功能安全中的交叉应用将不可避免。

（9）软件功能安全中使用的技术已经存在了相当长的一段时间，并且已经得到了很好的实现和应用，成熟度较高。一方面，功能安全保护技术中的一些经验对信息安全人员有很好的借鉴意义；另一方面，也有一些信息安全技术可以很好地服务于功能安全。

因此，一方面，功能安全和信息安全要求（及其可能的实现）必须注意平衡；另一方面，在工业互联网时代，功能安全与信息安全之间的关系已处于交织状态，需要重新评估。

3.4 工业互联网安全与工业控制系统安全

3.4.1 传统 IT 信息网络安全防护技术机制

传统 IT 信息网络安全涉及保护网络中存在的敏感信息资产的所有方面，涵盖了为数据通信提供基本安全服务而开发的各种技术机制。信息安全不仅关系到通信链中每台计算机的安全，而且还必须确保整个通信网络的安全。信息安全要求保护网络和数据的可用性、可靠性、完整性和安全性。有效的信息安全防护机制将可以防止各种威胁进入或传播到网络中，传统 IT 信息网络的信息安全的主要目标是机密性、完整性和可用性——CIA[12]。

- 机密性：机密性的功能是保护极有价值的数据不受未经授权的人的侵犯。信息安全的机密性部分确保数据只有指定的和授权的人可用。
- 完整性：这个目标意味着维护和保证数据的准确性和一致性，完整性的功能旨在确保数据是可靠的，不会被未经授权的人更改。
- 可用性：可用性在网络安全中的作用是确保数据、网络资源/服务在合法用户需要时能够持续可用。

传统 IT 信息网络安全防护技术主要体现在：数据加密技术、身份认证技术、通信网络安全技术、密钥管理技术、网络监控与防护技术、网络行为分析与防护技术、恶意代码分析与防护技术。

1. 数据加密技术

IT 网络的信息保护技术是指以密码技术为基础，对 IP 网络中的信息流进行加密。现代密码技术将密码理论与技术分成两大类，一类是基于香农信息论和数学运算的密码理论；另一类是基于非数学的密码理论与技术，包括信息隐藏、量子密码、基于生物特征的识别理论与技术等。基于香农信息论和数学运算的密码理论主要有以下两个分类。

1）对称密码技术

对称密码技术又称单密钥或常规密码。一般指以 EK=DK 为特征的密码系统，即同一个密钥既用于加密也用于解密的技术。对称加密算法是应用较早的加密算法，技术成熟。其基本原理是：数据发送方将明文（原始数据）和加密密钥一起经过特殊加密算法处理后，使其变成复杂的加密密文发送出去。接收方收到密文后，需要使用加密用过的密钥及相同算法的逆过程对密文进行解密，才能使其恢复成可读明文。在对称加密算法中，使用的密钥只有一个，发收双方都使用这个密钥对数据进行加密和解密，这种体制要求解密方事先必须知道加密密钥，对称密码体制根据实现不同又分为分组密码和流密码。

2）非对称密码技术

对称密码技术在实际应用中存在两大难题：一是密钥分配（密钥管理困难），二是数字签名。1976 年，Diffie 和 Hellman 发表了非对称密码的奠基性的论文《密码学的新方向》，建立了公钥密码的概念。公钥密码的基本思想：将密钥 K 一分为二，一个专门加密，另一个专门解密：PKB≠SKB；由于 PKB 不能计算出 SKB，因此可将公钥公开，使密钥分配过程简化，但需确保私钥的机密性；由于 PKB≠SKB，且由 PKB 不能计算出 SKB，因此可将 SKB 作为用户指纹，方便实现数字签名。通常，关于非对称密码体制的分类，是根据其所基于的数学基础的不同，主要分成如下几类：

（1）基于大整数分解难题的，包括 RSA 密码体制、Rabin 密码等。

（2）基于离散对数难题的，如 ElGamal 密码，有限域上的离散对数问题的难度和大整数因子分解问题的难度相当。

（3）基于椭圆曲线离散对数的密码体制。从严格意义上说，可以归类到基于离散对数难题的密码体制中。不过由于有限域上的椭圆曲线有它的一些特殊性，人们往往把它单独归为一个类别。

（4）基于在网格中寻找最短向量的数学难题的密码体制。例如，颇受关注的 NTRU。除了上述的公钥密码体制外，该领域研究的还有基于背包问题的 MH 背包体制，基于代数编码理论的 MeEliece 体制，基于有限自动机理论的公钥密码体制，基于双线性配对技术的公钥密码体制等。

2. 身份认证技术

在网络环境中，身份认证是鉴别资源访问者的合法性的基础手段。采用用户名-口令的方式进行身份认证是目前实现计算机安全的主要手段之一，但是采用用户名-口令的方式，在越来越复杂的网络环境中相对脆弱。首先，由于应用系统设计阶段就存在的缺陷，用户口令可能在网络中以明文传输；其次，在口令的存储方面甚至也可能是明文的或是经过简单加密措施处理。这些隐患都可能为恶意的攻击提供可能。

公钥基础设施（Public Key Infrastructure，PKI）是采用非对称密码算法和技术实现并提供安全服务，且具有通用性的安全基础设施，是一种遵循标准的密钥管理平台。PKI 能够为所有网络应用透明地提供采用加密和数字签名等密码服务所必需的密钥和证书管理，PKI 体系实际上就是计算机软硬件、权威机构及应用系统的结合。采用数字证书的形式管理公钥，通过 CA 把用户的公钥和用户的其他标识信息（如名称、身份证号码、E-mail 地址等）捆绑在一起，实现对用户身份的验证。它将公钥密码和对称密码结合起来，通过网络和计算机技术实现密钥的自动管理，保证机密数据的机密性和完整性，其目标就是要充分利用公钥密码学的理论基础，建立起一种普遍适用的基础设施，为各种网络应用提供全面的安全服务。

3. 通信网络安全技术

目前，通信网络常用的基础性信息安全技术包括如下几种。

1）身份认证技术

用来确定用户或者设备身份的合法性，典型的手段有用户名口令、身份识别、身份证书和生物认证等。

2）IPSec/VPN 技术

在传输过程或存储过程中进行信息数据的加解密，典型的加密体制可采用对称加密和非对称加密。

3）边界防护技术

防止外部网络用户通过非法手段进入内部网络访问内部资源，保护内部网络操作环境中的专用网络互连的设备，典型的设备有防火墙和入侵检测设备。

4）访问控制技术

保证网络资源不被非法使用和访问。访问控制是网络安全防范和保护的主要核心策略，规定了主体对客体访问的限制，并在身份识别的基础上，根据身份对提出资源访问的请求加以权限控制。

5）主机加固技术

操作系统或者数据库的实现会不可避免地出现某些漏洞，从而使信息网络系统面临严重的威胁。主机加固技术对操作系统、数据库等进行漏洞加固和保护，提高系统的抗攻击能力。

6）安全审计技术

安全审计技术包含日志审计和行为审计，通过日志审计协助管理员在受到攻击后查看网络日志，从而评估网络配置的合理性、安全策略的有效性，追溯分析安全攻击轨迹，并能为实时防御提供手段。通过对员工或用户的网络行为审计，确认行为的合理性，确保管理的安全。

7）检测监控技术

对信息网络中的流量或应用内容进行多层次的检测并适度监管和控制，避免网络流量的滥用、垃圾信息和有害信息的传播。

4. 密钥管理技术

密钥管理可以为系统提供机密性、完整性、实体认证、数据源认证和数字签名。密钥管理是指一组技术和过程，能够在授权的条件下为可信系统提供密钥关系的建立和维护。主要包含以下技术和过程：

（1）系统用户的初始化。

（2）密钥材料的生成、分发和安装。

（3）控制密钥材料的使用。

（4）密钥材料的更新、撤销和销毁。

（5）密钥材料的存储、备份、恢复和存档。

大体来说，密钥管理技术分为密钥建立、密钥分发两个过程。

密钥建立：在包含 N 个用户的系统中，如果使用对称技术确保每对用户安全地进行通信，就需要每对用户之间共享一个特定的密钥。如果按照这种情况，整个系统就需要 N（N−1）/2 个密钥。若系统用户数量不断增加，会对系统的存储空间和速度造成一定的影响。采用密钥建立的方法，使用中心化的密钥服务器，可以建立一个星形或者轮形网络，在通信的中心节点建立一个可信的第三方。这样可以降低大数量级的密钥分发难度，而代价是需要提供在线的可信第三方。

密钥分发：密钥分发又分为对称密钥证书和公钥分发两种方式。

密钥转换中心（KTC）是一个可信服务器，允许两个不直接共享密钥材料的参与方 A 和 B 建立安全的通信。

5. 网络监控与防护

防火墙作为在信道上将通信双方隔离的安全堡垒，在一些特殊的情况下，虽然能根据规则过滤数据包，但在需要实时监控的网络环境中会存在延迟，也会导致各种网络问题。正因为如此，在过去十年间的防火墙架构设计过程中，已经与入侵检测系统（IDS）混为一体。IDS 技术以被动防御作为主要特征，以后台静默运行方式分析特定计算机接收到的异常网络行为，并不会过多地影响控制环境。

按照传统的方法，IDS 技术可以按照信息源分析基础分为以下两类。

（1）网络入侵检测系统：以搜集攻击证据为目标的网络流量分析引擎。

（2）主机入侵检测系统：安装在目标服务器上，分析恶意软件的异常行为。

按照鉴别威胁的方法，IDS 技术也可以分为以下两类：

（1）基于威胁的签名：对搜集到的攻击特征进行签名，IDS 对签名特征进行匹配比较。

（2）基于异常行为：提前对网络异常行为进行特征提取，IDS 对异常行为进行匹配比较。

6. 网络行为分析与防护

网络恶意攻击行为通常意义上是指通过各种软件或者代码模块等手段破坏主机系统、非法窃取或损坏用户数据、对目标主机或者网络造成各种不良影响的行为，其特征表现为行为的恶意性，即这类行为的目标和结果对用户而言都是不期望或不可接受的，如攻击行为、入侵行为等。

恶意网络行为主要具有如下特点。

（1）非法性。

这是恶意网络行为最基本的特性。不管是从行为的目的还是行为所执行的方法和手段，对用户而言都是不合法的。恶意网络行为的目的是破坏目标计算机的软硬件资源或获取目标计算机中存储的各种秘密数据和文件，而恶意网络行为所采取的手段主要是利用各种恶意软件来实现其攻击或者入侵的目标，这些都是独立于用户所执行网络应用和服务之外的，具有一定的危害性。

（2）多样性。

多样性主要是指恶意网络行为的目的和实现技术多种多样，恶意网络行为的目的有破坏系统、获取信息、商业利益等，还存在单纯因为个人兴趣爱好而实施的各种网络攻击行为。而不同的攻击行为，实现的手段和方法也多种多样，如病毒传播、木马植入、流氓软件、电子邮件欺骗、各种扫描技术等。多样性是目前恶意网络行为难以完全遏制的重要原因。

（3）隐蔽性。

随着对网络安全问题研究的不断深入，网络攻击防范技术的逐渐成熟，各种攻击、入侵等恶意网络行为要实现其非法目的面临着越来越多的挑战，于是，各种隐蔽技术和方法成为攻击者实现其攻击行为的重要前提。当前大部分的恶意网络行为都是在目标主机用户及其相关安全防护软件不能有效察觉和发现的前提下执行的，从而保证了攻击目的有效实现。隐蔽性在各种特洛伊木马程序中体现得尤为突出。

（4）防溯源。

网络恶意行为是可能被捕捉或记录的，防溯源就是攻击者在攻击行为暴露后，防止分析人员追踪到控制源头，并进行取证的技术手段。主要通过地址中转程序在控制端和被控端恶意攻击程序之间转发数据实现。当需要传输一些非实时性数据（如密码、邮件内容等）时，恶意攻击者会利用一些邮件服务提供商（如 Google、Yahoo 等）的公共邮件服务器进行数据转发，避免控制端真实 IP 地址暴露。此外，恶意攻击者也可以通过云计算服务提供商的开发平台编写代理服务器程序，然后将其部署在服务商提供的基础设施中。

（5）随机性。

由于网络环境的复杂性和多样性，各种各样不同身份的人员都处于 Internet 大环境中，任何人都有可能成为网络恶意行为的发起者。研究分析发现，网络恶意行为的实施者主要有黑客（Hacker）、破坏者（Cracker）、技术爱好者及以政治或者商业利益为目的的间谍等。正是由于这类人员的大量存在，使得网络恶意行为无时无刻不在发生，对于处于 Internet 中的主机而言，其所面临的网络恶意行为就具有很强的未知性和随机性，从而加深了网络恶意行为检测和网络安全防护技术有效实现的难度。

网络行为分析有以下几种方式。

（1）流量分析。

基于网络流量的主机安全防护技术，主要是通过常规行为的过滤再经过恶意行为的匹配，从而识别产生各种流量的行为是否异常。经过第一步常规行为的过滤，剩下的就是可疑的或者是需要进一步确认的行为，第二步恶意行为的匹配就是恶意行为的检测技术所要实现的内容。流量分析的恶意行为检测方法就是通过对经过滤的数据包流量的各种特征与已经收集掌握的各种恶意行为的流量特征进行匹配，根据匹配的异同程度识别恶意行为。

（2）文件监控。

文件监控是指对用户的特定文件进行监控，一旦发现有应用程序对其引用、使用或对外进行输出就特别关注该应用程序，并判断该程序是否是合法用户使用，该数据传输操作是否是合法用户主动向外发送的。文件监控的实现就是在系统运行之初由用户自己设定其私密数据，设置触发器，一旦发现有应用程序对该数据进行引用或操作就触发一个线程对该应用程序进行分析和检测，根据用户当前执行的操作就可以判断是否是合法用户主动发出的，还是恶意的文件窃取行为。文件监控的目的就是实现主机私密数据保护。

（3）进程分析。

由上述分析可知，流量分析的性能取决于恶意行为流量特征的收集，但任何一种知识库都不可能包含全部恶意行为的所有流量特征，尤其对于文件盗取型恶意软件的流量特性与现在的很多网络应用，如媒体播放、P2P 共享传输等的流量特性存在很大程度的相似性，在这种情况下，进程分析的方法就能够发挥很重要的作用。所谓进程分析就是通过对各个未能够判断和检测的流量行为的主体即应用程序进程，进行深入分析来检测和识别异常或者恶意行为。大部分的恶意行为在网络流量、进程行为等方面都会有所体现，在流量分析无法实现异常检测的情况下，进程分析是一种有效的方法。进程分析首先要构建系统常规程序和所有的服务程序，以及各种常用应用程序进程名的数据库，以此过滤掉最简单的通过修改程序名实现隐藏的恶意程序；再构建系统服务进程的网络特性，结合进程类型判断识别出假冒系统不常用服务进程的恶意程序；对于绑定系统服务进程的、利用添加或改变系统服务 DLL 文件等手段实现隐藏的恶意程序，DLL 文件分析能够有效发挥作用，主要是通过将正在发送流量并绑定有恶意软件的系统服务 DLL 文件，与正常情况下对应的系统服务 DLL 文件进行对比分析，以此来判断系统服务进程是否成为恶意程序的载体。例如，对于系统服务进程 smss.exe 是不会对外发送数据流量且所使用的是单一的 ntdll.dll 文件，如果某时刻用户主机中发出流量的进程为 smss.exe，又或者该进程对应的 DLL 文件不是 ntdll.dll 文件，或者不仅仅是 ntdll.dll 文件时，则可以判断该进程存在恶意或者异常代码，是恶意或者异常程序。

7. 恶意代码分析与防护技术

在条件允许的情况下，计算机都需要安装病毒检测软件。反病毒软件都需要正确的配置和升级。并且，各类便携存储介质，包括 U 盘、掌上电脑等设备都需要安装特定的安全防护产品，因为这些设备都是恶意软件的重要感染目标。

恶意代码的分析方法可以分为静态分析和动态分析两大类。分析的主要目的是明确恶意代码的行为特性并提取特征码，为下一步的恶意代码检测和控制清除提供依据，因此恶意代码分析是否可以快速、有效地进行，是降低恶意代码危害的关键一步。但是恶意代码为躲避杀毒软件和安全工具的检测与查杀，广泛采用各种隐藏技术隐藏自身，并不完全暴露于设备中。

静态分析不实际运行恶意代码，而是通过对恶意代码的二进制文件进行分析，从而提取其特征码。这种特征码可直接被恶意程序扫描引擎用来进行恶意代码的检测。静态分析的优点是它可以检查恶意代码的所有可能的执行路径，得到的特征码在检测方面具有较高的准确率。静态分析存在的问题在于工程量较大，反汇编难度较高，并且反汇编后的可用信息较少，分析周期较长。同时，多态（Polymorphic）、变型、加壳等手段的采用，使静态分析变得更加困难，很难提取有效的特征码。静态分析技术一般无须在专用分析系统或虚拟机上运行恶意代码。

动态分析则主要使用黑盒测试法。动态分析需要实际运行恶意代码，一般在受保护的虚拟环境中执行。在恶意代码执行期间分析其动态行为特性，如对注册表、文件系统、网络的访问情况。这些行为特性的分析可以有效地帮助分析人员认识和理解恶意代码的危害特性，为恶意代码的清除和检测提供有力的依据。动态分析的不足之处在于每次分析只能检测恶意代码的一条执行路径，而有的恶意代码只有在特定的条件下（如指定的日期）才表现出恶意行为，称为多路径问题。另外，动态分析的结果一般不能直接用于恶意代码的检测。但是由于动态分析注重恶意代码运行过程中所表现出的行为特性，因此不受多态、加壳的影响，相对静态分析来说具有快速、直观的特点。

3.4.2　工业控制系统信息安全防护技术机制

1. 工业控制系统概述

工业控制系统（Industrial Control Systems，ICS）由不同类型的控制器组成，主要用于控制工业设备，并监控其性能，以确保其正确运行。工业控制系统的一般结构为三层：第一层是企业网络层，管理人员可以远程访问监控计算机或人机界面（HMI）；第二层是逻辑控制层［监视控制和数据采集（SCADA）系统/分布式控制系统（DCS）］，系统管理员使用 HMI 或基于云的监控计算机监控生产状态，并发送命令更新控制序列；第三层是物理控制层，所有生产现场的控制装置［如 PLC（可编程逻辑控制器）、传感器］、协议（如 DNP3.0、Modbus）等。然而，工业控制系统在过去几年中面临的威胁越来越多，如社会工程学攻击，指的是欺骗用户提供敏感信息（如密码或私钥）的恶意活动，窃取的信息可以帮助黑客进入目标系统，并进行一系列的活动，使系统瘫痪。典型的工业控制系统包含 SCADA、DCS、PLC 和 PCS（过程控制系统）等系统。SCADA 系统是为数据采集和监控生产系统而设计的，SCADA 系统允许系统管理员通过集中控制系统来控制远程的站点。与 SCADA 系统类似，DCS 由安装在制造或生产单元上的自治控制器组成，DCS 通过这些现场控制器实现远程监视和监控一组控制或执行单元。但是，SCADA 系统是为管理多个位置的控制系统设计的，DCS 用于在一个相对固定的区域控制生产系统。通常大型工业控制系统主要由许多不同类型的控制设备组合而成，其中一个工业控制系统设备是与现场控制器通信的监控计算机，如用于从每个传感器收集信息并向控制器发送控制命令。PLC 系统是 SCADA/DCS 和传感器之间的逻辑接口，PLC 通过接收控制命令或返回传感器状态与监控系统协同工作。人机界面（HMI）系统提供图形用户界面（GUI），允许系统管理员与控制器硬件交互，HMI 显示设备状态和工业控制系统环境中传感器收集的历史数据，此外，HMI 允许系统管理员配置和部署新的控制算法并下载进入控制器。为了在 SCADA 和 PLC 之间建立连接，许多工业控

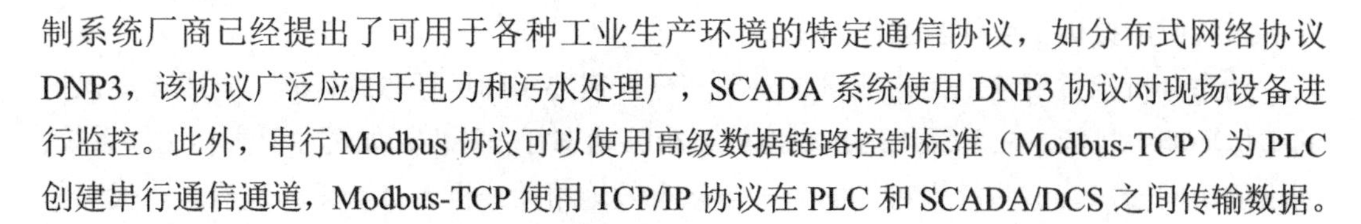
制系统厂商已经提出了可用于各种工业生产环境的特定通信协议，如分布式网络协议DNP3，该协议广泛应用于电力和污水处理厂，SCADA 系统使用 DNP3 协议对现场设备进行监控。此外，串行 Modbus 协议可以使用高级数据链路控制标准（Modbus-TCP）为 PLC 创建串行通信通道，Modbus-TCP 使用 TCP/IP 协议在 PLC 和 SCADA/DCS 之间传输数据。

2. 工业控制系统存在的脆弱性

在过去的二十年里，工业控制系统已经从一个专有的、孤立的体系结构转变和升级为一个开放的标准平台，并且与企业和公共网络高度互联，这一技术发展形势，带来了新的机遇（例如，可以更快捷地远程访问生产控制网络和工业控制现场设备），但也使工业控制系统容易受到各种网络攻击。攻击的目标不仅是安全策略和程序，还包括工业控制系统的硬件、软件、平台、网络和工艺方面的漏洞。例如，如果工控企业网络中的员工的个人计算机由于根本没有更新或安装防病毒软件而被某种病毒感染，则攻击行为可以通过互联网影响整个公司的生产控制系统。网络配置漏洞（例如，公司网络未在防火墙中正确配置访问控制列表，或以明文形式发送密码）也可能导致整个控制系统受到攻击并关闭。目前，对工业控制系统的网络攻击已经不是偶然发生的小概率事件，已经变成了全球网络安全攻击事件中的重要题材。卡巴斯基的安全报告体现了这一变化趋势，1997 年卡巴斯基的安全报告只公布了 2 个工业控制系统漏洞，2010 年这一数据增至 19 个，此后，漏洞数量大幅上升，2015 年共发现 189 个工业控制系统漏洞。更严重的是 2015 年，乌克兰有 50%的居民住宅用户，因为 Prykarpattyaoblenergo 电力公司遭遇了网络攻击而被迫停电。另一个系统入侵攻击的案例，是在一家名为 Kemuri Water Company（KWC）的自来水公司被发现的，当时攻击者入侵了该自来水公司的数十个 PLC 系统，并改变了处理自来水的化学物质的含量。这两起全球典型的攻击事件，都表明恶意攻击者是可以找到暴露在全球互联网中的、易受攻击的工业控制系统组件的。随着互联网中可用的工业控制系统的数量逐年增加，工业控制系统管理员必须意识到新的漏洞和威胁的存在。

对工业控制系统的网络攻击一般指的是信息安全问题，而不是功能安全问题，尽管信息安全问题也可能导致功能安全出现故障。在许多情况下，这些网络攻击是利用工业控制系统的脆弱性实施的，工业控制系统的脆弱性一般存在于管理策略和程序、平台与应用程序、网络和通信协议中。

1）信息安全管理策略和程序的脆弱性

工业控制系统信息安全管理策略和程序相关的脆弱性主要有：工业控制系统信息安全管理策略不完善或不充分，没有具体的文件化或可行性强的程序；没有针对公司员工的信息安全意识方面的培训；执行工业控制系统的信息安全指南、实践等不充分或不充足；工业控制系统信息安全技术审核缺失或过于简单；缺少容灾备份和应急响应计划，以及没有建立特定工业控制系统配置的变更管理制度等。

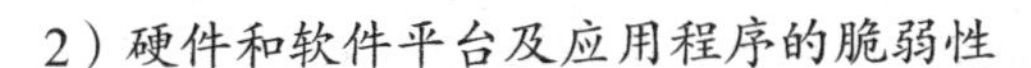
2）硬件和软件平台及应用程序的脆弱性

硬件和软件平台的脆弱性是由平台的硬件、软件和平台的恶意软件保护程序造成的，其中典型的脆弱性是：超过 15 年以上仍然在使用的工业设备和软件；使用默认设置；缺少关键配置的备份；由于电源断电、浪涌或尖峰波动等多种原因造成的配置文件丢失；远程访问配置不当；硬件设备和软件级别的认证控制措施不完善（例如，不存在访问控制或密码定义错误检验机制）；工业控制系统的有关平台软件组件中可能具有缓冲区溢出或拒绝服务漏洞；防范恶意软件的技术措施不充分或没有；操作系统配置不当，如内存管理错误或激活不必要的服务（守护进程）；设备或系统的应用程序代码设计不符合规范，存在缺陷等。

3）网络脆弱性

工业控制系统网络脆弱性可能由网络配置、硬件、边界监控、通信验证或无线网络连接引起，包括：设计不合理的网络架构，没有足够的信息安全防护措施；未存储网络详细配置文件或缺少备份；在无线网络边界接入点位置（例如，在无线客户端和接入点之间）缺少身份认证机制或身份认证不完善；对网络密码的错误管理措施，如使用默认密码、密钥存储未加密、不定期更改密码；使用不安全的网络端口；没有定义明确的网络安全边界；防火墙缺失或配置不当；网络控制设置不足以满足工业控制系统的安全防护要求；未配置网络流量监控技术措施；使用没有增加加密机制的标准协议，如 Telnet 或 FTP；未部署完整性检查（网络中存在未经授权的设备）技术机制；缺少用于数据机密性保护的协议加密（例如，在无线连接中）机制等。

4）协议脆弱性

需要注意的是，一些网络脆弱性是有线和无线通信中使用的协议所固有的，如缺少消息身份认证、缺少消息加密、拒绝服务（DoS）攻击、缓冲区溢出、中间人攻击等。此外，由于工业自动控制产品已经成熟地使用了数十年，虽然产品类型丰富多样，存在很多不同类型的通信控制协议，但是绝大多数的工业自动控制协议都可以在市场上的公开渠道购买并获取。因此，留给恶意攻击者足够的时间和资源研究挖掘协议层面的脆弱性。

3. 工业控制系统信息安全防护技术

工业控制系统在关键基础设施稳定运转和工业装置可靠运行中发挥了重要作用，然而，自带微处理器和嵌入式操作系统的控制装置，已经逐渐取代旧的物理控制（例如，继电器控制器），而且控制系统正越来越多地连接互联网，从而使工业控制系统比以往任何时候都更脆弱。

1）工业控制系统信息安全需求

国际上有代表性的保护控制系统的标准包括：北美电力可靠性公司（NERC）的控制系统网络安全标准，美国国家标准技术研究所（NIST）的工业控制系统安全防护导则等，其中明确了工业控制系统信息安全的三个目标：

（1）掌握工业控制系统中的安全问题。

（2）帮助控制系统操作员设计安全策略。

（3）建立基本安全机制，实现预防、检测和响应安全漏洞。

从技术研究的角度，这些标准规范还区分了传统的IT信息网络安全技术和工业控制系统安全技术，强调两者的主要区别包括：

（1）在规划工业企业的物理基础设施时，需要考虑修补和频繁更新安全补丁的可能性。

（2）实时可用性提供了比大多数传统IT系统更严格的操作环境要求。

（3）安全防护措施与原有、旧体制工业控制系统的兼容性。

工业控制系统可能面临的威胁，还包括安全防护方面的政策和程序不充分，没有标准的、程式化的针对工业控制系统的安全培训，没有专门的工业控制系统安全审计方面的技术等。

2）工业控制系统信息安全策略

信息安全策略表示保护组织免受攻击的参与规则，在工业控制系统中恰当地使用安全策略可以重点解决一些实际问题。例如，RBAC模型（基于角色的访问控制模型），可以用于解决SCADA和DCS领域中不断增长的边界防护需求，将策略的高级定义与系统中的低级访问控制机制结合起来。RBAC是指定策略特征的高级策略描述集合，有时RBAC也可以用来处理高层策略描述。然而，如果将其直接用于在工业控制系统安全防护方面的具体工程实践中，并存在于系统实现的所有环节，则将明显存在覆盖不了所有控制设备及出现策略前后兼容的问题。为弥补该缺陷，出现了新的RBAC解决方案，新的RBAC框架可以将RBAC策略细化到实际的工业控制系统实现中，特别是对于原有的访问控制机制进行兼容。此外，该解决方案可以支持不同类型的自动安全分析，并从两个方面优化RBAC框架中的高级访问控制策略验证和物理系统中的低级安全机制验证：一方面是基于RBAC的方法验证高层策略规范，另一方面是底层系统检查策略实现的正确性。

另一种典型工业控制系统信息安全策略是ABAC模型（基于属性的访问控制模型），该模型提供基于工业控制设备和系统属性的授权粒度、整合和监视日志记录功能，该模型能够很好地解决工业控制系统中存在的差异化访问控制问题。

3）访问控制

通过访问控制，可以防止未经授权的实体非法使用基于无线通信网络的工业控制系统基础设施中的资源。访问控制解决了工业控制系统基础设施的使用者可以访问的内容或服务范围限制问题。例如，不应允许IED（电子控制单元）拥有PMU（相量测量装置）

的访问特权。有效的信息安全防护措施必须防止任何未经授权的访问行为，防止未经认证的应用程序可能尝试访问没有授权的资源，或者经过身份认证的应用程序、IED、PMU和 PLC 可能会滥用其权限。访问控制能力通常通过四种不同的方法实现：①自主访问控制（DAC）；②强制访问控制（MAC）；③基于角色的访问控制（RBAC）；④基于属性的访问控制（ABAC）。在自主访问控制实现中，访问控制决策是基于为应用程序、IED、PMU 和 PLC 设置的独占性权限设计的，自主访问控制中的一个实体可以启用另一个实体的访问资源；在强制访问控制方法中，访问控制功能考虑了资源的重要性和应用程序的权限，以及工业控制系统设备对生产控制资源的访问。在强制访问控制机制中，一个实体不允许借助启用另一个实体的方式访问资源。在基于角色的访问控制机制中，访问控制决策基于工业控制系统基础设施组件中创建的角色建立。一个角色可以包含多个实体，如不同的 IED。此外，角色定义了特定实体可以做什么或不可以做什么的范围。最后，在基于属性的访问控制机制中，访问控制决策应基于应用程序、IED、PMU 和 PLC 的特性及要访问的资源和环境条件进行设计。典型的工业控制系统访问控制设备有工业控制防火墙、工业控制网络隔离网关及行业专用网闸等。

4）防病毒和恶意代码检测

防病毒和恶意代码检测产品根据已知恶意软件特征文件的杀毒引擎评估计算机存储设备中的文件，如果计算机中的某个文件与已知病毒的配置文件匹配，则该病毒将通过杀毒过程（例如，隔离、删除）被删除，因此病毒无法感染其他本地文件或通过网络通信感染其他文件。防病毒软件可以部署在工作站、服务器、防火墙和手持设备中。防病毒工具只有当正确安装、配置和运行，并能将针对不断发现的、新的攻击方法和病毒代码载体的检测能力，进行不断升级更新维护时，才能有效发挥作用。虽然防病毒工具是 IT 系统中最基础的安全防护实践，但将其与工业控制系统一起使用可能需要采用特殊的实践和方法，包括兼容性检查、更改管理问题和工业控制性能影响度量。当在工业控制系统中安装新签名或新版本的防病毒软件时，都应特别考虑这些因素。主要的工业控制供应商一般建议甚至支持使用特定的防病毒工具，在一些情况下，工业控制系统供应商可能在其产品线中对特定防病毒工具的受支持版本执行了回归测试，并提供相关的安装和配置文档。此外，工业控制系统供应商还应努力制定一套针对工业控制系统性能影响的通用指南和测试程序，以填补工业控制系统和防病毒供应商缺少可用的指南或导则的空白。一般情况下，Windows、UNIX、Linux 等用作控制台、工程工作站、数据历史记录系统、HMI 和通用 SCADA 及备份服务器的操作系统，都可以像商用 IT 设备一样进行防病毒操作：安装推送或自动更新防病毒和修补程序管理软件，更新包通过位于过程控制网络内的防病毒服务器和修补程序管理服务器向控制设备进行分发，而更新过程是通过互联网自动完成的。遵循工业设备供应商对所有其他服务器和控制设备（DCS、PLC、仪器）的防病毒建议，这些服务器和控制设备具有与时间相关的代码，修改或扩展了通

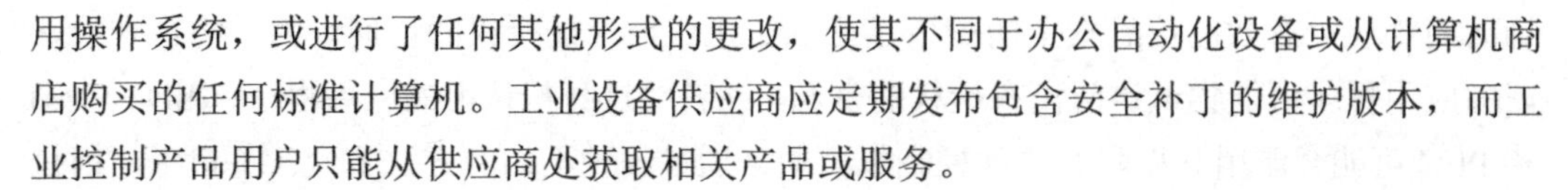

用操作系统，或进行了任何其他形式的更改，使其不同于办公自动化设备或从计算机商店购买的任何标准计算机。工业设备供应商应定期发布包含安全补丁的维护版本，而工业控制产品用户只能从供应商处获取相关产品或服务。

5）入侵检测系统

入侵检测系统提供监视系统活动的能力，以及在检测到任何恶意攻击行为时告警的能力。工业控制系统中部署的入侵检测系统，不同于传统 IP 网络的入侵检测系统，需要支持更细粒度的工业控制协议，并且要重点考虑入侵检测系统的接入位置，以及如何获取非 IP 网络协议报文的问题。一种可行的检测方法是，基于工业操作过程的入侵检测技术体系，可以发现基于 Modbus 的工业控制网络的攻击——中间人攻击和 DoS 攻击、重放攻击和未经授权的命令执行攻击。然而，基于工艺操作过程识别的入侵防御体系结构面临挑战，即如果被黑客入侵的工业控制设备与其预期的功能非常接近，该种体制的入侵检测技术就无法检测未经授权的远程访问。集成基于工业操作的防御体系结构和以白名单机制为基础的入侵检测系统的混合方案，可以从一定程度上提高针对业务伪装度很高的入侵行为的识别能力。另一种检测方法是允许网络管理员通过监视工业控制系统中的终端设备发出的网络流量，以此判断工业控制系统设备中存在的恶意攻击行为。研究发现，当工业控制系统设备的 CPU 负载达到 70%时，将减缓其生成网络流量的速度，整体网络流量将开始出现明显的延迟。这种方法的优点包括：不需要签名或规则更新，不需要在工业控制设备中安装额外的软件，并且检测精度很高。但需要学习每种工业控制场景、组成和环境条件下正常资源的详细运行规律，进而监视每种工业控制设备，并识别与正常资源使用的偏差，才能发现异常攻击行为。

此外，在工业控制系统中监控物理环境，不仅可以提供物理过程（控制）的信息，而且可以提供控制器和数字设备的执行状态的信息。由于现场控制器最终决定物理控制过程，因此可以通过监测控制过程本身实现间接地评估现场设备的完整性。然而，这个概念可以进一步扩展为对工业控制设备或装置内部发生的物理过程的监视，并以这种方式直接评估控制器的执行状态。这种方法依赖监视工业控制器附近的物理环境参数，采集工业控制设备的侧信道信息。工业控制设备的侧信道信息可用于完整性评估和入侵检测。功率指纹（PFP）来自工业控制设备的物理测量值，如耗电量。功率指纹能够直接监视资源受限的系统的执行，并且不需要在目标平台上加载任何软件工具。功率指纹技术可以直接在工业控制系统中执行入侵检测，甚至在控制关键进程的系统中也可以运行。功率指纹技术提供了额外的网络异常行为检测方法，是对传统入侵检测方法的补充。然而，与基于功率分析的侧通道攻击不同的是，功率指纹并不试图对正在执行的代码进行逆向工程或窃取密钥，而只是表征侧通道的正常行为并检测偏离基线的异常情况。

6）*数据加密*

加密是指将明文数据形式加密转换为另一种密文（相对明文而言，不易被识别）数据形式的过程，新的形式隐藏了数据的原始含义，防止其被知道或使用。如果转换是可逆的，则相应的反转过程称为解密，这是一种将加密数据恢复到原始状态的转换。在部署加密操作之前，首先要明确加密是否适合于特定的工业控制系统设备和应用程序，因为身份认证和完整性通常是工业控制系统应用程序面临的关键信息安全问题，还应考虑其他加密解决方案的组合使用，如散列算法。

值得注意的是，在工业控制系统环境中使用加密技术可能会引入通信延迟，因为加密、解密和验证每条消息的操作，都需要额外的计算时间和资源开销。对于工业控制系统，为确保安全生产，使用加密技术或其他信息安全防护技术可能引起的任何延迟，都不能影响现场终端控制设备或系统的操作性能。在工业控制系统环境中部署加密措施前，其解决方案应该经过广泛的、高强度的性能测试。在工业生产控制场景中，应该考虑在ISO/OSI 参考模型的第二层即数据链路层加密，而不是在第三层即网络层加密，以减少加密延迟。此外，应注意工业控制网络中的加密邮件通常比未加密邮件大，原因在于：为减少错误附加使用了校验和、使用额外的协议控制加密过程、分组密码中的填充操作、认证过程，以及其他必需的加密运算和操作过程。使用密码学方法，还需要处理密钥管理问题，健全的安全管理策略需要定期更改密钥。随着工业控制系统的地理分布范围的增加，密钥管理过程将变得更加困难，如在电力、供水、石油等行业广泛应用的工业SCADA 系统就是典型的例子，由于距离较远的站点访问成本高且速度慢，因此远程更改密钥非常实用。

如果在工业控制系统信息安全防护实践中选择加密机制，则 NIST/通信安全机构（CSE）加密模块验证计划（CMVP）批准的完整加密系统就是一个非常有代表性的样板性项目。该项目始终坚持采用有关标准规范中的实践指南，确保加密系统中存在的脆弱性及防护方法，已经由最广泛的专家开展过深入研究，而不仅是由单个组织中的几个工程师进行的局部、封闭式开发。该加密系统实践的优势体现在：所使用的方法（如计数器模式）可以确保同一消息不会每次生成相同的值，工业控制系统中的重要消息应具有抗重放和防伪造的能力，密钥管理在密钥的整个生命周期中始终是安全的，系统使用有效的随机数发生器，整个安全防护系统已有数次成功实施的案例。但是，只有当信息安全技术与有效执行的信息安全策略和管理成为有机的整体时，该技术才能发挥作用。《美国天然气协会（AGA）报告 12-1》包含了一个使用加密技术的信息安全防护的应用案例，尽管该案例针对的是天然气 SCADA 系统，但其中的很多技术细节可以适用于其他工业控制系统安全防护实践中。

对于工业控制系统，加密可以作为全面的、强制的安全策略的一部分进行部署。工业控制企业应根据风险评估、所保护信息的价值和有关操作限制等因素选择加密保护机制。具体而言，加密密钥应该足够长，使得攻击者猜测密钥或通过分析确定密钥的过程所耗费的资源，比受保护资产本身的价值花费更多的精力、时间和成本。加密硬件应防止物理篡改和不受控制的电子连接，如果加密机制是一种工业控制系统较为合适的解决方案，那么受保护的工业控制设备数量太多或部署的地理位置过于分散，导致更改密钥很困难或成本很高，则该工业制造企业应该选择具有远程密钥管理能力的加密保护机制。应注意分别使用单独的明文和密文端口，除非工业应用机构明确要求使用同一个端口传递明文和密文。此外，工业控制系统还应注意尽量只能使用可通过加密模块验证程序（CMVP）认证为符合标准［如 FIPS 140-2（NIST 所发布的针对密码模块的安全需求（Security Requirements for Cryptographic Modules）标准，FIPS 是美国联邦信息处理标准（Federal Information Processing Standard）的缩写］的模块。

7）信息安全监控

信息安全监控是指通过采集和分析数据、日志和/或流量实现确定安全级别的过程。监控系统通过提高系统的可靠性和可维护性，有助于避免意外攻击或故障造成的经济损失。通过分析从制造工厂获得的复杂数据可以检测和预防攻击，如有研究报道称，通过分析造船企业的船体曲线的变化趋势和控制器输出的交集，可以发现造船控制系统的异常行为。通过在 PLC 中集成安全通信机制、认证访问和系统完整性验证机制，可以在一定程度上解决 PLC 的安全问题。此外，这种新的解决方案不需要对现有的自动控制器网络进行较大改变。

8）漏洞检测

工业控制系统中的安全漏洞可能导致机密数据的窃取，破坏数据完整性，或影响系统可用性。因此，对工业控制系统中的漏洞进行检测是安全防护最重要的任务之一。NIST SP 800-82《工业控制系统（ICS）安全指南》中将工业控制系统的漏洞描述为“信息系统、系统安全程序、控制或实施中可能被威胁源利用或触发的弱点”。同时，NIST SP 800-82 将工业控制系统漏洞分为六类：策略和程序、架构和设计、配置和维护、物理、软件开发、通信和网络。此外，还确定了工业控制系统面临的四个潜在威胁源：对抗性、偶然性、结构性和环境性。工业控制系统漏洞挖掘方法也必须以确保工业控制本身的安全、可靠、稳定运行为前提，许多该领域的研究工作都集中在能够发现网络中已知漏洞的自动化分析方面。例如，当传统的控制系统被数字化的 PLC 取代后，网络攻击的数量一直在增加。然而，工业控制系统的安全漏洞检测面临的关键技术挑战之一是：如何确保漏洞探测技术或方法应用于生产控制过程，特别是应用于实时控制场景时，对原有工业控制过程的影响最小化。

9）攻击行为检测

信息安全防护系统对于提高工业控制系统的稳定性和可靠性起着重要的作用，传统防护策略是部署基于主机或基于网络的安全技术，识别或分析过去的、已知的攻击行为。但是，新的、未知的攻击技术却可以轻松绕过此类检测技术，因此，如何检测未知攻击行为已经成为一个新的研究领域。在电力 SCADA 系统中，传统的安全机制由于复杂的攻击行为可以绕过这些安全措施而变得并不安全，急需新的网络攻击弹性控制技术，替代传统的网络安全防御机制，检测高复杂性的攻击事件。例如，基于电力系统运行工况知识的检测与分析技术，该技术基于实时电力负载变化情况，具有预测性地检测恶意数据注入行为的能力，并可以扩展为具有攻击弹性自动恢复能力的系统。基于深度学习方法识别针对工业控制系统协议（如 DNP3 and Modbus）的攻击，可以简化针对通用和工业控制协议的网络攻击的风险分析过程。基于虚拟机监视器的关键基础设施攻击检测技术，通过与预先定义的安全策略进行比较，可以检测当前工业控制系统中的所有攻击行为。基于特征码的入侵检测系统具有检测已知攻击行为的能力，但是，在检测新的攻击威胁技术方面效果不佳，相比之下，实时监控和检测网络流量可以帮助网络管理员识别异常流量，以及调整系统规范和阈值，以防止恶意数据包渗透和破坏系统。

10）身份认证

身份认证是识别访问敏感或机密信息的实体的核心组件，许多身份认证解决方案，如公钥基础设施（PKI）、Internet 协议安全（IPSec）和传输层安全（TLS）等，已应用于工业控制系统中。然而，这些解决方案存在一些不足之处，不能直接应用于工业控制系统，如 IPSec 不能用于多播传输，PKI 的公钥依赖复杂和耗时的密钥产生与分发算法，因此，不可能在预共享密钥的基础上更改公钥算法。此外，TLS 服务器将存储关于所有已经建立的会话连接的数据，进而容易导致密钥泄露，为弥补这些缺陷，需要设计可以动态设置密钥的协议，以便安全地传递更强的密钥。此外，可模块化重构的安全协议，对于那些已经能够确定当前会话中使用的安全密钥的攻击者而言是具有防御能力的。

11）社会工程安全分析检测

在评估工业控制系统的安全态势时，现有的方法侧重于技术方面的漏洞，对来自社会和组织因素的潜在安全威胁往往重视不够。但许多攻击都来自社会工程方面，攻击者可能会通过电子邮件等途径直接欺骗目标组织中的人员泄露敏感信息，也可能会利用“钓鱼网站”“水坑”等手段对目标组织中的人员进行间接、被动欺骗。因此，在社会（个人）和组织层面发现工业控制系统部署和维护中存在的安全威胁是非常重要的。利用一些通信网络技术方面的指标，可以分析社会工程对企业或组织的影响。例如，利用平均时间妥协指标（MTTC），可以探索社会工程对一家小型欧洲公用事业公司的潜在影响，MTTC 度量为评估工业控制系统安全性提供了非常有价值的见解，如果结合时间参数估计，则可以对利用社会工程攻击工业控制系统的途径有更全面的了解。

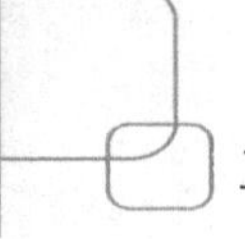

12）风险评估

风险评估可以帮助制造企业信息安全管理者识别可能导致安全问题的危害和风险因素，或在问题无法完全消除时，确定消除安全问题或控制风险的适当策略。PASIV 原则，即接近性（Proximity）、可达性（Accessibility）、功能安全（Safety）、影响（Impact）和价值（Value），是评估处于生产运行状态中的工业控制系统安全性的基本原则。接近性要求评估员在现场评估系统时使用操作过程或数据保证技术，可达性或可访问性意味着如何使用保证技术控制具有高可访问性限制的信息，功能安全是指该技术不影响人身和环境安全，影响表示保证技术不会在实时环境中导致故障，价值是指应用保证技术降低安全风险后的结果（收益）。风险评估遵循 PASIV 原则，以确保从业人员安全使用控制技术。

13）安全指标体系

安全性指标为制定有关工业控制设施保护的合理决策提供了参考，因此，好的指标可以引导产生一个好的决策，而坏的指标则可能产生糟糕的安全决策。一个有用的安全指标体系可以为管理者提供工业控制安全的深度洞察，从而做出更好的决策，实现真正的安全改进。预先定义的指标旨在确定对改进的测量工具的需求，因为指标是理论上可测量的，并且随着更先进工具的开发，在未来将可能变得更实用。

14）可信片上系统（SoC）

目前，许多工业控制系统缺乏对软件和硬件组件的信任体系，为了避免错误的数据注入或流氓软件，需要独立的组件监控和分析恶意软件。有研究团队提出了在 PLC 处理器和硬件实现的接口控制器之间建立信任平台的概念，该架构将针对恶意软件的弹性防御机制引入 PLC，可以抵御至少三种类型的攻击：①来自主终端单元（MTU）的恶意请求；②虚假数据注入；③具有攻击属性的 PLC 代码。

15）工业控制系统信息安全测试床

工业控制系统信息安全测试床允许研究和开发人员模拟真实的工业控制硬件、软件和工艺流程，并通过在虚拟环境中重现已知或构造未知的攻击行为及过程，评估现有安全方案的健壮性。工业控制系统信息安全测试床的构建方法很多，典型的方法包括：可以使用 Emulab 重新创建工业控制网络组件的测试床；使用 Simulink 仿真工具也可以模拟物理过程；虚拟测试床也是近年来研究人员提出的一种包含独立的工业控制系统虚拟设备、模拟器和日志记录设备的虚拟测试床框架，使用实验室测试环境模拟工业控制网络的行为，虚拟环境能够支持更多的协议，可以模拟很多流程工业和过程控制工业的运行过程，还可以借助日志记录设备，创建虚拟系统流量的准确捕获分析能力，并模拟不同通信网络介质的传输特性；其他还有基于混合云的可以模拟现场控制设备的方法等。

3.4.3　工业互联网信息安全需求

信息安全需求是工业互联网的信息安全防护范围，以及相应的安全防护技术的基础。工业互联网系统的信息安全需求，必须提供从边缘到云的端到端安全，包括加强终端节点设备、保护通信、管理和控制策略更新，以及使用数据分析和远程访问管理和监视整个安全过程。理想状态下，信息安全和实时态势感知应该无缝地跨越 IT 和 OT 子系统，而不会干扰任何工业操作业务流程。安全性必须纳入设计中，并应尽早评估风险，而不是在事后才考虑安全需求。但是，使用最新和最安全的信息安全技术作为新建时的部署要素并不总是可行的。由于目前一个工业系统的平均寿命是 19 年（根据一些研究材料报道），安全技术通常必须围绕一组难以改变的现有遗留系统实施。在大型工业互联网建设项目中，所有相关方面，包括制造商、系统集成商和设备所有者/运营商等必须参与进来，以创建更安全、可靠的工业互联网系统。

工业互联网系统可能具有受限的系统资源，这些资源需要满足各种需求，如系统安全和实时执行。这些因素可能不允许最大限度地实施所有安全措施和控制（如纵深防御策略）机制，安全程序实现应考虑系统行为的所有必需功能和非功能方面，包括它们的相对优先级。

工业互联网信息安全应尽可能依赖自动化、智能化系统。人工智能、类人脑控制和机器人作业等无人化、智能化的控制系统将在工业互联网中广泛使用，以满足高度定制化、柔性生产、高效生产和危险环境作业的要求。面对这种变化，工业互联网信息安全将面临两个方面的问题：一方面，依据传统网络攻防对抗的一般规律，攻击和防护体现的是人的意志，攻防行为体现的是人的思维表达。人必须能够与安全实现机制进行交互，监视状态，审查分析，在需要时做出决策，进行计划修改和改进，也就是必须实现人在回路。人伴随其中的网络攻防是永恒存在于工业互联网信息安全防护实践中的主题。另一方面，随着无人化智能控制系统在未来工业控制场景中的应用，当 M2M 的工业控制逐渐形成应用规模后，有可能出现体现机器意志或机器思考的攻防博弈行为，攻击和防护将发展成为更高形态的、需要大量计算推演最优解的对抗过程。因此，工业互联网信息安全还必须适应智能控制条件下的防护需求。

工业互联网信息安全防护技术将具有差异化、复杂化、多样化的特点。工业互联网中将存在大量不受控制的环境，很多工业操作和控制行为都是高度不受控制的环境的一部分，数据流在不可靠的环境中运行，可能没有监督。非受控环境的子属性包括：流动性——在这样的环境中，不可能期望稳定的网络连接和数据持续存在；物理可达性——在工业互联网中，传感器可以公开访问，如交通控制摄像头、数字化工厂或智能制造车间的环境传感器；信任——对于大量设备之间及用户之间的交互，先验性质的信任关系是不可能的，因此，度量和管理对事物、服务和用户信任的自动化机制是工业互联网的基础属性；异构性——工业互联网将是一个高度异构的生态系统，因为必须整合来自不同制造商的大量产品，因此必须考虑版本兼容性和互操作性；可扩展性——工业互联网中大量的互联实体需要高度可扩展的协议，这对安全机制也提出了新挑战；有限的资源——工业互联网中的安全机制受到多种因素的限制，包括能量限制，如电池供电设备，以及低计算能力，如微型传感器、移动互联网系统等。

工业互联网信息安全需要适应自主或自治型工业控制环境。Internet 上的设备虽然种类繁多，但随着操作系统的抽象化，它们的数据格式与 Windows 系列和 UNIX 类操作系统几乎相同。但是在工业互联网中，工业现场存在的也许是大量节点控制器甚至微型电子装置。这类控制设备可能没有操作系统，而只是一个简单的嵌入式芯片程序，随着节点感知目标（如压力、温度、湿度、浓度等）的多样化，不同的芯片硬件带来了异构的数据内容和数据格式，但只要具有连通性，可以维持正常的收发连续状态，这些设备将按照预先设计的工艺流程自动、自主地提供各种重要的工艺或状态参数，而无须控制命令，因此，数据无处不在且高度自治。在应用层有各种各样的工业互联网应用，这些应用程序依据现场参数反馈控制日常工业生产过程，如果失去对工业互联网系统的控制，将会有很大的潜在安全问题。而在互联网中，如果个人用户自己不主动提供信息，攻击者将无法获得用户的信息，并且在操作系统和大量安全软件的帮助下，环境安全度很高。

工业互联网信息安全需要覆盖设计、规划、制造、运输、装配、维护等多个环节（涉及知识产权），以及组件或第三方资源的来源。许多特殊的工业制造过程对生产制造过程有严格的法律要求（供应、配方、流程和责任），随着互联的 CPPS 数量的剧增，以及使用多种渠道的原材料、用户和供应商深度参与产品研发和制造场景的增加，整个流程的信息安全管控将成为一个重要方面。例如，柔性生产或定制化生产过程，将使 CPPS 设备或零部件供应商、工业产品的最终用户及运维服务人员更频繁、更多方位地介入研发性数据的访问过程，多维数据交互将影响新产品的研发过程，如何防止数据来源的虚假性、破坏性和干扰性是必须面对的问题。

从信息安全理论与方法的角度分析，工业互联网信息安全需求主要体现在以下几方面。

- 可用性：确保工业系统对其授权用户在任何条件下的可用性、可访问性，并允许实时访问信息。
- 完整性：保护工业互联网资产不被非授权地修改或破坏，并确保资产（物理资产和信息资产）和行为的抗抵赖性、真实性和占有性，以及信息资产和资产使用价值的存储和使用的可确认性，安全审计的完整性。
- 机密性：向工业系统用户保证系统中使用的所有组件都受到良好的保护，不会受到试图危害系统正常运行的外部威胁和攻击。并且还确保系统的机密性和完整性将保持不变，信息与数据不会以任何方式泄露给任何未经授权的实体。同时，受控制的工业系统能提供对组织机构中的信息流的受控访问的能力。

- 可靠性：确保工业互联网系统在规定的时间内和特定的条件下，完成所要求的功能、保持预先设计的属性的能力。
- 弹性：当发生故障时，可为系统提供容错能力。当系统遇到一些故障时，应该通过有意义的替代方法来完成其功能。即使系统的某个组件发生故障，也不会影响其他部件。系统应该自动克服这种故障。

数据安全和隐私是关键的工业互联网使能技术，也是需要保护的重点内容之一。工业云计算和工业大数据是工业互联网的共性基础，是工业互联网上层应用健康有效运行的条件。然而，工业互联网的独特性给工业云计算和工业大数据已有的安全防护带来了新的挑战。例如，传统 IP 网络的大数据解决方案旨在扩展和处理数据源的异构性，而不需要着重考虑处理不受控制的环境和有限的资源，大数据分析过程一般在相对独立的计算环境中运行，有丰富的时间或资源可供利用。同样，云计算的设计已经能够扩展并克服资源受限的挑战。然而，云计算很难处理工业控制设备的移动性和生产现场传感器的物理可访问性问题。

因此，工业互联网系统所处的环境更为危险，资源有限，信息安全具有更多的需求，需要更多的轻量级、智能化及基于大数据的解决方案。

3.4.4　工业互联网信息安全面临的挑战

1. 工业互联网中的 CPPS 带来的挑战

信息物理系统（Cyber-Physical System，CPS）是集计算、通信与控制于一体的智能系统，赋予了物理系统计算、通信、精确控制、远程协作和自适应功能。美国科学院在 2006 年的《美国竞争力计划》中首次提出了 CPS 的概念，并开始迅速在世界各地发展和普及，已被成功应用于各类工业系统，如制造系统和机器人系统。在德国“工业 4.0”中，将 CPS 运用到制造和物流系统，通过建立“互联网－自动化－智能化”的生产制造模式，满足客户需求，降低产品成本，提高产品和市场的竞争力，实现多品种、小批量、高速度、低成本，产生了智能工厂系统，通过开放接口将信息世界与物理世界融为一体，从而形成以制造模式变革为核心的信息物理生产系统（Cyber-Physical Production Systems，CPPS）[15]。CPPS 在工业互联网中广泛应用，但同时其也使工业互联网信息安全面临很多方面的挑战。

1）攻击面极大地扩展

工业互联网系统提供各种攻击面，智能工厂的基础是类型多样、跨域分布的 CPPS，而 CPPS 由电子设备（如处理器和内存）和监控器组成。监控器通过传感器和执行器控制物理过程；电子设备一般由软件（至少包含嵌入式操作系统、存储机构和应用程序）驱动，并通过各种有线和无线网络连接（如以太网或 WiFi）与人和其他 CPPS 进行交互。攻击面存在于生产过程、物理设备、电子器件、网络、软件、机器、人员、供应链、运维等所有层面。此外，电子产品受到物理攻击，包括入侵硬件攻击、侧通道攻击和逆向工程攻击。恶意代码（如特洛伊木马、病毒和运行时攻击）会攻击破坏软件。通信协议受到协议攻击，包括中间人攻击和拒绝服务攻击。即使是操作 CPPS 的人也将容易受到社会攻击，如网络钓鱼和社会工程。此外，工业应用程序在高度分布式的环境中运行，使用异构智能对象，传感器和执行器在功率和计算资源方面受到限制。因此，所有这些工业设备都可能成为攻击的目标。攻击行动可以针对电力、石油、天然气和轨道交通控制系统等关键基础设施系统，也可以针对电梯或楼宇控制系统等，威胁到个人的安全和隐私。

2）工业互联网的互操作性对信息安全防护提出新的要求

随着工业互联网设备、平台和框架的引入，以及与现有工业自动化系统的集成，互操作性问题随之而来。在工业环境中，确保不同属性的控制设备之间的互联互通通常并不容易，尤其是在考虑兼容使用时间很长的老旧设备时。因此，工业互联网的信息安全解决方案，要解决工业互联网设备与遗留的老旧工控系统的集成问题，如可以使用网关确保在不同网络或复杂协议的情况下进行透明通信。此外，互操作性问题与工业互联网设备使用的专属控制协议有关。在使用来自不同供应商的设备和平台的情况下，确保互操作性可能并不具有可行性。确保设备/平台之间的互操作性不仅关系到无缝操作，而且关系到信息安全。因此，为了提高工业互联网解决方案的功能兼容和信息安全问题，须解决专用控制协议的安全问题，并尽可能采用通用的协议框架。最后，互操作性的概念不仅仅指通信协议和不同的应用程序框架。在工业互联网的复杂供应链环境中，还出现了安全互操作性的概念，意味着设计开发能确保跨平台、设备、协议和框架的通用安全基线非常具有挑战性。供应链中最薄弱的环节将会对整个链条产生不利影响，因此，在跨越所有这些要素的、统一的信息安全防护能力方面，需要进行创新。

3）工业互联网的独立自治特性提出新的信息安全挑战

边缘自治性是工业互联网未来的重要发展趋势之一。自治性是指系统能够根据外部输入和不断变化的环境自主做出决定，即使与网络和远程分析中心断开连接，系统也能够继续运行。通常，自治系统由人类利益相关者给出高级指令（例如，控制自动驾驶汽车行驶到某个地址），而用于满足指令的低级行为指令由系统本身生成，很少或根本没有人为干预。自治有可能通过优化资源使用和使系统能够比依赖人力投入时更快地对环境变化做出反应来提高效率。工业互联网的独立自治性至少提出了两个方面的信息安全挑战：一方面，自治性改变了生产操作人员和系统之间的安全责任划分方式；另一方面，复杂的自治性通常需要对动态变化的环境做出反应，而且往往涉及机器学习和人工智能技术的应用，这些技术本身将带来验证方面的挑战，人工智能和机器学习在故障类型和影响分析方面不容易量化。如何将信息安全防护责任从人转移到机器中将非常复杂，人工操作人员通过检测即将发生的信息安全威胁情况，并调整网络系统运行策略及状态，启动相关安全防护机制实现安全防御。由于人类操作者有能力做出（并应用）这些判断，系统设计者不必将信息安全判断作为系统需求的一部分。然而，随着机器承担更多的自主判断和决策责任，智能机器在设计研发阶段就必须能够清晰地定义匹配的判断和权衡能力，在系统设计阶段定义完整的问题范围列表，并找出如何确保系统始终如一地满足这些判断和决策结果的方法，而实现这种需求的技术途径目前并未完全成熟。自治系统的行为将由软件驱动，但传统的软件验证方法和开发逻辑并不适用于这类软件。事实上，许多基于人工智能和机器学习技术产生的自治软件系统，对人类开发人员来说实际上是黑匣子，如何确保这些复杂的自治软件系统持续产生出安全的行为，还处于研究阶段。

4）缺乏 IT/OT 融合的信息安全专业知识

IT/OT 融合的信息安全专业知识难以在制造企业进行广泛传播，是由于参与正在发生变化的生产制造过程，或参与制造企业 IT 数字信息运维安全的人员本身造成的。在这两种情况下，有关的人员都严重缺乏信息安全专业知识。参与制造过程的人员通常不知道需要采取什么信息安全防护措施，处理信息化安全流程的人员也不完全了解制造过程，以及如何确保制造过程不易受到任何外部攻击。工业互联网企业相关人员想要了解整个信息安全防护过程，需要在许多领域，包括 IT 和 OT 安全、嵌入式系统和网络安全等领域有一定的基础。但随着技术复杂性和阶段性的发展，在上述所有领域都具有一定知识结构的复合型人才很少。即使可以找到一个在所有这些技术领域都有所涉及，并且清晰掌握工业互联网企业内部的所有制造流程的信息安全专家，但同时也要求参与生产制造过程的企业员工必须对信息安全防护过程有透彻的了解，并且将信息安全防护作为优先级很高的事务，而不是将其视为一项辅助性功能，才能有效改善工业互联网信息安全防护效果。除此之外，大多数正在经历第四次工业革命即工业互联网变革的制造公司，都选择了更简单的方法，那就是仅在其局部流程中部署安全服务，而不是培训从事制造业的所有员工。造成这一现象的原因有很多，包括员工缺乏理解和学习新的信息安全技术和系统的动力，且培训成本又极高。

5）企业普遍缺乏信息安全方面的政策和资金

因为经济效益和财务成本方面的原因，工业互联网企业一般不愿把重点放在信息安全建设上，并且没有或缺乏确保在制造产品时将隐私和安全被放在首位的政策和组织规则。无论怎么强调隐私和安全的重要性，制造企业还没有开始将隐私和安全视为必不可少的需求进行考虑，而更多的情况下，隐私和安全被大多数制造企业认为是一个附加功能或出彩功能。出于同样的原因，工业互联网企业拒绝给予信息安全较高的优先权，并且还不断削减资金投入，在涉及当前面临的安全挑战的研发方面，非常不愿意投资或花费更多。这就形成了一系列挑战，因为信息安全技术将不再像预期的那样备受关注。一个很好的例子是，如果一家制造企业决定将其信息系统迁移到云端，而不是将其存储在本地，那么该企业一般就不会在安全解决方案上花费足够的资金。更进一步地，当制造企业意识到在本地规模化存储信息浪费了大量的资源，这种迁移就必然发生，因此这种迁移背后最大的动机，通常是迁移到云服务时可以节省资金投入。于是如果制造企业将其信息系统搬移到云上的主要原因是为了省钱，那么该企业在云安全方面投入的意愿会非常弱。

6）责任追究问题

在广域协同的工业互联网时代，为了高效率研发制造出可以满足多样化需求的定制化产品，通常需要涉及多个方面的研发过程参与者。这些参与者包括来自制造企业的员工、提供其中一个部件的零部件厂商、负责集成组装零部件的团队、进出口环节中的本地化开发团队等，他们共同将来自多个制造商生产的部件组装在一起，生产出具有特定功能的智能控制装备产品。此外，产品研发参与者还将包括安全运维团队，负责安装该智能工业控制设备中的信息安全防护功能单元。而那些为该定制化工业产品提供运维服务的团队，以及为该产品外围供应链中更多的辅助设备实现特定功能的软件开发团队等也应属于定制化产品的参与者。如此众多的定制化产品信息系统研发参与者按照一定的流程和顺序耦合在一起，如果发生涉及智能控制设备方面的信息安全事件，那么这些参与者最终都将面临被问责，而且随着系统复杂程度的增加和安全事故的严重性，特别是大量第三方开源软件模块、可共享组件在工业互联网产品研发过程中的使用，每个环节的参与者都将涉及事故责任调查取证，因此这将是工业互联网信息安全防护技术实现过程中面临的一个重大挑战。

7）缺乏统一的标准

在过去相当长的一段时间内，标准在科学技术发展过程中扮演了推手的重要作用。成百上千的报告、书籍和标准已经出版，使这些技术的应用变得相对容易，但工业互联网信息安全却不是这样。一方面，工业互联网技术本身并未完全成型，处于不断发展和演进的状态中。科学研究界和工程技术界对工业互联网的存在形态、工作机理、功能边界、应用场景、技术体系甚至基本结构等方面尚未达成共识，不同行业、不同领域应用工业互联网的方式、方法和场景不尽相同。因此，目前国际和国内对工业互联网的理解和定义存在多种不同观点，尚未形成全球高度一致的标准规范。另一方面，正是由于工业互联网自身处于边发展边完善阶段，因此，工业互联网信息安全技术也将处于不断变化的状态，难以在短时间内形成标准。与物联网或其他新技术具有较为完整的标准化规范，用户可以很容易地遵循这些标准实施其项目的情形不同，工业互联网信息安全很少

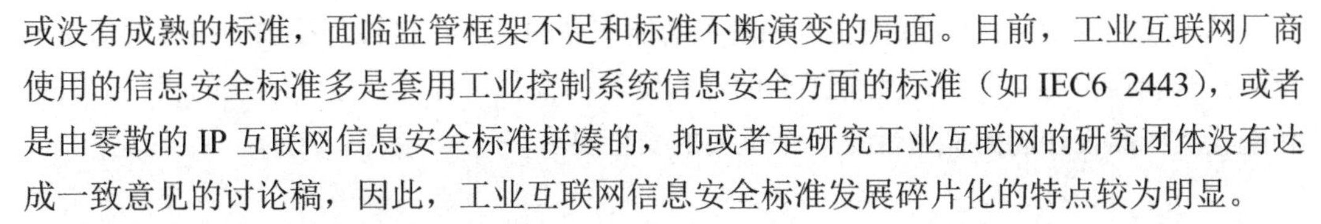
或没有成熟的标准，面临监管框架不足和标准不断演变的局面。目前，工业互联网厂商使用的信息安全标准多是套用工业控制系统信息安全方面的标准（如 IEC6 2443），或者是由零散的 IP 互联网信息安全标准拼凑的，抑或者是研究工业互联网的研究团体没有达成一致意见的讨论稿，因此，工业互联网信息安全标准发展碎片化的特点较为明显。

8）设备的技术限制性

工业互联网意味着需要对已经存在的制造过程的数字化改造，也就是说，它将不完全是一个全新的系统，必须考虑兼容性问题。这意味着数字平台将被添加到现有的平台上，这是唯一可行的解决方案，否则将不得不从头开始建立一套投资巨大的系统。因此，虽然这是实现工业互联网的一种简单方法，但也存在一些相关的挑战，大多数已经投入使用或仍在使用旧技术制造的设备都有一些技术限制，如处理能力和计算资源有限、升级和更新困难等。而且缺乏适用于工业现场控制场景的轻量级的、实用性强的密码算法及密钥管理条件等，这些限制产生了许多信息安全挑战。大多数工业自动控制设备的操作能力非常有限或单一，以至于它们甚至不能执行一些非常基本的操作，原因很多，其中最大的一个原因是功能单一可以保持价格长期稳定。另一些技术限制是，所有这些已经运行多年的陈旧设备都缺乏支持任何类型保护机制的技术条件，这些装置都是在考虑单一的、主要完成预定自动控制功能的情况下制造的，并没有涉及这些装置的防护功能。不仅如此，许多新的工业设备也缺乏这种基本的保护性基础设施。此外，即使某些设备确实具有一定的处理能力，并且能够执行诸如测量现场温度并将其发送到控制单元之类的微型任务，这些设备也仍然缺乏执行更高级信息安全防护（如加密或身份验证）的能力，因为尽管这些任务听起来很简单，但却需要大量的处理能力，而这些自动控制机器根本不具备这些能力。

2. 工业互联网信息安全目标

工业生产系统最重要的目标是可用性，应防止任何不必要的生产延迟，从而导致生产效率损失和经济损失，尤其包括防止针对信息物理生产系统的拒绝服务攻击。另一个基本目标是防止任何可能对人类造成身体伤害的系统故障，为实现这一目标，必须保持工业互联网系统的完整性，并防止可能会导致产品质量下降和资源耗散的攻击行为。此外，应防止未被发现或无意中使用了可能不符合正品部件质量要求的假冒部件。随着 CPPS 系统的互联，必须确保系统故障或恶意攻击不会在智能工厂内或公司内部传播。工业互联网的目标之一是实现产品基于历史数据和自我反馈迭代的智能生产过程。一个例子包括智能服务，公司将设计好的生产外包给第三方运营的智能工厂，在该例子中，必须确保智能工厂基础设施及与生产过程相关的任何信息的真实性和完整性，并向第三方证明智能工厂是可信的。此外，在保修索赔的情况下，可能需要向第三方提供资源材料质量和产品生产正确性的证据。

基于 CPPS 的工业互联网生产系统和智能产品的强大连接性，要求使用新的信息安全防护机制保护客户和员工免受工业间谍和隐私的侵害。因此，生产系统的代码、数据和配置及产品设计图的机密性是一个重要的安全要求。

3.4.5 工业互联网信息安全模型

工业互联网系统非常复杂，涉及多种实时控制部件，为了简化安全性分析和工程实现过程，有多种方法可以将工业互联网体系结构分解为若干组件。由于大多数工业互联网部署模型都由边缘层、平台层和企业层组成，因此安全性研究和开发更符合技术实现的内在逻辑。为了方便安全分析、规划和实现，典型情况下，可以将工业互联网信息安全模型总体上划分为以下四层：

（1）终端节点和嵌入式软件层。

（2）通信和连接层。

（3）云平台和应用程序层。

（4）过程和管理层。

该分层模型遵循了前面讨论的工业互联网的独特安全考虑，即

- 工业互联网信息安全集成需要考虑 IT 和 OT 领域特定的融合。
- 工业互联网信息安全需要解决工业生命周期（可能长达数十年）和兼容性部署（与旧技术共存）。
- 工业终端的资源约束及其高可用性要求。

这个四层安全模型充分考虑了美国 IISF 中的数据保护层功能，包含静态、使用中和移动中的数据。安全框架顶层的功能映射到这个四层安全模型的第 1～3 层，安全框架的安全和策略层映射到此模型的过程和管理层。

如图 3-2 所示为工业互联网信息安全四层模型结构。

（1）终端节点和嵌入式软件层：在工业互联网信息安全防护设计中，安全性必须从芯片扩展到设备端点的软件层。工业互联网终端的范围从资源受限的现场设备到具有重要存储和计算能力的企业级服务器和路由器，许多工业部署现场，还包括具有不安全协议栈的遗留设备。这是一个独特的环境，在这个环境中，安全性不能局限于网络周界，而是扩展到终端节点。终端节点的安全技术和解决方案包括：终端节点识别、安全配置和管理、可信基、沙箱、访问控制、安全启动和物理安全等。

（2）通信和连接层：这一层侧重于通过安全传输、深度数据包检查、入侵检测和预防、安全通信协议等来保护使用中和移动中的数据。通信和连接层的技术是网关防护，安全边缘智能，通信网络协议安全，加密保护，配置、监控和管理，入侵检测（IDS）和入侵防御（IPS）引擎等。

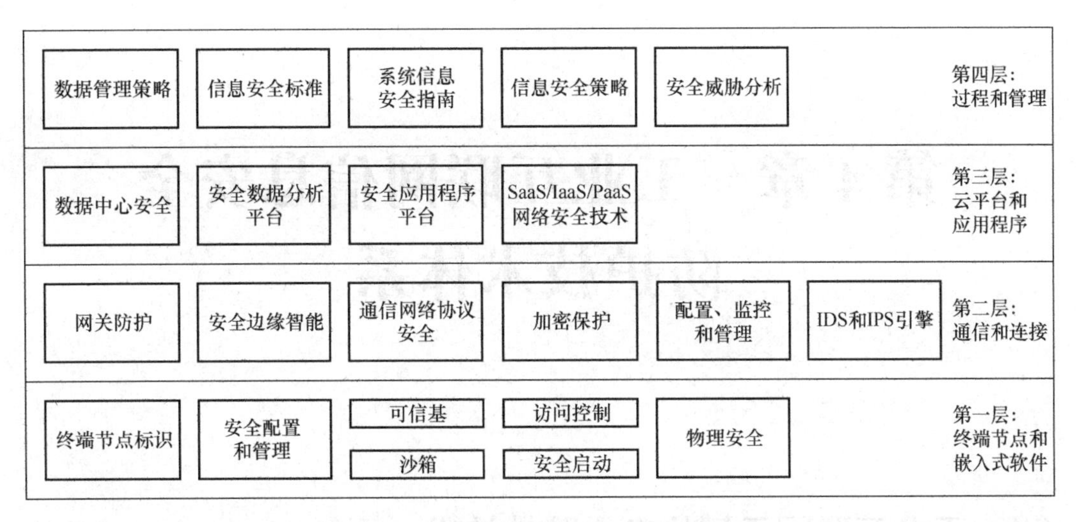

图 3-2　工业互联网信息安全四层模型结构

（3）云平台和应用程序层：这是需要保护的第三层，基于云的工业互联网部署极大地扩展了攻击面，工业互联网应用案例涉及具有低延迟要求的任务关键型命令和控制，这一层提出了一组独特的安全挑战。云平台服务通常延伸到工业边缘，因此需要考虑特殊的攻击向量和缓解策略，支撑的技术有数据中心安全、安全应用程序平台、安全数据分析平台、软件即服务（SaaS）/基础设施即服务（IaaS）/平台即服务（PaaS）网络安全技术。

（4）过程和管理层：实际的安全管理需要一种基于风险的方法进行“适当规模”的安全投资，安全管理必须贯穿从设计到操作的整个生命周期。工业互联网利益相关者还必须发挥各自的作用，确保工业互联网部署的安全。具体的技术机制包括数据管理策略、信息安全标准、系统信息安全指南、信息安全策略和安全威胁分析[16]。

第 4 章　工业互联网信息安全防护技术体系

4.1　工业互联网云侧的安全防护技术

4.1.1　以数据安全为主的工业互联网云侧的安全防护技术

数据将成为工业互联网的重要资源，也将成为其发展的原生动力。因此，工业互联网云侧的安全防护将以数据安全为主，数据安全是工业互联网信息安全防护技术的重要内容。

工业互联网的重大进步之一是可以使用外部网络计算能力分析和控制 OT 基础设施，这种使用远程服务器而不是本地服务器或计算机存储、管理和处理数据的方式被称为云计算。云标准委员会和云安全联盟等国际组织为云计算的架构和安全提供了充分的技术和实施导则。在一个典型的工业互联网系统中，成千上万的现场设备与一个云平台系统通信，并且可以在这些设备中存储数据。然而，工业互联网企业使用共享的第三方服务，提供商将需要创建许多信任边界，这些边界会影响安全性和隐私，必须使用技术手段保护信息安全和数据隐私。流入控制系统的信息必须受到充分保护，并要保护物理过程的安全性和弹性。例如，恶意攻击者窃取的凭据可能允许攻击者远程控制物理基础设施（如各种工业现场控制终端），并同时造成对供应商的许多关联客户的攻击，此外，对其他云客户或平台的攻击可能会形成传播态势，从而触发对整个供应链条参与者的攻击。

工业互联网云端的各种应用主要构建于来自产品链中多方参与者的海量数据之上，因此，工业互联网云侧的安全防护技术以数据安全防护为主。工业互联网中的云体系架构允许隔离和最小化来自云计算系统的风险。然而，尽管基于云的智能制造过程考虑了一些基础的安全措施，但并不能实时处理安全事件，也不能识别系列网络攻击行动的相关性，更无法进行预测。根据用户对云技术提供的服务类型和企业组织的需求，工业互联网中的云计算部署模型可以有公有云、私有云和混合云，这三种模型是根据制造企业基础设施的位置和对其具有控制权的实体定义的。选择云部署模型是最重要的决策之一，每个模型都以不同的方式满足组织需求，涉及不同的相关成本，并且具有不同的优缺点。从数据安全的角度分析，建议使用私有云，尤其是信息分类级别较高的工业互联网企业。尽管公有云为制造企业提供了成本和实现速度方面的优点，但由于网络攻击和人为的或技术的错误，它存在很高的存储和处理数据的风险。混合云可以被认为是一种折中方案，综合企业云计算方案在实施过程中所需的成本，以及所需必要的安全防护能力方面的因素，适用于不涉及敏感数据或敏感信息的组织。云计算技术具有两个基本要素：面向服务的体系结构和虚拟化机制，为确保工业生产环境中的云安全，并结合工业互联网对各类数据进行采集、传输、分析形成智能反馈的基本趋势，主要从面向服务的体系结构和虚拟化机制方面部署相关安全方法和技术。

保护由传感器驱动的工业互联网运行产生的数据安全，以及应用程序创建、存储和使用的敏感数据安全，是工业互联网系统可靠运行的重要基础之一。从广义上讲，数据安全保护措施能够防御对关键数据和工业互联网系统的内部和外部干扰和攻击，这些措施贯穿于工业大数据的整个生命周期，即从生成数据到销毁或安全存储数据。对静态数据、动态数据和使用中的数据采取适当的措施，可以在更广范围内应用工业互联网及其服务的安全性。若未能采取适当的工业数据保护措施，将使工业互联网系统产生严重后果。例如，正常服务中断反过来影响产品质量和服务能力达到标准；严重工业生产事故；由于敏感数据泄露及未能及时发现和报告，造成发生重大监管问题、知识产权损失和对产品品牌声誉的负面影响。以数据安全为主的工业互联网云侧安全防护技术应包含：数据安全级别，数据安全性、可靠性、弹性和隐私性所需的措施。并且为确保兼容性和实用性，这些技术还应基于现有行业指导和合规性框架[如IISF（IIC-IISF 2016）、IEC 62443、IEC 61508和CSA CCM（云计算安全标准）]的有关内容，覆盖工业互联网安全和数据保护的各个方面。

1. 工业互联网数据安全的基本概念

IIC、OMG和IEC等国际组织在工业互联网数据方面有一些基本的术语或技术概念定义。数据保护是一个包含相近和重叠领域的总称，包含数据安全、数据完整性和数据隐私。在一般情况下，信息安全专家将“数据保护”与“数据安全”互换使用，但为适应复杂的工业应用场景，工业互联网数据安全将数据保护概念进行延伸，包括完整性和隐私保护。图4-1对工业互联网的数据保护与数据安全进行了解读。

工业互联网数据安全可靠性包括信息安全、隐私、可靠性、弹性和功能安全。

数据信息安全：保护数据资产不受意外或未经授权的访问、更改或破坏，确保可用性、完整性和机密性。数据完整性是指确保数据没有发生未经授权更改或销毁数据资产的情况；数据机密性是指使用加密技术和匿名化等机制确保数据的使用和访问等过程受控；数据持有也是数据的信息安全属性，指的是确保强制持有和保持数据的不变；数据控制则指控制跨不同管辖区域的数据传输，确保其信息安全。

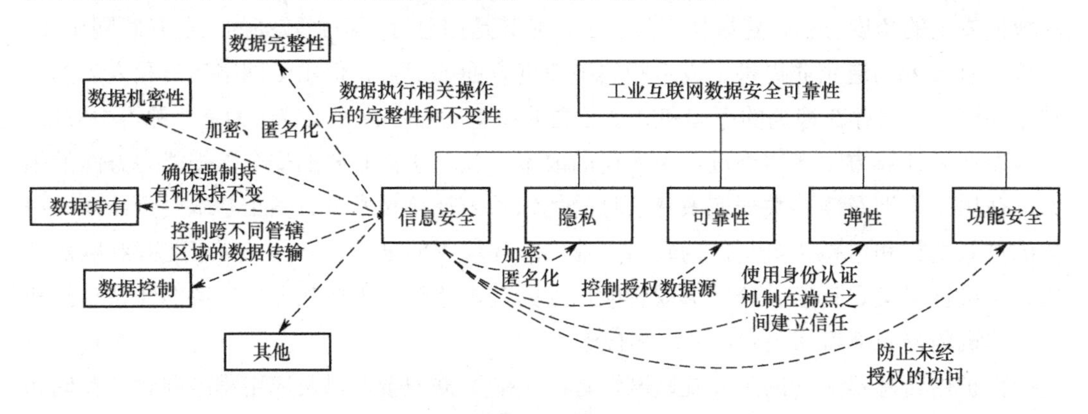

图 4-1 工业互联网的数据保护与数据安全

数据隐私：个人、组织或机构等控制或影响收集和储存与自己有关的信息的权利，以及由谁和向谁披露这些信息的权利。

数据可靠性：数据记录可追溯，数据结构及内容清晰可见，与操作同步生成/录入。而且是第一手数据，未经改变。与实际操作相一致，无主观造假或客观输入错误。数据是无遗漏的，与实际生成逻辑顺序一致，现实的记录人同实际操作者一致。原始数据长久保持，不易剔除、遗失，并且对数据的审核是可执行的，没有被隐藏。

数据弹性：工业生产环境中需要的数据，在各种状态条件下的可用性。

功能安全：具有功能安全属性特征的数据。

在行业中使用的另一个与数据保护有关的术语是数据机密性，指的是一种不向未经授权的个人、实体或流程提供或披露信息的属性。

以数据安全为主的工业互联网云侧安全防护技术主要关注工业数据保护领域的最佳实践，并强调数据安全在其中所起的核心和支持作用。

1）数据泄露会导致多重负面后果

数据泄露可能违反工业互联网不同环节的数据保护要求，进而导致出现整个链条的多种负面后果。例如，影响个人数据的数据泄露行为将违反数据隐私法规或条例，如果该数据对业务敏感，那么同样的违规行为就违反了数据保密要求。数据泄露可能导致多种不良后果，如图 4-2 所示。

数据保护策略必须防止和减轻多种类型的数据保护风险，而要实现这个目标，需要数据安全资源与数据遭受破坏的利害相关职能部门积极参与和协调。

2）工业互联网中要保护的数据类别

数据保护涉及工业互联网组织或机构中的所有数据和信息，如操作数据、系统和配置数据、个人（机构或组织等）数据和审计数据。

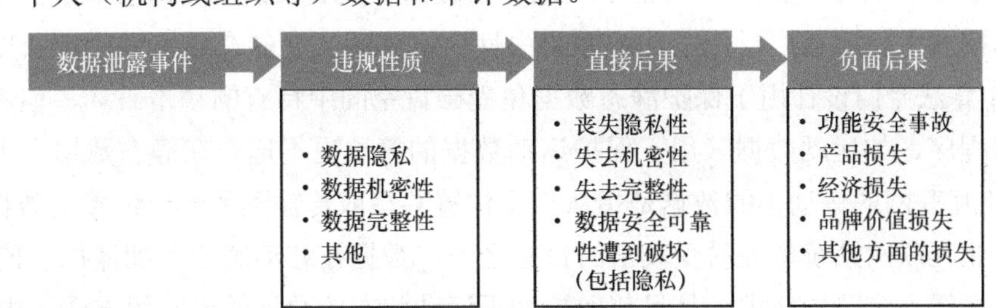

图 4-2　数据泄露可能导致多种不良后果

操作数据：在工业互联网中，运营数据是指在现场正常业务运营过程中产生的任何数据。这些数据是由安装在生产控制现场的传感器或电子装置和控制器（如 SCADA 设备、PLC 设备或控制器设备）生成的。操作数据包括连接到物理过程和现场设备的传感器生成的数据、电子控制器和设备生成的数据，以及从外部网络发送到现场环境的控制数据。这些数据有两个主要用途：为基于状态的维护提供依据，作为现场设备的监控与分析的基础。

系统和配置数据：指与工业互联网现场设备交换的数据，目的是使现场设备能够按照设计和运行要求运行。必须在整个系统运动和静止时保护这些数据的信息安全。

个人数据：能够识别个体或个体特定特征的数据（或信息），如姓名、性别、身份证号、地点、出生日期、位置、文化、工艺特征、在线设备标识符信息等；生理的、遗传的、心理的、医学的、财务的信息；薪金、业绩、福利；种族、宗教、政治观点、生物特征信息等。隐私法律和法规（如欧盟的 GDPR）对个人数据的处理进行了规定，其定义因司法管辖区而异。

审计数据：根据美国 NIST 关键信息安全术语表的定义，审计数据是“系统活动的时间顺序记录，以便能够重建和检查事件序列和事件变化”。工业互联网系统在其架构层（边缘、云等）的各个层级生成审计数据，但必须对其进行保护，并确保其真实性和可靠性。

3）静止数据、运动数据和使用中的数据

IISF（美国 IIC 的工业互联网安全框架）将数据保护的要素分为以下几类：

- 终端节点数据保护；
- 通信数据保护；
- 配置数据保护；
- 监视数据保护。

根据数据状态是静止（DAR）、使用中（DIU）还是运动中（DIM），将使用不同的数据保护机制和方法。工业互联网静态数据是指在工业互联网生产活动的生命周期的不同时间存储的数据，静态数据易受攻击者操纵，必须保护其机密性、完整性和可用性，常用的技术手段为数据加密和复制。AES-XTS［最初称为 Bitlocker，一种磁盘加密模式。

AES 指高级加密标准，XTS 即 XEX（XOR-ENCRYPT-XOR）密文窃取算法的、可调整的密码本模式］技术被广泛用于加密非易失性（可移动）存储介质上的固定长度扇区。AES-XTS 算法专门设计用于保护静态数据免受磁盘空间中特有的攻击破坏，但不适用于其他应用程序，如运动数据（用于保护运动数据的算法也不适合在静态数据上下文中使用）。工业互联网的运动中的数据是指从一个位置共享或传输到另一个位置的数据，网络是整个工业互联网系统中最易受攻击的目标之一，数据在移动时应受到保护。使用 TLS 协议的网络级安全防护技术，是目前保护处于运动状态的数据的最常用方法，由于 TLS 协议是点对点的，因此必须信任 TLS 协议通道的终端节点，并避免中间的转发操作。工业互联网使用中的数据是指正在处理的数据，在使用数据时，如果数据未加密地从内存发送到处理器，则很容易受到攻击。数据转换、访问控制和安全内存是保护正在使用的数据的一些方法。

2. 数据安全的基本内容

工业互联网数据安全内容包括密钥管理、可信根、身份认证、信息的抗抵赖性、访问控制、审计和监测、保护使用中的数据。

1）密钥管理

从根本上讲，受密码学保护的信息的安全性直接取决于其密钥的强度、与密钥相关的管理机制和协议的有效性及对密钥本身的保护。《NIST SP 800-57 Pt.1 密钥管理导则 版本 4》将密钥管理定义为：在密钥的整个生命周期内（从生成到销毁）及其中的所有阶段管理密钥所需的操作。表 4-1 定义了密钥生命周期管理相关的最佳实践。

表 4-1 密钥生命周期管理相关的最佳实践

生命周期阶段	密钥生命周期管理的最佳实践
生成	密钥生成过程的强度取决于随机数源生成不可破解密钥的能力，必须保护随机数源的完整性，对于增强的或关键的安全级别，只能使用经过授权的加密硬件产生的随机数
注册	将密钥与将要使用该密钥的用户、设备、系统或应用程序相关联
存储	密钥的存储方式必须使其只能由授权用户或应用程序访问，密钥应与其所保护的数据分开存储，并且绝不能以明文形式存储（密钥本身必须用不同的密钥进行加密）。在可能的情况下，对于增强的或关键的安全级别，密钥应存储在专用的、经审批的硬件中，如可信平台模块（TPM）。在没有这类硬件的情况下，可以使用其他形式的密钥保护机制（如白盒加密）保障安全性
密钥创建	工业互联网中的密钥的创建方式有三种：①在内部通过计算生成密钥（使用批准的随机性源）；②基于工业现场设备内部物理特性计算密钥，该特性基于某种属性在不同设备之间是唯一的［物理不可克隆函数（Physical Unclonable Function，PUF）］，SRAM 或处理器内部总线是商用 PUF 的例子；③以受控方式接受来自外部输入源的密钥，在这种模式中，密钥从外部生成然后发送到工业控制设备。但需要一种安全机制将密钥从生成或存储位置传输至即将使用该密钥的设备或应用程序。同时，还需要事先建立一个可信连接，通过该连接可以在不同系统或设备之间安全地共享密钥。 ①和②的优点是密钥不会离开设备，③具有密钥质量较高的优势，因为外部的密钥创建系统可以构建在资源充裕、性能较高、投资较大的平台中。①和③通常要求设备只允许进行一次性操作，或在非常受控的情况下进行

（续表）

生命周期阶段	密钥生命周期管理的最佳实践
密钥使用	必须尽最大努力减少使用过程中的密钥暴露，包括根据最小特权原则控制对密钥的访问，仅将密钥用于单一目的，以及在加密操作完成后从工作内存中删除密钥（参考《IEC 62443-3-3 工业通信网络-网络和系统安全 • 第 8.4.3.1 部分》)，更专业的密钥使用保护技术通常涉及专业的商用工具。典型案例包括： • 数据转换状态，即对数据的改变和操作，允许以不受保护的数据永远不会出现在内存中的方式进行数据计算。将使恶意攻击者对数据的理解更加困难，同时也允许应用程序保留其原始行为，这种模式可以保护密钥，也可以在解密后保护明文数据。 • 白盒密码技术，是一种加密算法的强化实现，专门设计用于完全隐藏密钥或使其保持在上述的数据转换状态
密钥翻转	必须定期更新密钥控制泄露风险，考虑到攻击者根据密钥长度猜测密钥可能需要的时间，根据《IEC 62443-3-3 工业通信网络-网络和系统安全 • 第 8.5.2 部分》，也可以在《NIST SP800-57 Pt.1 密钥管理导则 版本 4》中找到普遍接受的实践，或在 ISO/IEC 19790 中找到实施要求。此外，《NIST SP800-131A 密码算法变换和密钥长度的使用 版本 2》提供加密算法和密钥长度的指导
密钥备份	如果加密的密钥丢失，则加密的数据将无法恢复，这将带来潜在的可用性问题。适当的密钥备份策略可以确保仅创建最少数量的密钥副本，并且密钥备份的存储过程受到严密的保护
密钥恢复	当出现必须从备份中恢复密钥的意外情况时，必须制定相应的策略和程序，确保在不暴露密钥的情况下仅由授权方恢复密钥
密钥撤销	泄露或疑似泄露的密钥必须被撤销或替换
密钥存档	当密钥不再用于加密时（例如，已过期），需要过渡一段时间，因为仍然可能需要解密尚未更新到新密钥的操作数据
密钥销毁	应该销毁不再使用的密钥，包括所有副本，而销毁密钥操作是销毁所有加密数据的有效方法，前提是可以证明密钥的所有副本都已被正确销毁

密码算法通常被用作基本要素，支撑适合特定用途的信息安全防护操作模式，实现所需的加密属性。例如，AES 是一种标准的分组密码算法，用于创建不同操作模式的基本构件。每种操作模式都有不同的属性，如机密性或真实性。设计用于不同环境的多种操作模式，或具有防御各种形式的攻击的特定数学特性。有时也可以多组加密算法组合使用，创建具有多种属性的不同操作模式。FIPS 140-2 定义了加密模块所需的特定功能，其中重点是保护密钥数据（和元数据）、密钥管理角色（创建、加载、存储和销毁）及围绕密钥使用（或消耗）方式的其他角色；还定义了密钥、明文和密文的接口；同时讨论了模块的设计和功能，包括入侵检测和结果操作、功能的有限状态建模，以及 EMC/EMI 辐射和自检过程等。加密模块可以遵循四种增量安全级别，第一个级别侧重于软件加密模块，而其他三个级别则需要不断增强的硬件支持。FIPS 140-2 建立了一种加密模块验认证程序（CMVP），这是 NIST 和 CSE 的一项联合工作，模块供应商可以使用 CMVP 认证其模块产品。每种模块都必须说明一组加密算法、操作模式和所产生的加密模块能实现的功能。为确保安全性，使用这些加密模块的用户应确保其系统中仅使用 CMVP 认证成

功的模块。

2）可信根

由于工业互联网设备的设计成本低、资源消耗少，因此使用传统的方法对其进行保护比较困难。以合理的成本保护工业互联网设备的最有效机制之一是从基于硬件的可信根获取所有信任。由于工业互联网中存在许多可能的攻击载体，企业或组织需要一种解决方案确保特定工业互联网终端节点是可信的，并且可以安全地用于业务操作。传统的方法是在基础设施的不同层（包括端点、网络、云等）建立纵深防御体系，并进行安全控制。工业互联网终端节点至少必须具有安全可控制性，实现检测并可能防止终端节点中的恶意攻击行动。为了加强工业互联网系统部署的良好安全性，纵深防御的方法应该从终端节点中的硬件可信根获取信任。硬件可信根提供安全的身份、安全的通信、安全的存储，通常还有安全的执行环境，以及使设备能够安全地进入引导过程，因此只有经过完整性认证的软件才能在设备中运行。当设备启动时，信任链从引导加载程序开始建立，然后是BIOS，接着是操作系统加载程序、操作系统，最后是应用程序。顺序启动级的认证有两种实现方式：①安全的启动——硬件可信根认证引导加载程序的摘要，并将其与系统所有者提供的受信任摘要进行比较。引导加载程序依次认证BIOS，依此类推。如果任何组件的摘要与受信任的签名摘要不匹配，则停止执行启动序列。②可测量的启动——每种组件都测量其自身的摘要，并将其存储在一个安全的位置，以便将来进行审核并与受信任的签名摘要进行比对。在测量引导中，即使组件摘要与签名的信任值不匹配，执行序列也不会停止。基于硬件可信根的安全启动和测量启动过程如图4-3所示。

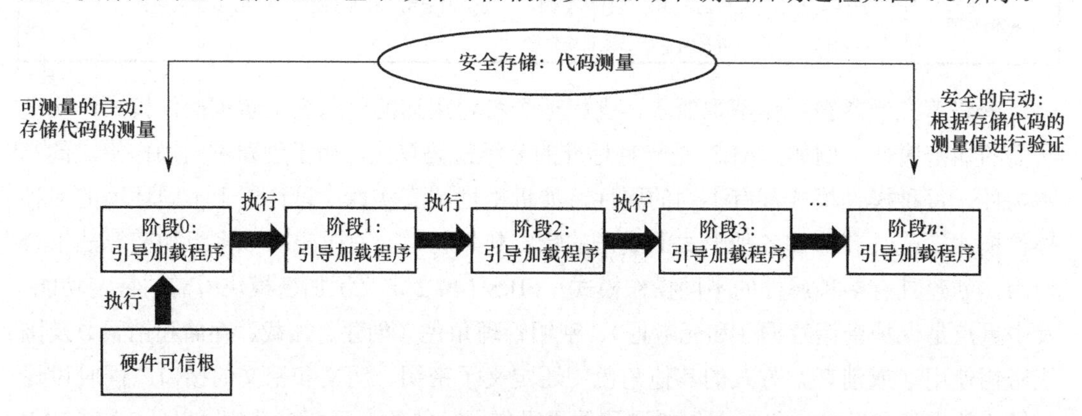

图4-3　基于硬件可信根的安全启动和测量启动过程

在安全引导中，硬件可信根在每个阶段都获取下一阶段的代码测量值，并将其与瞬时测量值进行比较。在测量引导中，每个阶段都只对下一阶段进行瞬时测量，并将其存储在安全存储器中，以便进行日志记录和审计。硬件可信根以不同的组合形态处理工业互联网设备中的安全问题，不同的电路用于测量、完整性、认证、存储和证明目的，并用于形成不可改变的可信根。这种不可改变性被称为硬件可信根，但并不反映其实现的细节。硬件可信根可以由一个专用芯片实现，如可信平台模块（TPM）或基于处理器的硬件可信根。有时处理器内的专用电路可以用于保护数据或软件。其他类型的硬件可信根保护可升级的软件，并在外部闪存中实现。白盒密码技术使用数学方法隐藏软件中的密钥，通常是可更新的，以便于开发人员随着时间的推移更新扩展防御能力。白盒密码技术能够在没有硬件可信根的情况下保护密钥，并且也可以与硬件可信根结合使用以提高数据安全性。目前，已有几种使用处理器实现硬件可信根的商用产品。其中，ARM Trust Zone 是一种基于片上系统的硬件安全方法，该方法提供一个安全区域，用于安全存储和执行。处理器分为正常模式和安全模式，安全模式可以访问正常模式中的任何内容，而正常模式只能通过受访问控制的消息管道访问安全模式中的数据。内存、外围设备、执行和中断在硬件层级都是分离的。Intel TEE 包含各种基于 Intel 硬件的安全技术，如 Intel Trust Execution Technology（TXT）、Software Guard Extensions（SGX）和 Platform Trust Technology（PTT）。TXT 通过创建测量的启动环境（MLE），将启动环境中的所有关键元素与可信映像进行比较，从而提高 Intel 平台的安全性，使其免受潜在的虚拟机监控程序攻击、BIOS 或其他固件攻击及恶意的 rootkit 安装。工业互联网数据处于不同状态下的可信根最佳实践如表 4-2 所示。

表 4-2　工业互联网数据处于不同状态下的可信根最佳实践

		可信根最佳实践
数据状态类型	静止	硬件可信根提供不变的秘密，将用于认证静态数据的关键安全存储的完整性。这类安全存储可用于存储加密密钥（用于加密磁盘上的大容量数据）及其他需要关键身份认证或身份认证功能信任的私钥或公钥
	运动	硬件可信根建立安全通信信道，用于保护运动数据所必需的证明、认证和测量
	使用中	硬件可信根通过经身份认证的安全引导处理器或对静态数据的配置保护实现对使用中的数据的保护，并增强使用中数据的完整性。额外的硬件可信根可以通过处理器内数据的安全执行环境，以及扩展的易失性内存（如需使用）保护单个的运行时环境
典型商用产品及应用案例		ARM Trust Zone 可以用作安全存储区域，并存储 ARM 处理器启用的安全分区中的安全凭据和软件认证签名。小型安全应用程序保护引导或其他需要防篡改的关键功能，Intel 的 TXT 可用于在平台上提供安全引导，从而确保只有受信任的操作系统才能在平台上运行

3）身份认证

工业互联网中的敏感数据需要认证加密，以防止非授权用户查看此类数据。加密的作用是保护数据的机密性，认证的作用是确保消息没有被恶意改变，并且可以保护加密算法和密钥长度。加密的优势明显，但成本很高，在对工业 OT 数据进行数据加密之前，应考虑效果、攻击威胁向量和通用安全策略的差异化等因素。常用的加密最佳实践是以不可分割的方式，将认证与加密结合起来使用，因为这样可以有效地抵御网络空间中所存在的多种攻击类型。认证加密还可以保护未加密的协议数据报文头和其他字段信息，称为关联数据认证加密。商业利益和技术实现通常被工业企业孤立地考虑，美国 IIC 的工业互联网安全框架提供了关于如何考虑安全动机的导则，其中包括公司内部跨职能角色的加密功能。在对产品或系统进行设计之前对防护目标进行界定，将产生更紧凑、高效的加密策略，该策略将确定哪些内容应该加密，哪些内容不应该加密。此外，产品设计人员可以将包含业务和技术的策略转换为技术需求，以权衡工业互联网产品的功能、性能和安全性（包括加密功能）。例如，保护运动中的数据可以从两个层次考虑安全性：传输级别的安全性、数据级别的安全性。安全传输层协议（TLS）或数据包传输层安全性协议（DTLS）使用美国国家安全局推荐的加密技术保护通信传输层，从而在两个会话参与者之间建立安全通信通道，即“单播”。数据分布式服务（DDS）安全性将产品设计人员所需的加密技术应用于数据，这种安全能力在应用层使用。因此，在将用户数据封装到传输消息之前可以对其进行加密，如果特定数据不需要保护，就可以在安全性和设备性能之间进行权衡。应用程序级安全性提供了“安全多播”的优势，可以随着数据量的增加减轻网络负担，如图 4-4 所示。

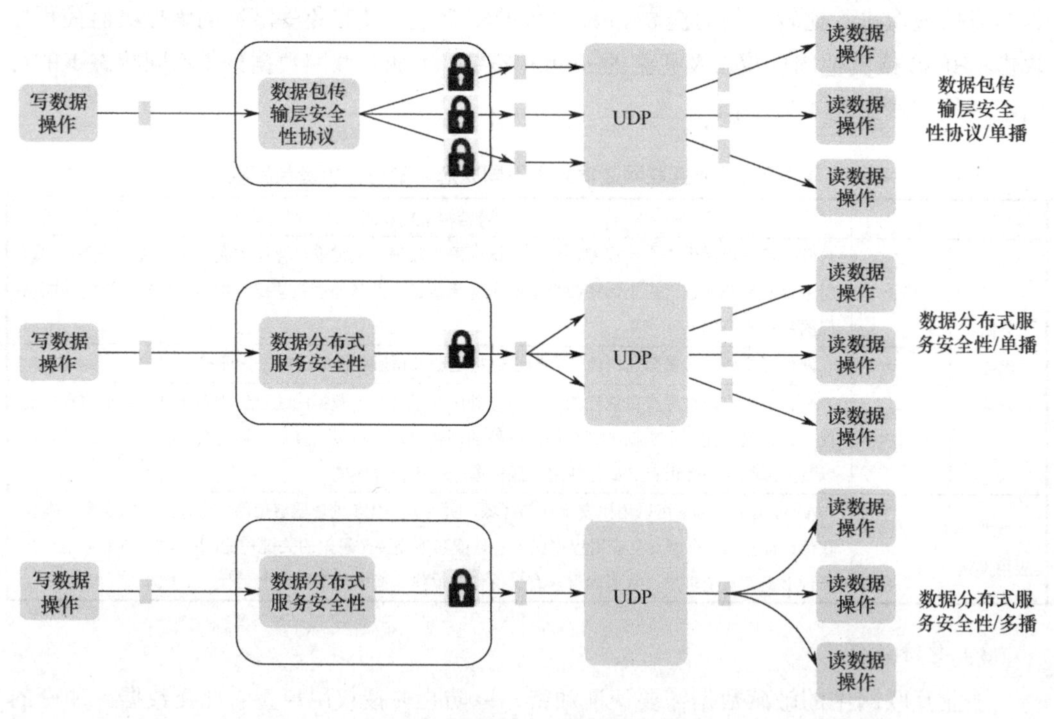

图 4-4　单播和多播的数据保护

工业互联网数据处于不同状态下的认证加密最佳实践如表 4-3 所示。

可以使用相互认证方法建立会话密钥。保护数据通信的第一步是在数据的发起方和接收方之间建立可信任的通道，在许多工业互联网应用场景中，两个终端节点甚至可能并不知道对方的存在。成功建立可信任和受保护的数据交换通道的基础条件是，两个终端节点必须先进行相互认证，并在此过程中生成可用于加密和认证它们之间消息的会话密钥。当双方在线时，会话密钥应该使用具有完全前向保密性的加密技术建立。完全前向保密性是指即使攻击者知道设备的私钥，攻击者也无法访问以前使用当前已经泄露的设备私钥建立的会话密钥所保护的消息，因此攻击者无法冒充现在已泄露私钥的设备。为了在两个终端节点之间建立信任，使用非对称密钥和支持完全前向保密的算法［如椭圆曲线 Diffie-Hellman（ECDH）］建立会话密钥。当会话密钥与 AEAD 密码（Authenticated Encryption with Associated Data，关联数据的认证加密，一种同时具备机密性、完整性和可认证性的加密形式）一起使用时，双方都可以确保消息没有被篡改，从而极大地提高系统的可靠性。使用相互认证方法建立会话密钥的过程如图 4-5 所示。

表 4-3　工业互联网数据处于不同状态下的认证加密最佳实践

		认证加密最佳实践
数据状态类型	静止	① 对静态数据使用加密容器； ② 使用 NSA Suite B（一种美国国家安全局的加密算法）或其他广泛认可的加密算法
	运动	① 确定需要保护的数据流及其保护方式（数字签名、数据包加密、用户有效负载加密）； ② 集成满足数据流、安全性和性能要求的相应技术（如 TLS、DTLS 或 DDS 安全性）； ③ 使用 NSA Suite B 或其他广泛认可的加密算法
	使用中	① 基于可信根及密钥管理方法； ② 全内存加密
典型商用产品及应用案例		由于成本、时间和性能的限制，在工业互联网分布式的控制系统中加密所有数据将不现实，如在医疗环境中，应考虑对关键数据执行加密和认证操作。而非关键数据（如环境温度）只能使用密钥相关的散列运算消息认证码（HMAC）进行签名或身份认证，以优化 CPU 和网络带宽

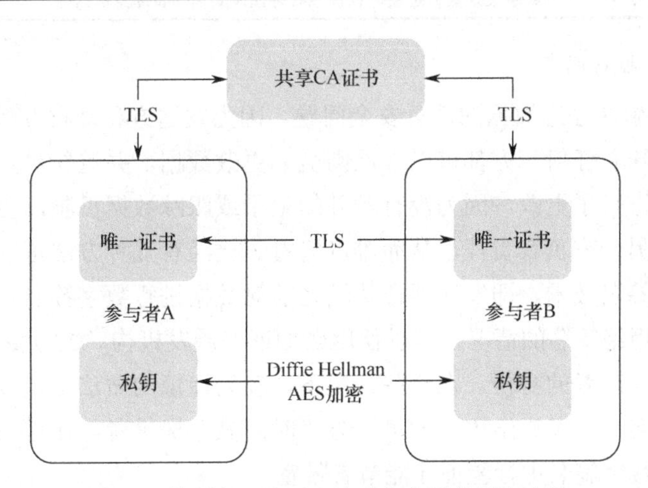

图 4-5　使用相互认证方法建立会话密钥的过程

此外，TLS 协议可以配置为使用临时密钥确保完全前向保密性，该协议还可以配置为仅使用 AEAD 密码。相互身份认证的本质是能够实时证明网络会话参与者可以访问的、与 X509 证书中的公钥成对的非对称私钥。身份认证需要使用合适的非对称签名算法，如 RSA（PKCS1.5 和 PSS）和 ECDSA（Elliptic Curve Digital Signature Algorithm，椭圆曲线数字签名算法）等。工业互联网实体间数据通信使用相互认证方法建立会话密钥的最佳实践如表 4-4 所示。

表 4-4　工业互联网实体间数据通信使用相互认证方法建立会话密钥的最佳实践

		基于相互认证建立会话密钥的最佳实践
数据状态类型	静止	类似加密过程。通常静态数据存储在需要身份认证才能解密数据的加密容器中
	运动	① 使用可信证书和 PKI 为网络会话参与者（用户、应用程序等）建立身份； ② 使用推荐的密码算法提供完美的前向保密性，如椭圆曲线 Diffie-Hellman（《NIST SP 800-52 Rev.2》）； ③ 根据安全策略撤销和延续证书，便于不断检查和建立网络参与者之间的信任
	使用中	有关执行细节，请参阅 IIC 的终端节点保护的最佳实践文件， 对于操作数据其交互过程如下： ① 确定要保护的敏感数据； ② 关键材料应存储在硬件中，如 TPM； ③ 配置一个安全的区域“enclave”，其中敏感数据已加密，但仍可由 CPU 处理或以明文形式存储在 CPU 缓存中
典型商用产品及应用案例		可信根最佳实践中的有关例子可供参考。 对于运动中的数据，可参考医院临床环境中的设备，并非所有的设备都需要通信。但那些需要通信交互的设备，如血压计、心电图仪、用于智能医疗的脉搏血氧仪，必须能够相互信任。类似脉搏血氧仪这样的设备可以通过网购方式得到，然而允许这类设备随意连接到临床网络中是很危险的。但是如果某设备连接到了临床网络中，那么在其他设备可以信任来自这个新设备的数据，或向这个新设备发送数据之前，该设备必须通过其他设备的身份认证

4）信息的抗抵赖性

AEAD 密码解决动态数据的消息安全问题，因为发送方和接收方都知道双方商定的会话密钥，这意味着任何一方都可以（原则上）更改数据，并重新对其进行身份认证，然后声称另一方进行了更改。因为没有额外的记录或跟踪数据机制，会话双方中的任何一方都不能证明另一方负有责任，从而难以追责。已经有几种方法可以解决这个问题，包括常见的数字签名技术，即发送器在传输之前对数据进行数字签名。为避免出现通信会话中的任一方拒绝签名的情况，可以使用诸如证书颁发机构（CA）之类的可信第三方客观地认证数据生产者的身份。在一些情况下，较为谨慎的做法是让数据接收者签名接受，或将数字签名信息发送给中立的第三方“时间戳”提供者。在这两种抗抵赖需求情形下，只有仅对数字签名进行验证才能节省带宽。

5）访问控制

数据保护的第一步是禁止未经授权的访问，通过实现一个安全的授权系统并使用该系统实施访问控制，可以防止未经授权的访问。安全的授权系统应该以由组织策略、域安全需求、法律需求和其他需求组成的综合安全策略为基础。这些策略通常是用人类可以解释的机器语言编写的，并对静态数据所涉及的数据存储库、传输中数据所涉及的通信通道，以及使用中的数据所涉及的应用程序进行访问控制。访问控制系统作为所有数据访问行为的参考监视器，意味着所有的访问路径都将通过访问控制系统，并且没有其他路径可以访问数据。例如，对处于运动中的数据，DDS 通过用户配置的分布式连接库实现这一功能，在应用程序可以使用数据之前，数据通过这些库传输。TLS 和 DTLS 通过安全代理实现访问控制，安全代理指定哪些客户端可以访问特定的通信通道。在对数据进行保护之前，应根据敏感度对其进行分类，如非密、内部、秘密、机密和绝密。数据将被贴上安全保密政策规定的密级标识，一旦数据被编码，相应的安全机制就可以满足策略的要求。安全策略定义了可以访问每种类型数据的角色，还指定了需要实施的安全控制措施，从而保护各类数据不受未经授权的访问。基于安全策略的方法提供了访问控制的灵活性和弹性，授权系统的所有组件都应是安全的，并且应具有容错性和冗余性，以确保高可用性。基于 TLS/DTLS 的访问控制模型如图 4-6 所示。

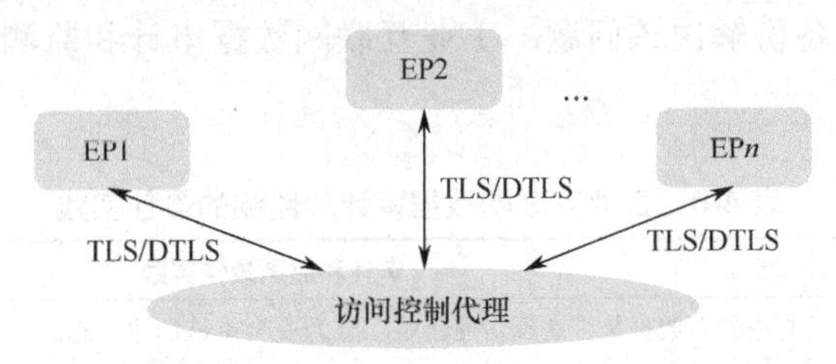

图 4-6　基于 TLS/DTLS 的访问控制模型

值得注意的是，数据访问控制机制通常适用于在约定的范围（如 DDS 或文件系统）内操作的参与者。网络中未经授权的其他物理实体仍然可以嗅探序列化的数据，并解压缩敏感数据，或者未经授权的内存或硬盘扫描也可能会暴露敏感信息。工业互联网数据访问控制机制的最佳实践如表 4-5 所示。

表 4-5　工业互联网数据访问控制机制的最佳实践

		数据访问控制的最佳实践
数据状态类型	静止	① 定义访问控制策略（白名单和黑名单）； ② 读/写访问实体可以按数据实体（文件）或按容器（数据库或存储容器）进行定义； ③ 自动化机制应该强制执行访问策略
	运动	与静止状态的操作相同
	使用中	与静止状态的操作相同； 使用分离内核进行时间和空间分隔，确保数据和进程的充分隔离
典型商用产品及应用案例		并非网络中的所有设备都有权对数据采取相同的行为。例如，在医疗保健设备中，输液泵应用程序应该具有对药物用量表的读访问权限，但不能对其他设备捕获的患者数据（如心率或温度）进行写访问

6）审计和监测

对工业互联网系统进行持续监测可以掌握系统的当前安全状态，验证系统是否按预期运行，是否未发生违反策略的情况，以及是否未发生任何安全事件。而在没有对系统进行监测的情况下，系统操作员将无法确定系统安全状态，也无法确定当前对系统正在进行的输入性操作是否是攻击行为。可以使用具有监测工业互联网系统事件，并向安全操作中心报告危害指标功能的代理实现监测目标，或者通过将系统日志导出到日志融合系统，并在该系统中对数据进行危害指标分析。需要使用系统监测、日志记录和审计操作对工业互联网系统进行故障排除和取证分析。在野外偏远地区的石油和天然气生产作业现场，通信环境具有低带宽和高成本的特点，监测数据的访问情况面临很多困难。安全日志的传输会产生相关的成本，并且安全日志会与在同一低带宽链路中传输的OT数据竞争带宽资源。因此，安全日志在传输前应该进行预处理和压缩，确保可用的通信带宽资源达到最佳利用状态。与安全事件相关的信息不能在预处理过程中丢失，因为日志信息被破坏将导致事件的重构变得不可能。可以通过在本地存储系统日志，以及在定期维护访问期间进行脱机备份解决该问题。工业互联网数据审计和监测的最佳实践如表 4-6 所示。

表 4-6　工业互联网数据审计和监测的最佳实践

		审计和监测最佳实践
数据状态类型	静止	可以监测静态数据是否违反访问策略，并为安全审核创建日志。危害指标还应被监测，进而实现检测未经授权的访问
	运动	应监测移动状态中的数据的输入和输出策略，并为安全审核创建日志，同时应监测安全指标，进而检测是否存在未经授权的数据访问
	使用中	应监测使用中的数据是否存在未经授权的访问，或是否符合隐私安全要求
典型商用产品及应用案例		监测工业互联网设备的一个典型例子是监测OT技术环境中的PLC和SCADA设备，这些设备控制功能复杂、高价值和任务关键型的工艺流程。为确保这些设备本身和通信网络不被破坏，应持续监测终端节点和网络，以发现系统中的异常安全事件，并且将这些异常安全事件在现场或在控制域的上下文环境或在云端环境中进行分析，若存在任何潜在的安全威胁都应以安全告警的形式向安全运营中心报告。此外，这些安全事件的数据应存档，以便在事故调查期间对安全事件进行审计和取证分析

7）保护使用中的数据

目前工业互联网正处于不断发展过程中，但缺乏标准化的方法保护工业数据。访问控制技术仅能限制数据的访问实体，也有其他技术侧重于限制数据可访问的位置，尤其是试图确保数据不会出现在未受保护的工业控制设备内存中。可信执行环境（如硬件可信根及可信执行环境等）在一个单独的区域中执行计算，使用专用的和受保护的内存和处理。在可用的情况下，硬件可信根有效地限制了访问，因为只有在可信执行环境中可以看到正在使用的数据。数据转换涉及基于软件的技术，这些技术修改要使用的数据并对该数据执行相应操作。数据在使用过程中始终保持转换过的状态，换句话说，不受保护的数据永远不会出现，所有计算操作都以受保护的形式对数据进行操作，与那种在计算操作之前临时删除进而显示未受保护数据的隐蔽方法截然不同。数据转换使攻击者更难对软件和数据执行运行时分析，因为实际内容和功能是隐藏的。白盒密码是一种特殊形式的数据转换，应用于数据（密钥和明文/密文）和密码算法的操作。当预先知道加密/解密密钥时，操作过程被改变并预合并密钥，从而将其作为动态输入从存储器中完全移除。在另一种形式中，在数据转换状态下加载密钥，并且进行修改操作，从而直接处理经过转换的密钥。开发人员可能会在代码中为白盒加密实现设置一个占位符，在构建应用程序时，该占位符将与实际代码一起实例化。在许多情况下，可能需要多种技术组合，以及强大的访问控制和审计，以便在发生违规时有效地调查取证。

3. 数据完整性

数据完整性是指在数据的整个生命周期中保持数据的准确性和有效性，以确保数据不被擅自更改或销毁。在工业环境中，数据完整性和系统完整性密切相关，因为对工业系统和通信通道的操作会直接导致数据完整性的损失。数据完整性应考虑以下几方面。

- 数据的准确性：基于不准确数据的运营或业务决策可能是错误的。
- 数据的实时性：尤其是工业控制系统，对延迟敏感；如果无法保证全时网络连接，数据可能出现不完整或丢失。
- 数据防篡改保护：由人工操作或被未经授权的软件损坏的系统进行的数据操作，可能会中断正常生产控制并产生安全问题。
- 数据错误纠正：非故意错误可能有多方面的原因，如人为误操作、通信协议数据包错误或者错误的配置。

恶意攻击行为可能故意破坏数据完整性，也可能在通信或存储过程中无意破坏数据完整性。数据完整性保证是通过检测完整性冲突的加密控制机制实现的，实际的控制过程取决于数据的生命周期阶段。数据完整性可分为物理完整性和逻辑完整性，取决于完整性冲突的原因是存储或传输的物理问题，还是数据分析的逻辑问题。

图 4-7 所示为工业互联网数据生命周期和保护机制示意图，可见数据经历了从产生到长期存储的多个阶段。

当数据在工业环境中产生后，通常通过各种 PLC、SCADA、DCS 或 RTU 的通信协议发送至同一网络中的网关。当使用不安全的协议时，数据完整性会受到破坏，建议进行保护。网络隔离和网络访问控制是附加的安全控制手段，可以改善工业互联网环境中的数据完整性。工业互联网设施通常有一个边缘设备，通过协议转换，可以使用标准协议与外部网络进行通信。工业现场控制设备使用各种无线通信技术进行远程通信，通过标准 IP 互联网协议传输的数据，应使用 IP 互联网标准的网络安全措施包括 IPSec 或 TLS

等保护数据安全。对于高度敏感的数据，应用程序级的加密处理可以为动态数据提供机密性和完整性，如 AEAD 密码技术。当工业生产控制数据需要长期存储时，应对数据进行加密，从而提供机密性和完整性保护。当使用数据时，不得使用未经授权的方式对数据进行修改，必须控制对内存位置和寄存器的访问。当数据从生产者发送到消费者时，其完整性应该是可验证的，方法是使用密码算法（如使用非对称密钥的数字签名或使用对称密钥的 HMAC）在数据源端创建可在目的端验证的安全数据摘要。安全数据摘要在数据的生命周期中一直伴随数据，在使用者使用数据之前，应该验证安全数据摘要，确保数据完整性。

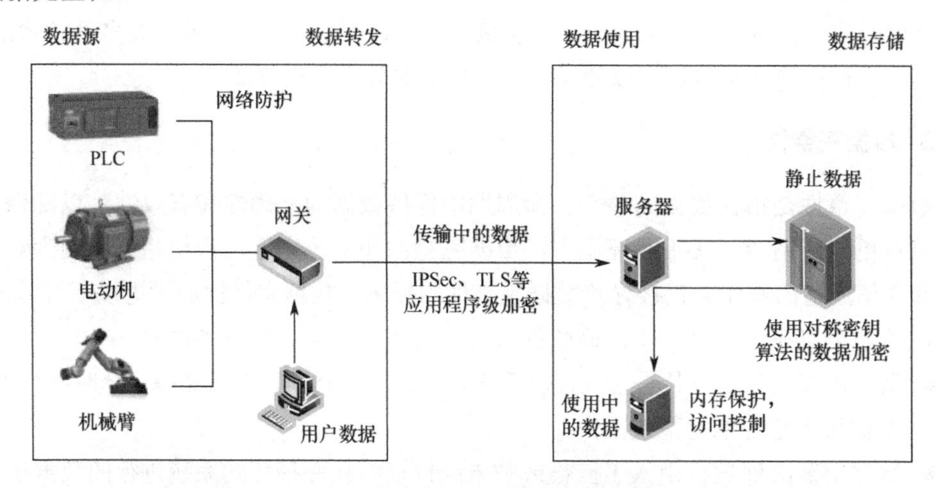

图 4-7　工业互联网数据生命周期和保护机制示意图

工业互联网数据的机密性涉及保护敏感、机密或专有信息不被泄露，通常由加密机制（如加密）提供。加密机制限制了只有拥有解密密钥的人读取这些信息的能力，从而保护了数据的机密性。工业互联网数据完整性意味着不可更改性或防止更改，而并不是机密性。工业设备中的温度传感器的读数一般不被视为机密信息，因此在特定环境中没有进行加密保护的价值。然而，如果温度传感器的应用场景是指示外界环境的正常值，对读数的篡改将触发告警并中断控制操作时，加密手段如消息验证码和数字签名，可用于确保该类数据的完整性。为保护数据的完整性，可参考如表 4-7 所示的方法。

表 4-7　保护工业互联网数据完整性的最佳实践

		保护数据完整性最佳实践
数据状态类型	静止	确保静态数据的完整性必须通过基于标准的机制（如备份），此外，还必须提供监测系统配置参数的机制，能够检测未经授权的参数更改，或直接保护关键数据不受未经授权的更改（恶意或意外）的影响
	运动	必须通过使用基于标准的加密算法和协议确保处于运动状态的数据的完整性，确保检测到非授权更改操作

（续表）

		保护数据完整性最佳实践
数据状态类型	使用中	使用中的数据的完整性，必须通过诸如基于策略的用户和应用程序授权和访问控制，以及运行阶段的可信和安全内存等机制进行保护。必须提供一定的安全防护机制，防止和检测任何试图使用未经授权的软件（如病毒、恶意软件）入侵生产和操作工业互联网数据的系统的行为
典型商用产品及应用案例		通过使用 TLS 1.2 或更高版本的标准安全通信机制，确保处于运动状态的数据的完整性，以保障工业控制网络数据的机密性和完整性。消息认证码（MAC）可以在应用协议层实现，提供消息完整性检查。目前有两种 MAC 被广泛使用：HMAC 使用 SHA2 或 SHA3 等数字散列函数，CMAC 使用 AES 等分组密码

数据完整性是许多行业的共同话题，NIST 创建了数据完整性相关标准，该标准由三个指导文件组成：《数据完整性：识别和保护》《数据完整性：检测和响应》《数据完整性：恢复》。这些文件符合 NIST 网络安全实践指南《SP 1800-11 数据完整性：从勒索软件和其他破坏性事件中恢复》的要求。

4. 保护工业互联网基础设施

保护工业互联网基础设施需要一个严格的深度安全策略：保护工业互联网云侧的数据，在工业互联网数据通过公共互联网传输时保护其完整性，安全的数据供应装置。应在工业互联网设备和基础设施的制造、开发和部署的各参与方的积极参与下，制定和执行深度安全策略。表 4-8 列举了制定工业互联网基础设施深度安全策略的参与方，并总结了该深度安全策略。

表 4-8　工业互联网基础设施深度安全策略

参与方	深度安全策略	注意事项
工业互联网硬件制造商/系统集成商	• 将硬件范围控制到最低要求； • 使硬件具有防篡改能力； • 以安全硬件为基础； • 确保硬件升级安全	在满足信息安全需求的同时，满足存储和网络流量要求
工业互联网解决方案提供商	• 遵循安全软件开发方法； • 慎重选择开源软件； • 以用户需求为导向	
工业互联网解决方案部署者	• 安全部署硬件； • 保护身份认证密钥	
工业互联网解决方案运营商	• 使系统保持更新； • 防止恶意攻击行为； • 审计常态化； • 物理保护工业互联网基础设施； • 保护云计算证书	

一方面，不同工业互联网设备，如运行普通桌面操作系统的计算机和运行轻量级操作系统的设备，其功能各不相同，使用各种不同的设备，应遵循这些设备制造商提供的安全部署最佳实践；另一方面，一些遗留的或型号老旧和资源受限的工业设备不是专门为工业互联网部署设计的，因此缺乏加密数据、连接互联网或提供高级审计的能力。在这些情况下，安全现场总线网关可以提供安全认证、加密会话协商等功能，同时汇聚来自老旧或遗留设备的数据，并提供通过因特网连接这些陈旧设备所需要的安全性保障。

5. 数据保护和工业互联网可靠性

IIC 关于工业互联网的可靠性框架体现了工业互联网不仅仅是信息通信网络的观点，为了使工业互联网系统能够按照业务、法律和环境要求运行，尽管存在环境干扰、人为错误、系统故障和攻击，但必须始终符合工业互联网系统的安全性、可靠性、可恢复性和隐私性要求。数据安全（以及数据保护）在确保工业互联网可信度特征（隐私、可靠性、弹性和功能安全）方面发挥着核心作用。数据保护增强工业互联网可信度示意图如图 4-8 所示。

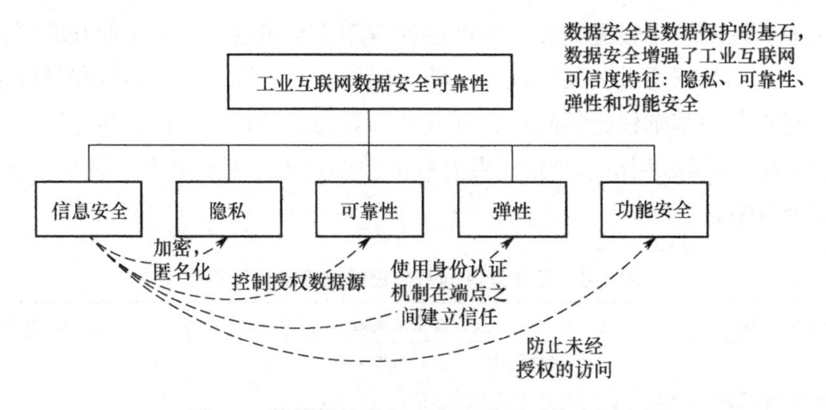

图 4-8　数据保护增强工业互联网可信度示意图

数据安全在工业互联网系统的安全上下文中发挥着重要作用，工业自动化领域已经制定了明确的标准对功能安全进行定义，且对工业系统的数据保护也属于功能安全的范畴，因为对这些数据的操作可能导致安全事故。IEC 61508 是功能安全的代表性标准，适用于构建工业互联网电子控制器的电气、电子和可编程电子安全相关控制系统（EEPE）的功能安全。该标准涵盖整个安全生命周期，并采用基于概率风险的系统安全方法，该方法的出发点是风险只能最小化，但不能消除。将不可容忍的风险降到最低，可以得到最优的、经济高效的安全方案。该标准针对每个安全功能的安全完整性等级（SIL），是考虑系统生成和使用的安全关键数据风险的风险评估方法。数据保护技术保护安全关键工业数据的机密性、完整性和可用性，并建立其真实性，同时提供抗抵赖能力，是此类风险评估的重要组成部分。风险评估应考虑任何缺失的数据保护功能对系统的影响，数据受损的影响和可能性决定了风险及其严重性，严重性将表明为应对这种风险而采取何种程度的安全措施是合理的。

IEC 61508 标准还建议将控制系统和安全系统分开，由于数据保护方法必然会影响安全系统，而不仅仅是控制系统，因此将对数据保护方法增加进一步的要求。功能安全背景下的数据保护最佳实践如表 4-9 所示。

表 4-9　功能安全背景下的数据保护最佳实践

		功能安全背景下的数据保护最佳实践
数据状态类型	静止	与数据处于运动状态类似。保护静止工业互联网数据的完整性有助于确保系统在正确的状态下安全运行
	运动	确保终端节点间的相互身份认证。保护工业互联网数据的完整性，确保系统安全功能正常
	使用中	与数据处于运动状态类似。如果安全关键系统处理的数据被更改为超出安全临界参数，则系统的完整性可能会遭到破坏
典型商用产品及应用案例		在根据 IEC 61508 标准建议将工业控制系统和安全系统分开的工业互联网用例中，必须对可能影响功能安全的工业互联网数据应用特定的数据保护措施。例如，发送到过程控制或制造系统的系统控制命令，决定了工业生产系统运行状态的变化趋势。如果恶意攻击者可以更改控制命令中的关键消息字段，则可能会将工业生产控制系统推入危险状态。此外，系统数据的上下文也是至关重要的。一个真实的例子是，美国宇航局（NASA）损失了价值 1.25 亿美元的火星气候轨道飞行器，原因是航天器研发工程师团队未能将英制测量系统的数据转换为公制测量系统数据，进而导致航天器坠毁

数据保护（尤其是安全性）在其他可靠特性方面，特别是系统可靠性和系统弹性方面起着关键作用。

6. 工业互联网数据保护的其他方面

1）数据隐私

个人数据，如医疗行业和工业互联网中的私人定制用户的数据，必须根据适用的数据隐私法律法规进行保护。数据隐私是在适当的情况下使用个人信息，“适当”的尺度取决于上下文、法律和个人的期望。此外，个人有权控制信息的收集、使用和披露，并有权控制或影响可能收集和储存的与自身有关的信息，以及掌控这些信息的公开方式及渠道。数据隐私规定了个人数据应该如何处理，可以采取什么样的行动，以及执行这些行动的主体。数据隐私保护的相关法规在不同的司法管辖区迅速发展，而且越来越严格。因此，在工业互联网领域遵守这些法规的方式需要结合实际情况考虑。“设计隐私”和“默认隐私”是指一种系统工程的方法，要求在系统的整个生命周期中考虑隐私问题。数据隐私法的典型例子是《欧盟一般数据保护条例》（GDPR），GDPR 赋予数据主体对其个人数据的广泛权利即隐私权：知道数据使用者对数据主体的数据进行的操作，包括纠正错误数据，数据擦除，对数据处理的限制条件（明确范围）具有数据可移植性（提取数据），获取目前正在处理的数据的状态（适应不断变化的情况）。这些权利将转化为对在欧盟管辖范围内处理个人数据的组织（数据控制者和数据处理者），以及欧盟管辖范围外属于欧盟居民的个人数据的明确的限制条例。GDPR 的数据保护过程如图 4-9 所示。

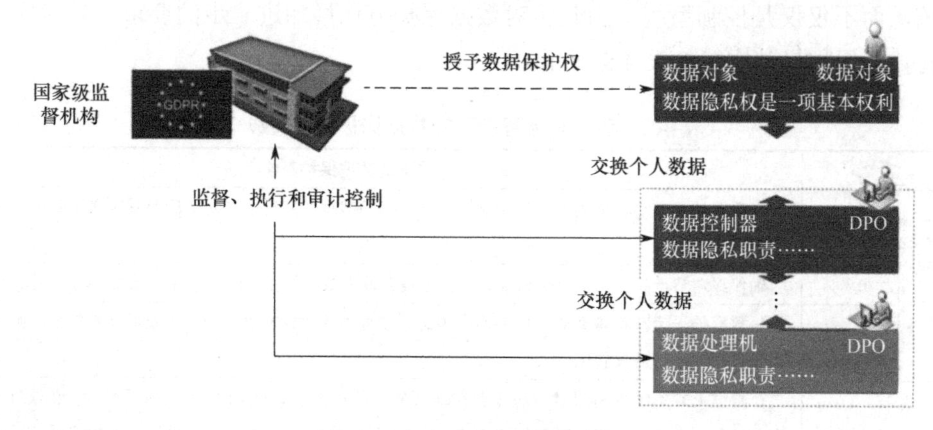

图 4-9 GDPR 的数据保护过程

为了使工业互联网数据安全方面的解决方案符合 GDPR 要求，制造企业必须利用数据安全机制，如密钥管理、身份验证和访问控制等技术机制。

2）数据最小化

从数据主体收集的个人或用户数据必须降低到处理特定目的所需的最低水平，收集的数据的范围和数量是特定的，是充分的、相关的并且仅限于事务的范围。数据范围最小化原则的最佳实践如表 4-10 所示。

表 4-10 数据范围最小化原则的最佳实践

		数据范围最小化原则的最佳实践
数据状态类型	静止	① 确定要收集的个人数据的范围； ② 根据隐私法的要求验证该范围； ③ 实施数据收集方法，通过设计尽量减少个人数据的收集； ④ 根据用例的要求，尽量减少个人数据的收集； ⑤ 在存储时加密个人数据（处理完成后）
	运动	在从收集点传输到处理点的过程中对个人数据加密
	使用中	对工业互联网解决方案内外的个人数据的使用施加限制
典型商用产品及应用案例		GDPR 充分考虑到为了满足特定用例的要求，可能需要从数据主体收集个人敏感数据的情形。因此，规定必须对这些用例条件和个人数据的范围进行分析、验证和记录。个人数据的采集必须包含数据主体授权同意的程序，在数据泄露的情况下，必须在特定的时间范围内制定特定的泄露协议（包括通知）

3）数据匿名化

数据匿名化通常用于信息的长期传播，其重点是信息而不是数据主体，在医学研究中该特点尤为突出。数据匿名是一种数据掩蔽方法，永久性地用广义或随机数据替换被认为是个人数据的数据，除个人数据之外的数据将与数据主体没有联系，数据匿名化可以在存储和输出期间进行。特别应注意：确定要匿名的个人数据的范围；定义匿名策略，并将敏感数据替换为通用或随机代码，或替换基于数据类型的特定代码；对所述数据实施匿名化过程；确保匿名化操作已在体系结构堆栈的所有层实施，直至物理存储层（如需要）。数据匿名化的最佳实践如表 4-11 所示。

表 4-11　数据匿名化的最佳实践

<table>
<tr><td colspan="2"></td><td>数据匿名化的最佳实践</td></tr>
<tr><td rowspan="3">数据状态类型</td><td>静止</td><td>根据定义，匿名数据因已经过脱敏化处理，所以不受数据隐私相关条例控制，而是由涉及数据使用的组织的法律部门或信息安全技术官做出决定</td></tr>
<tr><td>运动</td><td>与静止状态相似</td></tr>
<tr><td>使用中</td><td>与静止状态相似</td></tr>
<tr><td colspan="2">典型商用产品及应用案例</td><td>由工业企业或组织的信息安全技术官决定是否可以将适当匿名的个人数据排除在 GDPR 控制之外</td></tr>
</table>

4）数据假名化

数据假名化是一种数据掩蔽方法，用经过编码或掩蔽的数据替换被认为是个人数据的数据，而这些数据在不使用附加信息的情况下，是无法追溯到数据源主体的，编码或掩蔽数据与原始数据主体之间的关系必须在高度安全的环境中单独存储。数据假名化的最佳实践如表 4-12 所示。

表 4-12　数据假名化的最佳实践

<table>
<tr><td colspan="2"></td><td>数据假名化的最佳实践</td></tr>
<tr><td rowspan="3">数据状态类型</td><td>静止</td><td>① 确定需要假名化处理的个人数据的范围；
② 定义假名策略：替换为泛型代码或按数据类型替换为特定代码；
③ 对所述数据实施假名化过程；
④ 确保在体系结构堆栈的所有层实现匿名化操作，直至物理存储层（如需要）；
⑤ 在安全环境中存储原始个人数据和假名代码之间的映射关系（限制与个人数据中的限制相同）</td></tr>
<tr><td>运动</td><td>对机密数据应用类似的安全控制</td></tr>
<tr><td>使用中</td><td>对机密数据应用类似的安全控制</td></tr>
<tr><td colspan="2">典型商用产品及应用案例</td><td>根据 GDPR，假名化数据受到隐私控制和限制，因为如果攻击者恶意访问或破解敏感化代码之间的映射，则可以重建原始个人数据</td></tr>
</table>

假名数据原则上可以在不侵犯隐私的情况下与其他合作方进行交换，但由于编码或掩蔽数据与原始数据主体之间的关系可以重新建立，因此假名数据必须受到隐私控制。

5）数据防泄露

数据泄露可能会影响本质上对业务敏感的数据，而这些数据的丢失可能会导致工业互联网多方面的损失，如业务方面的营收损失，竞争优势暴露；利润损失、违规罚款；法律方面涉及的刑事诉讼案件及名誉损害等。工业互联网数据防泄露的最佳实践如表 4-13 所示。

表 4-13 工业互联网数据防泄露的最佳实践

		数据防泄露的最佳实践
数据状态类型	静止	① 确定被视为机密的数据的范围； ② 确定访问此类数据的限制级别； ③ 实现将数据标记为机密的方法； ④ 实现数据安全部分中描述的安全方法和机制，如加密、身份验证和访问控制
	运动	在从采集点到处理点的传输过程中对机密数据进行加密
	使用中	实现数据安全部分中描述的安全方法和机制，如加密、身份验证和访问控制
典型商用产品及应用案例		与数据隐私类似的机制和技术可用于数据机密性，如数据加密、数据最小化、数据匿名化和数据假名化。此外，数据机密性设置可能需要在生命周期期间更改，如系统或组件的配置和性能数据可能在发布之前被禁止

在大多数政府组织中，数据和信息的安全级别与其公布后可能对国家安全造成的损害的敏感程度相对应，如非密、内部、秘密、机密和绝密，并在高等级应用中使用额外的限制性过滤工具，如 NOFORN。根据具体涉及的使用环境，传统信息技术领域的安全级别分类的原则及实现的方法和机制，进行适当的适应性调整后也可以应用于工业互联网数据。这也意味着必须制定和执行安全策略，根据分配给数据的安全分类标签与分配给用户的安全分类标签，为敏感数据分配适当的数据访问权限。用户有权访问对应权限内的具有安全分类标签的数据和信息，这些数据和信息的级别不超过自己的级别。

安全级别分类方法也可以应用于数据存储或流经的系统本身。例如，一个被认定为存储机密数据的系统是不能被授权接收或托管绝密数据的，也不能让这些数据流过该机密级系统。原因在于对机密数据具有处理能力的系统，缺乏保护绝密数据所必需的技术和管理能力。

6）数据驻留限制

法律法规可能要求某些类型的数据只能保留在特定司法管辖区的范围内，数据驻留限制与财务数据和健康数据一样常见。数据驻留限制也适用于关键数据（工业敏感参数、生产工艺参数等），并且在数据生命周期的所有阶段都必须确保在司法管辖范围内。工业互联网数据驻留限制的最佳实践如表 4-14 所示。

7）数据的 eDiscovery 和法律封存

合法 eDiscovery（从信息采集到审核，始终使用一种工具、一种技术管理电子发现过程）操作需要使用数据保护方法，工业事故和其他非法事件将导致调查和可能的法律行为。eDiscovery 系统生成和使用的配置数据和生成数据可能与相关调查或诉讼有关，因此这些数据将被视为电子存储信息（ESI），并遵循 eDiscovery 和法律封存流程。工业互联网数据的 eDiscovery 和法律封存最佳实践如表 4-15 所示。

表 4-14　工业互联网数据驻留限制的最佳实践

		数据驻留限制的最佳实践
数据状态类型	静止	① 某些法律法规不允许在管辖范围外存储特定类型的数据； ② 对数据进行分类； ③ 确定具有数据驻留要求的数据类型； ④ 按源和数据类型分类数据； ⑤ 在工业互联网设备的研制过程中，考虑将具有数据驻留要求的数据存储在符合要求的物理位置； ⑥ 法律和合规管理部门可能会认为某些数据类型受到数据驻留限制，但如果这些数据是加密的，则可能存储在管辖范围之外
	运动	静止状态的数据的最佳实践适用于运动中的数据，数据隐私和数据保密方面的要求仍然适用
	使用中	静止状态的数据的最佳实践适用于运动中的数据，即使有数据驻留限制的数据，在管辖范围外进行加密和存储，也不能在管辖范围外使用。数据隐私和数据保密方面的要求仍然适用
典型商用产品及应用案例		例如，美国的 HIPAA 和 HITECH 法案、英国的 NHS（英国国家医疗服务体系）都规定个人健康信息必须在国家管辖范围内

表 4-15　工业互联网数据的 eDiscovery 和法律封存最佳实践

		数据的 eDiscovery 和法律封存最佳实践
数据状态类型	静止	① 定义可能会引起法律调查或诉讼的数据范围，包括数据值、短语等； ② 搜索并定位可能涉及范围的工业互联网生产与管理信息数据； ③ 在验证数据真实性后，收集工业互联网数据； ④ 在需要的情况下，向法律和调查小组提供收集的数据； ⑤ 暂时搁置工业互联网数据（撤销编辑或删除此数据的所有权限）； ⑥ 必要时，实施重复的完整性检查方法以建立不变性（具有法律可辩护意义）； ⑦ 当调查或诉讼不再需要工业互联网数据时，解除对该数据的保留； ⑧ 保持对上述内容的审计跟踪
	运动	静止状态的数据资料可能是个人或用户资料，也可能是机密资料，对个人或用户数据和机密数据实施的数据保护方法应适用于传输中的数据
	使用中	与处于运动状态中的数据的最佳实践相同
典型商用产品及应用案例		EDRM.net 是一个被广泛接受的电子发现框架，提供了 eDiscovery 功能及其中涉及的不同步骤的概念视图，其中一些步骤需要使用核心数据安全功能，如不变性和完整性

8）数据生命周期管理

工业互联网数据必然有一个有限的生命周期，如果符合运营、存档、法律和法规的保留要求，就可以创建、存储、使用、交换和最终处置这些数据信息。工业互联网数据的发展趋势是爆发式增长，保留这些数据的时间及删除数据的时间需考虑的因素有：工业互联网系统的生命周期一般为十年甚至数十年（包括设计、建造、运营、维护、退役）；

工业互联网数据的运营需求和价值；工业互联网数据的分析价值，如预防性、预测性、规范性；工业互联网数据的法律和监管要求。如果工业互联网数据被过度保留，超出了必要和必需的范畴，将会导致系统性能降低和基础设施成本增加，则工业互联网数据的管理可能成为一种负担。过度保留数据还可能增加法律和监管风险，制造企业若保留比必要或基础的数据量更多的数据，可能面临数据泄露、隐私泄露、诉讼等风险。另外，较早期地处理工业互联网数据（尤其是历史数据）会导致系统资源和处理能力的损失，还可能增加不合规风险及法律风险和成本。数据生命周期管理是一种平衡行为，必须根据已建立的最新策略系统地执行，并进行符合法律要求的审计跟踪。数据生命周期管理的最佳实践必须适应策略的变化及其在生命周期中对数据的影响，如数据机密性要求的变化或数据驻留要求的变化数据生命周期管理在很大程度上依赖于数据保护机制，尤其是数据安全机制。为了使数据在其生命周期中可信，必须以不变的方式保留数据，从而确保其安全性、完整性、上下文一致和传承关系（数据源和保管链）不变。数据过期时，必须触发寿命终止（EoL）处置操作，这是在生命周期策略中为该类型数据规定的操作方式。数据生命周期管理的策略如图 4-10 所示。

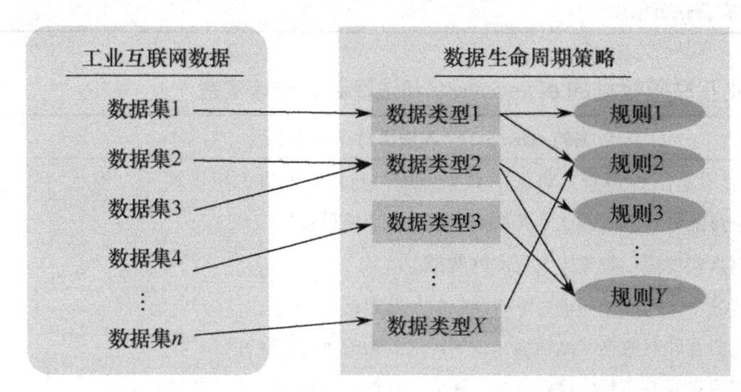

图 4-10 数据生命周期管理的策略

对触发数据寿命终止策略中定义的数据的操作可以是以下任意一种：删除数据；将数据的合法保管权移交给其他机构或实体；解密数据然后传输；清理数据（匿名化、假名化），然后将数据进行传输。数据删除可基于预定义的持续时间触发，该持续时间可在创建或捕获数据时或发生外部事件时开始。某些情况下，可能需要在存储堆栈的所有层（包括物理存储介质）强制执行数据删除，可能需要使用能够从物理存储介质中擦除或覆盖数据的特殊系统工具。工业互联网数据生命周期管理的最佳实践如表 4-16 所示。

保护工业数据安全是工业互联网信息安全防护的关键性问题之一，数据保护措施可抵御对关键数据和工业互联网系统内部和外部的干扰与攻击。如果没有对处于静止、运动和使用状态中的数据采取有效的安全防护措施，将对工业互联网系统造成严重后果，如服务中断、产品质量下降、生产设施损毁、经济效益损失、产生法律诉讼及对品牌声誉产生负面影响等。

表 4-16　工业互联网数据生命周期管理的最佳实践

<table>
<tr><th colspan="2"></th><th>数据生命周期管理最佳实践</th></tr>
<tr><td rowspan="3">数据状态类型</td><td>静止</td><td>① 定义系统生成和使用的唯一数据类型；
② 确定数据类型的法律法规生命周期和处置要求；
③ 定义数据类型的生命周期策略（包括寿命终止操作）；
④ 实现在数据的生命周期中（基于与每种数据类型相关联的策略）确保数据完整性和不变性的方法；
⑤ 实现在数据生命周期结束时触发和强制执行寿命终止操作的方法（基于已建立的策略）；
⑥ 就上述事项提供法律上可辩护的审计线索</td></tr>
<tr><td>运动</td><td>工业互联网系统体系结构堆栈的设计，必须明确该体系结构的各个环节，以及工业互联网数据在运动中存在的时间和位置。还必须确保这些数据不会永久保留在数据存储区中</td></tr>
<tr><td>使用中</td><td>与动态数据类似，系统架构设计阶段必须明确工业互联网数据可以使用的部分，还必须确保这些数据不会长期保留在数据存储区域中</td></tr>
<tr><td colspan="2">典型商用产品及应用案例</td><td>欧盟 GDPR 规定，当数据主体要求删除某些实体数据时，必须删除这些数据</td></tr>
</table>

4.1.2　面向服务的体系结构及其安全技术

1. 工业互联网中面向服务的体系结构

面向服务的体系结构（SOA）是一种组件模型或流行的软件设计架构，其将应用程序的不同单元通过定义良好的接口和契约关系联系起来。面向服务的体系结构可以从两个不同的角度解释：从商业的角度，面向服务的体系结构代表了一套服务，提高了制造企业与客户和供应商开展业务的能力；从技术角度，面向服务的体系结构是一种以模块化、关注点分离、服务重用和组合为特征的项目哲学，也是一种新的软件开发方法。Web 服务（Web Services）技术构成了面向服务的体系结构的主要技术实现途径。Web 服务是一种软件系统，可以实现通过网络支持可互操作的机器与机器的交互，有一个以机器进程格式描述的接口，用于通知一个服务具体做什么及如何调用其函数。在一般情况下，Web 服务在线交付功能（称为服务）提供了简单的输入和输出接口（屏蔽了其内部结构和编程实现语言），可供其他 Web 服务、软件应用程序或机器，甚至人类使用。通过面向服务的体系结构的概念，可以从可用的组件和服务中高效组装出新的应用程序。在面向服务的体系结构中，企业或机构中的所有应用程序都可以在一个独特的集成通信通道或称为企业服务总线中提供和使用服务，这是一种促进集成的简单方法。在计算机科学领域，面向服务的体系结构定义了将复杂计算过程分解为若干子过程的分散控制体系结构的原则，重点是实现利用可重用和互操作功能块的创建，减少重复编程的工作量。面向服务的体系结构如同一个购物广场，在同一个物理位置提供理发店、手机维修、裁缝店等多种服务，为顾客提供了极大的便利。工业互联网典型的具有功能层并面向服务的体系结构如图 4-11 所示。

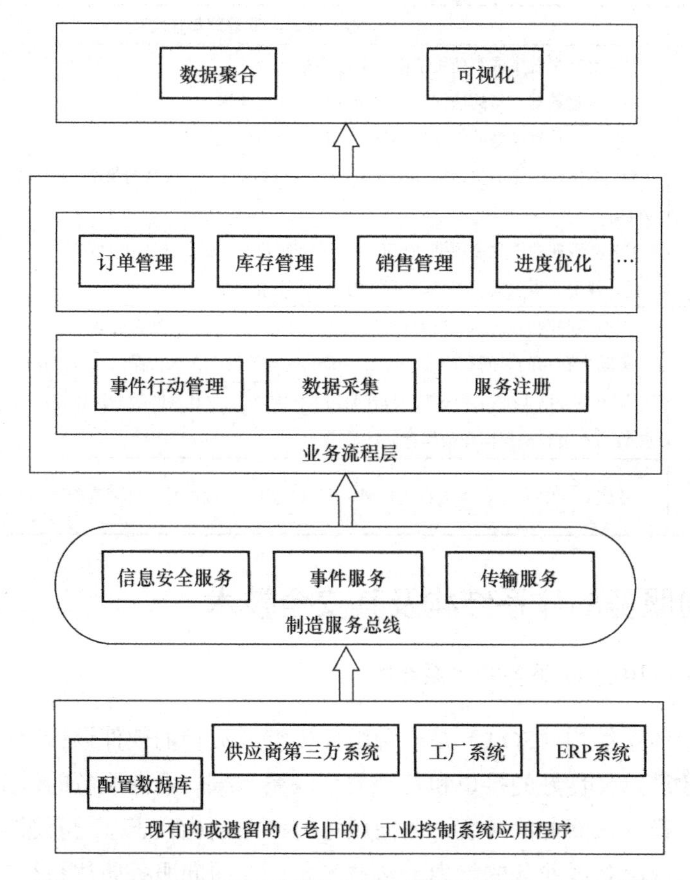

图 4-11　工业互联网典型的具有功能层并面向服务的体系结构

图 4-11 中的底层包括现有的或遗留的（老旧的）工业控制系统应用程序，这些应用程序为业务数据的使用提供了技术基础。在面向服务的体系结构中，集成层与制造服务总线（MSB）相结合。基于工业生产控制现场的高牵引力、高参数的数据负载条件和对控制操作应用的近实时性要求，需要制造服务总线的支撑。制造服务总线是工业控制服务的抽象层，这些服务使用 WSDL（基于 XML 格式的 Web 服务描述语言）表示。业务流程层由各种业务流程组成，包括订单管理、库存管理、销售管理、进度优化、事件行动管理、数据采集和服务注册等，这些业务流程是通过将服务组合到业务服务层中创建复合应用程序，顶层包括数据聚合和可视化。在更有效的场景中，公共任务将在所有流程中共享，可以通过将功能与每个进程或应用程序分离，并构建一个可以作为服务访问的独立身份验证和用户管理应用程序来实现。

在工业互联网中，基于工业云平台的制造场景，各种制造资源和能力组件可以通过面向服务的体系结构，智能地感知并连接到更广泛的互联网中。因此，面向服务的制造系统（SOMS）应运而生。开发面向服务的制造系统的一个很有前景的方法，是将多智能体系统与面向服务的体系结构集成。同时，在面向服务的制造系统中，不同的机器人、机器和应用程序通过服务总线可用于制造过程。通过发现和组合应用程序，可以访问、匹配和集成不同的服务，从而创建面向服务的制造体系结构。面向服务的制造不是传统的面向产品的环境，而是流程和产品都要调用必要的服务，这些服务通过服务总线按照灵活和模块化的智能生产链共享。当生产过程可以基于传感器和执行器的数据进行分析并决策时，产品本身可以沿着工厂追踪更优化的装配与生产过程。此外，通过使用面向服务的制造，制造企业除可以管理内部供应链外，还可以生成自己的制造服务并参与外部供应链，这就是工业互联网的交互式的、多方参与的服务互联网。在全球范围内，将面向服务的体系结构应用于工业制造系统已经发展了一段时间，有一些成熟的案例。例如，据报道，在欧洲的 SIRENA 项目（该项目研发一种多功能即插即用平台，支持远程预测性维护）中，研发人员提出了一种由智能设备组成的面向服务的通信框架，即 SOA，这些智能设备将其自身的功能公开为一组服务，屏蔽了设备内部的复杂性，并允许与其他设备进行透明通信。通过这种方式，可以将设备组网协同并聚合到更高级别的服务体系中，从而具有更高级别、更复杂的可伸缩性生产或维护能力。

2. 面向服务的工业云安全

面向服务的体系结构在工业互联网云平台中具有很多优势，包括灵活的网络服务，这些服务可以很容易地进行编排并适应客户的需求和安全防护要求。通过使用这种服务交付方式，云平台内处理数据的信息安全成为一项非常重要的基础保障，在云服务的用户和提供者之间，每个用户都有特定的确保云的信息安全的任务。通过任务共享的安全保证模型可以总结为：云服务提供者负责“安全的云”，云服务消费者负责“云的安全”，并各自承担相应的安全防护措施和责任。云服务提供者和云服务消费者在安全方面的责任，因所请求的服务即 IaaS（基础设施即服务）、PaaS（平台即服务）或 SaaS（软件即服务）的不同而不尽相同。如图 4-12 所示为云计算中的防护责任矩阵图。

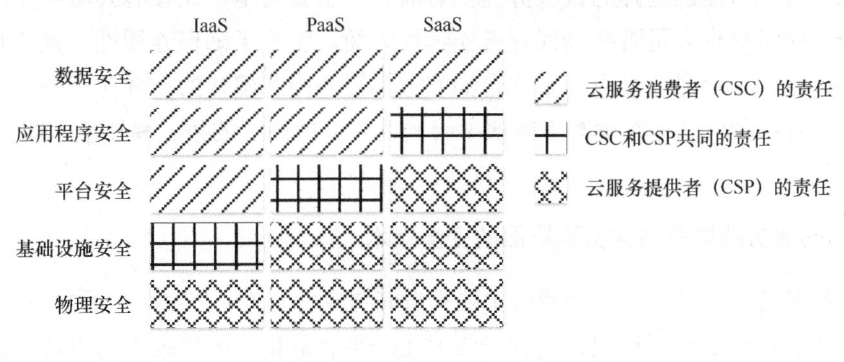

图 4-12　云计算中的防护责任矩阵图

根据各层的安全防护责任级别，可以确定安全防护的任务和方法，如表 4-17 所示。

表 4-17　基于防护责任级别划分的工业互联网云安全的任务和方法

责任级别	任　务	安全防护的方法
数据安全	实现正确级别的数据分类和合规性	① 分级分类：包括公共、私有、机密； ② 控制从云端上传的数据； ③ 云中的数据保护和数据管理； ④ 数据全生命周期的管控
应用程序安全	管理、配置和审阅员工访问账户	① 基于工业互联网资产或业务操作属性的签名算法的使用； ② 使用单一登录密码验证； ③ 数字签名和证书的使用； ④ 使用 SAML（安全断言标记语言）和 OAuth（开放授权）； ⑤ 使用多因素身份验证； ⑥ 根据已确定的角色设置账户
平台安全	实现操作系统、应用程序和平台的所有安全设置	① 反恶意软件应用程序的使用； ② 根据所应用的系统的具体情况设置和实施安全策略； ③ 使用可用的安全修补程序更新系统； ④ 在具有不同角色的应用程序中创建用户； ⑤ 检查和保存安全日志
基础设施安全	网络元素的正确配置	① 组合使用加密算法、数字证书和 IPSec、SSL、TLS、HTTPS 保护传输过程； ② 正确配置 IDS/IPS 类设备、防火墙、抗 DDoS 设备； ③ 使用虚拟机自省技术（VMI）
物理安全	保护提供硬件、软件和网络服务的全球基础设施的安全	① 物理层的访问控制； ② 建立管理和安全区域； ③ 允许外部安全审核操作； ④ 安全操作规章制度

对于在其对应责任级别上实施适当安全措施的生产制造用户而言，一个重要的事实是，安全管理也可能因选择的云服务提供者而异。重要的是，在签署云服务使用合同之前，检查云服务提供者是否在确保业务连续性方面，实施了确保连续性、预防和灾难恢复的策略。通常，信息安全责任是在合同双方签署合同时确认的，并在一份文件中加以规定，该文件必须包含每个参与者就服务合同的履行所商定的条款和期望，即 SLA（服务水平协议）。

3. 面向服务的体系结构实现层面的安全技术

面向服务的体系结构的安全威胁主要来自其自身的特性：在数据表示方面，XML（可扩展标记语言，标准通用标记语言的子集）是一种普遍接受的数据表示方式，是面向服务的体系结构主要的实现方式。XML 作为数据格式得到了广泛的应用，简单对象访问协议（Simple Object Access Protocol，SOAP）是以XML为基础定义的，但基于SOAP的数据容易被伪造、篡改，其完整性难以保证；应用程序的分发面临对等端的信任、认证和授权等方面的问题。

保护面向服务的体系结构中的数据不受攻击的一种常见方法是使用安全的传输方式，如通过HTTPS，而不是基于HTTP传输SOAP消息。然而，数据可能在进入安全通道之前或离开安全通道之后被修改，数据报文需要端到端的安全性保护。XML是面向服务体系结构的数据表示格式，XML安全机制可以提供对面向服务的体系结构的数据的安全防护。XML中的信息安全问题在早期阶段就受到了关注，并且已经有了相应的标准。XML的签名机制是对XML文档进行数字签名，确保发送者的完整性和身份验证。除对整个文档进行签名的通用数字签名外，XML签名还允许对文档的局部进行签名。验证XML签名时，首先用公钥验证签名，然后通过计算和比较，验证文件的正确性。与XML签名类似，XML加密可以用不同的方式对部分文件进行加密，但有可能会超出安全传输的承载能力。使用这种XML加密，文件的不同部分可以由不同的接收者获取。XML签名和XML加密机制包含在结构化信息标准促进组织（Organization for the Advancement of Structured Information Standards，OASIS）发布的WS-Security标准中。但这些标准在具体使用过程中可能存在由于XML的灵活性造成的漏洞，即数据由标记标识，而序列并不重要。在计算整个文件的摘要时，序列的微小变化可能会导致不同的结果，但在XML中，由序列微小变化导致的不同结果可能表示相同的内容。目前，已经出现了一些基于XML规范的数据格式转换方法，可以克服自由格式对计算文件摘要的影响。对于XML加密，如果加密参数与计算过程出现不同步的情况，则所需的缓冲区可能成为拒绝服务攻击的目标。加密数据和加密密钥可以无限循环引用，称为递归处理攻击。此外，XML重放攻击是“基于网络中SOAP消息的恶意拦截、操纵和传输的攻击”的全程。XML本身作为一种基本的标记语言，根据其承载的协议类型及其实现和使用方式，有可能出现各种各样的漏洞。当然，在消息或文件实现层面，不同的协议类型将产生不同的漏洞防护方式。

除了消息安全性，服务安全性受到对功能（如身份验证和授权）的适当访问控制的保护。保护面向服务的体系结构设计了访问控制策略，确保允许用户使用该服务。安全策略是一个逻辑结构表达，由一组基本断言构成析取和连接，用于明确必须呈现、签名或加密的消息内容。消息部分被呈现在安全策略的消息断言结构中，完整性断言需要数字签名，机密性声明中列出的部分需要加密。WS-Security策略由OASIS作为WS-Security的一部分发布，指定了如何允许某些使用者使用某些服务，以及身份验证方法和加密级别。SAML、WS-TRUST和联邦身份验证访问控制机制在面向服务的体系结构中处理身份验证和授权问题。安全断言标记语言（SAML）是OASIS最初设计用来解决单点登录问题的产品，SAML包括身份验证语句、属性语句和授权决策语句，这些语句定义的是内容，而不是传输方法。在服务器端，使用可扩展访问控制标记语言

（Extensible Access Control Markup Language，XACML）表示访问控制策略和决策。XACML 访问控制模型有四个组件：策略实施点、策略决策点、策略管理点和策略信息点。SAML 是 OASIS 发布的安全标准 WS-TRUST 的重要组成部分。另一个标准 WS-Federation 与其他 Web 服务标准更紧密地集成在一起，并且在 Windows 操作系统中得到微软的支持，这两大标准互不兼容，应用条件和场景不一致。在访问控制策略领域，出现了许多新的技术，如基于属性的访问控制（ABAC）是在 XACML 的基础上发展起来的，定义了策略主题、资源及其环境的策略规则，允许更精确地细化访问控制策略；基于角色的访问控制方法，使用户可以连接数据源，但仅允许访问他们需要的那部分资源，其他资源无法访问。成功使用面向服务体系结构的一个关键因素是基于复杂的语义模型表示和传输数据，并在一个安全的框架中应用基于语义感知的 Web 服务，如 M2M 通信场景中的语义表达。

面向服务的体系结构的安全性不是仅仅用一两种技术就能实现的，为了构建安全的面向服务的体系结构的应用程序，工程实现过程应该在设计、实现、管理和维护等方面综合考虑安全因素。保护面向服务的体系结构所提供的服务的一个重要方法是限制访问，在传统情况下，访问控制和防火墙是网络管理员职责范围内的常用手段。基于面向服务的体系结构的安全解决方案可能需要网络管理员和软件工程师之间更紧密的合作，以及他们之间的责任划分。例如，认证和授权之类的访问控制操作通常在网络管理员的监督下，在网络边缘执行。为了控制面向服务的体系结构中的流量，网络防火墙设备和应用程序需支持 XML。实施面向服务的体系结构项目的关键步骤包括：面向服务的体系结构支持安全决策矩阵、从业务和技术角度识别风险、找出内部和外部相关人员、使用正确的工具收集需求信息等。面向服务的体系结构的信息安全建设项目，应该遵循一个标准的软件过程模型，如瀑布模型，并在项目建设后期，按照 WS-Security 等标准的技术细节进行代码实现。面向服务的体系结构的信息安全建设项目，不是简单安装一系列信息安全应用程序或添加安全功能/组件并进行配置，许多信息安全问题都是由于设计和代码实现过程中的错误造成的，解决方法是改进项目实施过程，特别是在体系结构设计和代码实现过程中融入信息安全相关标准和规范。除此之外，用户和管理员使用不安全的设置和配置，也会导致出现信息安全问题，这些问题需要通过流程改进、规范执行进行优化，而不是单纯地从技术角度解决。

4.1.3 虚拟化机制及其安全技术

工业互联网云平台中的虚拟化机制具有许多优势，通过轻松创建和销毁虚拟组件，可提高资源利用率，并且由于可以共享虚拟组件，简化了管理流程并降低了成本。云技术基于虚拟化机制，通过虚拟化机制创建环境并具有某些硬件设备的物理功能，而不需要硬件设备单独存在，即虚拟机（Virtual Machine，VM）。还有一种创新的虚拟化方法用于运行中的应用程序，该方法在一个简化的软件环境（容器）中只包含应用程序所需的元素：库、源代码、执行过程，与虚拟机的主要区别在于其操作系统的虚拟化，而不是硬件的虚拟化。

1. 虚拟机安全

工业互联网的数据中心建设的一个重要趋势是虚拟化主机的部署不断增加，虚拟化主机是运行服务器虚拟化软件（hypervisor）的物理主机，其能够支持多个计算堆栈，每个堆栈都具有不同的平台配置［如操作系统（OS）、中间件］。服务器虚拟化软件主机（也称 hypervisor 主机）中的单个计算堆栈封装在称为虚拟机（VM）的实体中，因为计算堆栈是一个计算引擎，所以虚拟机将为该引擎分配相应的资源，如处理器、内存和存储资源，称为虚拟资源。虚拟机计算堆栈由一个操作系统（称为来宾操作系统）、中间件（可选）及一个或多个应用程序组成。加载到虚拟机中的应用程序是服务器程序［如 Web 服务器、数据库管理系统（DBMS）］。将多台服务器整合到一台服务器中，运行多个虚拟环境，也就是将一个物理服务器划分多个虚拟机，而每个虚拟机都像是能运行自己的操作系统的单独物理机，称为服务器虚拟化，具有虚拟化主机的数据中心构成虚拟化基础设施。每个虚拟化主机内的 hypervisor 都可以定义一个网络，该网络将其虚拟主机彼此链接，并将其链接到外部（物理）企业网络，称为虚拟网络，并且完全是由软件定义的。虚拟网络的核心组件是各虚拟机中的一个或多个虚拟网络接口卡（VNIC），以及定义在 hypervisor 内核中运行的虚拟交换机。

虚拟机安全防护的基本方法是网络分段，网络分段是一种经常被误解的技术，一些信息安全从业者往往将网络分段视为纯粹出于网络管理的目的。然而，在很多信息安全防护实践中，将网络分段作为纵深防御网络安全策略的一个组成部分或至少是重要步骤。例如，金融支付卡行业数据安全标准（Payment Card Industry Data Security Standard，PCI-DSS）等信息安全标准，特别将网络分段作为数据保护的基本要求。类似地，网络分段有时被视为与使用虚拟局域网（VLAN）同义，但这并不准确。网络分段的主要目的是实现不同敏感度或属于不同部门的应用程序的逻辑分离，网络分段方法按其可扩展性的递增顺序可以分为五种。

1）分离虚拟化主机

当不同敏感级别的企业应用程序首次托管在虚拟机中时，最初基于网络的保护措施是将不同敏感级别的应用程序定位在不同的虚拟化主机中。通过将这些虚拟化主机连接到不同的物理交换机，并使用防火墙规则管理这些物理交换机之间的通信流量，应用程序之间的这种隔离扩展到了数据中心的物理网络中。或者，将承载不同敏感度级别的应用程序工作负载的虚拟化主机，安装在不同的机架中，方便与交换机连接。这种分段方

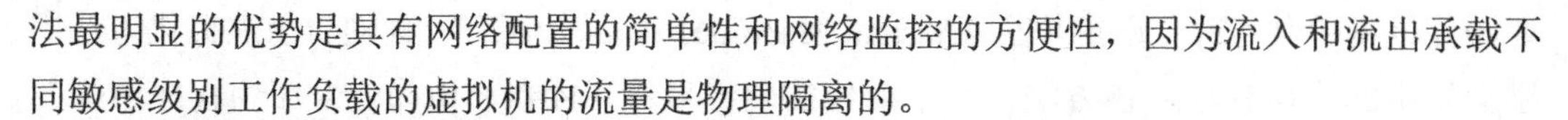
法最明显的优势是具有网络配置的简单性和网络监控的方便性，因为流入和流出承载不同敏感级别工作负载的虚拟机的流量是物理隔离的。

2）使用虚拟交换机

将具有不同灵敏度级别的虚拟机连接到单个虚拟化主机中的不同虚拟交换机上也是一种网络分段方法。通过将适当的虚拟交换机和物理交换机相互连接，其通信流量通过虚拟主机的物理网络接口卡之一进行交互，可以实现不同敏感度级别的虚拟机之间的通信流量隔离。此外，物理交换机之间的流量必须通过常规的信息安全防护机制进行调节，如防火墙等。使用虚拟交换机将虚拟机分段，而不是将它们托管在不同的虚拟化主机中，这样做可以提高虚拟化主机资源的利用率，同时可以保持配置操作的方便性。此外，根据预先设计的信息安全策略，所有 hypervisor 体系结构都能阻止 hypervisor 平台内的虚拟交换机之间的直接连接，从而提供了必要的隔离。同时，分布式虚拟交换机可以将许多单独的主机级虚拟交换机抽象为一个跨多个主机的大型虚拟交换机，因此，与虚拟交换机关联的端口组成跨虚拟化主机的分布式虚拟端口组，从而确保所有主机（尤其是同一集群中的主机）的虚拟网络配置一致。

3）使用虚拟防火墙

在工业互联网的应用场景中，因涉及多种不同的业务网络，虚拟防火墙将得到广泛应用。当面向 Internet 的应用程序（尤其是 Web 应用程序）在（非虚拟化的）物理主机中运行时，通常使用物理防火墙创建一个称为非军事化区域（DMZ）的独立子网。类似地，当托管运行面向 Internet 的应用程序的 Web 服务器的虚拟机部署在虚拟化主机上时，它们可以被隔离并在与连接到企业内部网络的虚拟网段分离的虚拟网段中运行。正如在物理网络中使用两种防火墙（一个面向互联网，另一个保护内部网络）一样，在虚拟化主机中使用两个防火墙创建与 DMZ 等效的虚拟网络。虚拟化主机的主要区别在于防火墙必须在虚拟网络中运行，因此它们是基于虚拟软件的防火墙，在专用（通常是加固的）虚拟机上运行。使用虚拟交换机和虚拟防火墙进行网络分段如图 4-13 所示。

图 4-13 显示了虚拟化主机中的三个虚拟交换机：VS-1、VS-2 和 VS-3，VS-1 的上行链路端口连接到物理网络接口卡 pNIC-1， pNIC-1 连接内部网络中的物理交换机。类似地，VS-3 的上行链路端口连接物理网络接口卡 pNIC-2， pNIC-2 连接数据中心外部网络中的物理交换机。运行在 VM1 和 VM4 中的防火墙设备分别扮演面向 Internet 的防火墙和内部防火墙的角色。VM1 充当虚拟交换机 VS-1 和 VS-2 之间的流量控制桥，而 VM4 充当虚拟交换机 VS-2 和 VS-3 之间的流量控制桥。这种配置架构是以虚拟交换机 VS-2（虚拟网络的 DMZ）为基础创建一个隔离的虚拟网段，因为 VS-2 只能使用 VM4 中的防火墙与 Internet 通信，并且只能使用 VM1 中的防火墙与内部网络通信，所有连接到虚拟交换机 VS-2（VM2 和 VM3）的虚拟机也在这个隔离的虚拟网段中运行。所有涉及它们和外

部网络的流量都由 VM4 中的防火墙控制，所有涉及它们和内部网络的流量都由 VM1 中的防火墙控制。从虚拟机的角度分析上述虚拟网络配置（忽略它们是否运行防火墙或业务应用程序），VM1 和 VM4 是多主机的虚拟机，至少有一个网卡连接到一个虚拟交换机，该虚拟交换机的上行端口连接物理网卡。相比之下，VM2 和 VM3 只连接到内部虚拟交换机 VS2，而 VS2 没有连接到任何物理网卡。这种架构形态的虚拟交换机又称为仅限内部使用的交换机，仅连接到该类交换机的虚拟机才享有一定程度的隔离，因为这些虚拟机将运行在隔离的虚拟网段中。虚拟防火墙作为虚拟安全设备打包在专门构建的虚拟机中，因此易于部署。另外，虚拟防火墙可以很容易地与虚拟化管理工具/服务器集成，因此配置简单方便［特别是具有相同的安全规则或访问控制列表（ACL）］。

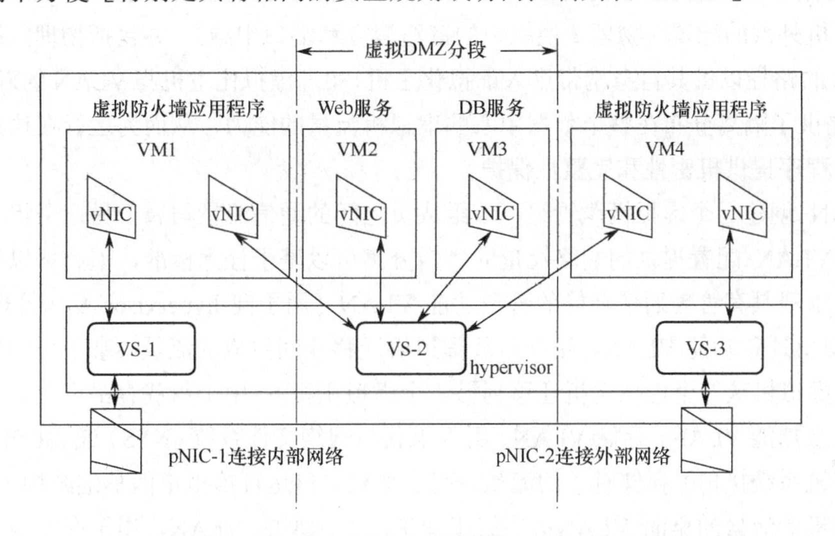

图 4-13　使用虚拟交换机和虚拟防火墙进行网络分段

4）在虚拟网络中使用 VLAN

虚拟局域网（VLAN）最初是在数据中心实现的，在数据中心中，节点被配置为在以太网交换模式下运行，方便地进行控制和管理（如广播控制）。VLAN 作为一种网络分段技术，由于流量隔离效应，可以应用于虚拟机的信息安全防护。在具有实体物理（非虚拟化）主机的数据中心中，VLAN 是通过将一种被称为 VLAN 标记的唯一的 ID 号，分配给物理交换机的一个或多个端口进行定义的。所有连接到这些端口的主机都将成为该 VLAN ID 组的成员，从而在数据中心的大型平面网络中创建服务器（主机）的逻辑分组，而不管其物理位置如何。VLAN 的概念可以在数据中心中扩展和实现，具体为虚拟主机使用支持 VLAN 标记和处理的端口或端口组的虚拟交换机。换句话说，VLAN ID 被分配给 hypervisor 内核中的虚拟交换机的端口，虚拟机被分配给基于其 VLAN 成员身份的适当端口。这些支持 VLAN 的虚拟交换机可以对从虚拟机发出的所有数据包执行 VLAN 标记（标记的内容取决于它从哪个端口接收到数据包）操作，并且可以通过一个端口将具有特定 VLAN 标记的输入数据包路由到适当的虚拟机，该端口的 VLAN ID 分配等于该数据包的 VLAN 标记，并且具有相应的媒体访问控制（MAC）地址匹配。与虚拟化主机内各种虚拟交换机的 VLAN 配置相对应，应在这些虚拟化主机的物理网卡和数据中心中的物理交换机之间的链路中配置链路汇聚功能，借助该功能就可以承载与在虚拟主机内配置的所有 VLAN ID 相对应的通信流量。此外，形成这些链路的终端节点的物理交换机的端口也应配置为中继端口，目的是能够双向接收和发送属于多个 VLAN 的流量。可以将给定的 VLAN ID 分配给位于多个虚拟化主机中的虚拟交换机的端口。因此，VLAN 的配置包括虚拟主机内部的配置（将 VLAN ID 分配给虚拟交换机端口或虚拟机的虚拟网卡）和虚拟主机外部的配置（物理交换机中的链路聚合和端口中继），并包括物理网络中定义的 VLAN 的路径以供其自身携带进入虚拟化主机，实现虚拟化主机与 VLAN 的双向交互。VLAN 提供了隔离分布在整个数据中心的虚拟机流量的能力，从而为运行在这些虚拟机中的应用程序提供机密性和完整性保护。

VLAN 创建一个虚拟机逻辑组，该组成员之间的通信流量与属于另一个组的通信流量隔离，VLAN 配置提供的网络流量的逻辑分离可以基于任意标准，因此可以实现很多功能：仅承载具有管理通信功能的管理功能 VLAN（用于向 hypervisor 发送管理/配置命令）；虚拟机迁移功能 VLAN，用于承载虚拟机迁移期间生成的流量（基于可用性和负载平衡，将虚拟机从一个虚拟主机迁移到另一个虚拟主机）；用于承载容错日志记录的流量的日志记录功能 VLAN；存储 VLAN，用于承载与网络文件系统（NFS）或 iSCSI（Internet 小型计算机系统接口）存储有关的流量；用于承载来自运行虚拟桌面基础结构（VDI）软件的虚拟机的流量的桌面 VLAN；一组工业生产控制型的 VLAN，用于在完成工业生产控制的业务虚拟机（承载各种业务应用程序的虚拟机集）之间承载流量。在一般情况下，工业互联网企业的应用程序体系结构由三层组成：Web 服务器、应用程序和数据库。可以为这些层中的每一层都创建一个单独的 VLAN，并使用防火墙规则管理它们之间的通信。此外，在工业互联网的云端数据中心中，虚拟机可能属于不同的消费者或云用户，并且云服务提供商可以使用 VLAN 配置提供属于不同客户端的通信量的隔离。实际上，通过将属于每个租户的虚拟机分配/连接不同的 VLAN 段，为每个租户都创建了一个或多个逻辑或虚拟网段。除了通过网络流量逻辑分段提供的机密性和完整性保护，不同的服务质量（QoS）规则还可以应用于不同的 VLAN（取决于所承载的业务类型），从而提供可用性保证。使用 VLAN 的网络分段比使用虚拟防火墙的方法更具可伸缩性，原因在于：VLAN 定义的粒度处于虚拟交换机的端口级别，由于单个虚拟交换机可以支持大约 64 个端口，因此可以在单个虚拟化主机内定义的网段数量远远超过使用防火墙虚拟机的实际可能数量；网段可以扩展到单个虚拟化主机之外（与使用虚拟防火墙定义的网段不同），因为相同的 VLAN ID 可以分配给不同虚拟化主机中的虚拟交换机端口，整个数据中心可定义的网段总数约为 4000 个（因为 VLAN ID 的长度为 12 位）。

5）使用基于覆盖的虚拟网络

在基于覆盖的虚拟网络中，隔离通过封装在虚拟机接收的以太网帧实现。可以使用各种封装方案（或覆盖方案），包括虚拟扩展局域网（VXLAN）、通用路由封装（GRE）和无状态传输隧道（STT）。图 4-14 说明了基于覆盖的虚拟网络分段方案（VXLAN）。

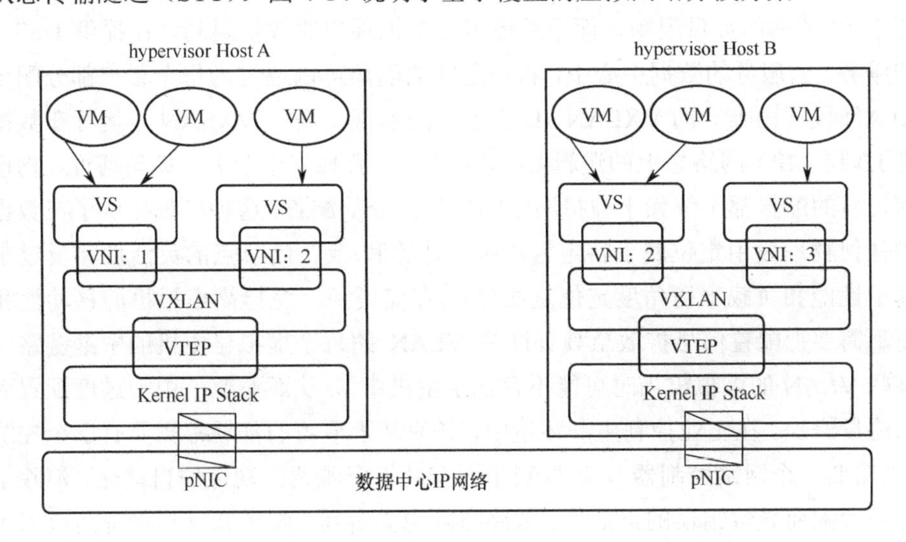

图 4-14　基于覆盖的虚拟网络分段方案（VXLAN）

从虚拟机接收的以太网帧（包含目标虚拟机的 MAC 地址）被封装为两个阶段：①发送/接收虚拟机所属的 24 位 VXLAN ID［虚拟层 2（L2）段］；②VXLAN 隧道端点（VTEP）的源和目标 IP 地址，VTEP 分别是驻留在发送和接收虚拟机的 hypervisor 中的内核模块。VXLAN 封装机制允许创建虚拟第二层网段，该网段不仅可以跨越不同的虚拟化主机，还可以跨越数据中心内的 IP 子网。用于生成 VXLAN 数据包的两个封装阶段由一个称为 overlay 模块的 hypervisor 内核模块执行，覆盖模块需要将远程虚拟机的 MAC 地址映射到相应的 VTEP 的 IP 地址。覆盖模块可以通过两种方式获得此 IP 地址：第一种方式是通过使用 IP 地址学习数据包进行泛洪性连接，或者通过使用 SDN 控制器配置映射信息，SDN 控制器使用标准协议将此映射表传递到各个虚拟化主机中的覆盖模块。第二种方式的实用性更强，因为使用基于泛洪连接的 IP 地址学习技术会导致整个虚拟化网络基础设施中产生大量不必要的网络流量。基于 VXLAN 的网络分段可以为在云数据中心的多个租户的资源提供隔离，可以为特定租户分配两个或多个 VXLAN 段（或 ID）。租户可以通过将承载各层（Web 服务器、应用程序或数据库）的虚拟机分别分配给相同或不同的 VXLAN 段，实现对多个 VXLAN 段的使用。如果属于客户机的虚拟机位于不同的 VXLAN 段中，则可以通过适当的防火墙配置在属于同一租户的 VXLAN 段之间建立选择性连接，同时可以禁止属于不同租户的 VXLAN 段之间的通信。

与基于 VLAN 的方法相比，VXLAN 具有更大的可扩展性，原因在于与 12 位 VLAN ID 相比，VXLAN 网络标识符（VNID）是一个 24 位字段，因此，VXLAN 的名称（以及可以创建的网段数）可有约 1600 万个，而 VLAN 仅为 4096 个。用于基于覆盖的网络分段的封装包是 IP/用户数据报协议（UDP）包，因此，可以定义的网段数量只受数据中心中 IP 子网的数量限制，而不受虚拟交换机端口的数量限制。在提供 IaaS（基础设施即服务）云服务的数据中心中，租户之间的隔离可以通过为每个租户都分配至少一个 VXLAN 段（由唯一的 VXLAN ID 表示）来实现。由于 VXLAN 是运行在数据中心内物理 L3 层（IP）网络之上的逻辑 L2 层网络，后者独立于前者。换句话说，物理网络的任何设备的配置都不依赖于虚拟网络的任何部分的配置，这种机制提供了在数据中心网络的任何物理段中定位属于特定客户机的计算和/或存储节点的灵活性。反过来，有助于基于性能和负载平衡角度定位这些计算/存储资源，将提高虚拟机的移动性和可用性，而不需要把配置信息扩散至具有许多 VLAN 的每个虚拟化主机的中继链路（即使属于某些 VLAN 的虚拟机当时可能不存在于主机中），从而避免了由于过度配置而导致的通信流量增加。在工业控制生产环境中，任何基于覆盖的部署都需要有一个控制平面（因此也需要一个网络控制器），该控制平面有助于资源调配功能的自动化，消除了由于手动资源调配而导致错误的可能性，故障排除也更容易。配置和管理物理防火墙也将更容易，因为所有虚拟机流量只需要允许 VXLAN（或任何其他覆盖方案）端口可用的策略即可。

上述五种方法各有优势和劣势，需要根据不同的应用场景和需求选择合理的方法。在使用虚拟交换机进行网络分段的环境中，强烈建议使用分布式虚拟交换机而不是独立的虚拟交换机。原因在于：①确保跨虚拟化主机的配置一致性并减少配置错误的机会；②为了消除对虚拟机迁移的限制，分布式虚拟交换机（为特定的敏感度级别定义）本身应可以跨越多个虚拟化主机。

使用虚拟交换机隔离虚拟机监控程序的网络管理功能需要特殊配置，除专用的虚拟交换机外，管理通信路径还应该有单独的物理网卡和单独的物理网络连接（除通信过程本身被加密外）。此外，专用虚拟交换机优先选择独立的虚拟交换机（以便可以在虚拟化主机层级进行配置），而不是分布式虚拟交换机。原因在于分布式虚拟交换机和集中式虚拟化管理服务器具有密切依赖性，只能使用虚拟化管理服务器配置分布式虚拟交换机（要求这些服务器具有高可用性），在某些情况下，启用虚拟化管理服务器可能需要修改分布式虚拟交换机。在所有 VLAN 部署中，交换机（连接到虚拟化主机的物理交换机）端口配置应体现所连接的虚拟化主机的 VLAN 配置文件，具有数百个虚拟主机和数千个虚拟机，且需要许多网段的大型数据中心网络应部署基于覆盖的虚拟网络，因为其具有可扩展性（大型命名空间）和虚拟/物理网络独立性。然而，建议使用诸如 VLAN 的技术在物理网络上隔离由基于覆盖的网络分段技术（如 VXLAN 网络通信量）产生的整体通信流量，以确保分段效果得以持续。此外，基于覆盖的大型虚拟网络部署模式应始终包括集中式或联合式 SDN 控制器，这些控制器使用标准协议配置各种 hypervisor 平台中的覆盖模块。

为了确保在通过虚拟化机制创建的机器中所处理的数据的安全性，需要特定的解决方案监控虚拟机中的信息安全事件，以便能够检测到以任何形式存在的漏洞或网络攻击行为。传统单一的 IP 网络安全系统检测到的异常事件，在工业互联网云平台的虚拟机环境中并不能警告系统性攻击行为，而是需要另一种具有信息融合功能的系统，关联来自多个虚拟机的数据，并提供可能存在的分布式攻击威胁情报，表 4-18 说明了虚拟机监控系统必须满足的最低特性要求。

表 4-18　虚拟机监控系统必须满足的最低特性要求

特　性	有效性	精确性	透明度	健壮性	反应性	责任
具体要求	可检测攻击行为和违反安全策略的行为	避免误报性告警	执行检测功能的监控系统模块最小化	主机系统感染时可进行保护	具有阻断攻击并通知决策者的能力	系统不应干扰云端运行的应用程序

为使各个安全系统生成的事件告警信息能得到有效融合利用，建议将表 4-18 中的要求添加到事件关联和聚合的可能性策略中，以提高攻击事件检出率。

2. 容器安全

容器技术广泛应用于工业互联网领域，可以降低工业互联网产品，特别是工业云计算平台、工业 App 类产品的成本，促进产品的快速迭代开发。其中，以 Docker 为代表的容器技术发展得最好，迅速占领了容器市场，成为容器技术的事实标准。容器通过专用平台（如 Kubernetes 和 Docker）为操作系统提供稳定性并简化编排，容器安全基于内核顶层的进程隔离原则和网络的正确配置实现，容器是镜像运行时的实例。大多数应用程序运行于根账号中，从而为形成运行恶意应用程序所需的漏洞提供了可能性，并增加了丢失数据和已处理信息的风险。容器的另一个漏洞是配置不当的镜像，这些镜像可以隐藏不同的安全漏洞，如存在不必要的远程连接服务、恶意文件，对认证和授权操作的限制很少。图 4-15 显示了虚拟机和容器的体系结构。

工业互联网云计算技术同时使用虚拟化方法、容器和经典虚拟化，产生明显的经济效益、灵活性和实现对物理资源的最少占用。如果安全策略的防护要求得到正确的配置和执行，这两种虚拟化技术都可以提供稳定和安全的环境。虚拟机和容器的主要特性如表 4-19 所示。

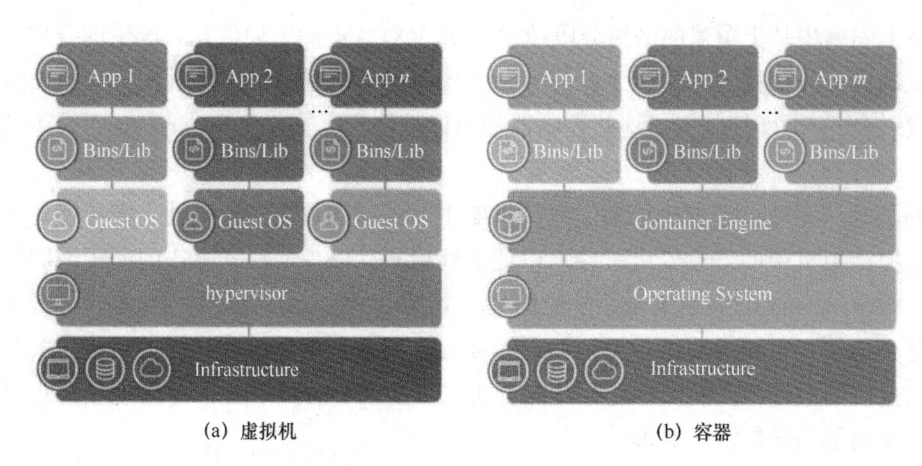

(a) 虚拟机　　(b) 容器

图 4-15　虚拟机和容器的体系结构

表 4-19　虚拟机和容器的主要特性

虚　拟　机	容　　器
• 通过所使用的操作系统提供的安全工具； • 资源占用相对较少； • 启动时间长； • 可快速复制标量； • 非常适合应用于生产环境； • 可硬件级虚拟化	• 减少管理资源； • 非常适合测试和开发； • 镜像规模小； • 减少和简化安全更新； • 处理速度较快； • 具有操作系统级别的虚拟化； • 可有效利用资源； • 具有高可扩展性和弹性

Docker 容器的信息安全防护体现在三个层次：隔离、主机加固、用于镜像分发的网络资源的安全防护。

1）隔离

Docker 容器完全依赖于 Linux 内核特性，包括名称空间、cgroup（Linux 内核提供的一种机制）、强化等功能。默认情况下，名称空间隔离和功能删除是启用的，但 cgroup 限制却不是，必须通过容器启动时的-a-c 选项在各个容器中启用。默认的隔离配置相对严格，唯一的脆弱性或漏洞是所有容器将共享同一个网桥，从而容易导致在同一个主机上的不同容器之间发生 ARP 中毒攻击。但是，全局性的安全威胁可以通过在容器启动时关闭或禁用某些功能选项进行防御，这些选项本身允许（容器）扩展访问主机的某些部分（-uts=host、-net=host、-ipc=host、-privileged、-cap add=<cap>等），但这些特性在增强容器便利性的同时，引入了可能存在的漏洞。例如，当在容器启动时提供选项-net=host 时，Docker 就不会将容器放在单独的网络命名空间中，因此容器就可以完全访问主机的整个网络堆栈（启用网络嗅探、重新配置等），被攻击者利用的风险极高。此外，可以通过传递给 Docker 守护进程的选项全局性设置安全配置，这些具有信息安全防护能力的选项包括：-unsecure-registry 选项，禁用对特定注册表的 TLS 证书检查。增加安全性的选项是可用的，如-icc=false 参数，禁止容器之间的网络通信可以防御前面描述的 ARP 中毒攻击。但是，这些配置选项可能会阻止多容器应用程序的正常运行，因此需慎重使用。

2）主机加固

通过 Linux 安全模块进行主机加固是一种强制对容器进行安全防护的方法（如防止破坏容器并转移到主机操作系统）。目前，支持主机加固的操作系统包括 SELinux、Apparmor 和 Seccomp，并提供默认配置文件。这类配置文件是通用的，不受限制（例如，Docker 默认 Apparmor 配置文件允许对文件系统、网络和 Docker 容器的所有功能进行完全访问）。类似地，默认 SELinux 策略将所有 Docker 对象放在同一个域中，因此，默认的加固机制可以保护主机不受容器的影响，但不足以保护容器不受其他容器的影响。必须通过编写特定的配置文件实现对容器的保护，而不同的容器需要不同的、具有保护功能的配置文件。例如，SELinux（SELinux 是 2.6 版本的 Linux 内核中提供的强制访问控制系统）默认提供的配置文件，为所有 LXC 容器（Linux 容器工具）提供相同类型的保护能力，所有对象都具有相同的标签，但此配置不保护该容器不受其他容器的影响。

3）用于镜像分发的网络资源的安全防护

Docker 使用网络资源分发镜像并远程控制 Docker 守护进程，对于镜像分发过程，从远程存储库下载的镜像将通过散列算法进行验证，而与注册表的连接是通过 TLS 进行的（除非另有明确指定）。此外，从 2015 年 8 月发布的 1.8 版本开始，Docker 内容信任体系结构允许开发人员在将镜像文件推送到存储库之前，对镜像进行签名，内容信任依赖于更新框架（the Update Framework，TUF），该 TUF 是专门为解决包管理器的缺陷而设计的。更新框架可以从密钥泄露中恢复，通过在签名镜像中嵌入过期时间戳的方法防止出现重放攻击等。Doker 中的交换与共享过程（trade-of）是一个复杂的密钥管理过程，实际上实现了一种 PKI，其中每个开发人员都拥有一个根密钥（“脱机密钥”），用于对 Docker 镜像进行签名（“签名密钥”）。签名密钥在需要发布镜像的每个实体之间共享（可能包括自动代码管道中的自动签名，意味着第三方可以访问密钥），而数量众多的根公钥的分发也是一个问题，需要进行详细的设计完善。守护进程是通过套接字远程控制的，在默认情况下，用于控制守护进程的套接字是 UNIX 套接字，位于 at /var/run/docker.sock 目录中，访问此套接字允许以特权模式“pull”和“run”任何容器，因此允许根用户访问主机。对于 UNIX 套接字，Docker 组的用户成员可以获得根权限；对于 TCP 套接字，与此套接字的任何连接都可以向主机授予根权限。因此，必须使用 TLS（-tlsverify）功能保护连接过程，同时启用双向连接过程的加密和身份验证（同时添加额外的证书管理）机制。

4.1.4 数据属性驱动的安全防护技术

程序化的策略和方法如果按照标准规范使用并正确实施，将提供高水平的安全性保障，工业互联网中的云数据安全，可以通过以下方法实现：

- 严格控制从各种现场终端上传到云端的数据。
- 通过屏蔽方法、访问控制、架构配置、安全事件监控等机制在云端实现数据保护和数据管理。

在整个数据生命周期中进行信息管理，可确保审计过程正确执行。管控数据中心的物理位置，设计应急策略，可确保灾难发生时数据具有可用性和可恢复性。

但是，数据是工业互联网的核心驱动，云侧的重要特点是汇聚了全要素、全产业链、全价值链的海量数据。工业互联网云侧数据的特点是具有两个重要的属性：数据状态和数据生命周期。为确保工业互联网云侧数据的安全性，还必须考虑数据状态和数据生命周期属性驱动的安全防护。原因在于，给定时间内（使用中、运动或静止）的数据状态意味着需要使用不同的安全方法。数据在不同生命周期阶段的安全防护方法也不一致。

1. 基于数据状态的安全防护

1）静止数据（存储在特定存储区域的数据）

处于这种状态的数据，将存储在云中不同的物理媒体设备（硬盘和磁带）中或处于虚拟化状态，以结构化或非结构化［数据库、文件服务器、网络存储单元（NAS）-网络连接存储（SAN）、电子邮件服务器、还原镜像］方式存储。根据云中的合约服务内容，基于媒体的存储可以提供足够的数据量以满足组织的各种需求，并具有可扩展性。有几种屏蔽方法可以保护静态数据，如加密、标记化等。

（1）对于数据加密技术，如果使用高级加密技术［完全同态加密（Fully Homomorphic Encryption，FHE）、基于属性的加密（Attribute-Based Encryption，ABE）、基于属性的分层加密（Attribute-Based Encryption are used Hierarchical，HABE）］，这些数据屏蔽方法可以提供非常高的数据安全性和强大的加密速率，并确保密钥的正确管理。根据文件格式和组织的需要，工业互联网的云端应用可以通过多种方式进行数据加密：①加密文件和访问控制目录——基于一个安全策略，设置哪些数据需要加密和谁有权访问它；②虚拟化磁盘的完全加密——对虚拟化的磁盘进行完全加密，确保数据的机密性（如果加密密钥得到正确管理）；③虚拟机加密——加密属于虚拟机的配置文件和磁盘（但加密密钥管理的问题仍然存在）；④数据库、电子邮件等特定应用程序的加密。

（2）对于数据标记化技术，与加密技术不同，标记化不使用数学算法，但将数据替换为随机值，原始数据和标记存储在安全数据库中，以方便以后检索。通过标记化保护数据的优点是，如果标记被破坏，那么真实数据也是安全的，而只有被替换的值受到影响。

2）运动数据（数据在通信信道传输的过程中）

数据处于移动时主要有两种模式：通过连接客户机和数据中心的通信信道传输，在数据中心内部传输。为了确保通信通道的安全，最常用的机制是 VPN（虚拟专用网）服务，使用硬件加密，DLP（数据防泄露）、URL（统一资源定位器）过滤，使用 SFTP（安全文件传输协议）、TLS（传输层安全）、SSH（安全外壳）等安全协议。

3）使用中的数据［数据存储于易失性存储器、RAM（随机存储器）、CPU-寄存器或高速缓存中］

可以使用全硬盘加密或 Enclaves（Intel 提出的“飞地”技术）来保护使用中的数据。

2. 数据生命周期的安全防护

工业互联网数据安全必须考虑的另一个重要方面是数据的生命周期，对安全性的需求在数据生命周期的各个阶段都是需要的。每个阶段都面临风险，而任何一个阶段出现安全问题，都会给整个制造企业带来巨大的损失。根据数据在特定时间所处的阶段，对安全性有特定的要求原则，工业互联网云侧数据生命周期各阶段的安全要求如表 4-20 所示。

表 4-20　工业互联网云侧数据生命周期各阶段的安全要求

阶　段	对数据安全的要求
生成	• 谁拥有这些数据； • 数据分类级别； • 云迁移后的数据管理方式
使用	• 数据访问控制； • 规章制度； • 对数据进行二次加工的目的
分享	• 通过何种网络：公有云/私有云； • 数据加密； • 共享权限的访问控制
转换	• 保持完整性； • 数据敏感性； • 使用正确的数据格式
存储	• 确保机密性、完整性、可用性的措施； • 数据存储格式：结构化/非结构化； • 数据加密； • 数据访问控制

（续表）

阶　段	数据安全的要求
归档	• 确保数据长期存档的基本框架合规； • 使用健壮的存储媒质； • 将数据归档时间与服务水平协议（SLA）相对应
销毁	• 完全销毁； • 遵循有关数据销毁和过程审核的标准进行处置

如果按照正常程序使用并正确实施上述安全策略和方法，工业互联网数据安全防护机制将具有高水平的安全性保障能力。尽管这些方法可以提供数据安全性，但每秒都可能发生大量的网络安全事件，如专门勒索钱财的勒索软件、获取全面控制能力的管理员权限、获取清晰信息的键盘记录工具、过滤凭证的网络钓鱼等。网络攻击行为得以实施的原因主要有：安全设备配置不当，操作系统没有更新最新的安全补丁，用户使用弱身份验证密码，攻击者利用 0-day 漏洞进行攻击，数据加密在很大程度上仅限于通信信道加密等。除了这些外部原因，内部人员也可能造成重大损害，如果针对有权访问核心系统的用户的安全策略没有很好的定义，如没有很好地体现“最少化知道”的原则，没有明确只在某些特定的物理区域内才允许进入等，则都可能对工业生产企业的数据安全造成严重威胁。

3. 基于 CIA 属性保护工业互联网云侧数据

依据数据对工业制造企业或组织的重要性选择适当的数据安全方法的原则，需要开发一种算法检测或评估丢失信息关键属性（机密性、完整性和可用性，即 CIA）的实际影响，即基于 CIA 的检测算法。而且这种算法将可以集成到一个复杂的、场景化的工业互联网信息安全系统中，同时，该系统可用于选择正确的方法保护资源和确保适当的保护级别。基于 CIA 的检测算法可以使用文件元数据、员工数据库、不同文件类型中常用的关键字、文档页眉和页脚中存在的分类级别等。但是，特定信息属于不同的类别，具体取决于使用这些信息的组织，在这种情况下，需要基于 CIA 的检测算法具有自动适应性，这种自适应性可以通过动态学习过程随时间获取。为了测试该方法的功能，使用《NIST SP800-60 标准》［SP800 是美国 NIST（National Institute of Standards and Technology）发布的一系列关于信息安全的指南（SP 是 Special Publications 的缩写），NIST SP800-60 描述了信息系统与安全目标及风险级别的对应关系］中分配给任务信息的安全属性值，形成表 4-21 所示的各种属性被破坏后将造成的潜在影响。

表 4-21　工业互联网云侧相关信息属性被破坏的影响程度

信息类型	机　密　性	完　整　性	可　用　性
灾害管理	—	—	—
灾害监测与预测	低	高	高

（续表）

信息类型	机　密　性	完　整　性	可　用　性
备灾和规划	低	低	低
应急响应	低	高	高
制造企业发展	—	—	—
制造企业发展规划	低	低	低
制造企业财税	中等	低	低
一般性科技创新	—	—	—
市场开拓策略	低	中等	低

FIPS 199（FIPS 即“美国联邦信息处理标准”，FIPS 199 是《联邦信息和信息系统安全分类标准》）根据信息系统中信息的机密性、完整性或可用性被破坏的潜在影响对信息进行了分类，影响程度可分为低、中或高。基于 CIA 属性的数据资产安全防护流程如图 4-16 所示。

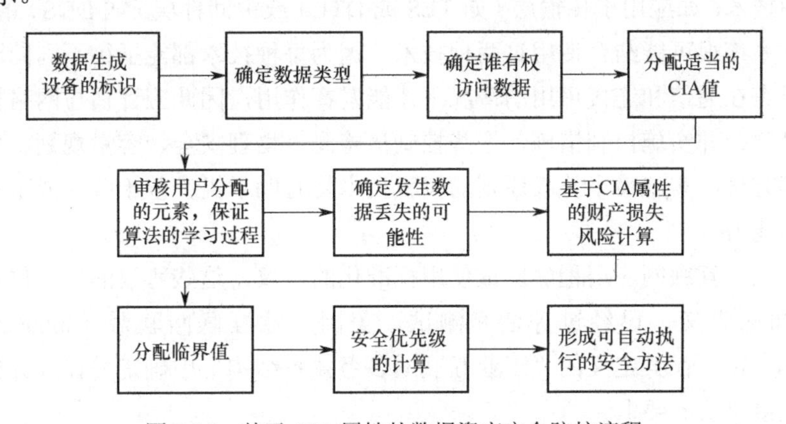

图 4-16　基于 CIA 属性的数据资产安全防护流程

工业互联网企业如果选择从 CIA 属性设计或实施其数据安全防护技术体制，可以按照图 4-16 中所示的十个步骤对其数据资产进行防护。其中，数据生成设备的标识是基础步骤，主要任务是找出企业生产制造的整个链条中哪些生产控制设备将会产生数据。当然，这些数据是多方面的，并且是异构的，不仅包括各类软硬件方法采集的蕴含资产属性、状态及行为等特征的数据，如温度传感器采集的电机运行中的温度变化数据等，还包括客户订单对产品或服务需求的参数、功能和性能要求等，甚至包括企业在产、供、销阶段的零部件库存和供应商数据信息等；接下来是确定数据类型，对数据进行初步的预处理，如分类等；然后需要明确对于不同数据的访问人员情况，对不同数据赋以不同的 CIA 值，对这些 CIA 值进行统一的审核；之后依据 FIPS 199 中所述的方式确定数据丢失或遭破坏的风险及可能性，进行数值计算；为便于用软件代码实现流程，还需分配临界值，进而形成安全优先级数值，最终基于数值形成可供自动执行的安全方法。

以上是具有工业互联网应用特色的工业互联网云侧安全防护技术，当然，IP 互联网中相对成熟的云安全防护技术，如边界防护、平台安全、数据库安全、脆弱点扫描和系统安全加固等，在工业互联网中会继续发挥其应有的作用。

4.2 工业互联网管（网）侧安全防护技术

4.2.1 通信网络和连接的加密保护

工业互联网系统中的通信和连接功能支持端点之间的信息交换，提供可互操作的通信以促进组件集成，所需的保护级别取决于对此类信息交换的威胁，这些信息可以是传感器更新、遥测数据、遥控命令、故障告警、事件、日志、状态更改或配置更新等。

传统的工业自动控制领域强调信息流保护技术，而工业互联网应用程序则倾向于使用加密控制技术，如应用于传输层（如 TLS 或 DTL）或中间件层（如 DDS）的加密控制，工业互联网系统很可能结合使用这两种技术，因为每种技术都能抵御不同的网络攻击。这些措施只有在通信和连接可用的情况下才能发挥作用，因此应评估与网络拒绝服务攻击相关的风险，并实施控制措施。这些控制措施涵盖物理安全、容量规划、负载平衡和缓存保护等方面。实施最小特权原则的授权技术将有助于提升基于警告或阻止违规连接的入侵检测能力。

大多数工业互联网应用程序应该使用标准化的协议，这些协议的功能包括安全性和密码学方面的定义，已经过评估和测试。美国工业互联网联盟（Industrial Internet Consortium，IIC）在其定义的“工业互联网参考体系结构”中确定并详细分析了工业互联网核心连接协议的要求。

1. 工业互联网通信和连接协议中的安全控制

从体系结构的角度分析，工业互联网系统中不同参与者之间的信息交换发生于两个层次：第一层次，通信访问和传输层（对应于 OSI 模型的第一到第四层）提供位和字节的交换，包括物理层（介质）、连接、网络和传输过程；第二层次，使用通信传输的连接性框架层（对应于 OSI 模型的第五到第七层），该框架包括会话层、表示层和应用层的基本要素，通过交换结构化数据提供参与者之间的语法互操作性。工业互联网实体通信和连接模型如图 4-17 所示。

保护各层的通信链路需要适应该层的相应安全控制和技术机制，并要着重考虑两个重要的问题：选择要保护的层，以及如何为给定的应用程序赋予自定义保护能力。所有层中的安全控制措施都可能导致不可接受的性能成本开销，但是，仅在较低级别［例如，IP 层级的 Internet 协议安全性（IPSec）机制、传输层级的 TLS（安全传输层协议）或 DTLS

（数据包传输层安全性协议）机制］保护通信过程，可能无法为需要细粒度安全控制的应用程序级通信提供足够的安全性。

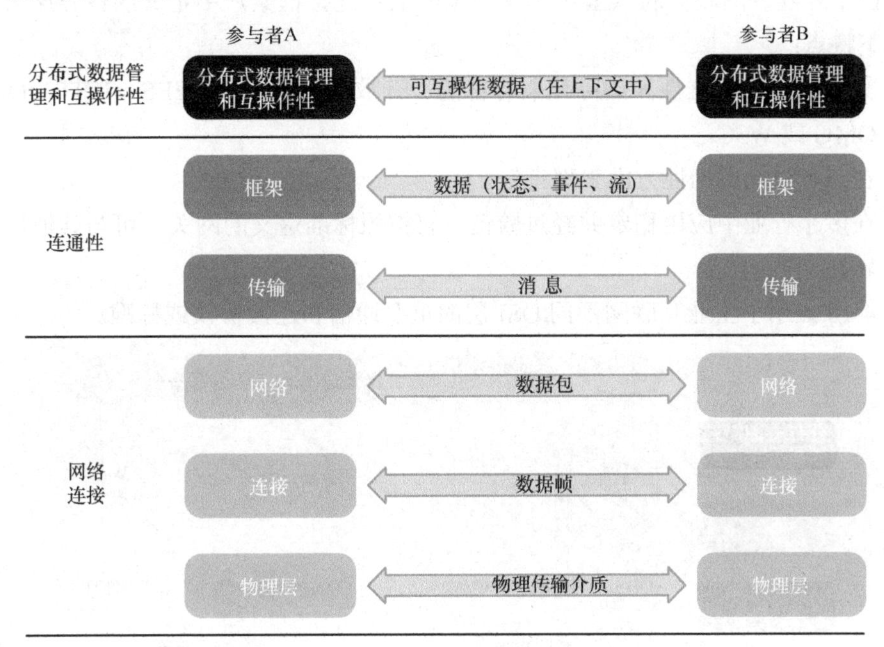

图 4-17　工业互联网实体通信和连接模型

2. 用于保护交换内容的方法

敏感的工业生产控制网络和控制设备的通信端点之间的信息交换安全防护技术主要有：

- 易于识别和使用的端点通信策略；
- 基于加密的通信端点之间的强相互认证；
- 强制执行从策略派生访问控制规则的授权机制和加密机制，确保交换信息的机密性、完整性和实时性。

建立安全通信的第一步是使用支持加密的身份认证协议进行身份认证（如果建立了公钥基础设施，则通过交换身份证书进行身份认证），然后，通信双方必须根据策略中定义的访问控制规则交换数据。例如，在医疗设备制造工业中，具备采集病人真实的医学指标的终端装置，一般不允许共享某些患者的数据。那些被交换的信息的机密性和完整性，应使用标准加密技术（如AES等对称算法和RSA等非对称算法）和消息认证技术（DSA等数字签名方案和HMAC等消息认证码）实现。这些技术通常使用在进行身份认证过程中协商建立的加密密钥，但应注意避免没有身份认证过程的单纯加密。

针对不提供交换信息的完整性和机密性的工业互联网通信协议，可以通过加密和认证的隧道式路由，或者通过信息流控制技术进行保护，进而提高这类协议的安全性。

3. 连通性的标准及其安全

美国工业互联网联盟的《工业互联网 G5 卷：连接框架》中定义的核心连接技术应具有以下特点：

- 具有很强的独立性和国际化兼容性的、开放的标准，如 IEEE、IETF、OASIS、OMG 或 W3C。
- 在跨行业的适用性方面表现良好。
- 在多个行业中应用稳定并经过验证，有按照标准定义的网关，可与其他标准进行转化连接。

图 4-18 显示了工业互联网不同 OSI 层的重要通信和连接协议或标准。

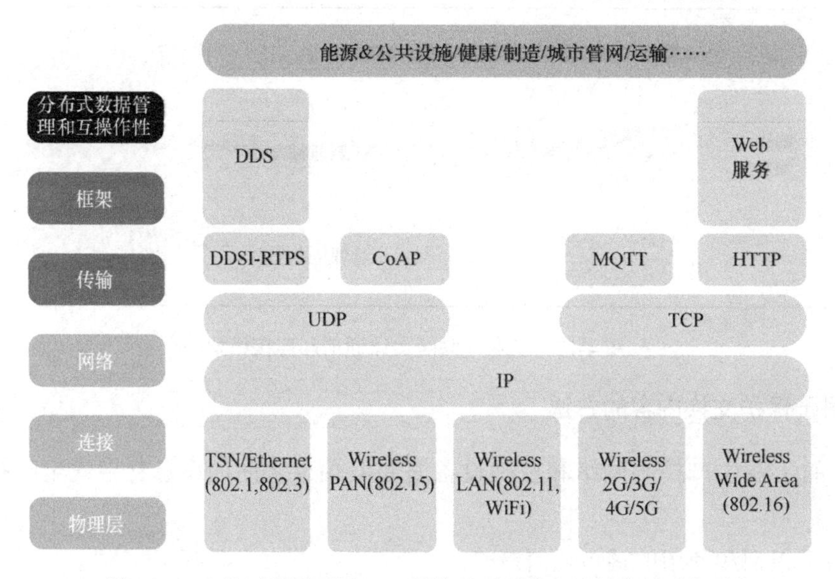

图 4-18　工业互联网不同 OSI 层的重要通信和连接协议或标准

与互联网时代 TCP/IP 和 HTTP 一统天下的局面不同，工业互联网的通信环境有 Ethernet、WiFi、RFID、NFC（近距离无线通信）、ZigBee、6LoWPAN（IPv6 低速无线版本、Bluetooth、GSM、GPRS、GPS、3G、4G、5G 等网络，而每种通信应用协议都有一定的适用范围。CoAP 是专门为资源受限设备开发的协议，是一种应用层协议，它运行于 UDP 之上，而不是像 HTTP 那样运行于 TCP 之上。CoAP 非常小巧，最小的数据包仅有 4 字节。而 DDS 和 MQTT 的兼容性则强很多。MQTT 协议（Message Queuing Telemetry Transport，消息队列遥测传输协议）是一种基于发布/订阅（Publish/Subscribe）模式的“轻量级”通信协议。数据分发服务（Data Distribution Service，DDS）是对象管理组织（OMG）在 HLA 及 CORBA 等标准的基础上制定的新一代分布式实时通信中间件技术规范，DDS 采用发布/订阅体系架构，强调以数据为中心，提供丰富的 QoS 服务质量策略，能保障数据进行实时、高效、灵活地分发，可满足各种分布式实时通信应用需求。DDS 信息分发

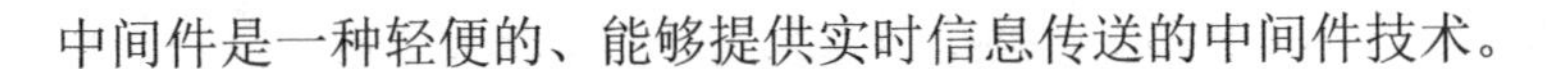
中间件是一种轻便的、能够提供实时信息传送的中间件技术。

4. 针对不同通信和连接模式的加密保护

不同的信息交换模式有不同的安全要求，工业互联网系统中广泛使用的模式包括请求-响应模式、发布-订阅模式。请求-响应模式可用于堆栈的任何层，使用此模式的协议包括 Java 远程方法调用（JavaRMI），Web 服务/SOAP，基于实时系统的数据分发服务的远程过程调用（RPC over DDS），应用于过程控制的 OLE（OPC）、全球平台安全通道协议和 Modbus，这些协议对安全性的支持各不相同。例如，Modbus 不能抑制广播消息，不提供消息校验和，并且缺乏对身份验证和加密的支持。

发布-订阅通信模式的主要威胁类型有：未经授权的订阅、未经授权的发布、篡改和重放及对交换数据的未经授权的访问。发布-订阅通信模式的一种编程开发实现（如经典的 MQTT 和 AMQP）依赖中间消息代理功能体来存储和转发消息，但是消息代理功能体却可能成为一个单一的安全风险点。另一种方法是无代理的点对点实现，如作为标准的数据分发服务。

4.2.2　信息流保护

信息流是运动中的任何信息，包括 IP 消息、串行通信、数据流、控制信号、可移动媒体、打印报告和人脑意识中的数据，控制不同类型的信息流可以保护它们免受攻击者的攻击。在线信息流通常是远程攻击者最容易通过中间系统和网络进行破坏或数据窃取的信息流。

1. 控制兼容性部署中的信息流动

在一般情况下，重新验证硬件或软件组件的安全性和可靠性可能代价高昂。例如，一些实时性要求较高的离散制造过程要求，只有在所有设备、硬件和软件都经过第三方安全认证的情况下，特定类别的自动化设备才能在生产制造现场部署，未经重新认证，不得投入生产。而使用商业操作系统的控制设备供应商通常不愿意为安全更新、技术和方法支付重新认证的费用，因此，生产控制设备往往是老旧的，即使是全新的设备也可能需要：

- 防止未经授权人员与敏感设备和网络进行物理接触的物理安全防护措施。
- 网络边界安全控制措施，防止未经授权的消息到达敏感设备和网络。
- 被动式网络入侵检测措施，用以监测可疑的通信模式。

这些方法已成为工业控制企业实施新旧产品兼容部署网络的首选方法，因为它们不改变设备的任何部分，因此不需要重新认证。对于特定的系统，这些措施是否足够，应在风险分析期间确定。

2. 网络数据隔离

通信通道是在传输层、框架层或应用层独立识别、管理和监视的数据流，工业互联网中通常有三种基本的通信信道：数据通道、控制通道和管理通道，如图 4-19 所示。

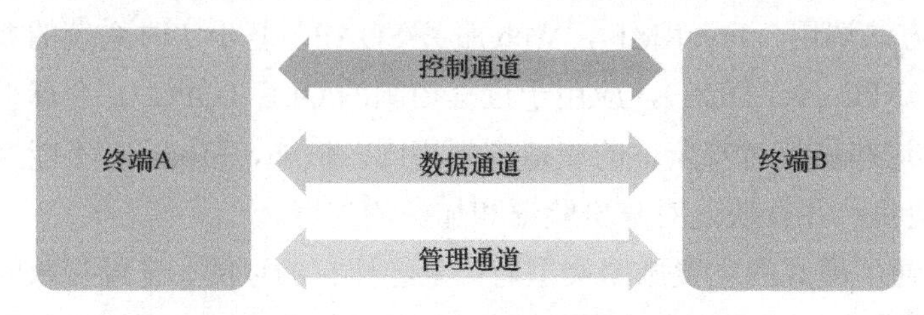

图 4-19 工业互联网不同终端节点之间的通信通道

每个通道都应与其他通道隔离，并分别进行管理和监控，如通过在公共事件总线或消息代理上使用单独的 TCP 连接、单独的无线频率或单独的发布/订阅主题。

数据通道（有时称为操作监视通道）用于报告操作信息和终端节点的状态。控制通道用于改变工业过程的行为，改变端点的状态。管理通道承载管理方面的通信内容，如计算机配置文件、安全策略、端点配置更改和访问控制设置。例如，电力系统功率计可以使用单独的数据、控制和管理的 TCP/IP 会话，分别用于报告使用情况、远程连接和断开电气服务及更新固件版本。

使用单独的通信信道可以降低管理和监视各种通信的成本和复杂性，在特定的终端节点上，每种类型的信道在任何时候都可能有多个实例处于活动状态，可以为各个通道定义单独的安全控制方式。其中包括加密、网络分段和通信授权等机密性控制技术，以及消息签名等完整性控制技术。单独的服务质量（QoS）要求也可以应用于各个信道，实现确保消息在可接受的容错范围内传递。当使用双向协议跨信任边界进行通信时，即使是“单一功能”的监视通道也会对工业互联网终端构成潜在的未授权访问威胁，因为任何允许进入安全敏感或可靠性关键网段的消息都可能形成操作系统平台层次的攻击，如缓冲区溢出攻击。

3. 网络分段

工业互联网中各种层次的网络不能不加区别地相互连接，工业安全的国际标准，如 ISA/IEC62443-1-1、ISA/IEC62443-3-3、ANSSI、NIST800-821 和其他标准，都建议将网络分成若干部分，每个部分包含具有类似安全策略和通信要求的资产。ISA/IEC62443-1-1、ISA/IEC62443-3-3、ANSSI、NIST800-821 等标准还建议为每个网段都分配一个信任级别，并保护通过网络边缘的通信连接过程，特别是不同信任级别网段之间的通信和连接性。例如，没有哪个门户网站会故意将安全关键设备暴露在互联网上，因为没有理由允许攻击者接触安全关键设备，无论设备加固得多么彻底，都会存在残余风险。

网络分段可以是细粒度的，也可以是粗粒度的，细粒度划分的候选对象包括公共网络（如互联网）、商业网络、运营网络、工厂网络、控制网络、设备网络、保护网络和安全网络，对每种网络进行细粒度分段通常更好，然而通常维护成本更高。安全和设备管理网络通常是细粒度分段的对象，局域网和广域网允许进行类似 IT 的网络管理操作，如备份、安全日志记录和更新，而不会干扰时间关键或敏感的操作和通信。分段可以提供有用的流量管理，尽管每个可以访问管理和操作网络的双端口设备，都可以作为从一个网络跳转到另一个网络的攻击的中心点，但由于受攻击面的影响范围限制，其安全价值往往有限。

4. 网关和过滤

网关控制网段之间的信息流，美国工业互联网联盟发布的《工业互联网参考体系结构》将工业互联网的网关定义为“允许连接各种网络的转发组件”。这个定义非常宏观，描述了具有两个或多个网络接口的任何计算设备，可以在这些接口之间转发信息。

网关可以在网段之间转换和转发信息，而无须附加控制，如协议转换网关可以将老旧的、不安全的工业控制通信协议转换成新型的、加密的协议。网关还可以通过多种方式过滤信息流。例如，防火墙只转发符合特定规则的消息；单向网关在物理方面只能在一个方向上传输信息，并阻断另一个方向上的所有通信流量。具有过滤器的网关通过控制网段间的信息流实现网络分段，这些过滤器可以是双向的或单向的：双向过滤器将信息转发到连接的网络中或从连接的网络中传出，而单向过滤器将信息独占地转发到一个或多个网段中，或从一个或多个网段传出。过滤器可以是基于消息的或基于信息的，基于消息的过滤器在协议栈的某层保留消息结构，并在该层转发或不转发消息。基于信息的过滤器从网络接口的一条或多条消息中提取特定类型的应用程序级信息，并将该信息转发到另一个网络中，同时不保留原始网络消息结构的任何部分。网关还可以对重要的应用程序功能进行编码，例如，工业互联网中的 IT 与 OT 接口位置的双端口历史数据服务器，可以看成一个双向信息网关，具有明显的持续性分析功能。历史数据服务器使用工控设备的专用通信协议通过一个网络接口从 OT 网络收集数据，并使用客户机/服务器协议通过第二个网络接口将数据发布到 IT 网络。再例如，DDS（数据分发服务）网关通常在应用程序/中间件级别转换信息流，同时还支持安全的持续性、安全的分布式日志记录和安全的数据转换。

不同种类的网关提供不同程度的安全防护能力，传统网关可以将加密的、经过身份验证的通信流量转换为传统终端设备能识别的、安全性不高的通信流量，采用这种方式，传统的工业控制设备就可以和新的信息网络进行通信。单向网关在物理上无法将任何信息或攻击行为转发、回传至受保护的网络中，网关的安全功能在连接不同信任级别的网段时，应谨慎地与安全需求进行匹配，未进行信息安全加固的网关不应将只有功能安全的工业控制设备及其网络连接到公司企业级网络或Internet。

带有过滤器的网关控制在网段之间传递的信息流，消息过滤器控制协议栈某层的消息流，而应用程序网关则倾向于更抽象地控制信息流，防火墙是体现许多安全特性的双向消息过滤网关的例子。重要的工业互联网过滤技术包括以下几种。

第一层过滤：物理隔离是指网段与任何外部网络没有有线或无线方式的在线连接。物理隔离是最强大的过滤形式，但不能提供任何形式的连接。

第二层过滤：分离物理网络中的信令系统，但转发开放系统互联（OSI）模型第二层的网络帧，托管交换机和桥接防火墙是基于以太网媒体访问控制（MAC）地址或其他设备级寻址过滤消息的典型技术。虚拟局域网（VLAN）交换机用于流量管理，但其本身并不是安全设备，因此不建议将VLAN作为不同信任级别网段的边界保护技术措施。

第三/四层过滤：最常用的工业互联网消息过滤器是能够根据网络地址、端口号和连接状态过滤消息的防火墙，这种过滤技术被称为包过滤器和状态检测。

应用程序和中间件层内容过滤：一些防火墙和其他消息过滤器基于特定的通信协议，能够根据应用程序内容过滤消息。例如，应用层过滤器可能允许设备寄存器的读取请求，但会阻止写入请求。其他过滤器可能允许来自特定用户的消息，但不允许来自其他用户的消息，称为深度包检查。

消息重写过滤：一些消息过滤器在消息通过过滤器时修改消息，如网络地址转换（NAT）过滤器更改IP地址和端口号，虚拟专用网（VPN）服务器加密和解密消息流的操作都属于消息重写过滤。VPN通常部署在工业互联网通信网络系统中，实现保护交互式远程访问机制的功能，以及当纯文本型的设备通信协议数据包通过广域网时，对其进行封装和保护。

代理：是具有消息重写功能的应用层消息过滤，通常至少维护两个功能类似的传输级连接——一个连接受保护网络上的设备，另一个连接外部网络中的设备。代理可以从自己的缓存和数据存储中回答查询或服务其他协议请求，也可以将请求转发到外部数据库。

服务器复制：服务器复制机制在可信度不高的网段中维护部分或全部受保护的工业服务器的实时副本，最常见于IT/OT网络边缘。例如，对于发电厂的历史数据，服务器可以通过IT/OT防火墙进行复制。复制机制可以看成过滤器，只复制指向公司网络的历史数据的子集。

虚拟网络：虚拟网络可以在虚拟机监控程序或虚拟防火墙主机中实现消息过滤器。大多数消息过滤器可以在网关主机或设备软件中实现，或者作为真实或虚拟的网络设备实现。在主机或设备中，这些过滤器控制单个终端节点的信息交换。作为真实或虚拟的网络设备，带有过滤器的网关可以控制整个网段的消息和信息流。

5. 网络防火墙

网络防火墙是面向消息的过滤网关，广泛用于分割复杂的工业互联网的网络，大多数防火墙是第二、三或四层 IP 路由器/消息转发器，带有复杂的消息过滤器。防火墙的形态可以是物理设备或虚拟网络设备，防火墙的过滤功能检查防火墙接收到的每条消息。如果筛选器确定消息符合防火墙配置的流量策略，则消息将传递到防火墙的路由器组件以进行转发。防火墙也可以重写消息，最常见的方式是通过执行加密或网络地址转换（NAT）。

此外，功能齐全的防火墙可能包括以下特性：

- 具有能够通过加密隧道转发消息的虚拟专用网络。
- 要求用户在为该用户本身或用户的计算机启用消息转发之前通过防火墙认证。
- 允许在运行中，通过 FTP、SMTP、HTTP 或其他通常携带文件的协议，使用防病毒扫描引擎扫描文件。
- 允许对流经防火墙的数据包利用入侵检测引擎进行扫描。
- 允许流经防火墙的、与入侵检测签名规则匹配的数据包被丢弃。

设备级防火墙旨在保护终端节点，可以是具有深度包检查功能的传统防火墙，或具有深度包检查过滤器的第二层 IP 路由器，后者可以在不重新配置现有终端设备中的路由规则的情况下进行部署。

自学习型过滤器和可配置过滤器可用于设备防火墙应用程序级过滤，自学习过滤器监视一段时间内的流量，并自动创建过滤规则，将所有观察到的流量标识为正常和允许的流量。学习模式完成后，可以将防火墙配置为仅转发符合筛选器的流量，并丢弃所有其他流量。同时，可以设置可配置的过滤器，允许某些应用程序级的内容通过，并禁止其他无关的内容。例如，允许写入某些现场控制设备寄存器而不是其他寄存器的策略；或者允许读取和写入任何寄存器，但不允许下载现场控制设备固件的策略。

6. 单向网关

工业互联网方面的国际标准 IEC 62443-1 和 NIST 800-821，都使用“单向网关”一词，指的是通过物理方法实现只允许信息单向流动的通信硬件，或指可以复制服务器和模拟设备的设备。目前，单向网关通常部署在大型工业设施的 IT/OT 网络接口和小型设施（如远程变电站和泵站）的 LAN/WAN 接口。当单向网关被部署为受信任网段中唯一的在线连接设备时，来自任何外部网段的在线攻击都不会影响受信任网段的操作。

使用光隔离的单向网关有一个光纤激光器作为发射器，但没有接收硬件；接收模块包含一个光纤光电元件作为接收器，但没有发射器。短光纤电缆连接两个模块，其他类型的单向网关使用电气隔离。单向服务器复制源网络中的服务器镜像，过滤信息并将该服务器副本单向传输到目标网络。在目标网络中，采用数据复制技术可以将从单向网关接收的其他数据发送到副本服务器，用户和应用程序通过查询副本的方式获取信息，但无法从目标网络转发到源网络。图 4-20 显示了部署在数字化工厂 IT/OT 网络交汇处的典型单向网关，该网关将数字化工厂的历史数据服务器复制到公司数据库。

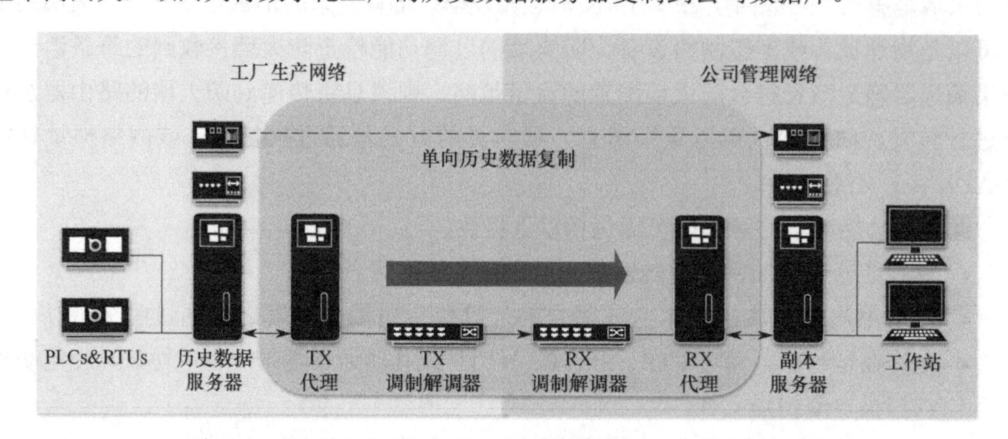

图 4-20　部署在数字化工厂 IT/OT 网络交汇处的典型单向网关

传输（TX）代理向数字化工厂的历史服务器查询历史数据信息，并通过单向硬件将其推送到公司 IT 网络。接收（RX）代理使用历史数据填充副本历史服务器，外部用户和应用程序通过查询副本的方式访问历史数据，来自公司 IT 网络或公司历史数据服务器的攻击不会影响受单向保护的数字化工厂网络的正常运转。

在使用模拟设备的时代，源网络中的单向复制软件会将源设备状态的快照发送到目标网络，目标网络中的复制软件模拟源设备，响应轮询或其他查询，就像真实的源设备响应那样。例如，可以单向复制 OPC（用于过程控制的 OLE）服务器，进而向企业历史服务器提供数据，从而降低攻击风险。与防火墙不同，单向网关通常不会将消息从源网络转发到目标网络，因为网关软件在每个服务器中都保持独立的通信连接。网关物理连接运行单向复制软件包的主机，所以只转发单向应用程序产生的信息流。当单向保护的网络需要周期性地安排更新时，可以部署周期性可逆单向网关，图 4-21 显示了一个带有电磁中继的光学单向网关，即可逆单向网关，用于控制铜轴电缆与光学硬件的连接，交换过程允许单向连接输入一个受保护的工业生产控制网络，或从该网络输出，但绝不能同时将输入和输出都连通。

在上例中，物理隔离的控制器触发网关的周期性反转，在每个方向上，网关都复制服务器并模拟设备，网关既可以将历史数据库从工厂生产网络复制到公司 IT 信息网络，也可以将安全更新和防病毒服务器数据库从公司 IT 信息网络复制到工厂生产网络。

当需要来自外部电源的连续输入（例如，当发电调度中心必须提供对发电机的逐秒控制，以实现根据电网负载条件变化实时平衡发电能力）时，单向网关的存在可以允许数据连续流入可信度要求高的网络。在这种情况下，网关将服务器和模拟设备复制到更可信的网络中，而不是直接输出给客户端访问。当信息，特别是工业控制信息被允许进入更可信的网络时，有必要对输入网络的控制指令流进行深度检查和验证，以确保物理过程的可靠性，进而保护工厂设备和人员的安全。单向网关可以在复制软件中内置信息过滤器，由于服务器复制软件从服务器中提取信息进行复制，因此可以设计复杂的策略对这些信息进行筛选。在上述的发电调度中心示例中，复制服务器可以是控制中心间通信协议（ICCP）的服务器，所述的过滤器可被配置为仅允许已选择编号的寄存器及其相应的数值进入受保护的发电网络。

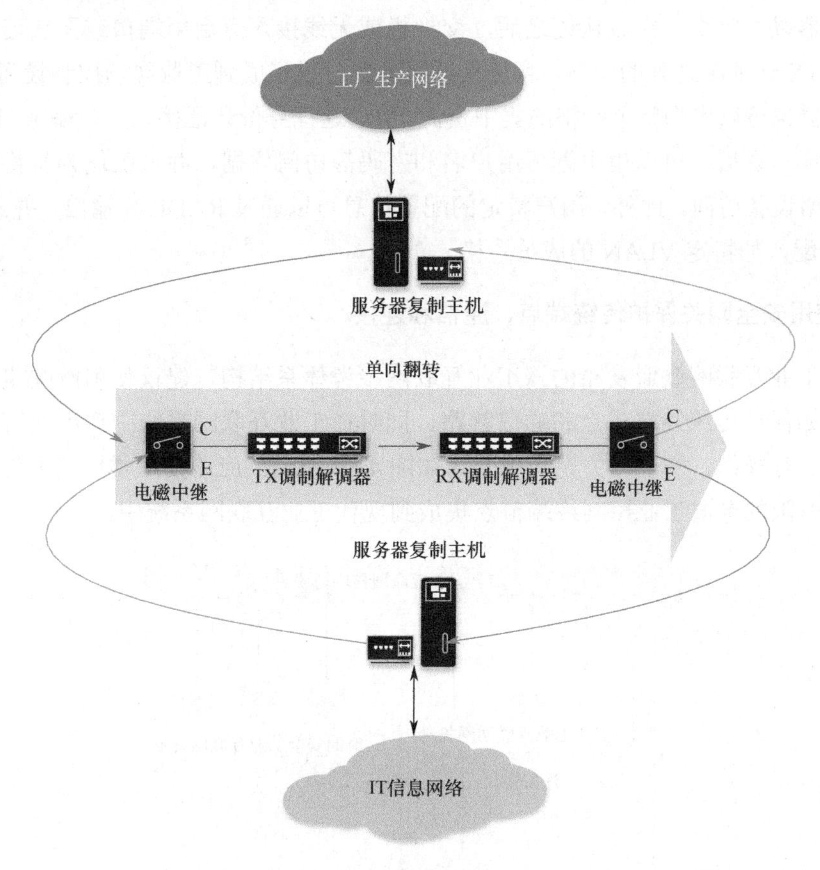

图 4-21　可逆单向网关

7. 网络访问控制

网络访问控制（NAC）结合网络控制和网络安全控制，允许或限制对通信网络的逻辑访问。例如，用户用以太网电缆连接交换机或路由器，即用电缆建立物理连接，交换机或路由器评估终端设备是否被允许对通信协议的逻辑访问权限。如果不允许访问，物理链路将保持“关闭”状态，并且连接的终端设备将保持在网络之外的锁定状态。一个众所周知的授权访问机制是 IEEE 802.1X，基于每个设备的凭据（如身份证书及用户名和密码），允许或拒绝设备访问网络，IEEE 802.1X 允许网络运营商对可以在网络中通信的设备集合保持强大的控制。基于 IEEE 802.1X 认证方法的网络访问控制在许多现代以太网交换机和无线局域网接入点中都是可用的，在以太网交换机中，IEEE 802.1X 通常按端口执行，在无线局域网中，无线局域网接入点取代了物理网络端口作为认证点。请求访问网络的设备必须实现“请求者”功能，而网络边界控制设备如交换机、路由器或无线接入点等，则需要实现“认证者”功能。在一些情况下，网络设备可以同时具有认证者和请求者的特征。请求者从身份认证器请求访问，该身份认证器将访问请求转发给身份认证服务器以供审查。完成认证之后，交换机或无线接入点启用端口或无线连接进行除 IEEE 802.1X 认证帧之外的业务，身份认证服务器可以集成到工业现场控制设备中。身份认证服务器也可以作为整个网络的集中资源，通过远程身份认证接入用户服务（RADIUS）服务器实现。之后，可以集中管理用户名和密码等访问凭据，并可供作为身份认证程序的所有网络设备访问。此外，用户特定的配置信息可以通过 RADIUS 输出，并通过 IEEE 802.1X 分配，如特定 VLAN 的成员资格。

8. 使用安全网关保护传统端点、通信和连接

美国工业互联网联盟发布的《工业互联网参考体系结构》建议使用网关集成多种连接技术，如保护传统终端节点和通信链路，同时在工业互联网系统中启用兼容性和非兼容性部署的互操作，安全网关充当中介，如图 4-22 所示。应该使用类似的方法把对安全功能支持有限的老旧工业控制终端节点集成到现代工业互联网系统中。

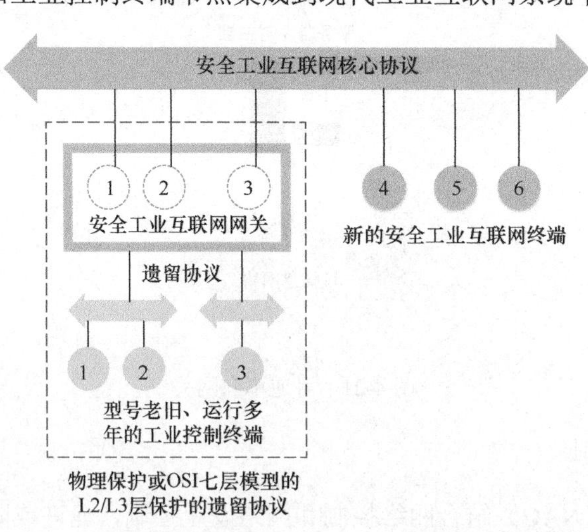

图 4-22　使用网关保护传统终端节点和通信链路

工业互联网的网关面向一个或多个型号老旧、运行多年的控制终端节点执行代理功能，并将这些终端节点使用的自定义私有协议，转换为在相对较新的工业控制终端节点使用的现代互操作性协议，进而防止型号老旧的控制终端节点的攻击面暴露于互联网中，

并可以兼容支持对用户身份认证和基于角色的授权的工业互联网系统和不支持这些安全操作的老旧系统。一方面，工业互联网的网关可以将信息规范化为几种特定的互操作协议，以互操作协议为基础，每种应用程序都可以通过网关进行互操作，而不必支持所有这些协议，同时可以减少攻击面。另一方面，工业互联网的网关和每个型号老旧的控制终端节点之间的链路也可以使用对私有协议透明的技术进行保护。例如，在 LAN 中，当传统网段中的设备需要与工业互联网的网关通信而不需要彼此通信时，可以使用 VLAN 技术分离这些设备。在广域网中，易受攻击的传统通信协议可以通过在工业互联网/WAN 网络边界部署的防火墙中部署的 VPN 进行透明隧道传输。

4.2.3　工业互联网管（网）侧安全防护策略

工业互联网系统中的各种系统组件可能由一个实体拥有和部署，但由其他实体管理、维护或使用。例如，飞机维修公司必须能够访问喷气发动机的控制、仪表和监控通道，以便进行预测性维修。在某些情况下，此种类型的访问操作发生在设备运行时，且系统的正常运行不得受此访问的影响。设计合理的安全策略，是使用诸如 SAML、OAuth、OpenID 之类的技术实施跨工业互联网软件和硬件边界安全保护的基本条件。

安全策略通常使用安全模型进行形式化或半形式化分析，安全模型定义了安全行为的主体和对象之间允许和禁止的关系，因此可以更具体地定义安全策略。例如，Linux 文件系统的安全模型指定了哪些主体（进程）可以对哪些对象（如文件）执行哪些操作（如读、写、执行），工业互联网中使用的通信和连接协议（如 DDS）也存在类似的安全模型。

工业互联网通信和连接安全策略必须从综合性的风险分析中总结出来，这些策略需要指定如何过滤流量，如何对流量进行路由分配，如何保护交换的数据和元数据，以及应该使用什么访问控制规则。通信和连接安全策略可以使用策略定义语言（XML 或 XACML）进行定义，并通过通信中间件和网络管理规则的组合实施。安全公司或组织应该明确测试工业互联网安全策略的一致性，并评估其全面性，安全测试应该基于从所定义的策略派生的测试用例进行。安全策略应该以精细的粒度进行制定和实施，正确的策略必须以详细、一致和全面的方式定义，并且所定义的策略必须通过安全机制执行，进而提供对执行过程的证据。

4.2.4　工业互联网网络安全态势感知技术

态势感知技术是对相关环境的理解，包括态势数据的收集、分析、警报、呈现、使用操作，以及安全信息的生成和维护活动，有助于形成一个整体的操作图景。理想情况下，工业互联网安全和实时态势感知应该无缝地跨越 IT 和 OT 子系统，而不干扰任何正常的工业控制运营业务流程，设计中必须考虑到安全性，应该尽早评估风险，而不是事后考虑安全性。工业互联网网络安全态势感知系统提供从各种生产现场传感器和设备收集信息所需的“网络-物理-人”耦合的数据，并提供一个报告和控制接口，便于在管理和保护生产与关键基础设施的物理元素时有效地实现人在回路的参与。工业互联网环境的特点为网络安全防御方增加了额外的考虑和挑战，一方面，网络安全管理操作通常需要一名分析人员了解工业互联网的网络环境和攻击者特性；另一方面，在维护工业互联网环境时，操作人员还必须掌握物理实体的状态特征（如电力、水、石油、天然气等），于是工业互联网的网络安全和态势感知需要跨越人、网络和物理的层面，以及无数可能的交互和协同，其技术复杂性远远超过传统 IT 网络。工业互联网态势感知对于攻防对抗环境中的人类决策极为重要，安全分析人员必须了解正在发生的事情，以便提高决策的速度和有效性，并确定如何在未来更有效地缓解威胁。态势感知取决于任务的具体背景和任务中个人的角色，传感器和操作数据提供了有关正在发生的事情的原始资料。大数据分析和人工智能将态势信息转化为对正在发生的事情及其对任务的影响，以及有效实现预期结果的行动的理解。理论上，前美国空军首席科学家 Mica Endsley 博士将态势感知概念转化为一个三层模型：第一层是在一定的时间和空间范围内对环境要素的感知；第二层是理解所感知的环境要素信息的深层次含义；第三层是对要素信息在不久的将来的发展趋势的预测。与态势感知层次结构相关的是数据、信息、知识、理解和智能的处理框架。

工业互联网的一个基本功能是提供物理任务系统的详细信息，以便评估该系统的健康状况，并根据需要选择和执行适当的控制行动。然而，工业互联网本身容易发生故障和遭受恶意的网络和物理攻击。失效或受损的工业互联网不能用于执行任务系统的准确意图，或确保选定的控制过程由可信任的系统执行。因此，作为事件管理和任务保障的一部分，态势感知在监控整个系统的能力和有效性，以及确定适当的行动方案方面发挥着重要作用。对工业互联网的总体态势感知能力，包括对物理系统、相关网络和所有交互过程的准确描述。专门开发包含工业互联网系统相关的、所有的通信控制网络、物理系统和人类的态势感知系统是不现实的，工业互联网网络安全态势感知技术将至少涵盖以下几方面内容。

1）复杂态势数据的采集

信息物理系统的复杂性要求数据传感器尽可能靠近工业作业现场的物理元件、网络元件及其接口和操作人员，这些传感器将提供实时或近实时数据，并由操作员提供和处理，同时需要历史数据和外部开源情报（例如，来自社交媒体、非官方渠道、网络安全应急小组和安全联盟）辅助。为态势感知系统选择最合适的传感器的类型和位置非常重要，需要综合考虑以下几方面因素：

（1）传感器类型和位置的选择应注意如何确保更快、更准确地发现更具影响的异常。

（2）对于最关键的工业互联网物理资产，多个独立的传感器应通过彼此独立的路径提供信息，进而提供独立的态势及证据信息，并防止恶意中间人攻击。降低传感器的成本和减少其占地面积可以实现显著的独立取证。

（3）在条件允许的情况下，数据传感器的设计应能够识别故障或攻击，不仅是在其自己的域中，而且在跨域和两个域之间的接口中。例如，物理域传感器可以帮助识别网络空间中观察到的攻击特征。

（4）对于关键的控制操作，重要的是要有传感器证明执行的正确性。

（5）以往实施成功的攻击和渗透行为信息，将有途径上传至新位置、新类型的传感器。

（6）内部威胁和供应链攻击总是很难被发现，需要小心地设置传感器和告警条件。

2）系统文档、评估和团队协作

当获得有意义的态势感知信息时，重要的是要将工业互联网的网络和物理状态映射到相应的结果，以及对任务效果的影响方面。分析取证是一个耗时的过程，根据攻击行动的复杂性和困难性，可能需要数天、数周甚至数月的时间。如果在检测到异常状态后才做出反应，那么在开发有意义的态势感知系统之前，恶意攻击的后果可能就已经很明显。当使用态势感知完成分析取证类任务时，建议采取以下积极措施：

（1）详细记录信息网络和物理实体系统的设计过程，强调两者之间的关系。使用这些描述对脆弱性和威胁进行系统性评估。

（2）综合性考虑传感器的选择和放置、外部情报的收集和使用及融合。

（3）设计分析的可视化，并整合技术因素和人员因素作为系统的输入。

3）过程的自动化

人类的认知能力仍然是态势感知过程的一个重要组成部分，但信息物理系统的日益复杂和从传感器提取的大量数据表明，尽可能采用自动化和辅助决策技术是态势感知的基础。自动化能力应支撑人类利用自身的认知优势建立态势感知认知，自动化能力体现在以下几方面。

本体和关系：网络和物理系统的专家使用不同的术语、本体和可视化描述系统、系统元素之间的交互及与世界其他地方的交互。自动化需要对本体和它们之间的关系进行某种形式化的规范，上述系统描述和评估将为这些规范提供信息。

建模：物理系统在过去已经被工程技术界广泛地建模，这些模型用于预测物理实体在各种运行环境、故障模式、操作模式下的性能。对信息网络系统及其行为建模较为困难，然而，信息网络状态和物理任务系统之间的关系、威胁和脆弱性分析及物理系统的详细建模，将有助于构建一个整体表示，以自动化表征许多客观关系，并有助于分析和可视化。

人工辅助机器学习：认知加载的自动化和管理的下一个阶段，是利用人工智能和机器学习实现自动化态势感知开发中的一些认知过程。使用人类注释辅助机器学习的技术在态势感知构建过程中可能是最有效的，可以将上面讨论的客观模型和人类的思考结合起来，构建分析和可视化能力，为态势感知提供更好的起点，从而实现更快、更有效的行动方案。

综合态势感知：通过自动化态势融合技术，人工智能训练过程可以实现信息网络和物理实体元素的集成态势感知系统。之后，操作人员可以与一组通用的分析和可视化结果进行交互并协同工作，从而快速制订行动方案。

全程实现全自动化：在某些涉及有组织行动的复杂情况下，多源态势组合状态在短时间内可能会造成处理不及时的情况，导致无法根据人类认知能力制订态势感知和执行行动方案（COA）。全程自动化处理能力是在没有人为参与的情况下（或仅作为监护仪的人为参与）生成 COA 的能力，这些行动是系统弹性防护能力的一部分。

考虑业务相关的时间框架：操作相关时间框架机制针对人类认知能力在短时间内处理不及时的问题，基于自动化能力，建立业务相关的时间框架，在该框架中允许人类的实时认知能力不做出反应，同时明确时间界限，将整个过程划分成多个阶段。通过这种时间框架机制，协助决策人员在攻防对抗过程中，能够组合多个阶段的态势情报，综合分析形成最佳行动方案。

4）限制人类行为和物理参数控制

虽然人类提供了最好的认知能力和强有力的决策，但人类的判断错误和内部威胁是不可避免的。这些判断错误和内部威胁行为可能会影响工业互联网数据本身、分析、态势感知、响应行动及所选功能组件的实际执行效果。有两种对策选项可以缓解影响：限制人类允许的行为范围，并规定范围外的行为需要至少两个以上行为人的同意；限制物理系统中关键参数的范围。

综合上述分析，在保护工业互联网时，必须了解其环境中的各个方面对提供安全防护能力提出的严峻挑战。因为工业互联网跨越了人、网络和物理层面，为攻击对手提供了无数可能的交互场景和攻击剖面。除了管理和信息收集之外，还需要有效的人类认知和推理。人是推动环境变化和处理信息的驱动力，可以促进适当的数据向决策的发展，而工业互联网中的重要决策不是根据收集的各方数据自动做出的。实现态势感知所需的快速评估和决策能力，可以在 OODA 循环（观察、定位、决定、行动）的概念中建模，表示对 OODA 中所涉及的人如何解释和理解其态势。此外，植根于军事理论的“网络杀伤链”[“网络杀伤链”是美国国防承包商洛克希德·马丁公司提出的网络安全威胁的杀伤链模型（普遍适用的网络攻击流程与防御概念）] 理念能够对事件响应和保护工作进行评估。杀伤链的各个阶段包括侦察、开发、安装、指挥和控制及行动，对 Stuxnet 恶意软件感染的网络杀伤链分析表明，这种攻击行为是难以阻止的，因为攻击载体已经自我变形并深植入目标中。对杀伤链的分析表明，更好的早期态势感知和安全实践与实时决策策略，可以在早期阶段发现此类长期寄生型攻击。对于工业互联网而言，更好地更新诸如 PLC 之类的现场设备的设计和维护结构，允许在配置、更新和更换方面具有更大的灵活性和安全性，是防御 APT 攻击的基本要求。作为事件管理和任务保障的一部分，工业互联网中的态势感知在监控整个系统的能力和有效性，以及确定适当的行动方案方面发挥着重要作用，包括对物理系统和相关网络的尺寸进行精确描述，以及掌握各种工业互联网各功能组件和模块之间的所有相互作用。

4.2.5　工业互联网蜜罐和蜜网技术

1. 工业互联网蜜罐

蜜罐是一种网络中的诱饵或虚拟目标，用来吸引、检测或观察攻击行为。通过将自身暴露于探测和攻击行为，目的是在攻击入侵者实施攻击行动时对其进行引诱和跟踪。部署和运行蜜罐基础架构需要预先进行周密规划，并确保蜜罐本身不会被攻击。蜜罐可分为攻击行为研究和监测预警应用两类，前者用于获取有关攻击方法的情报信息，而后者用于通过提供针对网络基础设施的攻击事件检测告警，实现对信息和通信基础设施的保护。根据攻击入侵者与蜜罐（主要是应用程序或服务）交互的能力也可以区分蜜罐类型：高交互蜜罐可以被探测、攻击和破坏，这类蜜罐使攻击者能够与系统进行交互，获取有关其入侵和利用技术的最大信息量，而并不限制攻击者的行为。因此，一旦蜜罐系统遭到破坏，需要进行大量的密切监测数据和详细分析。低交互蜜罐模拟漏洞而不是呈现真实的漏洞，限制攻击者与其交互的能力，主要用作诱饵，且并不太灵活。低交互蜜罐安全性高，因为攻击者并不能对该蜜罐进行攻击。此外，服务器端蜜罐和客户端蜜罐之间还有明显区别，前者为被动等待攻击，而后者能够主动搜索恶意服务器并表现得像被攻击者（主要用于检测客户端浏览器漏洞）遭受攻击时应做出的反应，客户端蜜罐有 Shelia、Honeymonkey 和 CaptureHPC 等。

在工业互联网的上下文中，蜜罐可以不同的方式实现，取决于应用场景：在 OT 网络中，低交互蜜罐可以模拟网络服务器（例如，生产过程中的控制站）的操作，而在现场网络中，蜜罐使用能够模拟 RTU 操作的系统（例如，SCADA 协议仿真器）实现。在企业的流程控制网络或信息与通信网络中，高交互蜜罐是有足够运行技术条件的（甚至以虚拟机的形式，在同一主机上共存），同时还可以模拟最小服务的低交互蜜罐。此外，在某些情况下，一些针对系统的攻击可以重定向到蜜罐，从而提供有关攻击者及其意图的更多信息。工业互联网蜜罐的实现方式目前主要有三类：第一类是以 CIAG（思科关键基础设施保证集团）的 SCADA 蜜网项目为代表，该项目始于 2004 年，目的是创建一个模拟工业网络的框架，能够模拟工业控制系统的以下几个层次。

- 协议栈层：模拟设备的 TCP/IP 栈。
- 协议层：模拟工业协议（如 Modbus、OPC、DNP 3.0 等）。

- 应用程序层：模拟几种典型的 SCADA 应用程序（Web 服务、管理控制台）。
- 硬件层：模拟一些 SCADA 设备中的串行端口和调制解调器。

该项目已不再维护，但仍然可以在项目官方网站下载（Cisco 2004）。

第二类是 Digital Bond 的 SCADA 蜜罐项目，该解决方案至少使用了两台机器：一台使用网络防火墙监视网络的活动；另一台则使用可供攻击者使用的服务，如 Modbus/TCP、FTP、Telnet、HTTP 和 SNMP（Digital Bond 2006）模拟 PLC。

第三类工业互联网蜜罐即现场总线蜜罐，与上述两类有所不同，现场总线蜜罐不仅在 Modbus 环境中提供低成本、模块化和高度可配置的实现方案，而且在体系架构方面有明显区别：现场总线蜜罐的基础结构，从业务形态方面可以简单划分为操作网络（主站和数据库所处位置）和一个或多个现场网络（部署多个 PLC 和 RTU 及执行器，控制关键生产控制过程）。除了这两个方面外，还有具体的工业互联网系统的操作（如 SCADA 系统、DCS 系统等），以及通信网络系统，并包括其他设备（如工程师站、服务器）和服务（如成本和库存管理）方面，也与上述两类蜜罐有明显区别。图 4-23 为现场总线蜜罐的应用场景网络。

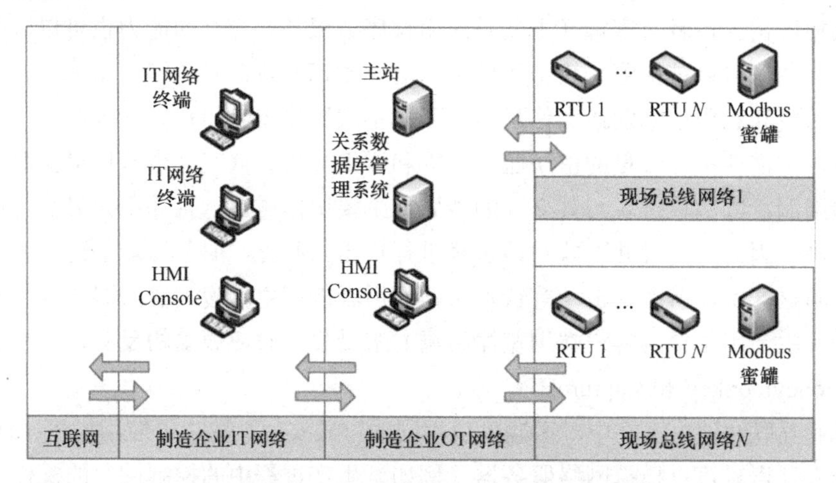

图 4-23　现场总线蜜罐的应用网络

现场总线蜜罐运行于工业现场控制网络中，与网络中已有 PLC、RTU、传感器和执行器互联互通和信息共享，并绑定网络中未使用的 IP 地址段。其基本工作原理是：通过最大限度地模拟生产控制环境中的 PLC、RTU 及执行器的行为和服务，现场总线蜜罐主要工作于现场总线层，因此具有较高的迷惑性，更加可以引诱攻击者深信当前面对的是一个值得攻击的目标。同时，通过充当工业互联网的诱饵，向上一级分布式生产控制系统（如 SCADA 系统、DCS 系统等的主站系统，PLC 系统的上位机等）发送异常工业互联网设备事件及设备的相应 ID，并引导攻击事件的应急响应过程。现场总线蜜罐的存在形态一般是模拟的 PLC，模仿真实 PLC 的行为和操作，也可以是 RTU、传感器或执行器等。在正常情况下，现场总线蜜罐将等待来自某个探测网络或假冒主站的入侵者试图访问网络的连接尝试。实际上任何连接该蜜罐设备的尝试都可能产生安全事件，因为根据蜜罐的设计初衷，现场总线蜜罐中的任何活动都是非法和未经授权的（除蜜罐本身的管理操作外）。图 4-24 为用于监控现场总线网络的现场总线蜜罐的基本结构。

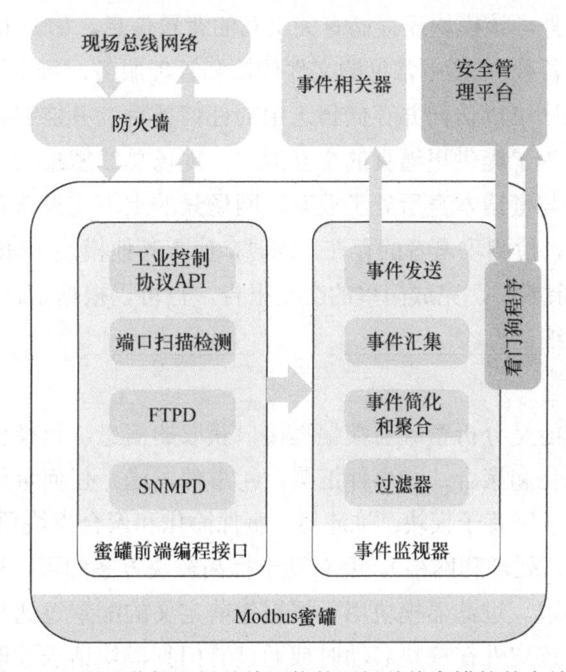

图 4-24　用于监控现场总线网络的现场总线蜜罐的基本结构

现场总线蜜罐是一种混合型的蜜罐架构，模拟运行 PLC 设备中常见的服务和完整行为。图 4-24 中的主要组件和构建块介绍如下。

1）蜜罐前端编程接口

现场总线蜜罐通过蜜罐前端接口与现场总线网络连接，该接口模块由四个组成部分：①工业控制协议（如 Modbus、DNP 3.0 等）API，接受基于协议承载的控制命令，其行为类似于常规 PLC，提供所有最小的协议功能（寄存器、操作等）；②文件传输协议（FTPD）模块，提供类似于工业 PLC 产品中常见的 FTP 服务；③简单的网络管理（SNMPD）协议模块，提供 PLC 中的 SNMP 设备管理接口和功能；④端口扫描检测模块，能够检测预设定范围内的 TCP/IP 服务端口中的任何扫描探测活动。工业控制协议 API 是专门实现工业控制协议相关功能的模块，现场总线蜜罐中的工业控制协议选择一般为常用的工业自动控制协议，如 Modbus、OPC、DNP 3.0 等，但选择时应注意考虑协议的标准化、流行性，以及开放性，该协议的标准文档和开源项目应是公开且容易获取的。并且协议操作很容易理解，控制主站向响应命令的 RTU/PLC 等发送控制命令（大多数情况下主要是读或写操作），主站使用基于协议的报文轮询并更改来自 RTU/PLC 的寄存器值。与真正的

PLC一致，工业控制协议API模块实现用于存储值/寄存器变量的动态变化，使攻击者能够与其交互、轮询和更改参数，蜜罐以相应的应答报文响应攻击者的请求。工业控制协议 API模块还有一个协议消息解析器，用于分离各种消息字段，以便将消息字段发送到事件监视器。除协议消息字段（事务标识符、协议标识符、长度字段、单元标识符、功能代码和数据字节）外，该模块还存储有关交互的背景信息，如源IP和时间戳。FTP和SNMP模块分别提供各种PLC中常见的文件传输和管理服务，每个模块还有一个监控服务日志的程序，该程序可以访问并存储日志中的任何条目，并能够将其报告给事件监视器进行进一步分析。为了提供更逼真的交互能力，现场总线蜜罐的结构中将包含端口扫描检测模块，该模块与蜜罐本身所处工业互联网场景的上下文没有直接关系，但能够捕获通用网络交互操作，检测攻击者的存在。同时，侦听其他模块（Modbus API、FTPD和SNMP）未使用的其余端口，完成简单的交互报告，也可以根据蜜罐中使用的配置情况，向事件相关器发送详细信息。

2）事件监视器

事件监视器的功能是分析蜜罐前端编程接口获取的信息，该模块分为四个子模块：①过滤器；②事件简化和聚合；③事件汇集；④事件发送。任何事件都将按固定顺序，即从①到④的顺序通过所有子模块。过滤器、事件简化和聚合模块预处理信息安全事件，优化系统资源（例如，处理和网络），并有助于提高解决方案的可扩展性，使其适应更大的工业互联网场景需求。过滤器模块用于根据先前定义的配置过滤相关事件，这些配置存储在一个文件中，该文件在模块启动时或通过看门狗模块请求读取。例如，过滤器模块可以丢弃不感兴趣的事件，相关事件接下来被发送到事件简化和聚合模块，由该模块处理事件，以便通过相似的特征（例如，将相关事件分组）对事件进行聚合处理。事件汇集模块负责使用标准格式创建安全事件消息，事件消息结构基于 IDMEF（Intrusion Detection Message Exchange Format）创建，IDMEF是为入侵检测系统设计的入侵检测消息交换格式。使用IDMEF作为标准消息格式可以提高不同供应商软件之间的互操作性，IDMEF消息基于XML，采用面向对象的数据模型，其中顶层类是IDMEF-Message消息类，顶层类有两个子类：Alert（警报）类和 Heartbeat（心跳）类。每个子类都可以有几个聚合类，其中包含有关消息的信息（例如，源、分类和检测时间）。IDMEF 是一种广泛使用的数据格式，支持多种类型的主机和网络入侵检测系统。在现场总线蜜罐中，IDMEF消息将分别使用传感器和处理节点［在这种情况下是蜜罐和事件相关器（其负责事件关联和处理操作）］之间的安全信道发送，消息传输由事件发送模块完成。

3）蜜罐管理（看门狗程序）

现场总线蜜罐包含用于远程管理的看门狗程序模块，该模块允许安全人员以授权的通道修改蜜罐配置（例如，对过滤器及事件简化和聚合模块进行配置），而且该通道是唯一授权的蜜罐连接方式。看门狗程序模块还允许远程执行某些操作（例如，重新启动模块），但所

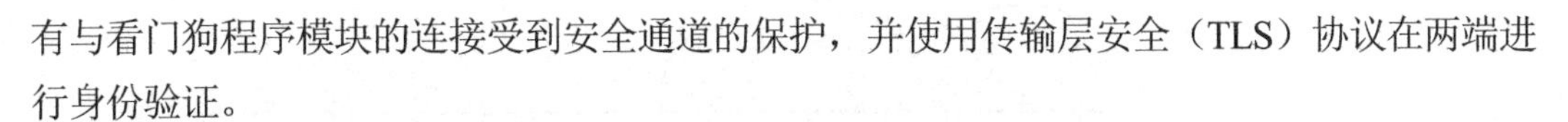

有与看门狗程序模块的连接受到安全通道的保护，并使用传输层安全（TLS）协议在两端进行身份验证。

4）蜜罐防火墙功能模块

必须采取有效措施防止攻击者将现场总线蜜罐变成攻击向量，防火墙在这方面将发挥重要的作用，因为防火墙可以配置为允许所有与蜜罐的输入性连接，但必须配置为拒绝从蜜罐到其余系统的任何连接（与传统 IT 防火墙配置相反），从蜜罐到攻击者的连接将是唯一允许的输出性连接。

如图 4-24 所示的现场总线蜜罐结构可以在单板计算机/嵌入式计算机，甚至树莓派（Raspberry PI）上运行，因此是一种经济而高效的解决方案。蜜罐前端编程接口、事件监视器、蜜罐管理（看门狗程序）和蜜罐防火墙功能模块等都可以找到相应的开源代码框架进行迭代性开发，简单且容易实现。

2. 工业互联网蜜网

蜜罐在工业互联网中的应用在某些情况下会遇到明显的障碍，如在特定的工业互联网环境中部署模拟工业控制组件的蜜罐，并模仿整个生产控制网络系统中的设备行为，可能会干扰真实控制系统的正常运转。此外，工业互联网蜜罐不能发现或捕捉发生在纵深防御边界（如防火墙）之外的攻击行动。因此，工业互联网蜜罐优势很明显，但也存在技术短板。

蜜网是用来吸引潜在攻击者并分散其对生产网络的注意力的网络，而并非一台单一主机，这一网络系统隐藏在防火墙后面，对所有进出边界的流量进行监控、捕获及控制。在蜜网中，攻击者不仅会发现易受攻击的服务或服务器，还会发现易受攻击的路由器、防火墙和其他网络边界设备、安全应用程序等。在工业互联网大连接和大数据的背景下，基于云的工业互联网蜜网体系结构如图 4-25 所示。

图 4-25 所示的工业互联网蜜网体系结构是通过在互联网中以地理分散的方式部署多个工业互联网蜜罐节点实现的，这些节点与存储、分析和管理节点进行通信。同时，工业互联网蜜网将以云计算环境作为部署环境，云平台可以提供在全球多个位置运行蜜网所需的资源条件（如自动化部署、操作和维护任务），因此可以极大地提升针对工业互联网 APT（高级持久性威胁）攻击的捕获概率。从系统层的角度分析，基于云的工业互联网蜜网的功能模块主要由数据捕获、数据收集、数据分析和蜜网管理构成。

1）数据捕获和收集

工业互联网蜜网模拟各类服务，以及捕获与周围环境的交互情况是通过每个服务/协议的单独组件实现的。除收集网络数据外，只要定义应答生成机制，每个服务/协议组件都可以对接收到的消息做出响应。包括各种特殊情况在内的、所有产生的通信交互信息（例如，完整性、与相应标准的一致性等）都将被捕获。

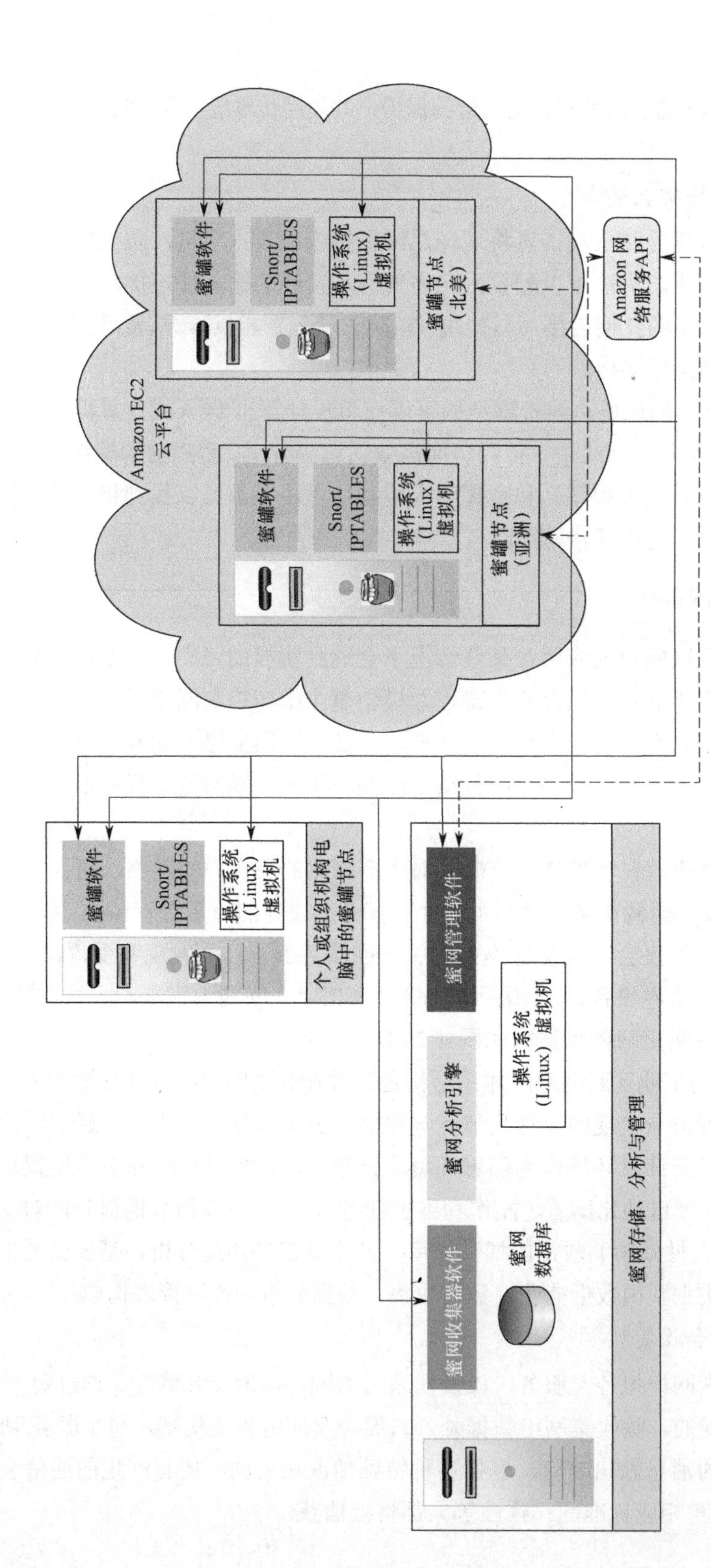

图 4-25　基于云的工业互联网蜜网体系结构

为了避免潜在的、泄露信息的风险，数据捕获过程将在 OSI（开放式系统互联通信参考模型）模型的两个不同层次实现：①网络层，对于模拟的每个协议，使用 IPTABLES（Linux 内核集成的 IP 信息包过滤系统）规则将输入和输出的原始流量重定向到驻留在应用程序级别的蜜网软件，利用蜜网软件处理每个单独的数据包。这种方法能够实时捕获和分析整个原始数据包，此外，持久存储数据包转储的结果的能力，使应用程序能够使用数据包分析器进行后续的详细检查。②应用程序层，如果工业互联网蜜网用于实现特定工业控制协议的服务（例如，Modbus 组件的 Modbus 服务器），则可以集成通过上述 IPTABLES 重定向接收的原始数据并在内部使用。例如，可以通过在开源 Modbus 服务器代码实现的适当位置，添加钩子函数处理特定的 Modbus 事件。这种方法允许通过使用标准技术（例如，创建用于侦听端口的 TCP 套接字），将诸如处理从蜜网功能模块软件到操作系统的 TCP 连接之类的任务卸载，从而提高性能。

在目标工业互联网的一个/多个位置获取的所有信息可以进行关联融合，并获得全蜜网系统的整体情况。因此，评估在时间和/或空间上分离的事件并发现事件之间的相关性成为可能，而在工业互联网中识别网络攻击，正好需要实时的、基于事件相关性的网络威胁监测和预警能力，因此还需要集中的数据收集和分析功能模块。

2）数据分析

工业互联网蜜网的主要功能是从各分布式蜜罐收集到的数据中提取有用信息并分析出有价值的结论，该功能将通过使用机器学习或深度学习算法技术、第三方工具（如 MATLAB）及自定义 Python 脚本，在蜜网结构中的数据分析功能模块完成。此外，数据分析功能模块将数据按照时间、位置、业务、工艺、用户、产品、规格等多维度进行组合、分类，形成多种线索组织的数据集，并提供灵活的检索和查询能力。

3）蜜网管理

该功能组件完成整个生命周期内的蜜网管理（配置、监控、自动部署），具体功能包括通过安全远程管理机制创建蜜罐节点，以及蜜网范围内的操作控制等。图 4-25 描述了两种相关的数据流，其中，工业互联网蜜网的存储、分析和管理节点必须通过使用公开的 API 控制分布式蜜罐软件本身和宿主环境。工业互联网蜜网管理组件与蜜罐软件完全分离，其内部使用多层结构。通过这些不同层的软件代码实现从高级（操作员）命令到部署环境特定操作序列的转换，这些操作随后扩展到必须在目标部署环境上执行的实际操作，包括与其他资源（如 Shodan 搜索引擎）的可控交互。所有这些操作都必须进一步转换为特定于每个部署环境的实际操作系统命令，如安装所需的软件或部署蜜罐软件动作等。

为获得攻击威胁态势的准确画像，并捕捉后续攻击行为，进而对整个攻击行动实现全面掌控，需要高交互的工业互联网蜜网，而这种工业互联网蜜网的核心功能要素是数据捕获与收集、数据分析和蜜网管理，其他功能可以根据实际的使用条件进行增加。

4.3 工业互联网边侧安全防护技术

4.3.1 工业互联网中的边缘层

工业互联网边缘层是一个逻辑层，而不是一个具体的物理划分，因此随不同的网络结构和应用场景而变化。工业互联网技术参考架构中的商业和用户视角提供线索，而功能和实施视角处理技术方面的问题。

从业务角度来看，边缘的位置取决于业务问题或要解决的“关键目标”。工业互联网解决方案是一系列基本能力的连续体，“边缘”层信息基于生产控制的实时需求，沿着这些连续作业过程移动。美国工业互联网联盟发布的IIRA对关键目标和基本能力有明确的说明：“关键目标是可量化的高级技术成果，最终是预期的业务成果”“基本能力是指系统完成特定主要业务和任务所需的核心能力的高级规范”。工业互联网边缘层的实际应用场景如下。

场景1：保护设备免受过热损坏

在这种场景中，热电偶可以用于测量泵的温度，具有边缘计算功能的泵执行基本分析功能，可以确定是否超过预定义的阈值，并可以在毫秒内关闭泵。没有决策延迟，也不需要连接执行此功能。连接不是必需的，但可以用于报警通知。温度数值会随时间而迅速衰减，而延迟响应会导致设备损坏。在这种场景中，边缘层位于设备级别，因为它可以实现关键目标，即使与更高级别的系统和网络的连接中断。

场景2：监控工厂区域或生产线的性能

设备和生产线的性能一般通过性能指标表示，如设备总体效率（OEE）。数字化工厂的管理层可在本地网关上对来自厂区传感器的多个数据点进行近实时分析，并向管理和操作人员提供OEE趋势和警报。在这种场景中，需要实时对来自多个生产设备源头的信息进行汇聚并迅速执行分析，信息的时间敏感度很高，因为等待工业互联网云端进行决策的响应延迟，可能会造成重大损失。在这种场景中，边缘层是在数字化工厂车间区域内。

场景3：本地或工厂日常优化供应链

优化本地设施、工厂或油田的供应链流程，需要在较短的时间间隔内收集来自多个来源的数据，作为应用优化算法和分析的基础，进而调整供应链计划，如SCM或ERP等业务系统。实现优化供应链功能需要本地或工厂级的连接能力，并在数小时内做出决策。数字化工厂外围的附加信息可能有用，但对于优化过程并不能发挥明显的作用。在这种场景中，边缘层位于数字化工厂或本地设施的外围周边。

场景 4：设备故障预测性维护和响应

在海洋石油领域，预测潜油电泵（ESP）探油系统故障的机器学习模型需要来自多个海上平台的数据，而分析模型本身非常复杂，需要大量的数据训练模型并不断迭代训练模型。此外，还需要来自运行状态中的 ESP 的周期性数据输入，以确定每个现场作业单元的剩余使用寿命，而个体 ESP 设备的数据需要定期分析，但信息衰减比其他场景慢得多，可以每天或每周做出决策。这些操作将在位于海上平台位置的边缘层完成，而更复杂的计算过程通常在企业级公有云或私有云中执行，并且位于海洋石油企业即边缘连续体的总部。

上述实例说明，边缘层可以是时间值图（见图 4-26）上的任意位置，也就是传感器数据用于实现特定关键目标或解决特定业务问题的位置。

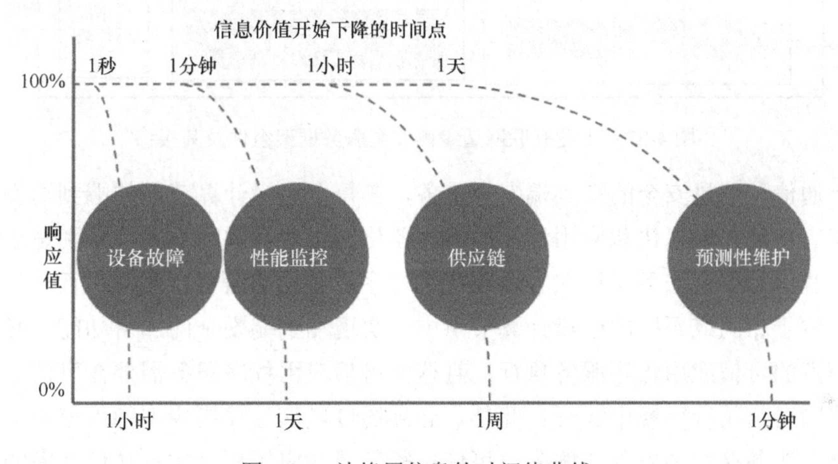

图 4-26　边缘层信息的时间值曲线

工业互联网边缘层垂直地存在于从设备到云的整个堆栈中，水平地存在于工业互联网子系统中，边缘计算模型是完全分布式的，可以支持广泛的交互和通信模式，其主要特点是：

- 点对点网络，如安全摄像头在其覆盖范围内的通信场景。
- 边缘设备协作，如一起旅行的自组织车辆或偏远地区的风力涡轮机社区。
- 跨存储在设备、云中及两者之间的任何位置的数据的分布式查询。
- 分布式数据管理，定义数据存储的位置和内容，以及存储的时间和范围。
- 数据治理包括数据的质量、发现、可用性、隐私和安全方面。

4.3.2　边侧安全服务框架

遵循国际电信联盟电信标准化部门（ITU-T）X.805 的建议，工业互联网边缘层体系结构中的端到端信息安全服务框架包括三个功能组件：通信安全服务、信息安全服务和安全事件监测与响应，图 4-27 说明了工业互联网边缘侧安全服务框架组件及其接口[17]。

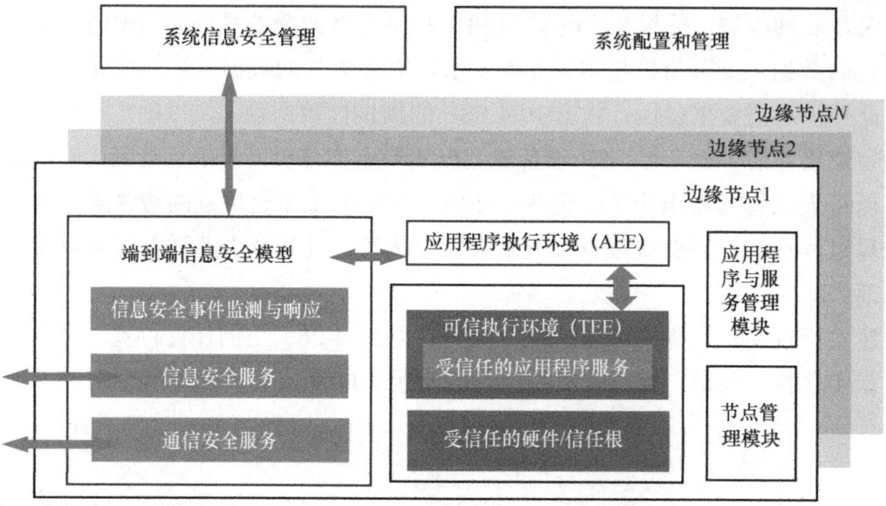

图 4-27　工业互联网边缘侧安全服务框架组件及其接口

用于通信和信息安全的端到端安全服务，在每个边缘计算节点的端到端安全模块中运行。在支持硬件虚拟化和应用程序服务容器化的工业互联网系统，特别是边缘计算设备中，这些信息安全服务应该在容器化应用程序服务的通信端口之间运行，而不管这些服务是否位于相同或不同的边缘计算节点中。实现端到端安全的加密功能，必须由在边缘计算节点的可信应用程序服务执行，且这些可信应用程序服务需要在可信计算模块中已实例化的可信执行环境中运行。此外，必须通过可信计算模块中的可信应用程序服务提供的外部服务接口请求这些服务。可信执行环境和应用程序执行环境之间的信息流还必须通过不同应用程序服务之间，以及多个租户之间的信息隔离进行保护[17]。

信息安全服务：应用程序服务之间的信息交换也应该受到保护，特别包括基于通信方的身份、属性、角色或能力的访问控制，还应包括认证、授权和会计服务。保护范围应包括：

- 正在使用的数据：在计算过程中正在处理或驻留在内存中的数据。
- 静态数据：保存在本地或远程大容量存储器中的数据。
- 动态数据：通过通信网络传输的数据。

通信安全服务：必须保护应用程序服务之间的信息交换，建议使用强大的加密功能确保交换信息的机密性和完整性，以及通信双方身份的真实性，这些服务应包括 ITU-TX.800 中建议的以下内容：

- 机密性。
- 完整性。
- 可鉴别。

- 抗抵赖（可选）。

应该对工业互联网边缘计算系统的通信通道进行保护，美国工业互联网联盟定义了所需的通信安全功能：

- 在允许端点参与数据交换之前对其进行身份认证。
- 向参与数据交换的端点授予读写权限。
- 确保数据的完整性和数据传递的可信赖性，以便接收到的数据在存储或传输过程中不会被篡改。
- 加密敏感数据流（有选择地，因为某些大容量数据流可能不够敏感，无法保证加密和解密数据的开销）。

对数据进行加密之前应开展全面的影响效果风险评估，访问控制模型应该足够细粒度，将每个边缘计算端点的权限限制在执行其预期功能所需的最少操作和服务方面，最小特权原则能够限制安全漏洞和内部攻击的影响程度。

安全事件监测和响应服务持续监视边缘计算节点，以检测功能和操作异常并启动适当的响应，与传统计算机系统的类似服务不同，边缘计算系统中的安全事件监测和响应操作很少需要或无法进行人工干预，主要依赖自动异常检测、机器间通信和自主响应。

4.3.3　系统安全管理

通信和信息安全必须在系统级别进行管理，并在边缘计算节点运行的单个服务中实施，在工业互联网的分布式多层基础设施中成功的安全管理必须有以下技术支持机制。

（1）身份管理：需要一个联邦身份管理系统跟踪和管理节点及服务，必须能够为系统中的每个实体创建和管理唯一标识符和可验证的安全凭据，实体包括物联网设备、边缘计算节点和每个节点上运行的应用服务。

（2）凭证和关系管理：上述每个实体的凭证和能力必须由受信任的机构颁发，并可由所有交互实体验证。实体之间的暂时和永久关系应该是可审计和可追踪的，并且具有高可用性。通常使用两种技术支持这些功能：一种是公钥基础设施（PKI），由可信证书颁发机构颁发的公钥证书仍然是最流行的安全凭证形式，公钥签名仍然是提供不可否认保护的标准机制；另一种是分布式账本，作为一个可信的公共存储库，它们维护的智能合约可以提供一种可靠且可扩展的机制来跟踪大量实体之间建立的关系。

（3）策略管理：基于来自多个利益相关者的可验证安全策略，指定、决定和实施通信和信息安全措施。可扩展访问控制标记语言（Extensible Access Control Markup Language，XACML）3.0 体系结构是一种常用的体系结构，包括的功能组件有：①策略管理点（PAP）——管理安全策略的元素；②策略检索点（PRP）——存储 XACML 策略的元素；③策略信息点（PIP）——作为属性值源的元素；④策略决策点（PDP）——在发布决策之前，根据适用的安全策略评估安全服务请求的元素；⑤策略执行点（Policy Enforcement Point，PEP）——拦截用户的安全服务请求，从策略决策点接收决策并对其执行操作的元素。XACML 策略管理操作遵循的过程为：用户发送一个请求，该请求被策略执行点截获，策略执行点将请求转换为 XACML 授权请求，并将授权请求转发给策略决策点，策略决策点根据策略检索点维护的适用策略评估授权请求，决定是否允许或拒绝该请求。策略决策点将决策结果返回给策略执行点，策略执行点随后执行决策。XACML 最初是一种管理访问控制策略的机制，后来扩展到管理和实施大多数通信和信息安全策略。

4.3.4 安全接口技术

工业互联网边缘层端到端安全服务模块与其他模块的接口如下。

通信安全接口：为边缘计算系统中所有实体之间的信息交换提供通信安全服务的协议，这些信息交换可以通过三种安全通信路径实施：①边缘层节点到数据中心的安全通信路径；②边缘层节点到边缘层节点的安全通信路径；③边缘层节点到设备的安全通信路径。具体而言，边缘层节点到设备的安全通信路径支持使用基于工业协议的 API（如 Modbus、OPC-UA、MQTT、DDS 和 REST）在设备和边缘节点之间进行通信，有关的国际标准和规范对这些安全通信路径和使用的标准协议有详细的说明。

信息安全接口：在工业互联网中，通过对跨多层边缘系统的信息交换实施强制和自主访问控制策略，可以实现信息安全防护。例如，可信网络连接（Trusted Network Connect，TCN）是可信计算组织（Trusted Computing Group）开发的一种网络信息安全标准，用于在多供应商环境中实施端到端访问控制。StrongSwan 项目提供了一种基于其 IP 安全协议栈（IPSec）的开源 TCN 实现。

安全服务接口：将用户的应用程序服务与边缘计算节点中的软件基础设施和端到端安全模块连接起来，并为应用程序服务提供了一组公共的 API，实现访问加密和安全的服务。

IETF 通用安全服务应用程序接口（GSSAPI）是第一个独立于供应商的安全 API 标准集，该接口使用不透明消息（“令牌”）的交换机制，对更高级别的应用程序服务隐藏安全服务的实现细节。Kitten 是 GSS-API 和 Kerberos 身份验证系统的继承者，其将简单的身份验证和安全层体系结构集成到其规范中。

安全管理接口：将边缘计算节点的端到端安全服务模块连接到边缘系统中，进而提供身份、凭据和安全策略管理的一个或多个系统安全管理模块。目前，虽然 XACML 3.0 体系结构已被广泛接受并用于策略管理，但还没有针对安全管理接口的通用标准。开源应用——Kubernetes 社区目前正在开发 pod 安全标准，用于指定运行容器的策略，将可能

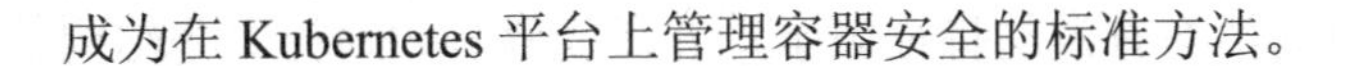
成为在 Kubernetes 平台上管理容器安全的标准方法。

4.3.5　面向工业互联网边缘层的入侵检测技术

工业互联网是一个复杂的环境，与传统的信息技术（IT）和操作技术（OT）相比，需要新技术实现可接受的网络安全防护能力。在所谓的工业互联网“棕色地带”（brownfield）系统，即新旧工业设备处于共存或过渡状态的应用场景中，这种技术能力尤其重要。在新旧工业设备同时运转的工业环境中，现有的遗留工业控制系统一旦与互联网相连，就能够使这些遗留工业控制设备具备利用大数据分析和人工智能技术的能力。在这种部署条件中，需要引入新的设备和技术，使遗留或老旧的工业控制系统能够与工业互联网技术互操作。具备这种能力的典型设备是边缘网关，该设备可以从遗留或老旧型号的工业控制系统收集数据，对数据进行预处理，然后将预处理的数据发送到云端和企业服务器。在工业互联网建设过程中，由于制造企业成本和管理方面的原因，这样的应用场景将持续相当长的时间，为适应工业互联网全链条生产要素融合的目标，工业边缘网关将被大量使用，工业边缘网关属于工业互联网边缘层的重要设备之一。工业边缘网关还可以将控制命令从工业互联网的云端或服务器中继到传统现场工业控制器，工业边缘网关的引入为攻击者利用和破坏边缘控制系统创造了新的入口点。这类边缘网关是攻击者的潜在目标，因为它们构成了工业互联网中非常有价值的组成部分。因此，工业边缘网关应受到较高级别的监测和防护，其中就包括基于从与工业现场控制系统直接连接的工业互联网边缘网关收集的数据中，有效且准确地检测识别恶意攻击行为。这种入侵检测能力尤其重要，因为新旧工业设备同时运转场景中的遗留工业控制部件，通常是在信息安全防护能力未重点考虑或根本未考虑的时期设计的。因此，这类工业控制设备不支持或有限支持加密机制、访问控制机制及端到端的信息安全防护措施。目前，已有的入侵检测方法往往依赖完全监督的机器学习和基于模式的检测，但这些方法不适合对工业互联网边缘网关中的恶意攻击行为进行持续不断的监视和检测，因为这些方法非常依赖特定的规则（或安全基线）和标记的数据，检测的性能和效果高度依赖手动方式进行不规则特征的添加机制，并且这种特征增加过程必须是动态的、长期的。当直接应用于遗留或老旧型号的工业控制系统时，通常会产生较高的误报率，并且无法检测到新的攻击模式和 0-day 攻击。因此，需要高效、灵活和更精确的工业互联网边缘侧入侵检测技术，保护工业互联网边缘系统的信息安全。

深度学习技术为入侵检测提供了一种鲁棒、智能的异常行为识别方法，由于工业互联网系统的异构复杂和广域分布，以及需要处理大量非结构化、噪声交织、多元高参及标记缺失的数据，因此，深度学习技术在工业互联网入侵检测系统中的应用至关重要，基于深度学习技术的检测模型是获得更准确的攻击检测能力和降低误报率的有效解决方案。原因在于深度学习方法能够自动学习有效的特征表示，并且能够有效地提取非结构化和噪声数据中隐藏的有效信息，利用稀疏降噪自动编码器（DAE）以无监督的方式学习高层级的数据表示。采用深度神经网络（DNN），在稀疏去噪编码器中加入一个新的分类器层，并利用瓶颈层从有限的标记数据中学习，然后调整网络参数。该算法设计是用于构建面向工业互联网边缘层入侵检测模型的基础。面向工业互联网边缘层的入侵检测技术框架的内部结构如图 4-28 所示。

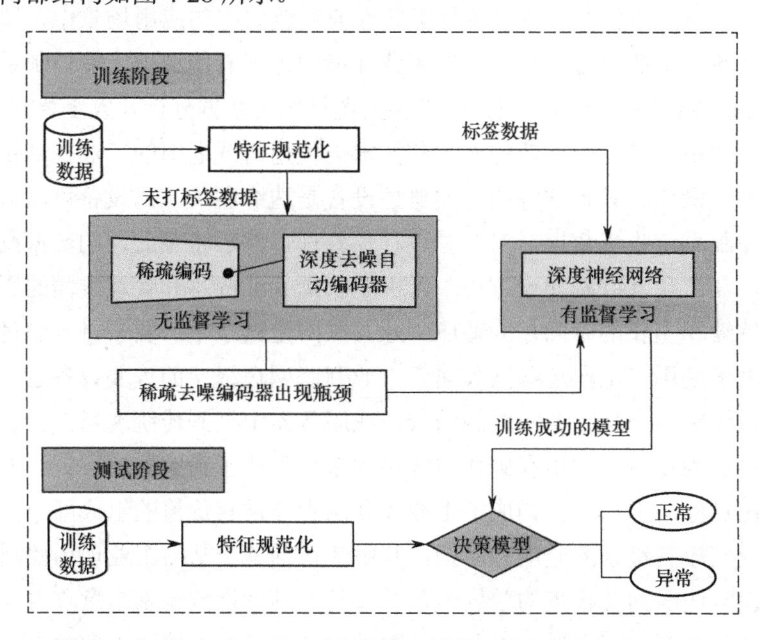

图 4-28　面向工业互联网边缘层的入侵检测技术框架的内部结构

在算法训练阶段，使用 Z-Score 标准进行数据规范化处理，首先，从列的值中减去每个数据列或特征向量的平均值；其次，除以它们的标准差进行比例化处理；再次，将其划分为两个数据集，即未标记数据集 *A* 和标记数据集 *B*。数据集 *A* 用于训练由自编码算法（SAE）和稀疏降噪自动编码器（DAE）算法组成的无监督学习模型。使用加入隐蔽噪声（Masking Noise，MN）方法（随机选择样本数据集中的一些值，并将这些值置为 0）测试破坏数据集，进而实现构造更健壮和稳定的数据集表示。并且仅对编码器层施加稀疏性以实现对输入数据更好的泛化。在该阶段结束时，仅使用稀疏降噪自动编码器和瓶颈层及其参数（权值和偏差）建立第二个训练模型，其中添加一个新的监督学习层（分类器）以实现创建完整的 DNN。使一个数据集 *B* 训练有监督学习模型（DNN），并调整参数，进而建立更有效的模型。在测试阶段，在训练阶段学习最佳参数后，基于训练模型测试新的归一化数据集 *C*。最后，该模型对处理后的观测值进行决策，可以判断是正常观测值还是攻击观测值。

面向工业互联网边缘层的入侵检测模型在新旧工业设备同时运转的工业互联网环境

系统中的部署位置，对于监测和发现网络中发生的异常情况至关重要，特别是对于部署了老旧型号的工业控制设备（如 PLC、RTU、I/O 设备）的边缘侧系统。这些老旧型号的工业系统连接到互联网后，就可以有条件利用工业互联网边缘网关的优势能力，新旧工业设备同时运转的工业互联网环境如图 4-29 所示。

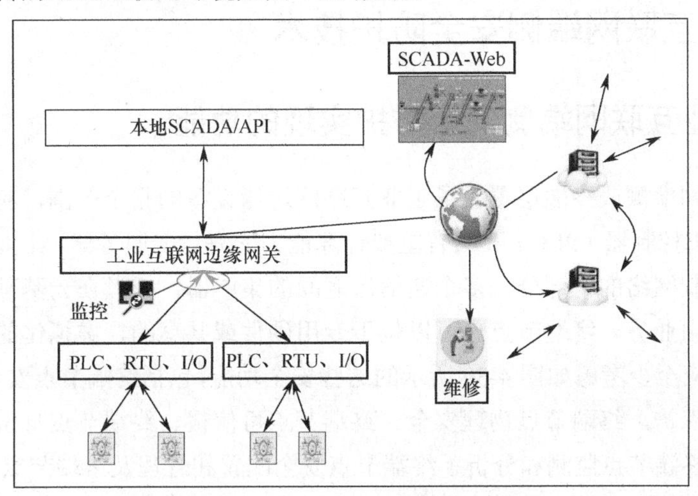

图 4-29　新旧工业设备同时运转的工业互联网环境

工业互联网边缘网关是这类工业互联网系统的第一道防线，如果遭受网络攻击，攻击者将很容易恶意篡改物理系统的行为。此外，这些工业系统不支持任何加密和身份认证安全防护机制，因此在内部工业互联网边缘网关接口（物理系统连接的位置）部署数据传感器，是以这类架构为基础的工业互联网系统防御恶意攻击行为的最佳位置。传感器收集工业互联网中的多样化数据，然后将数据发送到服务器，在该服务器中，入侵检测系统部署在单独的、隔离的本地网络中，以避免影响正常的工业生产控制操作过程，并保护入侵检测系统自身的安全，该入侵检测系统适用于任何新旧工业设备同时运转的工业互联网环境。在训练入侵检测算法所适用的训练数据集方面，可以使用密西西比州立大学关键基础设施防护中心的天然气管道数据集，该数据集包含 19 种不同特征和 97019 个试验观测值（61156 个正常值和 35863 个攻击观测值），并代表天然气管道系统的 RTU（远程终端单元）的遥测数据流。重要的是，该数据集中包含的数据与 Modbus 协议有关，具有 Modbus 协议完整的属性特征，Modbus 协议是新旧工业设备同时运转的工业互联网环境系统中最常见的老旧（或遗留）协议，观测结果包括各种控制命令和状态数据注入攻击、嗅探和拒绝服务攻击场景等。该数据集于 2013 年发布，目前已被研究人员、工程技术人员和开发者广泛使用。

面向工业互联网边缘层的入侵检测模型采用自编码算法和降噪自动编码器进行无监督学习，自动生成低维、通用、鲁棒的特征参数表示。之后，为了改进学习过程，为稀疏降噪自动编码器增加了一个新的分类器层和一个瓶颈层，并创建了一个新的 DNN 学习

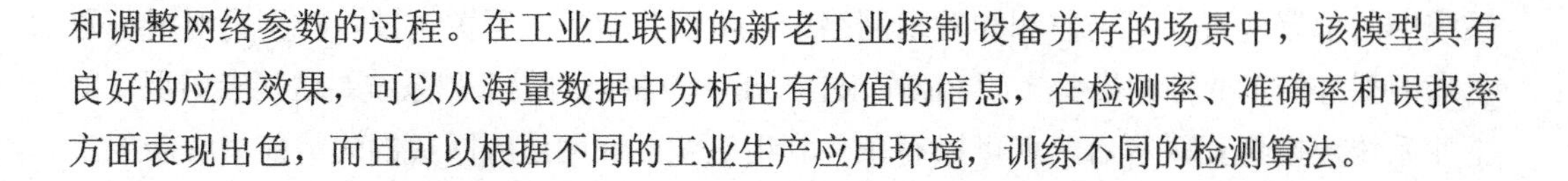

和调整网络参数的过程。在工业互联网的新老工业控制设备并存的场景中，该模型具有良好的应用效果，可以从海量数据中分析出有价值的信息，在检测率、准确率和误报率方面表现出色，而且可以根据不同的工业生产应用环境，训练不同的检测算法。

4.4 工业互联网端侧安全防护技术

4.4.1 工业互联网端侧安全防护实现的功能

工业互联网端侧或终端层覆盖了工业互联网边缘设备的整个范围，包括简单的传感器、可编程逻辑控制器（PLC）和具有重要计算能力的海量云服务器。工业互联网的终端节点可以是控制网络的一部分，多个通信流之间的集中器，或者在云基础设施内的其他端点之间的路由业务。终端节点也可以位于专用硬件或共享的、虚拟化的硬件中。终端节点的安全性应至少考虑如图 4-30 所示的这些安全功能，包括终端节点安全模型和策略、终端节点数据保护、终端节点物理安全、终端节点可信根、终端节点身份标识、终端节点访问控制、终端节点监测和分析、终端节点安全配置和管理及终端节点完整性保护。

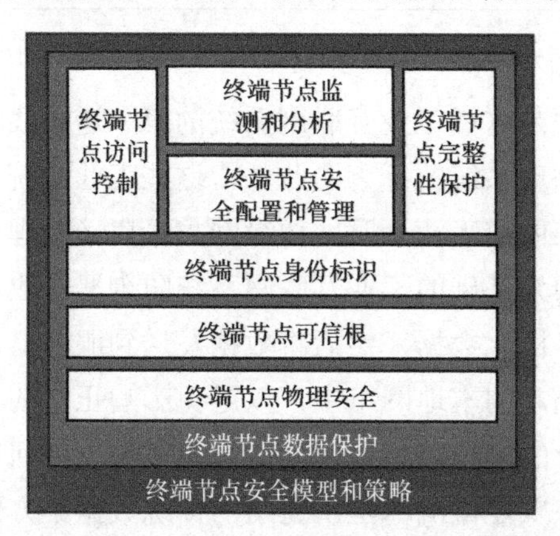

图 4-30　工业互联网终端节点的安全功能视图

除终端节点的基本安全功能外，隔离和加密技术是工业互联网控制终端节点安全防护的重要基础。密码学技术和方法体现了数据转换的原理、方法和机制，以实现隐藏其信息内容、防止未被发现的修改和防止未经授权的使用功能。隐藏资源将使用隔离技术，确保仅向授权的用户提供可见性。安全的引导启动和固件更新，是针对具有操作系统的工业现场设备级的安全防护措施。

4.4.2 终端节点的安全威胁和漏洞识别

工业互联网终端节点有许多潜在的、易受恶意或无意错误影响的漏洞，图 4-31 显示了较为普遍的解决方案即工业互联网终端节点的威胁和漏洞，从单机版应用程序（左侧）到运行在虚拟机上的客户端操作系统（右侧），虚拟机管理程序将应用程序隔离在各自的容器中。每种配置都有优点和缺点，必须针对每个应用程序进行评估。例如，一方面，单机版应用程序通常实现的安全控制机制较少，但可以运行在资源非常有限的硬件上；另一方面，基于虚拟机监控程序的安全解决方案需要更多的处理能力，但可以将整个虚拟化实例专用于安全性防护。

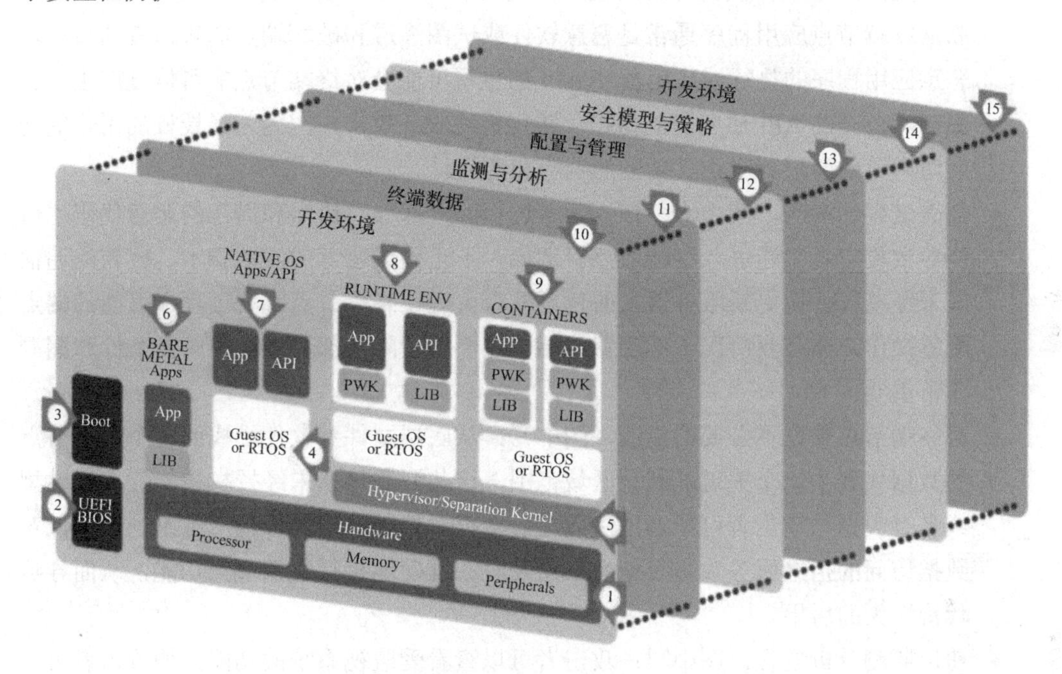

图 4-31　工业互联网终端节点的威胁和漏洞

如图 4-31 所示，工业互联网终端节点的不同方面存在着广泛的威胁和漏洞，主要体现在：

- 硬件组件和配置的更改，图中①：必须在整个终端节点生命周期中确保硬件完整性，以阻止对硬件组件进行不受控制的更改。硬件的一个潜在漏洞是对硬件资源的强制占用，终端节点必须能够保护自己免受未经授权的访问和对关键资源（如内存、处理周期和特权处理模式）的独占。
- 拦截或覆盖系统引导进程，图中②+③：通过修改硬件平台固件和操作系统［如统一可扩展固件接口（UEFI）或基本输入/输出系统（BIOS）］之间的固件接口，可以改变端点引导过程。对引导加载程序的更改是另一个威胁，因为更改可能会通过启动未经授权或不安全的操作系统版本而损害端点的完整性。这种层级的攻击还可能影响终端节点的正常或安全引导过程、对所有硬件资源的识别及为保护其他组件而建立的可靠的信任根。

- 恶意掌握对虚拟机操作系统（Guest OS）、虚拟机监控程序和分离内核的访问权限，图中④+⑤：这一层的软件控制如何向应用程序分配硬件资源，对这一层的攻击可以改变系统的行为，允许信息流绕过安全控制，并使攻击者获得对端点硬件和软件资源的特权访问。一旦获得对该层的访问权，攻击者将有机会影响整个软件堆栈，并进一步改变内置于该级别的安全控制。
- 非法更改应用软件或公开应用程序编程接口（API），图中⑥+⑦+⑧+⑨：工业互联网终端节点应用程序通常是恶意软件或试图渗透和破坏端点的攻击者的目标，恶意应用程序的执行或应用程序 API 的重写可能会对终端节点的可信度产生不良影响。公开的 API 还应受到保护，防止拒绝服务攻击，因为未经授权的用户的连续访问可能会限制对正常功能的响应和访问。
- 部署过程的漏洞，图中⑩：作为部署过程的一部分，错误和潜在的恶意代码也可能导致攻击者渗透进入终端节点。例如，不正确或恶意的安装脚本、截获的通信或未经授权替换更新服务器上的包。减少大规模终端节点部署过程中可能的端点配置操作，非必要情况下不配置终端节点，对于降低部署过程中的复杂性和漏洞非常重要。
- 对终端节点数据不必要的更改，图中⑪：从底层固件到软件堆栈的整个终端节点的数据代表了一个关键的漏洞区域范围，这些漏洞包括未经授权访问任务关键型或私有数据。攻击者可能通过注入虚假数据对控制系统的行为产生不利影响，对数据访问的拒绝服务攻击可能会妨碍及时、准确地执行终端节点功能，从而导致代价巨大的后果。
- 违反监测分析规程，图中⑫：攻击者可以查看受监视系统的功能，如攻击者可以修改监视的数据，使其看起来像没有发生特殊事件一样。修改安全日志和监控数据可能会导致未检测到漏洞或受损状态。因此，恶意攻击者的重要破坏行为就是修改敏感数据，损害终端节点硬件和软件或在攻击行动后销毁其活动的证据。
- 配置和管理中的漏洞，图中⑬：配置和管理系统的漏洞可能源于对配置管理系统的不当访问控制、在系统中插入未经授权的更改内容或更新有效负载损坏，应对终端节点的更新操作进行统一规划和管理，限制不同操作配置的次数，进而减少配置操作的碎片化。
- 对安全策略和模型的非受控更改，图中⑭：修改安全策略和派生的安全模型会对系统及其终端节点造成严重威胁，同样，安全策略中的弱点也是潜在攻击者利用的一个方面。
- 开发环境中的漏洞，图中⑮：在软件开发的生命周期中引入弱点会使工业互联网系统容易遭受攻击，在构建、设计或编写代码的过程中可能会引入这些弱点，使用易受攻击的或恶意的库，或不受信任的开发框架，可能会导致它们被包含在工

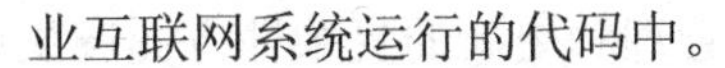

业互联网系统运行的代码中。

在考虑了所有上述终端节点的潜在威胁之后，需要一个健全和彻底的保证过程，确保生成的系统是可信的。获得终端节点软件完整性的保证，包括在整个开发和操作生命周期中收集证据，这项工作应确定是否已避免、删除或修正了潜在的弱点，如“常见弱点列举表”（CWE）中的弱点，然后标记出安全基线，并使用该基线验证已加载了正确的软件。有关软件标记的 ISO/IEC 197702 规范可用于在源代码处标记软件，可以确保这些代码模块来自经过验证和授权的来源。

4.4.3　保护终端节点的体系结构应考虑的因素

在工业互联网终端节点中实现安全性取决于其自身的计算和通信能力，在工业互联网的边缘，终端节点可能是具有较少计算能力和只能静态配置的资源受限型设备。而在工业互联网的云端，终端节点可能是具有非凡计算能力和动态配置的服务器。终端节点安全体系结构应该是模块化的、可扩展的，并且不影响 OT 流程。跨不同终端节点的通用功能模块和一致性的接口，简化了集成过程并增强了端到端安全性。跨所有终端节点（如边缘、通信和云）的 API 级的一致性，以及调用和继承关系的清晰，将有助于不同行业用户的集成。安全隔离技术分离能力和服务，同时限制其暴露面和可能的威胁向量。许多安全机制部署分布在多种合法实体中，其中的数据所有权和实现选择可能导致责任问题，这些问题可能会导致集成方法不一致，甚至会使最直接的体系结构选择复杂化。

1. 终端节点的安全生命周期

工业互联网信息安全模型从端点的安全功能开始，由供应商实现，他们的选择对终端节点的安全防护能力具有长久的影响，因为设备硬件在产品制造成型后很难更改，软件安全也直接取决于供应商是否愿意、是否有能力正确测试安全缺陷。一旦制造商将控制终端节点设备交付市场，系统集成商就继承了安全集成产品的负担，理想情况下，系统集成商为整个系统的端到端安全性设计总体框架，实际上，制造商所设计提供的安全控制机制，常常与其实施的质量有重要关系。安全成熟度模型支持基于实现机制和体系结构设计、开发和维护过程的评估，系统集成商和所有者/经营者都可以全面评估安全态势的成熟度，而不是依赖安全机制实施后的渗透测试。安全需求、安全能力的路线图，以及定期的安全测试结果反馈等需要与制造商共享，进而明确定义安全防护如何随着时间的推移而改进，从而对环境威胁做出准确反应。

2. 硬件与软件级的信息安全技术实现

在工业互联网所涉及系统的硬件而不是软件中实现安全功能，将具有特定的优点和缺点。例如，专门的防篡改硬件提供了更高级别的信任，特别是对于加密密钥和加密操作。然而，硬件级的安全防护技术将在投资成本、管理和更新的复杂性方面产生明显的代价。软件级的安全解决方案在IT和企业办公网络环境中一直占据主导地位，而这些解决方案可能无法很好地应用于OT环境，软件级的信息安全解决方案通常具有较低的信任级别，但却方便管理和更新。

电池寿命是许多资源受限设备所关心的问题，在大多数情况下，与软件级信息安全防护相比，硬件辅助的安全性显著延长了有用的电池寿命。通常，硬件实现是不可升级的，因此性能和电池寿命的提高可能以安全功能的严格的静态实现为代价。如果发现算法中存在漏洞，则更难对设备进行所需的更改。但是，目前的现场可编程门阵列（FPGA）芯片提供了加速的硬件优势及可重编程性。因此，当工业互联网产品制造商在确定支持硬件或软件级的信息安全解决方案之前，必须权衡这些相互冲突的情况。

HSM（硬件安全模块）为安全防护操作提供加固和隔离的硬件功能组件，常见功能包括增强级防篡改、加密密钥存储和生命周期管理，如密钥生成和强身份认证，还可以利用HSM在升级过程中提供安全性保护。此外，HSM的其他应用包括：建立与远程设备的安全远程通信，使用加密密钥执行固件镜像文件刷新。HSM的一种常见的实现方式是可信平台模块（Trusted Platform Module，TPM），TPM的实现形态很多，可以是标准、代码模块实现，在某些情况下还可以是终端节点上的离散硬件芯片。TPM标准描述了一个硬件容器，执行与CPU分离的加密操作，该容器通常用于密钥生成、密钥存储、数据签名和密封及类似的操作。其实现过程是在单独的离散硬件芯片中，或者在专用硬件容器中，且该专用硬件容器可以与CPU位于同一物理芯片上，但是在一个隔离区域中。HSM通常与软件或硬件形态的可信执行环境（TEE）一起工作。TEE是设备平台中的一个隔离区域，提供完整性和机密性保护，TEE通过将安全功能与主CPU上的操作功能分离，提供更高级别的安全性。常见的安全功能包括安全操作的独立执行、加载的代码和存储的数据的完整性，以及TEE中存储的数据的机密性，保护TEE中的静态数据和正在使用的数据。基于软件的TEE可以是在虚拟机监控程序中运行的虚拟网关，将安全功能与运行在单独虚拟实例中的操作应用程序隔离。软件实现TEE的其他例子，包括Docker容器和Android OS2的Trusty TEE；硬件实现TEE的例子包括全球平台TEE、Intel公司的聚合安全和可管理性引擎（CSME）及ARM公司的TrustZone。还有混合型的基于硬件的软件定义TEE实现，如Intel 公司的软件保护扩展（SGX）框架。

3. 考虑兼容性要求的终端节点安全防护

在兼容性部署场景中，老旧型号设备的终端节点的部署时间一般很长，有时长达数十年，但也应该升级其安全防护级别。主要原因是不能因为增加安全控制措施或误报安全事件，影响已有的业务流程。安全防护控制应该与工业控制过程松散耦合，进而最小化它们之间的相互依赖性。快速、有效地实现安全性的最普通技术是部署安全网关，为其背后的设备提供安全功能，常见的功能包括：

在网关中存储和管理标识本身可以隔离标识，以便可以为网关连接的每个设备维护这些标识，还可以限制单个网关需要管理的设备数量。同时，网关一侧设备与网关另一侧设备的相互认证能力，使新老设备都能够保持原有状态，并可以执行相互认证。

授权网络流量将流量过滤为仅两个设备之间明确允许的流量，这是一个允许通信的网络白名单；所有其他通信都应该被记录并可能被阻止。机密性和完整性控制可以对数据进行加密操作以实现机密性，也可以对数据进行签名操作以实现完整性。

使用网关通常比在环境中直接修改设备更快、更便宜，而且可以相对快速地部署网关，以便在所有设备之间提供一致的安全级别，并统一管理设备。网关还可以消除不同设备对于特定供应商的差异，这使得安全性独立于设备的品牌、型号和制造商，网关提供网络级别的安全性，但不提供边缘设备的完整性和安全性保护，从而提供精细级别的控制和可见性。网关是实现不同类型的终端节点设备的安全性快速一致的有效环节，接下来的阶段可以添加设备级的安全功能，如运行时完整性控件。

4. 工业现场设备的资源限制

在工业互联网应用中，资源受限的设备与功能更强大的设备具有相同的安全要求，包括运行时保护、引导时保护、通信身份验证、配置管理及对大型安全态势感知系统的数据支撑。资源受限的设备必须能够执行加密操作，新型的设备能够使用硬件加速器、协处理器和嵌入式加速器执行加密操作。安全功能要求通常是通过片上系统（SoC）设计集成的，其中单个集成电路不仅集成了 CPU，还集成了网络控制器和其他功能。现场可编程门阵列或 CPU 协处理器是另一种主流的 SoC 解决方案，用于提高加密操作的速度，因为算法可以在将来更新。所有这些技术都大大提高了设备性能和电池寿命，从技术支撑性方面已经可以构建将嵌入式加速与新算法相结合的终端节点，以便在可升级性、性能和安全性之间实现最佳折中。

设备制造商目前通过 SoC 设计，将嵌入式加密功能嵌入加密加速器中，而加密加速器只占单个芯片资源的一小部分，其中一些加密加速器是按照硬件安全模块标准构建的。尽管这样的芯片和算法使得在新设备中建立安全性变得更容易，但许多制造商都在继续使用几十年前的、并不具备这些能力的陈旧工业控制设备。对于这些系统，控制设备制造商要么必须更新固件支持进行高效软件加密操作和协议（例如，基于 ID 的加密）交互的新软件，要么必须在网关设备中实现互通性支持。然而，许多工业控制协议还不支持充分的身份认证，但是不安全的协议可以通过传输层安全（TLS）和其他较低层协议（如身份验证协议）进行加固。或者，有时在更高的数据对象层对单个命令、消息和数据包进行身份验证，而无须可信的底层协议。如果设备能够执行最新的加密操作，那么就可以验证特定固件的完整性、真实性、依存关系和运行时授权，此外，还可以认证连接请求。

RSA 在互联网领域是应用最广泛的非对称加密算法之一，但其他算法，如椭圆曲线密码（ECC）算法，也可以提供与 RSA 类似的加密强度，且具有密钥长度较小、存储空间和处理要求较低等优点。283 位 ECC 密钥相当于 RSA 算法 3072 位密钥，意味着椭圆曲线密码算法将可能更适合工业互联网中资源受限的端点。如 IETF RFC 6090 所述，在选择椭圆曲线算法时必须考虑许多参数。

在 FPGA 中实现硬件加速可以实现算法的灵活性，开发设计人员将来可以根据安全需求发展变化适时地更改加密算法，并很便捷地应用于工业控制设备中。但定制专用集成电路（ASIC）却不能改变其预先设计好的算法，这是确保元器件或设备使用寿命长的一个基础性因素。

其他工业生产条件给信息安全防护造成的技术限制，包括无线频率限制、电池消耗、通信的间歇可用性和维护窗口的限制，以及降低更新频率，要求工业设备运行时的安全性基于白名单而不是黑名单，并需要增加对第三方安全性的依赖。与千兆字节大小的图像相比，工业现场设备支持小到 40KB 的更新，使更新的带宽和电池消耗比单片机的更新操作要减少几个数量级。信息安全防护技术对工业互联网通信可能会产生的不可靠影响，包括密钥管理和密钥撤销策略等，有时也会拒绝使用证书撤销列表（CRL），而支持在线证书状态协议（OCSP）或 OCSP 装订、短期证书（SLC）或长期证书，具体取决于特定系统的实际情况。

尽管传统的 IT 信息系统的终端节点安全防护和网络监控解决方案能有效保护 IT 信息系统业务应用程序，但这类解决方案并不适用于最靠近物理系统的嵌入式设备。必须通过将安全性直接集成到端点设备本身的方式保护这些操作资产免受网络攻击。最小化漏洞需要专门的安全硬件和软件。为了支持工业互联网企业的信息安全标准，工业嵌入式设备必须包含以下关键功能：安全引导代码、安全应用程序更新、严格控制的身份认证和安全通信协议。

4.4.4 终端节点物理安全

工业互联网终端节点部署在具有保护资产免受盗窃、篡改、破坏或环境条件的不利影响等不同安全要求的广域环境中。这种保护能力可以是终端节点的内部组成部分（例如，检测硬件配置的变化的软件功能模块），或者作为封装端点的外壳的一部分提供（例如，设备的防护架外壳）。物理访问控制技术广泛应用于工业系统中，以防止未经授权的用户与端点和通信设备进行物理接触。例如，包括物理周边安全措施（如门和墙），其中通过访问控制技术（锁、生物识别、RFID 卡）阻止未经授权方的访问，并通过监测要保护的资产实现监视的目的。NIST SP 800-53 标准中“物理和环境保护”（PE）部分提供了有关物理保护、访问控制和监测方法的信息。

某些终端节点（如智能仪表和环境传感器）必须位于物理安全边界之外，特殊设计的物理外壳可以提供篡改证据、暴露修改事件，并标识篡改行为的严重性。这种外壳可以阻止未经授权的随意篡改，并保护系统组件免受恶劣天气条件和其他可能导致意外故障的危害。外壳应通过具备受控电源、稳定温度、防止灰尘和其他可能对终端节点的确定性产生不利影响的外围环境基础，提供稳定的工作条件。应控制外界实体对可以为外围设备（如 USB）提供端口的终端节点的物理访问，防止未经授权连接外围设备。

根据威胁程度，工业互联网终端节点应采用防篡改硬件组件或其他安全存储条件，防止密钥提取。设备对硬件攻击的防护级别可以进行动态调整，终端节点可以具有内置的物理防篡改功能，能够检测和报告对物理硬件（包括其子组件）的任何更改操作。核心的终端节点部件可以用唯一的标识符进行标记，防止它们在配置的上下文环境之外使用，硬件保护机制应该能够检测到任何替换能力较弱或恶意替换的组件。

在高度受控和规范的环境中，作为终端节点监视和配置管理功能的一部分，应该自动监视和控制端点的物理安全状态。这种物理安全防护机制应该能够检测和报告对硬件的物理配置或集成的任何未经授权的访问或修改，高受控环境中的工业互联网终端节点只应公开一个接口，以便更高级别的系统物理安全服务能够监视或接收与终端节点的安全状态有关的通知。

4.4.5　建立可信根

在可信环境中，由硬件、软件、人员和组织过程组成的可信根（Roots of Trust，RoT）构成系统的可信体系，没有正确实现的 RoT 作为基础的工业互联网终端节点，将无法确定其行为是否符合预期。工业控制设备中的可信根决定了对属于该特定设备的凭据的真实性及其信任级别，可信根应该能够生成、管理和存储至少一个身份。可信根的强度决定了设备可以达到的信任级别，可信根提供的安全级别取决于其实现方式，可信根应该是简单的，并且应该很好地受到保护，以此确保其完整性。在理想情况下，可信根应该在硬件中实现，称为硬件可信根（HRoT）。HRoT 是比基于软件或固件实现的 RoT 更强大的安全防护方法。对于许多小型化的工业控制现场设备，RoT 是由统一扩展固件接口（UEFI）提供的，而不是 BIOS，UEFI 测量存储在闪存中的固件的完整性，确保未经授权（拥有正确的密钥）不能修改固件，从而形成 RoT。如同可信计算组的 TPM 规范所述，存在不同类型的可信根。认证过程是根据已证明满足合规性要求的决定发布声明，可信根必须是可证明的，而为确保认证过程本身的安全，必须提供一种共享其完整性的机制，且可以安全地将安全级别提供给其他受信任系统。

4.4.6 终端节点的身份标识

终端节点标识是一种功能部件，支持广泛的安全控制，这些控制依赖对标识的正确处理。例如，身份是资产管理、身份验证、授权和远程维护中信任的基础。实体是可识别的、独特存在的项目，如设备本身是一个实体，但是一些设备包括多个终端节点，每个终端节点都是一个实体，包括多个组件，每个组件也是一个实体。标识是一个实体区别于所有其他实体的固有属性，一个标识必须存在于一个名字空间中，标识须便于引用且不易产生歧义，凭证是支持标识声明的证据。标识的一个具体示例是在特定命名空间中唯一的实体标识符，而凭证就是该实体所拥有的密钥。一个终端节点可以有一个或多个标识，用于不同的应用程序，凭证仅用于验证终端节点。根据特定工业互联网系统面临的威胁特点，有几种信任级别可应用于终端节点，每个信任级别决定凭证的最小安全防护能力，包括凭证唯一性、凭证存储和凭证使用（例如，用于身份认证、授权等）。数字证书、RFID、密码、生物特征和 QR 码都是凭证的例子，但其可信程度差别很大。凭证的一个常见示例是加密证书（例如，X.509 数字证书），是一种加密签名结构，将公钥绑定到实体的标识符即可分辨名称。证书可以由证书颁发机构（CA）生成和签名，进而获得更好的信任级别，但也可以自签名，以满足本地化自断言的信任要求。凭证的信任级别取决于其唯一性和强度，IP 地址、MAC 地址和 QR 码都是凭证，它们是唯一的，但强度不高，因为它们可以被攻击者伪造并模拟另一个终端节点。加密证书是唯一的（具有适当的随机性）并且强度很高，强度取决于密钥类型和长度。但是，如果与证书相关联的私钥没有在受保护的存储器和内存中存储和处理，则证书仍然可能受到攻击。

ISO/IEC 29115、IEC 62443 和 ISO/IEC 24760-1.1 等标准可以为开发者选择终端节点的身份保护级别提供参考。

在 ISO/IEC 29115 中描述了如下四种认证级别（LOA）。

- 低：没有加密（IP 地址、MAC 地址等）或不安全的身份认证协议的弱凭证。
- 中：多因素身份认证和安全身份认证协议，具有受保护的机密性（无加密），以及防止对存储的凭据进行攻击的控件。
- 高：多因素身份认证和加密保护的身份认证协议，以及任何形式的可信根（例如，软件密钥库或文件系统上的操作系统强制访问控制）。
- 非常高：在高级别中描述的所有方法的基础上，加上防篡改 HRoT（包括 HRoT 中的凭证存储和加密操作），以及在认证协议中以加密方式保护隐私敏感数据。

上面的描述列出了认证级别，包括它们到信任级别概念的映射，信任级别的强度从最低到最高。

在 IEC 62443 中，针对七个基本要求（FR）描述了四个安全保护级别（SL1～SL4），其中一个是“识别和认证控制”，这四个安全级别通常与系统的安全性有关，作为系统是否存在漏洞的度量尺度。对于“识别和认证控制”FR，定义了识别所有实体（人员、软件过程和设备）的安全技术要求，根据选定的所需级别的安全要求（SR），资产所有者能够评估保护凭据所需的技术能力。

在一些特殊的工业生产现场，针对工业控制终端节点的威胁，可以使用明文凭证，如标识号。而在一些极其少见的情况下，可能并不要求所有终端节点都支持标识，但是应该很好地识别和记录风险。ISO/IEC 29115、IEC 62443 和 ISO/IEC 24760-1.1 等标准定义了身份的三个信任级别：身份、唯一身份和安全身份。德国工业 4.0 提供了关于安全身份技术的信息，在数字身份的情况下，安全身份是由 HRoT（如 TPM）保护的证书实现的。

4.4.7　工业互联网终端节点的访问控制

工业互联网终端节点的访问控制依赖两个相关的概念：身份认证和授权。认证是保证实体所声称的特征是正确的；授权是对权限的授予，包括基于权限范围列表授予访问权限。授权取决于认证实体的身份与服务和资源上的权利和特权的映射关系，因此，授权依赖身份认证。实体有两种类型：人类实体和非人类实体（NPE），两种类型的实体都必须提供凭证来证明其身份。凭证可用于各种目的：身份认证、标识和授权，必须保护人类和 NPE 使用的身份认证所需的凭证的机密性。

1）终端节点身份认证

通过终端节点身份认证或远程终端节点的身份断言建立信任的过程有几个步骤。首先，必须证明证书具有适当的强度，并由合适的实体拥有。其次，评估凭证中数据的实际值的正确性。最后，必须测试凭证的有效性，确保凭证未被暂停、撤销或过期。所有成功的身份认证尝试不会导致与远程终端节点的身份出现相同的信任级别，实体身份认证有不同的级别，这取决于应用于该身份认证的凭证类型、凭证的存储方式及身份认证技术的实际实现方式。在条件允许的情况下，大多数终端节点应使用强加密凭据。此外，凭据应该存储在可用的最强存储结构中，最好是在受信任的硬件中。在可能的情况下，相互身份认证优先于单向身份认证的实现，因为可以防止模拟的、未经身份认证的终端节点。对于关键的终端节点，建议尽可能使用多因素身份认证。在可能的情况下，推荐应用更安全的协议建立对远程终端点节身份的信任关系。此外，在终端节点之间创建连接的过程中，应该实现适当的身份认证方案，以证明凭证的拥有和/或所有权，同时限制凭证的公开。例如，在建立传输层安全（IETF-RFC 5246）隧道之前，通过 Kerberos（MIT Kerb）实现相互认证是一种避免通过网络传输密码的常见技术。作为通信身份认证过程的一部分，应该评估凭证中的信任级别，验证所用加密算法的强度、微控制器终端硬件性能及凭证存储的证据等，还需要评估授予成功身份认证操作的信任情况。

2）终端节点通信授权

终端节点之间的所有通信不仅必须经过身份认证，还必须经过授权。应评估工业互联网环境中的每个连接尝试请求，确定其是否符合终端节点或通信策略，任何类型的违规都必须生成事件通知，并确保网络连接失败。授权连接尝试是通过策略断言的而且是被允许的端口、协议、应用程序、资源库和进程完成的，也可以在终端节点或网络上强制授权，在终端节点上，更多的信息可用于确定通信的性质，从而允许做出更明智的授权决策。

4.4.8　工业互联网终端节点的完整性保护

测量工业现场控制设备的引导过程可以验证其完整性，因此可以断言该设备处于已知良好状态下通电。考虑到在 OT 环境中，很多工业生产现场的控制设备可能无法长时间重新启动，还应该实现运行时的静态和动态完整性保护。必须在可信根中正确保护身份信息，实现保持其完整性并避免身份欺骗，必须监控和维护数据完整性，建立对数据的信任，包括静态数据和动态数据。

1）引导过程的完整性

引导过程的功能主要是初始化主要硬件组件，并启动操作系统，必须在启动环境中建立信任，然后才能声明对任何其他软件或可执行程序的信任。因此，必须认证引导环境并确定其没有处于不受控的状态。通过测量引导过程，可以检测到主机操作系统和软件的操作，从而可以检测到设备行为中的恶意更改行为，并支持启动时检测 rootkit、病毒和蠕虫。Trusted boot 和 Measured boot 都是指引导过程中的每个实体在执行前测量执行链中的下一个实体的过程。每个实体都在引导过程中创建了一个信任链，每个元素在整个引导过程中将被测量和执行（如果处于适当的状态），测量过程可以被远程验证，然后用于评估终端节点的信任状态。如果检测到不正确的组件，某些引导进程保护技术会中断引导进程，术语认证、验证或安全引导是指在设备未处于所需状态时中断和停止引导过程的技术（BDI-CRTM）。验证引导过程是一种可信引导过程，其中引导固件和软件经过签名，但不进行度量；在这种类型的引导保护中，如果引导组件的验证失败，系统将停止。但是，如果攻击者在经过验证的引导过程中破坏了可信根，则无法确定系统是否受到危害。通过测量引导，可以引导恶意损坏的系统，但是这种操作可以通过认证过程检测发现，一方面，通过验证引导进程是否进入设备的终端状态；另一方面，通过测量引导，即使证明失败，系统也能完成引导进程，并且仍然处于待修复的状态。主机处理器提供的引导进程保护可以通过硬件进行增强，根据主机系统和威胁分析，可以在涉及安全硬件的几种方法之间进行选择。设备 CPU 的供应商提倡在其处理器内支持引导进程保护，对于基于 PC 的工业控制系统，统一可扩展固件接口（UEFI）规范指定了一个引导过程，通过该过程，系统固件的有效性将与阻止未经授权写入闪存的功能一起被检查，引导过程还确定了实施准则和初步评估方法。引导过程保护存在的一个重要问题是度量（完整性度量）的管理。如果需要在现场更新终端节点，那么在引导过程中批准用于软件和固件的完整性度量也需要以安全的方式更新。但这种管理机制在工业现场控制设备的开发和使用寿命期间增加了工作量，在现场控制设备中实现引导过程保护并不太复杂，但是当扩展到整个系统时，实现过程却很复杂，通常，这种复杂操作由外部管理服务器实现，是支持远程认证协议的一个组成部分。

2）运行时的完整性

在引导过程的完整性被证明之后，操作系统进入运行状态，应用程序将可以执行。终端节点运行时的完整性监视，在理想情况下，应在引导过程之外强制进行。黑名单控制机制可以识别包含恶意代码元素（通常称为恶意软件）的文件，黑名单控制机制将代码元素标识为不需要的签名，在资源受限的工业控制终端节点中，支持基于恶意指示符的完整黑名单列表并保持足够小的文件大小是一个技术挑战。此外，不断出现新的攻击威胁，因此必须更新这些定义列表。未知漏洞（如 0-day 漏洞）在未被发现的情况下被利用的风险一直存在，这就是为什么黑名单技术通常与传统的反病毒产品相关联，更紧密地与控制更松散的 IT 操作相结合，而不是与安全关键的、监管严格的 OT 环境相结合的原因。

黑名单完整性保护（Blacklist Integrity Protection）的另一面是白名单完整性保护（Whitelist Integrity Protection），目的是只识别那些被认为“安全”的文件。对可执行文件进行签名，并在执行前验证签名，是创建某种加密标识符的一种方法，签名权威性地确认文件没有改变其预期的形式。文件的白名单机制还可以防止由于插入以前版本的文件或不兼容版本的文件，而损害运行时的完整性，如错误地或有意地将已知库文件插入系统中。然而，实际情况是许多工业互联网设备供应商尽量避免使用这种技术，因为在软件开发和发布周期中对所有文件进行签名非常复杂，可以通过文件散列计算过程为允许执行的文件提供一个单独的散列分类账户表。如果某种特定的可执行文件不在白名单分类账户表上，或者该可执行文件的散列值与散列分类账户表的散列值不匹配，则会阻止其执行。所有对分类账户表的修改操作都必须受到严格控制，并且同样受到防止篡改的保护。

内存区域保护技术控制内存访问权限，进而可以创建一个 TEE 防止未经授权的访问。保护过程可以在硬件、软件、操作系统、分离内核或固件中实现，在引导过程中分配内存区域是很常见的，在小型、简单、资源受限的工业控制设备中尤其有效。动态完整性控制包括主机入侵检测（HID）、主机入侵保护（HIP）和运行时进程完整性证明控制等应用程序。HIP 监控和分析端点及网络流量，寻找异常行为或触发已知特征的警报。HIP 还可以监视应用程序对文件系统中受保护的资源、受保护的 RAM 和特权目录的访问。

虽然没有明确的最佳方法来实现工业控制设备的完整性，但是应该在设备的约束范围内尽可能多地实现运行时完整性。

4.4.9 工业互联网终端节点的数据保护

保护工业互联网终端节点中的数据涉及静态数据（DAR）和使用中的数据（DIU），移动数据（DIM）的保护策略在边缘、云和通信中是不尽相同的。加密技术增强了数据的机密性，并确保了数据的完整性，可用于所有数据，或者仅用于敏感部分及整个存储介质。实际上，可以同时应用多种数据保护技术，提供针对不同类型攻击的保护。

1）数据机密性

数据机密性是确保信息没有披露给未经授权的实体，为实现这一点，加密技术使未经授权的实体无法理解数据，因为这些实体没有用于解密数据的正确密钥。算法的设计和实现必须确保没有未经授权的实体能够确定出与加密相关的密钥或导出明文。数据的机密性保护通常由法规强制执行，特别是当记录的隐私非常重要或记录包含个人隐私信息时。日志或数据库记录中的个别字段可能包含需要保密的敏感信息，而其他字段则需要由应用程序正常处理。在这种情况下，数据标记化可以替换敏感字段，或者可以修改值，从而保护这些字段的机密性和隐私性。数据防泄露技术（DLP）通常用于管理数据机密性、控制数据的使用，如文档、记录、电子邮件或任何其他敏感数据，以便检测和防止数据泄露。DLP 可以是基于终端节点的实现，也可以是基于网络的实现。基于终端节点的 DLP 控件，尝试在终端节点内部或外部访问或传输数据。在内部，终端节点的 DLP 机制可以控制并防止通过物理设备总线（如硬盘驱动器、USB 驱动器或打印机）进行数据访问；在外部，终端节点的 DLP 机制控制和阻止通信，包括在数据通过网络适配器之前的通信。基于网络的 DLP 技术仅依赖在终端节点之间通信时识别机密或敏感信息，两者的功能都是识别违反数据使用策略的行为，但实现方式不同。

2）数据完整性

数据完整性确保检测到数据更改操作，传统的 OT 数据完整性技术（例如，CRC 校验和）提高了系统的可靠性和弹性，但由于缺乏加密强度，无法有效地防止恶意更改，诸如数字签名之类的新技术在完整性度量中提供了更大的应用场景。通常情况下，存储在工业互联网终端节点中的数据包括两种类型：可执行数据（例如，二进制代码和解释脚本）和不可执行数据（例如，原始数据、配置文件、日志文件），不可执行数据由可执行数据（代码）操作，可执行数据的完整性由运行时完整性技术保护，如前面章节所述。在对数据进行操作时，必须监控不可执行数据（正在使用的数据）的完整性变化。使用中的数据（DIU）的完整性检测由两种方法实现：通过适当的编码技术（例如，使用适当的编程语言、实现缓冲区溢出保护、严格检查正确的输入参数以防止注入攻击），以及通过运行时的完整性技术，用于监视内存访问实现检测和防止内存攻击。常见的数据完整性检测技术是数字签名，数字签名使用一个私钥生成密码签名，记录签名时的实际数据，使任何人都可以在将来的任何时候验证签名数据的完整性，但是需要更多的运行时处理机制实现加密函数。在理想情况下，签名密钥应保存在受保护的存储器（如 HRoT）中，签名操作在 TEE（如 TPM）中执行。

应用数字签名可以比散列提供更强的完整性保护，此外，由于任何实体都可以验证数据，因此通用安全操作（如软件和固件更新）可以在应用更新之前验证其完整性。同时，可以验证终端节点上的配置文件和日志文件，以确保这类文件在将来任何时候的完整性。

4.4.10　工业互联网终端节点的监测与配置管理

监测机制也应受到保护，终端节点监控关注的是检测可能的设备篡改或损坏行为，将输出导致错误的事件报告。终端节点安全状态的监视可以在终端节点内部执行，也可以在终端节点外部执行，对运算能力最低的边缘控制设备的监视，很可能从操作域中的另一个配置高的终端节点执行。

工业互联网终端节点必须为设备组件提供安全且受控的更改操作，尽管在某些极少数情况下并不需要确保安全性，但大多数情形下应对所有更新和更改进行签名，对其有效负载进行加密，并记录操作过程，以便对终端节点进行后续审核和恢复。这些服务应以非侵入性方式提供给操作功能，并具有与系统级配置管理和控制的单独逻辑连接的能力。

4.4.11　适用于终端节点保护的加密技术

工业互联网的终端节点应当始终使用标准加密算法，这些算法应该利用安全的编码方法来实现，只要有可能，还应该使用定期更新和维护的库，应该避免在没有进行安全性评估的情况下创建加密算法。此外，密钥必须是随机的，不可预测的，并且具有足够的长度，以防止对可用密钥空间进行暴力或穷举搜索。有两类随机数发生器（Random-Number Generators，RNG）是常用的：确定性 RNG 和非确定性 RNG。确定性 RNG（也称为伪随机数生成器）使用一个称为种子的秘密起始值，初始化生成算法。而非确定性 RNG 依赖一些不可预测的物理源，不易控制。RNG 应该由设备的硬件提供，但是这在资源受限的工业现场控制设备中很有挑战性。合法实体使用特定密钥的有效时间长度称为加密周期（NIST-KEYM），如果单个密钥被泄露，加密周期会限制其暴露的程度。当密钥被泄露时，必须有一个密钥撤销过程通知密钥材料在其加密期到期之前是无效的。不幸的是，与更改密钥相关联的过程可能很复杂，因此，建议使用那些可以自动执行密钥管理过程中要求的各个步骤的密钥管理系统。并非所有工业控制终端节点都需要进行加密控制，在某些情况下，数据可能是公开的，不需要任何保密控制，在另一些情况下，冗余传感器可能会报告相同的测量结果。因此，可以检测到对传感器数据的篡改，从而消除对加密完整性控制的需要。其他代理，如网关，可以代表终端节点执行加密操作。

工业互联网嵌入式设备设计人员可以在计算资源受限的设备中卸载部分或全部加密操作，保护微控制器单元（MCU）的安全。最常见的需求是希望在安全的环境中保留加密凭据，同时提高性能并减轻主处理器的负担。对安全随机数生成的需求也是一个因素，更安全的 MCU 具有高质量的随机发生器模块、加密引擎，这些引擎内置有应对物理攻击的对策，或者在制造时注入强大、唯一的公钥/私钥对。而培训和组织的成熟度是正确部署安全性措施所必需的，如需要具有适当密钥大小和密钥管理的成熟加密算法。

安全协议是保护工业互联网的基础，它能确保交换的数据和命令是加密的，不能被截获、欺骗或操纵。增强级的强制身份认证协议还可以防止控制命令从未经授权的控制源发送到嵌入式设备。工业互联网设备中保护基于以太网的通信的最常见的安全协议是 TLS（SSL）、DTLS、SSH 和 IPSec。TLS 解决方案可用于大多数嵌入式设备平台，并且该协议是应用较为广泛的，因此，TLS 是许多嵌入式设备的理想选择。但是，在 OSI 传输层协议栈的更高层级实现的加密协议（如 TLS）存在一种风险，即并非所有通信都将被加密。必须确保传输敏感数据的所有应用程序正确使用 TLS，且必须确保不能通过在较低级别实现通信或不使用安全协议绕过加密机制的情形发生。例如，不允许应用程序在传输（TCP）层使用套接字编程而不使用 TLS（SSL）接口，一旦发生这种情况，数据将无法得到保护。绕过 TLS 接口的情形最近在一个汽车车载控制系统中造成了典型的安全漏洞。IPSec 是 IP 协议的安全加固协议，驻留在网络层，是常用的安全解决方案，因为可以防止这种类型的安全漏洞。IPSec 为网络层中的所有数据提供安全通信保护，前提是没有其他不需要加密的 IP 接口可用。然而，IPSec 并不像 TLS 那样得到广泛的应用。表 4-22 显示了 OSI 层及每个层中使用的协议，如编程开发时传输层在“socket”层级处理连接，即 TCP 库调用的“socket”“bind”“listen”和“accept”中处理。

表 4-22　OSI 层及每个层中使用的协议

	OSI 层	使用的协议	网络安全方法
应用程序	7.应用层	HTTP、FTP	防火墙（如应用程序协议过滤）和身份验证（密码、密钥、证书）
	6.表示层	HTML	
	5.会话层	Telnet、SMTP	
网络服务	4.传输层	TCP、UDP、SSH+TLS	防火墙、IP 地址、端口+协议过滤
	3.网络层	IP、IPSec	
网络基础设施	2.数据链路层	Ethernet、WiFi	防火墙，MAC 地址过滤
	1.物理层	Broadband Access	

安全协议可以针对包嗅探、中间人攻击和重放攻击提供有效防护。此外，如果使用增强的身份验证机制，则可以防止未经授权的尝试与设备的通信。选择用于保护工业互联网嵌入式设备的最佳安全协议取决于许多方面的因素，其中包括可用的计算能力、互操作性要求及平台支持哪些安全协议。此外，互操作性需求、安全用例和特定工业互联网设备的使用场景等因素也决定了将采用哪种安全协议。低带宽的小型工业互联网边缘设备（传感器等）使用 ZigBee 或蓝牙等无线协议，这些协议已被证明具有较弱的内置安全性。而这类边缘设备通常运行在低成本、低功耗的处理器上，并不支持 TCP/IP 网络中常用的安全协议。增加此类设备的安全功能有两种方法：实现应用程序级安全，或使用 DTLS（基于 UDP 协议的 TLS）。特别是对于带宽和处理能力有限的、非常低端的无线传感器，DTLS 是一个很好的选择，该协议最大限度地减少了使用 UDP 而不是 TCP 传输的数据包的数量。应用程序级加密、会话令牌和数据包序列号机制等其他几种重要的安全措施也可用于保护工业互联网嵌入式设备的网络安全性，BLE 4.2 链路层安全机制解决了许多蓝牙协议的安全脆弱性问题。

4.4.12　工业互联网终端节点的隔离技术

隔离是指在终端节点的一个元素不受该终端节点的其他元素影响的情况下，用来保护系统组件免受不必要的影响的技术，从而保护其功能不受故障和恶意攻击活动的影响。有几种较为成熟的隔离技术——过程隔离、容器隔离、虚拟隔离、物理隔离，如图 4-32 所示。

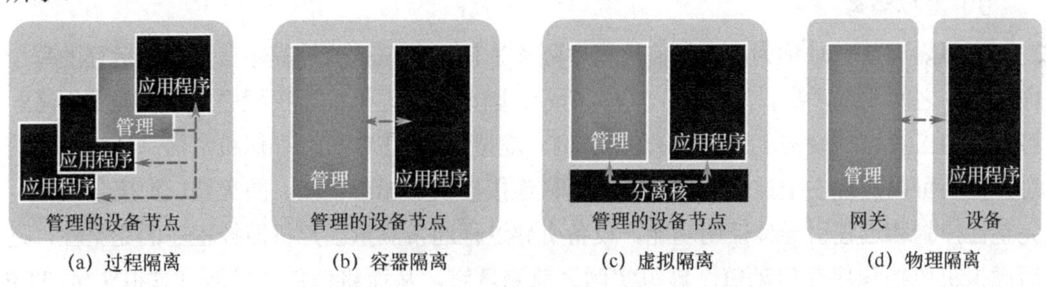

图 4-32　工业互联网终端节点和容器隔离技术

1）过程隔离

过程隔离模型依赖操作系统在流程级别将业务或操作组件与安全组件隔离开，如图 4-32（a）所示。分层保护域保护功能和数据不受意外或恶意攻击的影响，充当一个门限，保护更多特权层不受较低特权层的影响。过程隔离是网络安全业界主流的安全部署模型。但是，破坏操作系统中的任何组件（包括应用程序和库）会破坏设备的完整性，并可能形成进一步攻击的跳板。过程隔离的例子包括安全代理、执行安全操作的软件库、软件密钥存储及依赖操作系统安全实施的任何目录和文件访问控制列表。

2）容器隔离

容器隔离模型实现硬件或软件的强制边界隔离，如图4-32（b）所示，软件容器依赖操作系统实施资源隔离边界，硬件容器在同一平台中使用物理形态不同的计算元素，混合容器结合了这两种方法。软件容器的示例包括：

- 操作系统管理的容器，如Android容器Trusty TEE；或Linux容器，如LXC和Docker。
- 安全内存映射，提供适当的入口/出口位置，以便实现生产现场非常微型的工业控制传感器类型设备的安全。
- 网络接口控制器，将策略和强制措施直接嵌入网络接口的硬件上，以便只有来自安全策略的一组预定义的源/目标、端口和协议组合可以与终端节点进行通信，所有其他通信尝试都会导致失败。

硬件容器通过在同一个芯片或同一块板上，或在同一物理实体的子板上启用单独的计算引擎分离安全功能实现模块。这将创建一个安全协处理器，该协处理器实现与主处理器的计算引擎分离的某种级别的安全功能。硬件容器的典型实例包括：

- TPM：是一个受信任的执行环境（硬件可信根），为安全存储和加密操作的受保护执行提供凭据，与主CPU隔离，并作为离散芯片、安全协处理器或固件实现。
- 安全协处理器：在独立芯片上的可信执行环境（包括硬件可信根）中实现安全功能，包括所有TPM类型的操作，以及附加的完整性控制、通信安全、事件监视、安全分析和其他安全相关操作。

3）虚拟隔离

虚拟隔离（有时称为虚拟机监控程序隔离）使用虚拟机监控程序在设备中运行的每个虚拟实例之间实现隔离，如图4-32（c）所示，因此，在虚拟机监控程序上运行的实例之一可以充当工业控制设备上TEE的安全实例。虚拟实例TEE可以存储机密信息，如身份信息，并且可以实现安全控制，如相互认证、连接授权、加密功能、防火墙、深度包检查、完整性控制和远程引导性证明功能。设备引导过程通常测量虚拟机监控程序的完整性，之后虚拟机监控程序在启动每个虚拟实例之前测量它，从而将信任链扩展到虚拟实例TEE中，以便在引导之后可以立即确保完整性。启动后，运行时完整性控件必须确保虚拟实例TEE完整性保持不变。虚拟TEE的优点之一是在同一物理硬件上可以整合多个平台，遵循云计算模型，将多个物理服务器整合到单个虚拟机监控程序中，这种实现方式可以产生明显的经济效益。虚拟隔离使得在工业互联网环境中，可以在同一物理设备中组合可编程逻辑控制器（PLC）逻辑和Windows人机界面（HMI）。虚拟隔离技术如图4-33所示。

在图4-33中，在设备边缘，虚拟隔离技术使OT组件能够在不改变其现有操作系统的情况下运行，同时允许安全功能在其自己的操作系统中独立运行。由于安全操作系统与OT操作系统位于同一物理设备上，因此它可以在OT操作环境中执行许多安全控制操作，如嵌入式身份、安全引导认证和通信侦听器模式。虚拟隔离通过操作系统层以下的安全功能实现对型号陈旧的工业软件的兼容。安全性并不驻留在客户操作系统中，而是驻留在一个专用的安全操作系统中，作为 TEE，代表客户操作系统执行许多安全操作。类似于在工业现场设备内部部署软件级的“网关”，而不是部署于设备外围。兼容性部署的优势在于，不需要更改客户端的源代码，而且应用程序本身并不知道保护其自身的安全操作系统的存在。

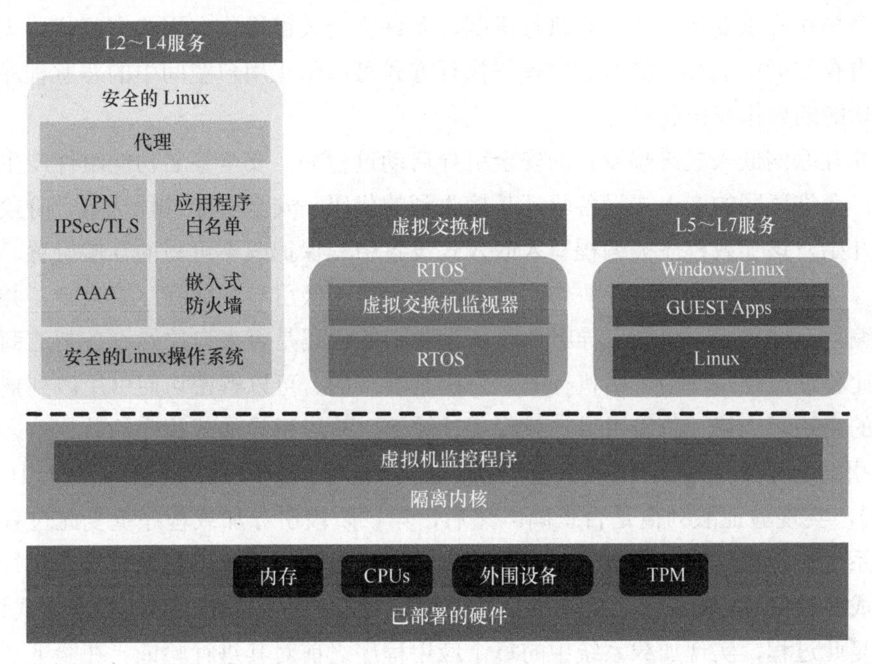

图 4-33 虚拟隔离技术

分离核是虚拟隔离的一种特殊形式，提供了强大的隔离能力，覆盖底层硬件平台提供的所有资源（处理器时间、内存和 I/O 设备），除了将组件彼此隔离之外，还可以根据安全策略启用组件和设备之间的通信控制。与单片虚拟机监控程序内核相比，分离内核没有实现许多通常与操作系统相关的服务，如设备驱动程序、文件系统和网络堆栈。分离内核的存在是为了在组件之间提供分离，并实现组件之间的受控通信，通过有意将内核的功能限制为隔离和简单的进程间通信（Inter-Process Communication，IPC）原语，大大降低了攻击面和实现复杂性。

此外，还有物理隔离，是指将信息安全防护功能转移到一台完全独立的设备上实现，单独的设备（如网关）提供了所有的安全性操作。

4.4.13 工业互联网终端节点安全的引导启动和固件更新

为了确保工业互联设备只运行制造商授权的代码，必须支持安全引导并具有安全固件更新功能。在设备操作系统或固件层次正确地实现这些功能，是防止恶意软件或病毒的基础性步骤。密码学方法为实现安全设备、安全通信协议和安全引导等工业互联网嵌入式设备的许多特性提供了基础，这些技术需要加密密钥，必须有完善、可靠的保护方法。通常使用硬件安全模块在硬件中实现安全密钥存储。大多数硬件安全模块还提供加密加速，减轻主 CPU 的计算密集型操作和真随机数生成（TRNG）的开销。此外，一些硬件安全模块提供受保护的代码执行机制，允许安全关键操作在用户空间代码无法访问的单独内存空间中运行，受保护的代码执行方式可以防止用户空间中的恶意程序篡改安全关键功能的操作或窃取密钥。

工业互联网嵌入式终端设备的安全引导启动过程为：安全签名功能组件产生一个加密签名，允许联网的嵌入式设备验证其接收到的代码。安全引导过程从第一阶段引导加载程序开始，该加载程序被编程写入嵌入式设备中受保护或不可写的存储位置。接下来是与第二级引导加载程序进行协作，后者可能比第一级引导加载程序更复杂，并存储在可重复编程存储器中。安全引导组件验证设备中的代码是否来自原始设备制造商且未被更改，此验证过程是使用公钥执行的，公钥是唯一的、可以解密访问引用散列摘要所需的签名的密钥。当第一阶段引导加载程序计算第二阶段引导加载程序的散列值之后，第一阶段引导加载程序通过将散列值与第二阶段引导加载程序的签名值进行比较（见图 4-34），实现验证散列值是否正确。然后，第二阶段引导加载程序重复此过程，以验证操作系统和应用程序是否有效。嵌入式设备使用单一的实时操作系统只需执行一次就可以完成此验证过程。在具有可单独加载的应用程序，并且基于 Linux 的嵌入式设备中，可以重复此过程，实现加载系统中的每个应用程序之前对其进行验证。在验证了一层代码之后，如果是可以信任的，验证过程继续进行到整个启动链中的下一层。安全引导依赖签名的代码映像，以便在安全引导过程中对映像进行验证。值得注意的是，与非对称加密相比，签名的公钥和私钥的作用是相反的，设备供应商使用其私钥对代码镜像进行签名，工业互联网嵌入式设备使用相应的公钥来验证授权原始设备制造商是否产生了新的软件。

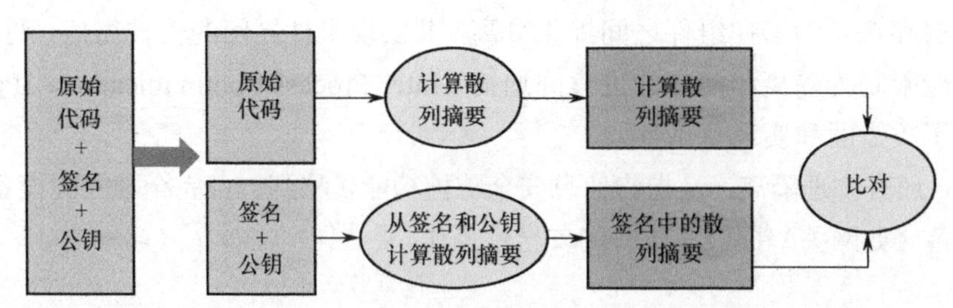

图 4-34　嵌入式终端设备的安全引导过程

安全固件更新是验证原始设备制造商是否在升级过程中签署了新的代码镜像的操作，即如果下载的代码镜像未能通过该验证过程，则将丢弃这些镜像，并且不执行升级操作。只有通过此验证过程的代码镜像才会被接受并保存到嵌入式设备中，即写入闪存，并替换先前存储的镜像。机器和机器（M2M）的身份认证方法是安全固件更新的另一种方式，工业互联网设备在下载新固件镜像之前应对升级服务器进行认证，这相当于增加了一层额外的黑客防护。例如，心脏出血漏洞（Heartbleed）影响、破坏了大量嵌入式设备，该漏洞表明执行远程更新操作的安全性是至关重要的。在缺乏安全的远程软件更新保护机制的情况下，要么技术人员必须到现场进行更新，要么设备必须退回制造商，要么设备的用户必须参与更新安装操作，否则软件更新过程将面临诸多安全威胁。

值得引起重视的是，与企业级的服务器位于数据中心不同，工业互联网设备通常位于生产控制现场，增加了被盗窃或物理攻击的可能性。因此，存储在工业现场的嵌入式设备中的敏感数据应该被加密并能抵御物理攻击，防止攻击者从嵌入式设备中的闪存驱动器读取未受保护的数据。静态数据（DAR）安全机制将有效防御这类数据窃取行为，通过加密工业现场嵌入式设备中的敏感数据实现防窃密能力。大多数工业互联网设备没有足够的计算能力支持全磁盘数据的加密操作。然而，敏感数据应该受到严密保护。尽管静态数据安全机制的防护效果会有所不同，但在某些情况下，该机制必须非常可靠。例如，对于处理信用卡号码或医疗患者信息的设备尤其如此，这些设备中包含的数据必须始终处于加密保护状态，加密密钥应保存在使用硬件安全模块的设备的受保护的内存中。或者，应该存储在一个安全的位置，如加密的 USB 驱动器或网络服务器中，并根据需要进行检索以实现数据访问。为有效起见，静态数据安全解决方案必须确保敏感信息不能以原始形式存储在硬盘驱动器、闪存驱动器或其他持久性存储介质中。数据在写入文件之前应始终处于加密状态，相应的加密文件应该在内存中解密并保留在 RAM 中，并且在没有重新加密的情况下绝对不允许重新写回嵌入式设备的文件系统。

第5章　工业互联网信息安全防护中的新技术、新方法

5.1　区块链技术在工业互联网信息安全防护中的应用

5.1.1　工业互联网中的区块链

区块链是一种新兴的分布式账本技术，通常用于支持事件和交易的防篡改记录，如比特币等数字货币的管理。其基本概念是基于强大的加密原理实现一个安全的分布式账本，利益相关者之间的合约业务逻辑可以通过区块链上独立运行的智能合约实现自动化。

区块链有助于解决工业互联网资产生命周期中面临的许多问题，包括供应、使用跟踪和资产退役，区块链可以实现防篡改监管链，跟踪多源异构跨平台的工业互联网生态系统中的重要事件和结构变化，但需要对生态系统自身复杂性和信任水平进行评估，确保区块链能发挥作用。表5-1概述了典型的工业互联网中的区块链应用场景[18]。

表5-1　典型的工业互联网中的区块链应用场景

工业互联网场景	区块链应用
设备监控	记录服务水平协议（SLA）违规行为
设备分析	分析/预测结果的记录
边缘自治	作为记录故障的协议（例如，事故）
基于工业互联网的新服务	例如，在跨地区的长距离物流场景中，防止交通运输工具的里程表欺诈

此外，智能仓储和装配、智能物流也是工业互联网利用区块链创新的主要实践场景。但是，在工业互联网项目中使用区块链时，必须注意其潜在的利益和风险，为了使区块链技术能够快速发展，有许多问题需要解决，如可关联性和性能，由于这种发展现状，从工业制造企业的信息化项目建设角度分析，存在一定的风险。因此，在选择区块链技术和设计基于区块链的工业互联网解决方案时必须十分慎重[18]。

5.1.2　应用区块链进行数据分发和确权

在定义基于区块链的工业互联网解决方案时，架构设计师必须考虑如何管理系统中数据的分发和确权。网络可靠性、带宽和延迟，以及功能或解决方案使用属性的设计，必须注意工业互联网系统本身的性能和可靠性，这类已经很复杂的问题，会随着区块链的应用而变得更加复杂，原因在于应用区块链所产生的相关影响，需要从解决方案的整体架构考虑。例如，区块链应用的一个关键问题，是如何管理每个用户的区块链钱包（又称比特币钱包，是一组私钥和公钥的集合，或保存管理公钥和私钥的工具。通过私钥可以实现资金的成功转账，所以比特币钱包是攻击者控制个人比特币的一个单点故障点或攻击载体[19]），其中包含创建和访问区块链中相应用户数据所需的公钥和私钥对，谁拥有和控制这些区块链钱包也成为一个关键问题[19]。

在基于区块链的工业互联网解决方案中，有三种可能的数据分发模式，这三种模式与 1.2.1 节讨论的工业互联网技术参考架构中的三层体系结构模式对应。为了充分说明这三种模式，将使用一个形象的示例比喻，其中一辆卡车配备了温度和冲击传感器，如果超过某些温度或加速度值，运输公司将对违反事先约定的服务水平协议（SLA）承担责任。

1）平台控制的区块链钱包

第一种数据分发模式假设所有数据和控制流都由平台层集中管理，如图 5-1 所示，工业互联网平台做出所有决策并控制区块链钱包。例如，平台在现场监控来自卡车的数据，并将其记录在平台的时间序列数据库中，为了不使区块链机制过载，只记录重大事件（例如，SLA 违规），存储在区块链或数据库中的数据由平台决定。

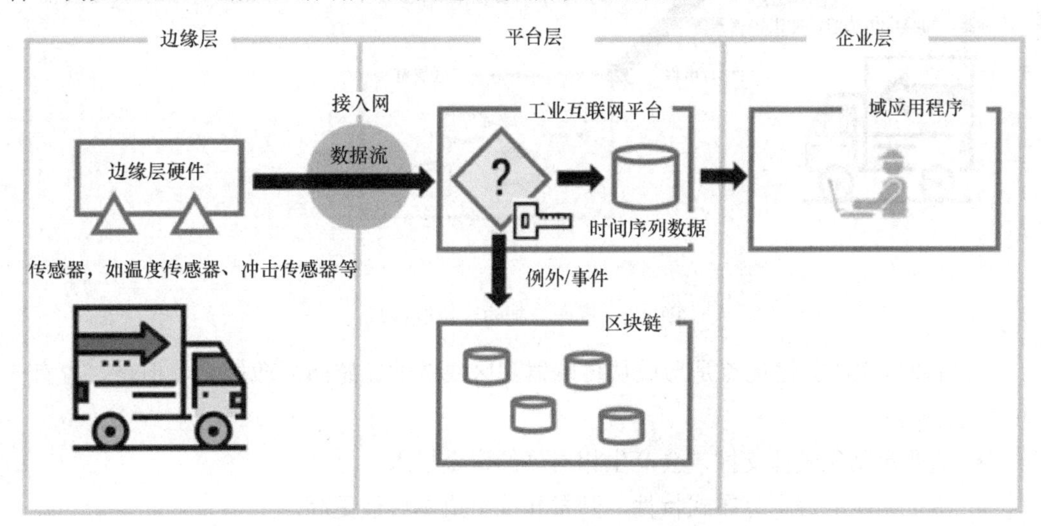

图 5-1　平台控制的区块链钱包

平台控制的区块链模式的优点是：

- 可以完全控制平台中的数据、控制流和区块链钱包。这意味着项目将更易于创建和维护。
- 区块链钱包和区块链钱包的远程管理没有问题。
- 工业企业不需要专门的硬件投资。

然而，这种方法的一个主要缺点是，要求所有相关方（包括依赖 SLA 的客户）非常信任从卡车到平台的链接。此外，数据访问权仍然属于平台提供商，要求使用高度安全的数据和隐私保护手段保护最终用户的数据安全。但这种安全性并不总是都能得到保障，因此这种模式不是一种理想的选择。

2）资产控制的区块链钱包

资产控制的区块链钱包模式假设每种工业互联网资产都拥有一个嵌入式区块链钱包，用于在区块链中签名和访问其数据或提供对数据的访问。例如，可信平台模块（TPM）技术可用于实现在现场不能被篡改的专用硬件，提供相应区块链钱包的安全存储。如图 5-2 所示，在这个硬件上运行的软件直接部署于资产中，将决定向区块链写入哪些数据。在此之前，需要用钱包的私钥对数据进行签名。

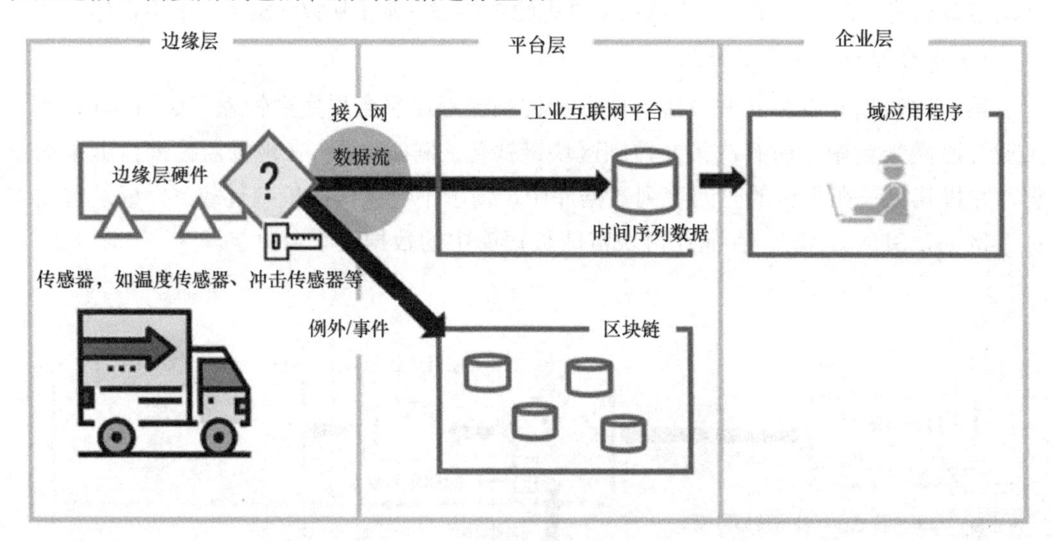

图 5-2　资产控制的区块链钱包

此解决方案的关键优点是形成从传感器到区块链的完整防篡改能力，但是，也有一些明显的缺点：

- 需要定制化硬件支撑，会产生相对高的资金投入。
- 由于系统的完全分布式特性，开发和维护成本可能更高。
- 需要基于可信计算的可信平台模块（TPM）提供程序实现级开发。

3）智能合约与资产控制区块链钱包的结合

智能合约增强了工业互联网资产的去中心化管理能力，智能合约直接嵌入区块链的业务逻辑，这意味着由于区块链的分布式和加密性质，记录的数据和业务逻辑都是防篡改的，只有在区块链中分布式节点的成熟度与决策结果一致的情况下，对工业互联网资产的相关操作指令才可以执行。智能合约支持在参与方之间独立执行业务逻辑，此外，协商的结果为下一阶段的程序建立了可信的输入。值得注意的是，此模式可以与前两个模式中的任何一种组合使用。简单起见，图 5-3 显示了智能合约与资产控制区块链钱包结合。

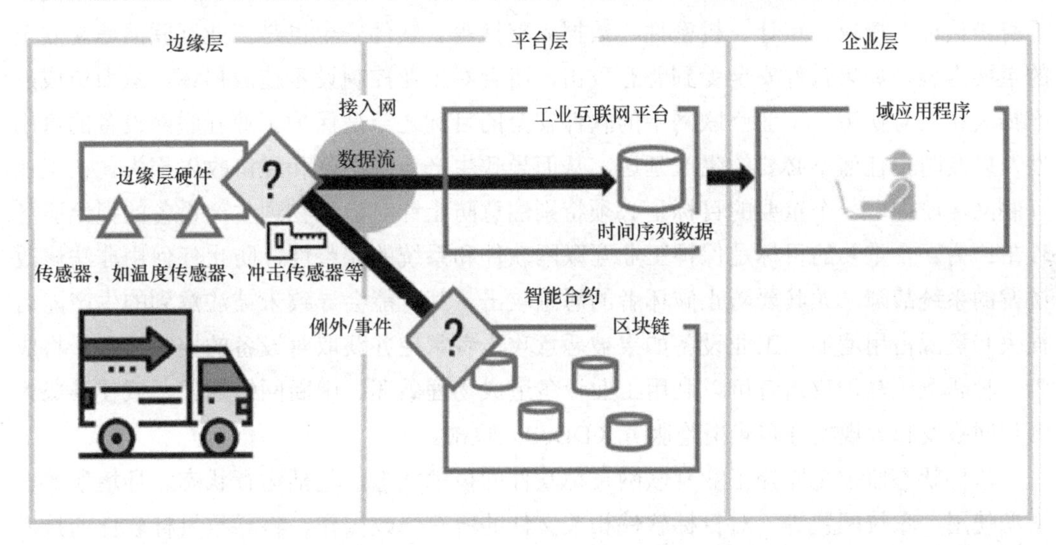

图 5-3　智能合约与资产控制区块链钱包结合

区块链作为一种不可变、透明、匿名和不可篡改的数据结构，保证了工业互联网分布式系统的利益相关者之间的信任。当在工业互联网解决方案中决定使用区块链技术后，上述三种区块链模式将成为设计备选方案的基础。工业互联网解决方案的用户和设计者根据数据分发的要求选择相应的模式，同时，基于所选择的区块链模式的相关特征，可以评估整个工业互联网解决方案的可信度。此外，区块链技术还实现了数据所有权和访问过程的透明。

5.1.3　以区块链为基础的工业互联网软件更新安全防护技术

在工业互联网生态系统中，通常有成千上万个工业生产控制设备连接到不同的系统和网络，提供不同的服务，执行不同的功能，如自动匹配的监控、控制、管理和维护。由于大多数工业互联网设备的专用性（如设计用于特定操作、传感和控制等）和封闭性，这些嵌入式设备中可能会运行定制化的软件，对软件的任何微小的修改和更新都可能导致与硬件或操作系统不兼容。一般来说，工业互联网设备制造商不会对这些嵌入式设备实施强大的安全解决方案，因为这些设备的能量、内存和计算处理能力有限。正因为如此，工业互联网设备和系统，特别是关键工业设施中的设备和系统，将可能成为恶意攻击者（包括敌对国家）的攻击目标。而且其攻击方法通常很复杂，防御起来有很多限制。例如，在工业互联网生产环境中，无法实时监控大规模工业互联网部署情形中运行的软件状态，并且在传统 IP 互联网中常用的通过提取运行时快照检查软件的完整性的方法容易受到攻击。工业互联网中的软件安全是指软件在某些恶意攻击下继续正常运行的能力，这是一个系统级的问题，需要同时考虑安全机制和基于安全的设计。软件安全通常侧重于身份认证、授权、审计、机密性、数据完整性等。软件安全也是工业互联网信息安全的重要内容，如果软件安全受到恶意攻击，将会对工业控制设备造成损坏，从而造成财产损失和人身伤害。工业互联网中的软件安全的目标之一是保护工业互联网设备的可用性，以及防止任何不必要的生产延迟，从而导致生产效率下降和经济收入损失。在工业互联网环境中，一个重要的目标是必须特别注意防止针对信息物理生产设备的拒绝服务攻击；另一个重要的目标是保护工业互联网软件和系统的完整性，防止任何由非法修改诱发的系统故障。尤其要防止破坏者的恶意攻击，其可能会导致未被注意到的生产能力损失和资源占用增加。工业设备如果被恶意攻击者掌控并获取对设备的控制权限，将成为一种恶意工具，攻击者可以利用工业设备造成物理破坏、中断网络通信，或使其成为僵尸网络发起大规模分布式拒绝服务（DDoS）攻击。

软件状态监控是监控工业互联网目标软件的技术状态，包括运行状态、环境参数、资源使用、系统配置等。对目标软件相关文件的所有修改操作，将导致目标软件的技术状态发生变化。软件程序的技术状态可能在更新、配置更改或被植入恶意代码时发生变化，在软件程序运行期间，如果程序执行或读取的文件保持完整，则认为软件的技术状态正常。因此，软件程序访问的文件信息可以作为软件技术状态的特征，目标软件程序在运行时访问的所有文件及其完整性信息都可以进行记录并作为当前软件的快照。通过将获得的工业互联网软件运行时的快照与存储在区块链中的可信快照进行比较，可以确定软件是否处于正常的技术状态。

工业互联网软件程序在运行时将访问三种类型的文件：安装文件、用户配置文件和其他相关的调用库文件。安装文件是在软件安装过程中生成的所有文件，通常包括执行软件所必需的二进制文件、动态库、静态库、配置文件和资源文件。用户配置文件是与用户使用相关联的设置和信息的集合，通过用户配置文件为用户提供定制化的软件服务。调用库文件是由操作系统或其他软件提供的程序、插件、动态库、静态库和资源文件，通过调用库实现的函数，可以大大减少软件开发人员的工作量。但是，如果未安装调用库，软件将不会运行。

区块链是所有加密货币交易的数字化、去中心化的公共账本，通过采用点对点网络实现完全的去中心化，网络中的每个节点维护区块链的完整备份，区块链的区块只能添加，但不能修改或删除。区块链最初被创建为一个公共账本，用来解决加密货币中的“双重支出”问题，但目前区块链的应用已经扩展到很多领域，包括物联网、智能制造、供应链管理、信息共享、交易等。区块链由许多区块组成，每个区块包含两部分：第一部分是存储重要数据的块体，如在比特币中，区块存储交易；在以太坊中，区块存储交易或智能合约。第二部分是块头，存储关于自身的信息，如时间戳、块大小、版本等。除起始区块以外的每个区块的块头包含上一个区块的散列值，因此，如果恶意用户打算篡改区块链上的一个区块，那么该区块后面的所有区块也需要修改。然而，存在共识机制证明区块的有效性和防止区块被篡改，目前常用的共识机制有工作量证明（PoW）、利害关系证明（PoS）等。根据访问和管理权限，区块链分为三类：公有区块链、私有区块链、联盟区块链。公有区块链是分散的，对公众开放，任何用户都可以作为节点参与，公有区块链中的任何节点都可以访问该信息，提交待确认的交易，并参与其中的协商一致程序。比特币和以太坊都被认为是公有区块链。私有区块链与公有区块链完全相反，是完全集中化的，除非网络管理员邀请，否则节点不能加入私有区块链，因为它是单个实体或企业的财产，如果需要，可以覆盖或删除区块链上的命令，私有区块链通常应用于数据库管理、审计和公司管理。联盟区块链被认为是半分散的，是由预设节点控制的具有共识程序的区块链。联盟区块链被允许作为私有区块链，但它们需要由多家公司联合控制，而不是由一个组织控制。区块链网络是一个分布式网络，分布式网络的首要问题是如何解决一致性问题，即多个独立节点之间如何达成一致。在集中式场景中达成一致几乎没有问题，但在分布式环境下却并不理想。例如，节点之间的通信可能不可靠，可能存在延迟和故障，甚至节点可能直接停机。多处理器和分布式系统中的一致性问题是一个很难解决的问题，难点体现在以下几个方面：分布式系统本身可能出现故障；分布式系统之间的通信可能出现故障或产生巨大的延迟；分布式系统可能以不同的速度运行；一些节点运行得很快，而另一些节点运行得很慢；拜占庭将军问题，分布式网络中可能存在恶意节点。

为了解决工业互联网软件的完整性问题，引入了一致性算法的概念，表5-2列出了一些有影响力的共识算法和使用这些共识算法的应用。但是，工业互联网与传统IP互联网环境的差异，导致在工业互联网环境中直接应用传统一致性算法时将出现不兼容性，因此，需要进行一定的适应性改进。

表5-2　一些有影响力的共识算法和使用这些共识算法的应用

算　法	应　用
PoW	比特币、莱特币和以太坊的前三个阶段——Frontier（前沿）、Homestead（家园）、Metropolis（大都会）
PoS	peercoin、NXT和以太坊的最后阶段——Serenity（宁静）
DPoS	比特共享
Paxos	Google Chubby、Apache Zookeeper
PBFT	超级分类账本结构 v0.6
Raft	etcd

以区块链为基础的工业互联网软件状态监测系统基本结构如图 5-4 所示。

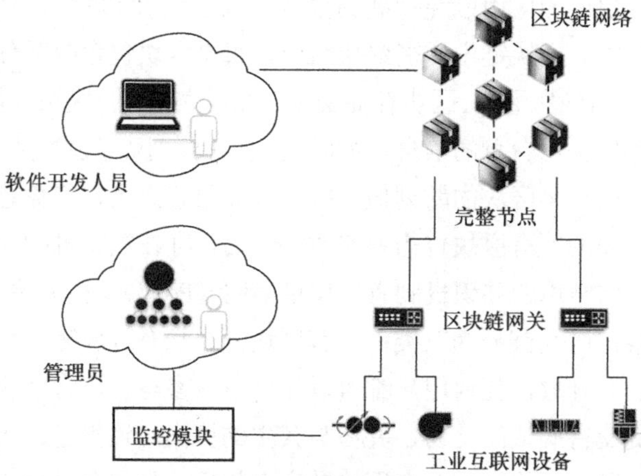

图 5-4　以区块链为基础的工业互联网软件状态监测系统基本结构

以区块链为基础的工业互联网软件状态监测系统由区块链网络、区块链网关、工业互联网设备和监控模块及两个特殊实体——软件开发人员、管理员组成。

（1）区块链网络：区块链网络被用作可信的分散分布式数据库存储可信的软件技术状态快照，由完整节点和区块链网关组成。区块链网络中的完整节点负责维护网络，它们存储完整的区块链数据，并通过 P2P 协议相互通信。新区块只能由完整的节点生成，网络中的所有节点都可以通过协商一致协议来验证这些新区块。使用区块链作为存储软件快照的数据库，可以极大地保护可信快照的完整性和可用性，防止攻击者篡改工业互联网中设备的软件快照。区块链使得存储在其中的快照可信且正确，当监控设备中运行软件时，这些快照将成为可信的参考。

（2）区块链网关：区块链网关由工业互联网的所有者维护，为工业互联网设备提供区块链数据并响应区块请求。受限于工业互联网设备的计算、存储和网络资源，工业互联网现场设备能力太弱，无法成为区块链网络中的节点。因此，区块链网关存在的意义就是帮助工业互联网设备获取存储在区块链中的可信快照，每个区块链网关维护一个存储完整区块链数据的本地数据库。在区块链网络中，区块链网关节点不参与新区块的创建，它们只接收、验证和存储新区块。一方面，区块链网关可以增加区块链网络可以容纳的设备数量；另一方面，它们可以为异构工业互联网设备提供区块链服务。

（3）工业互联网设备：是工业互联网软件状态监测的主要对象，所有设备，包括区块链网关和完整节点，都运行相同的监控模块。然而，与其他节点不同，工业互联网设备不是区块链网络的一部分，尽管也接收和验证区块，但只存储这些区块的散列值，而不保存完整的区块链数据。当需要可信软件技术状态快照时，工业互联网设备将通过区块链模块从区块链网关请求相应的区块数据。

（4）监控模块：通过比较软件快照和监控文件系统调用来确定软件状态，监控结果将发送到管理员终端，根据管理员设置的规则，监控模块可以自行中断异常软件。

（5）软件开发人员：可信软件技术状态快照由软件开发人员生成，每个开发人员都需要维护至少一个区块链节点，发布新软件或新版本软件时，开发人员需要生成可信软件技术状态快照，快照将使用开发者的私钥进行签名，并使用软件包、签名和公钥在区块链网络中广播。

（6）管理员：实时接收组织维护的所有工业互联网设备、区块链网关和完整节点的状态信息。

入侵者可以伪装成区块链网络中的节点发起对工业互联网的攻击，区块链网络中的内部威胁人员可以控制重要设备节点摧毁整个工业互联网，每个节点都是相互不信任的，甚至可能是恶意的。具体而言，入侵者可能实施以下恶意行为：

- 伪装成区块链网关，将存储被篡改过的快照的不正确区块共享给与其相连的工业互联网设备。
- 伪装成工业互联网设备，对区块链网关进行 DDoS 攻击。
- 篡改区块链网关中存储的区块链数据，导致向工业互联网设备发送错误的区块。
- 篡改区块链网关发送给工业互联网设备的区块数据。
- 篡改软件相关文件和本地快照，扰乱目标软件的运行。

工业互联网软件状态监测的目标，就是通过监视软件的状态保护软件的完整性，软件的状态信息包含软件完整性信息和软件相关文件信息，通过比较可信的软件状态快照，系统可以确定软件状态，并在状态发生变化时向管理员发出警报。工业互联网软件状态监测系统设计目标主要包括健壮性、可扩展性和安全性。

- 健壮性：如果与该节点通信的其他节点是可靠的，它们将响应该节点的请求并发送它所需的受信任块数据。另外，在设备正常运行的情况下，监控模块可以检测到目标软件的状态变化，并向管理终端发送消息。
- 可扩展性：该系统可以在大型工业互联网中部署，多个节点可以加入或离开网络，不会对网络产生不良影响。
- 安全性：该目标包括两个方面，一方面，要保证区块链网络的安全，防止系统被攻击者破坏；另一方面，保证监控模块的准确性意义重大，误报、错报会对系统产生不良影响。

以区块链为基础的工业互联网软件状态监测系统，提供了通过安全操作验证工业互联网设备运行的软件技术状态，并存储可信的技术状态快照的方法，该系统的详细组成要素如图 5-5 所示。

以区块链为基础的工业互联网软件状态监测系统按功能可划分为两部分：区块链网络同步和软件技术状态监控。在第一部分中，软件开发人员生成可信快照，并将其与软件一起提交给一个完整节点，该节点将验证快照的有效性。验证后的快照将被打包成一个区块，并广播给区块链网络，区块链网络中所有接收到该区块的节点必须通过协商一致协议决定是否接受该区块。此外，作为打包区块的节点，接收区块的完整节点也需要

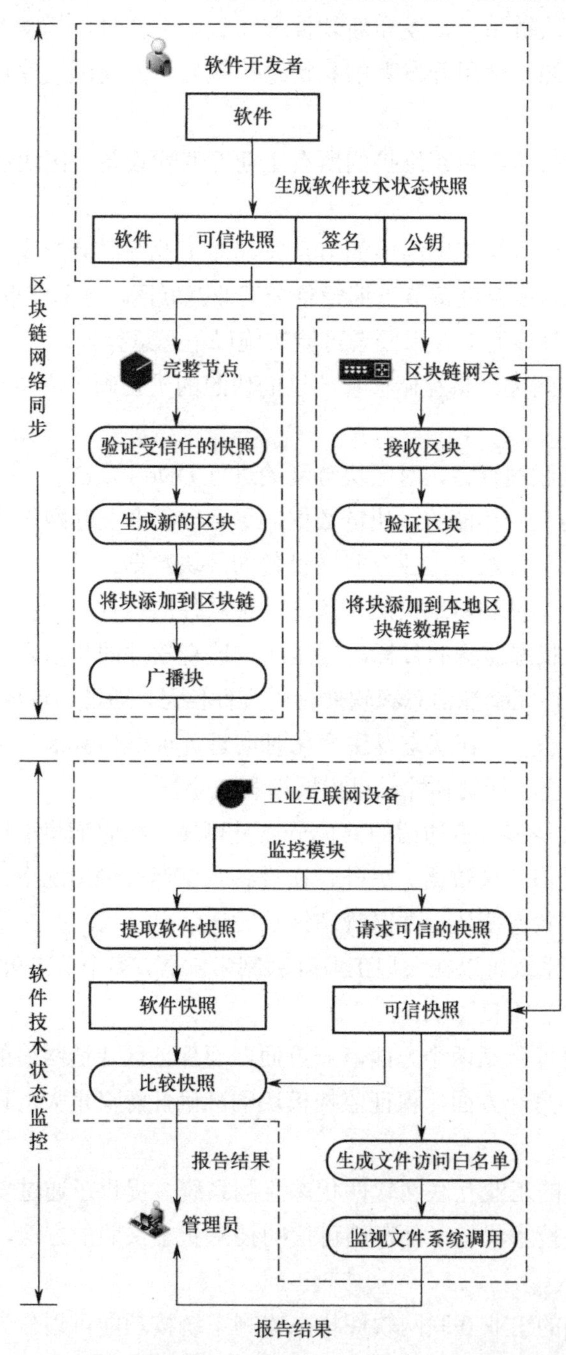

图 5-5　以区块链为基础的工业互联网软件状态监测系统的详细组成要素

验证快照。在第二部分中，监控模块从区块链网关获取目标软件的可信快照，生成文件访问白名单。在每个设定的时间周期节点，监控模块对目标软件进行快照提取，并与可信快照进行比较，判断软件状态。此外，监控模块还对文件系统调用进行监控，当目标软件访问不在文件访问白名单中的文件时，监控模块会及时响应。所有的监控结果都会发送给管理员，这样管理员就可以发现系统异常并及时采取措施。

在区块链网络中，每个节点在本地生成自己的非对称加密算法的公钥-私钥对，在发起交易或打包区块时，私钥将用于生成数字签名。在图5-5所示的系统详细组成中，所有完整的节点都会在本地生成私钥和公钥，这些密钥在区块的生成和验证过程中起着重要的作用，区块链网关也可以生成密钥，如果它们也参与区块创建过程，在该过程中它们也充当完整节点。工业互联网设备不是区块链网络的节点，因此它们不需要为区块链网络生成密钥，软件开发人员应该属于已知的可信组织，其密钥可以由可信的证书颁发机构分发和验证。除了软件开发人员以外的所有节点都在本地生成和存储它们的密钥。区块链网络包括两种类型的节点：完整节点和区块链网关。软件开发者作为一个特殊的实体通过区块链节点访问网络，其他节点可以通过所持有的公钥进行区分。在图5-5所示方案中，新区块的生成从软件开发人员开始，并逐渐同步到每个节点。可信快照和新产生的区块链的生成和验证过程如下。

（1）可信快照的生成与验证：在正常环境配置下，可信快照由软件开发人员通过监控模块进行提取。软件开发人员提取可信快照后，将其与软件的散列值相结合，并用软件开发人员的私钥使用数字签名算法对其进行签名。之后，将创建包含软件、可信快照、数字签名和软件开发人员公钥的事务，并将其发送到区块链网络。在接收到事务之后，完整节点首先验证数字签名，然后通过监控模块从软件中提取快照信息，并与事务中的可信快照进行比较，验证快照的正确性。在此过程中，如果签名验证失败或快照验证失败，则完整节点将忽略该事务。

（2）区块生成和验证：区块生成、验证和同步过程必须遵循一致算法，以区块链为基础的工业互联网软件状态监测系统中的区块链网络应当可以应用各种现有的共识算法，如PoW、PoS或PBFT。如果可信快照验证成功，完整节点将生成一个新的区块，区块的结构如表5-3所示。

表5-3　区块的结构

项　目	描　述
块头	此区块的元数据的数据结构
软件签名	由软件开发人员生成的数字代码快照。通过使用软件开发人员的私钥对软件进行散列和对可信快照进行签名获得
开发人员公钥	软件开发人员的非对称密码学公钥，用于验证软件和快照的签名
数值	快照中的项目数量

（续表）

项　目	描　述
快照	以列表形式存储在区块中的数据。在文件块中，它存储文件散列对和依赖项信息列表；在密钥块中，它存储密钥列表

区块主要存储软件的可信快照，区块的元数据存储在块头中，块头的结构如表 5-4 所示。

表 5-4　区块链中的块头的结构

项　目	描　述
版本	表示区块用于将来扩展的协议版本号
时间戳	完整节点开始创建块头的 UNIX 操作系统时间
上一个块头的散列值	前一个块头的散列，可以确保在不更改块头的情况下，不能更改以前的区块
数据列表的散列值	区块的数据列表的散列
签名	由完整节点的私钥生成的数字代码，只能由其公钥授权，可以确保除了完整节点之外没有人可以生成有效的区块
公钥	非对称网络中完整节点的密码学公钥，用于验证区块的签名
软件名称	被监测软件的名称
软件版本	监测软件的版本

事务中的签名和公钥将直接存储在区块结构的“软件签名”和“开发人员公钥”项中，根据表 5-4 中给出的数据结构生成区块后，区块将与软件一起广播。所有接收到区块的完整节点首先通过软件和区块中的软件签名、开发人员公钥和快照来验证受信任的快照。然后，完整节点将执行区块链共识过程以确定区块的有效性，如果任何验证过程失败，该区块将被忽略，否则，它将被添加到节点的本地区块链数据库中。每个接收到区块的区块链网关只需通过一致性算法对区块进行验证，然后将验证后的区块加入本地区块链数据库中。

（3）工业互联网装置的区块验证：如前所述，工业互联网设备的资源有限，无法成为严格的区块链网络节点，也不存储整个区块链数据，只缓存从区块链网关获得的所需区块。尽管区块链网关由工业互联网的所有者维护，但却不能忽视这些网关被破坏的可能性。参考比特币网络中轻量级节点设计的方式，可以设计低成本、安全的工业互联网设备区块验证过程。工业互联网设备接收由完整节点广播的区块，尽管其自身不存储这些区块，但是计算并存储这些区块的散列值以形成散列链。

每次接收到新区块时，工业互联网设备计算先前数据单元的散列值，并将其与所接收区块的散列值组合形成新的数据单元，图 5-6（a）描绘了该过程，哈希链的形状与区块链一致。当区块链中有分支时，哈希链也会分支，如图 5-6（b）所示。当工业互联网设备的监控模块不需要在本地存储可信快照时，区块链模块会向区块链网关请求阻止，当区块链模块接收到所请求的区块后，不仅通过协商一致协议验证区块的有效性，而且在哈希链中搜索区块的哈希值，验证区块的完整性，若工业互联网设备的区块验证过程失败，则表明网络中可能存在入侵。在这种情况下，工业互联网设备的区块链模块将向管理员告警。

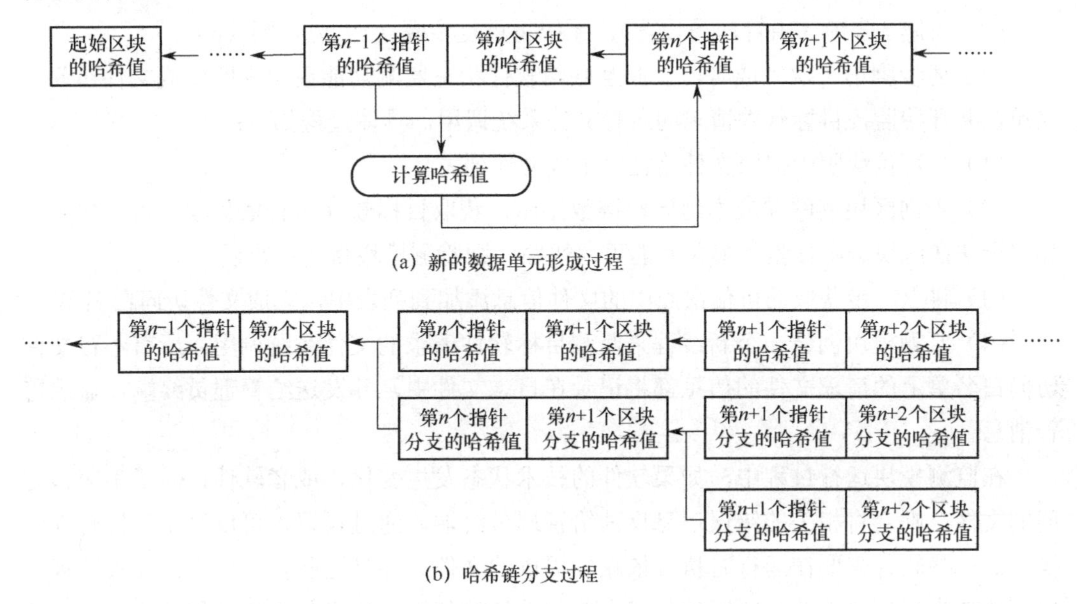

(a) 新的数据单元形成过程

(b) 哈希链分支过程

图 5-6　散列链存储在工业互联网设备中的方式

工业互联网软件状态监测主要执行两个操作：

（1）获取目标软件的安装文件、用户配置文件和相关库的信息，生成软件技术状态快照，并与区块链上存储的可信快照进行比较。

（2）通过可信快照生成文件访问白名单，并监视目标软件请求的文件系统调用，可信快照由软件开发人员生成。

当网络中的节点 *n* 开始运行监测模块时，按照以下步骤执行第一个功能：

（1）读取目标软件的信息，包括软件名称、版本、依赖项、依赖项版本及安装文件和用户配置文件的绝对路径。

（2）计算安装文件和用户配置文件的散列值，并将它们作为（file\u path，file\u hash）对存储在列表中。

（3）节点将依赖项和版本需求作为（依赖项，版本需求）数据对，存储在列表的末尾，该列表是此时的软件技术状态快照。

（4）如果 *n* 是工业互联网设备，它将向区块链网关发送一条 req_快照消息，包括节点 *n* 的公钥、目标软件的名称和版本，否则，*n* 将使用软件名称和版本在本地区块链数据库中搜索它。

（5）节点 n 将从区块链网关或本地区块链数据库获取目标软件的可信快照，如果节点 n 是工业互联网设备，它将通过检查块的散列值来验证它从区块链网关接收到的区块。

（6）监测模块将步骤（2）和步骤（3）生成的快照与可信快照进行比较，判断软件是否处于正常技术状态，否则，系统将报告错误并将信息发送到管理员终端。

（7）每隔 t 分钟（由管理员设置），系统将重复步骤（1）～步骤（6）。

当上述步骤第一次完成时，工业互联网软件状态监测功能模块立即生成文件访问白名单，并开始监控目标软件请求的所有文件系统调用，具体过程如下：

（1）从可信快照中提取文件路径以生成文件列表。

（2）查询区块链网关或本地区块链数据库，获取目标软件所有依赖项的可信快照。如果无法在区块链中搜索依赖关系的可信快照，则监测模块将传递错误。

（3）将上一步获取的可信快照中的文件信息添加到列表中，完成文件访问白名单。

（4）监测模块创建一个新线程来监测目标软件请求的文件系统调用，所有不在文件访问白名单上的请求文件的信息都将记录在日志文件中，并发送给管理员终端，显示警告消息。

在监测模块运行过程中，如果软件的技术状态发生变化，或者软件访问了不应该访问的文件，则会将相关的错误信息反馈给管理员终端。通过设置，可以终止目标软件的操作。一些软件需要在运行时执行依赖项提供的文件，并且这些依赖项也需要被监视，以区块链为基础的工业互联网软件状态监测系统软件中的技术状态快照的结构包含了依赖关系的信息，网络中的节点可以根据其名称和版本索引存储依赖关系的可信快照的区块。新执行的程序将触发监测模块，并从头开始执行所有监测步骤。

以区块链为基础的工业互联网软件状态监测系统的合理应用，使得监测大规模工业互联网系统中的每一台设备成为可能（可伸缩性），并且该系统中的区块链网络结构兼容不同的共识算法。不同的工业互联网场景应采用不同的共识算法，充分发挥每种共识算法的优势，以满足特定的需求。

5.2 人工智能与工业互联网信息安全防护

5.2.1 人工智能技术与工业互联网融合

人工智能（Artificial Intelligence，AI）这个词是由麦卡锡提出的，他是 1956 年美国新罕布什尔州达特茅斯学院人工智能传奇研讨会的参与者之一。20 世纪 50 年代的人工智能主要被理解为一种机械推理能力，在早期的研究活动的全盛时期，语言 LISP 和 PROLOG 被创造出来，感知机的概念也是机械推理能力的一种，并被视为生物大脑复制的核心。20 世纪 70 年代初，人们对人工智能在短期内能够实现的目标的期望值过高，而这一点一经明朗，全世界对这一领域的热情迅速消退，大部分国家对这一领域的研究经费也随之减少。20世纪80年代，一个新的“人工智能之春”开始了，这一次人们希望将推理能力的基本形式和特定主题的专家知识库结合起来，以引起人们的兴趣。这些专家系统能够比任何个人群体积累更多的知识，是当时人工智能的核心概念，但这一萌芽阶段也以失败告终，导致第二个“AI冬天”的开始，该阶段从20世纪80年代末持续到90年代初，因为这个时期的所谓专家系统技术仍然无法达到人们对它的商业期望。尽管如此，这一阶段除专家系统之外的一些基础共性技术却得到了进一步的发展。其中一个特别的技术进展是建立了感知器多层网络的概念，1986年，Rumelhart、Hinton和Williams针对参数优化估计误差的反向传播问题，根据已建立的数值数学方法对多层神经网络进行了优化研究，提出并建立了深度学习的基本概念。深度学习将一种新型的神经网络——卷积神经网络（CNN）用于空间定向（图像）数据的处理，从而使识别手写邮政编码成为可能，随之而来的是美国邮政分拣的自动化，引起了全世界范围内的轰动，并为人工智能下一个春天的到来开辟了新的思路。人工智能的第三个阶段始于20世纪90年代中期，这一阶段一直持续到今天，估计还将持续很长一段时间。该阶段基于人工智能使用方式的逐渐成熟和现实需求的期望，有一个主要的焦点——机器学习（Machine Learning，ML）。机器学习关注的是为一系列社会生产实际的、和经济相关的问题寻找解决方案。机器学习使用近似函数的构造，其参数序列几乎可以具有任何复杂度，其值来自足够大的样本数据量。与前两个阶段人工智能的发展方向形成鲜明对比的是，今天，在一些特殊的领域，机器认知能力已经超过了人类的能力，在大量客观比较中表现出可证明的优势。

在当今的移动互联网时代，使用基于人工智能算法识别数据模式的应用程序在数十亿人的日常生活中早已司空见惯，是许多企业成功的主要因素之一，各种IT信息系统计算能力的指数级增长——从智能手机到在线大型数据中心——加上这些系统以极低的价格提供，才是其成功的原因。在当前和可预见的将来，人工智能的主要目标是根据概率论的原理定义近似的参数，通过这一点，从新观测值到定义类别或价值领域的基于估计的分配将越来越精确、更可靠、更快和更便宜。

机器学习包括有监督学习、无监督学习和强化学习三个领域。有监督学习是迄今为止最接近商业应用的算法，符合有监督学习原理的算法是基于近似函数的，这些近似函数具有故意选择的非线性和大量的参数，这些参数是在特定于应用程序的体系结构中配置的。有监督学习需要足够多的带有标记内容的数据，如带有与预定义类别相关的图像内容的、特定主题的字母数字标记的RGB光栅图像，在学习过程中，系统根据当前存在的参数值处理输入数据，并将结果与标签进行比较。基于由此确定的偏差，然后调整参数。与人工智能早期的概念和目标不同，机器学习并不主要关注输入数据的识别，相反，其关注的是从新的、未知的数据中归纳出符合训练指定的类的学习内容。例如，机器学习系统不仅能了解相关训练图像中的动物长什么样，还能了解具体的一只狗长什么样，被认可的不是个别的动物，而是它属于某一特定类别，该系统将预测属于某种类型的狗的概率数值作为输出。

对于不同类型的数据，有监督学习被分为不同的过程：连续数据（相对于离散数据）、空间数据（模式、图像）和顺序数据（语言/语音、文本、音频/视频）。用随机方法分析连续数据可追溯到1801年高斯的工作，并以“线性回归”的名字命名，但并不适合处理离散问题，离散任务与分类观察过程有关。McFadden和Heckman在2000年获得了诺贝尔经济学奖，因为他们开发了“逻辑回归”方法，这是一种与线性回归有关的分类原理。该过程可以看成一个没有隐藏层的神经网络的边界情况，即只有输入层和输出层。用于有监督学习的常见神经网络有：用于未指定结构的数据多层感知器（MLP），用于二维/三维模式识别的卷积神经网络，用于序列数据分析的递归神经网络。MLP由从输入层到输出层，以前馈方式彼此完全连接的层或感知器组成，只有一个隐藏层的网络称为平滑网络；所有其他结构都是“深层神经网络”。通过更宽的层（更多的感知器）或通过额外的层（更多的深度）增加参数的数量，只有在使用高级网络体系结构中的特殊设计时才能产生更好的结果，尽管通常需要限制参数的数量。如今在所有类型的网络中，也有许多优化学习过程的程序，可以克服机器学习早期的问题。在20世纪90年代出现的CNN是一种更先进的架构，利用卷积的数学运算的一种变体，创造了MLP完全连接层的替代方案。CNN为空间模式识别（图像、视频、组件）提供了显著且更好的结果，并允许具有更多层的配置，图像识别的显著进步是通过深度学习的广泛应用实现的——机器学会了识别，现在CNN几乎已集成进入所有数码相机中，包括智能手机。循环神经网络（Recurrent Neural Network，RNN）构成了一组特殊的体系结构，用于处理顺序数据（文本、音频、语言/语音、视频），两个主要的操作是长-短期记忆（Long Short-Term Memory，LSTM）和门控循环单元（Gated Recurrent Unit，GRU）。LSTM是慕尼黑工业大学（Schmidhuber，Hochreiter）在梯度消失问题的研究工作中发展起来的，这个问题在所有的神经网络中都必须克服，从一个网络层到下一个更高网络层的连接的参数（权值）调整是通过在误差梯度的方向上逐渐移出输出层实现的，这种沿着梯度最陡的方向下降的方式非常有效地减少了误差。为了计算误差（梯度）在权重方向上的导数向量，微分学的链式法必须应用于下层。在这个操作中会生成非常小的数乘结果，并将在随机初始化权重较大的层消失，但它们的相对尺寸太小，不能改变权重，唯一的结果是舍入误差，而不会引起调整。这就是为什么在简单的MLP中，学习过程往往在第三层就早早停止的原因。特别是在涉及顺序问题的情况下，如当需要识别长文本中的单词之间的关系时，其他体系结构达到了它们的极限。目前，几乎每一款智能手机都包含带有LSTM或GRU的应用程序。为了限制机器学习在计算能力方面所需的成本，谷歌推出了Tensor处理器或张量处理单元（Tensor Processing Units，TPU）。

与上述技术相比，机器学习的其他分支技术领域在 IT 市场的重要性方面发挥了更多的辅助作用，无监督学习是基于没有标签的数据的机器学习算法，该算法主要是根据相似性构造数据集合，或者生成满足某种相似性结构的新数据。有多种算法可用于构造数据，最常见的是 k-means 算法，该算法已经成功地应用了很长一段时间，是一个相对简单的算法，可以识别外部指定的迭代聚类数。为了生成新的数据，研究者提出了一种新的算法——生成式对抗网络（Generative Adversarial Network，GAN），其重要性迅速增长，甚至产生了一类全新的方法。GAN 算法在两个互斥的 AI 系统之间生成一个博弈论均衡——一种是训练区分“真实”数据和“伪造”数据；另一种是将噪声转换成新的数据，以“真”的形式呈现。之后，对从噪声中构造新数据的概率分布进行迭代调整，直到新的“伪造”数据不再与“真实”数据区分开。

强化学习（RL）起源于 20 世纪 50 年代运筹学（OR）的方法，也称为再励学习、评价学习或增强学习，是机器学习的范式和方法论之一，该方法的基本原理是建立在 Bellman 方程的基础上的，根据 Bellman 方程，当目前状态转换成下一阶段的状态时，就可以得到一个最优的决策。以这种方式，在马尔可夫过程的随机情形中，决策路径可以基于终端视角进行迭代优化。因此，RL 与数据记录的识别、结构或创造性扩展无关，而是与实现目标的策略和计划的生成，以及过程序列中累积或最终成果的相关获取有关。

人工智能只有当一个过程的可能状态和可选动作的数量太大，以至于无法用传统的数学方法实际地解决问题时，才能发挥作用。例如，围棋的状态和可选动作包含的元素比地球拥有的原子种类还要多，解决这类任务过程的一种方法是使用处理神经网络技术的近似方法处理实际问题，Q-learning 是解决这类问题常用的方法，“值迭代”和“策略迭代”的建立可以扩展到更复杂的问题。除此之外，RL 是一个非常先进的方法领域，用于解决具有特殊特征的问题，是在强化学习的不断应用过程中创建的。

在工业互联网时代，制造企业已将人工智能视为一种主要的新技术，用于以简捷的方式自动化处理常规的任务，不仅已经在许多专业领域实现并应用这种方式，而且新的应用程序也将会一直使用并创新。但在许多领域，人工智能已经达到了远超越人类的性能水平，在一些新的领域，机器不仅工作效率更高，而且在智能任务方面的质量也达到了新的水平。深度神经网络有时可以识别高清晰度图像中的复杂模式，其识别速度不仅比人类快，而且在工业生产控制应用中具有更高的精度，即使是面向控制目标任务性能的领域，智能机器也表现出色。随着人工智能应用于实际几何产品，数据和技术控制点的可容忍误差偏差越来越小，人工智能算法也可用于自动检测压型钢板中最微小的材料缺陷，特别是在制造企业对产品质量期望继续提高的情况下。人工智能技术同样适用于加工缺陷的自动化检测，如在压力模铸零件的作业环境中。人工智能在工业环境中的应用必须始终考虑“人为因素”的作用，在工业生产环境中高度自动化应用领域的实践经验表明，人工智能在生产过程中的应用应根据“人在回路中”的原则，在“人类智能”

的控制下进行。例如，确保操作人员能够随时进行干预，人类的知识和经验仍然被视为应用成功的关键因素。这方面的一个很好的例子是装配线机器人被用来焊接汽车的某些底板，这些机器人后来被移除，在发现纯机械方法产生的焊缝没有达到精确的毫米精度要求后，熟练的工人技师重新被召回并成功地完成了这项工作。在这一特殊过程中，关键差异在于人类能够很快地识别并立即纠正焊缝中最微小的偏差。有趣的是，一旦生产线被配置成一个完全自动化的过程，却仍然与人类加工保持在相同的开发水平，机器人和人工智能都不能改进现有的过程，新的发展和改进只能由人来实现，这就是为什么工人技师应该始终是这些任务的焦点。在上述人工智能在生产过程的转换应用过程中，大多数生产制造企业严重缺乏对成功应用至关重要的生产过程的知识，一线工人们没有得到充分的机会整合他们所需要的关于自动化过程的全面知识，精通整个生产制造过程的生产专家严重缺乏。任何有意义的工业过程自动化只有通过人工智能系统与人的交互，跨学科的专业知识才有可能结合并产生效益。

对工业系统进行恶意攻击的方式越来越多，其中一个不可否认的原因是，随着工业互联网的发展，网络在生产制造业越来越普及。以前孤立的控制设施现在通过跨越国界的通信网络连接起来，供应链沿线的合作活动也越来越自动化，产生了额外的攻击目标，并意味着可以在更大的范围内发现漏洞，价值链和与之相关的业务可能受到入侵和破坏。通过越来越容易获取的网络攻击技术和“窍门”，潜在的攻击者也变得更加熟练。工业互联网通过大量参与设备在各种安全域（增值网络内）扩展网络通信，需要合作伙伴之间的广泛信任，但是在自动化流程中包含业务合作伙伴给安全防护的协调带来了挑战。例如，工业互联网中针对社会工程的攻击防御，要求必须在整个安全域中以一致的方式进行全面的防护，因此整个链条中任何一个参与伙伴的薄弱安全结构，都将自动危及所有其他伙伴的安全。动态柔性的工业互联网体系结构并不能从一开始就进行完整定义，因为它的配置需要能够适应需求的不断变化，而这也是可以应用人工智能的场景。典型的情形包括人工智能辅助的、自组织的仓库管理，或根据机器的产能利用率及生产成本动态修改生产过程链，这些都需要灵活且具有学习能力的安全解决方案。在上述情况下，传统 IP 互联网的静态检测异常技术（例如，基于已学习的正常生产过程）通常会发出不正确的错误警告，因为它们的工作流可能在短时间内发生根本性变化。在这种情况下，算法训练过程中必须包括很多额外的元数据，基本的学习过程本身也必须受到保护，不受操纵。在上述场景中，对学习过程的操作将使攻击者能够操纵生产过程链，从而使产品的生产过程不再正常进行，而且所需的安全架构和机制还必须能够适应生产控制设备和机械的长生命周期特点。由于攻击者的技能将随着技术的发展而不断提高，因此需要对基于密码的安全机制等进行动态调整（例如，通过修补程序），以适应实际不断变化的安全需求。除工业互联网生产环境的物理实现外，还有所谓的“数字孪生”，数字孪生原则上包含与生产和产品相关的全部数据。生产过程的计划、模拟、控制在数字孪生体中进行监测，其中许多功能是在物理上与生产设施分离的平台（云、办公自动化）上执行的。这两个世界经常相互通信，它们必须具有相同的安全级别，以防止通过成功的局部攻击破坏整个系统。这种场景下的工业互联网信息安全体系结构必须同时考虑机器与机器的通信和人与机器的通信，而这对信息安全机制的复杂性和可用性提出了更高的要求。为了理解这种潜在的人机环境的通信安全问题，应该意识到这样一个事实，即人类的感官工作的数据格式和精度与机器的传感器和处理单元工作的数据格式和精度不同，人类通常看到 3×8 位 RGB 或 8 位灰度的图像，而神经网络采用 16 位或 32 位浮点算法进行学习，通过在更精确的格式中添加噪声，可以生成在计算机屏幕上或印刷品表面看起来与人类完全相同的图像，但机器认为这些图像完全不同，以这种方式就可以创建在单独的人和机器进程中很难检测到的攻击场景。为了迎接这些新的挑战，需要采取更多或更广泛的信息安全防护措施，必须关注工业互联网组件及其内部安全和外部通信行为。应对这些挑战所涉及的问题既有组织性，也有技术性。组织安全挑战的一个例子是在工业互联网的增值网络中协调全面的安全措施，这种协调可能涉及从公司范围以外的来源收集安全系统所需的数据，包括从部分互联网收集数据。在新的技术安全挑战的情况下，人工智能技术非常有利于检测和评估工业互联网的增值网络中的异常情况，这是因为增值网络中的许多工作流都是自动化的（无须人工干预），因此通常彼此非常相似。换句话说，统计方差下降，异常行为变得更容易发现。此外，工业互联网基础设施的攻击者也在使用人工智能，一旦此类基础设施被入侵，攻击者将会开发分析传递数据的相应方法。

5.2.2　人工智能辅助的信息安全技术

人工智能是一项基础技术，可以用来自动执行日常任务，提高过程的速度和精度，也可以帮助完成那些以前没有算法解决方案的任务。有些形式的自动化日常工作可能相当复杂，需要高度熟练的专业知识，模式识别在医学领域、质量保证领域、系统控制及类似的应用领域都是显著的自动化应用。在信息安全领域，辅助系统可以为技术熟练的人员提供支持，完全可以接管某些任务，可以提高进程的性能，并且通过机器学习可以扩展人工编程算法尚无法完成的任务范围。因此，人工智能为克服熟练劳动力短缺问题和改善防护能力开辟了新的前景。人工智能技术在信息安全技术领域的基本应用主要体现在三个基本方面：人工智能辅助下的身份识别和认证技术、工业互联网的数据流异常检测技术、工业互联网的恶意软件检测技术。

1. 人工智能辅助下的身份识别和认证技术

随着 2005 年 11 月 1 日采用电子护照，德国游客开始熟悉使用生物识别技术进行身份识别，工业互联网中的接入系统可被视为与此过程类似。德国的一些公司、银行，特别是高度安全的机构使用基于生物识别技术的访问程序，进入建筑物或访问建筑物的特定部分。这项功能可以通过使用单因素身份认证实现：以一个中央数据库为基础，授权人员先完成注册，然后进行 1∶n 的数据比较。或者可以使用双因素身份认证，拥有数字身份证书再加上一个单独的类似指纹的特征。在这种情况下，数字身份证书通常是指向数据库中数据记录的指针，并进行 1∶1 的数据匹配。日本的一些银行除了输入密码外，还在自动取款机上使用指纹识别技术，一部分银行甚至用面部或客户的语音问候进行识别，将电子借记卡插入自动取款机后，客户就可以取款。汉堡的一家连锁超市在收银机上进行了一项试点研究，根据这项研究，使用顾客的指纹和直接借记授权机制确认购买行为。在支持人工智能的金融系统中，这项技术似乎比用现金、借记卡或智能手机支付要快得多。针对人的生物特征的识别技术是通过基于照片与拍摄图像数据进行自动比较，以及通过护照中的电子图像数据记录与电子门（自动边检门）上的照相机所拍摄的照片进行比较完成的。人工智能系统不仅可以用于比较存储的面部图像和相机拍摄的照片，还可以与通缉文件中的照片或一些国家定期更新的“禁飞名单”进行比较。除了这些面向个人数据的人工智能应用之外，基于行为的模型也被用于人工智能系统，其中一个例子包括一个人的步态或在桌面台式电脑键盘或笔记本电脑上打字的风格，这些都清楚地验证了某个物体是人而不是机器，以及人类个体的真实性。另一个例子是计算机辅助手写识别，如合同或契约上的手写识别。为了训练这些人工智能系统，大数据记录对于应用程序和高质量的识别率至关重要。对于照片和录像，可以使用基于人工智能的算法——用于识别和定位在图像中搜索的人脸和其他特征（匹配项用彩色边框标记），通过识别学习到的个体性质和特征实现识别人类个体。还可以通过视频监控摄像头在几秒钟内完成人体特征和行为的录制，虽然这通常不是一种可用于司法证据目的的身份认证形式，但可以大大增加所执行的身份认证程序的数量。可疑人员可以在大量人群中被识别出来，他们的行为将被评估，并可以与携带的物品联系起来。在欧洲的一些大城市中心，两种人工智能程序都被用来监视公共区域和设施，有时使用几千台录像设备。例如，伦敦和斯德哥尔摩使用基于人工智能的自动记录系统记录机动车牌照，以便向司机收取城市通行费。将这些成功做法转移到工业互联网中，可以使用机器记录传感器数据，如描述机器的个别特性和操作状态。诸如机器噪声和/或共振测量、操作中的温度值、伺服控制、路径控制及来自生产机器的其他数据等，都可以利用人工智能算法来计算即将进行的维护工作或更换日期。人工智能算法应用于工业互联网的三个总体目的是：做出预测、制定预防措施和启动响应措施。二维和三维图像识别及人工智能辅助的参考图像数据匹配，可用于产品（中间状态）的自动化质量保证过程，从而提高产品本身的质量，减少检验时间，降低生产成本。

2. 工业互联网的数据流异常检测技术

为了提高制造企业的 IT 信息网络的安全性，最著名的一种安全措施是用于计算机系统和计算机网络的入侵检测系统（IDS），可以用作防火墙的功能补充；在更高级的形式，即入侵检测和预防系统（IDPS）中，可以通过半自动化的方式，积极防止网络攻击。入侵检测技术的三种主要类型是基于主机的入侵检测系统（HIDS）、基于网络的入侵检测系统（NIDS）和混合入侵检测系统。HIDS分析来自日志文件、内核文件和数据库的信息，NIDS用于监视网络中的数据包，而混合入侵检测系统将这两种方法进行结合。关于混合入侵检测系统，必须区分两类入侵检测和预防系统：异常检测和误用检测。异常检测根据使用者的行为或资源使用情况的正常程度判断是否发生入侵行为，异常检测与整个系统状态相关性较小，通用性较强，甚至能检测出未知攻击行为，但误检率较高，此外，入侵者的恶意训练是目前异常检测所面临的问题；误用检测有时也称为特征分析或基于知识的检测，根据已定义好的入侵模式，通过判断在实际的安全审计数据中是否出现这些入侵模式来完成检测功能，这种方式准确度较高，检测结果有明确的参照，为应急响应提供了方便，但却无法检测未知攻击类型。人工智能辅助的IDPS可以通过预先设计的攻击模式进行训练，如对拒绝服务（DoS）攻击的检测，就可以通过先进行所谓的“正常状态”训练，然后进行异常检测。但在工业互联网应用场景中，这些依据正常控制状态的可靠检测是此类方法面临的最大问题，特别是在工业互联网中正常状态可以动态变化，并且在由于定制化生产导致新模式的不断出现属于常态的情况下，很难描述相当稳定的预先模式。典型IDPS的假警报（所谓的假阳性）特征的产生，会导致安全人员的“警报疲劳”，通过使用基于行为导向模型的人工智能辅助的IDPS工具，可以避免这种不良影响。然而，人工智能应用的范围已经远远超出了这些用途，如在人工智能的辅助下，结合IDPS工具及其警报的经典搜索模式，对警报进行分类（例如，攻击类型、严重性、真警报或假警报等）。在有监督学习模型的辅助下，在基于应用程序的生产控制操作中，检测结果可以随着时间的推移而不断改进。

3. 工业互联网的恶意软件检测技术

人工智能的一个典型应用领域是在入侵事件的早期，检测恶意软件。机器学习方法可用于检测单个设备或网络中的恶意软件，有两种方法可以实现这项功能：第一种方法涉及对系统的监视检测异常，实现途径是通过监视网络活动经由的服务器或直接监视所提供的服务，或者通过分析单个设备的特性，如硬件的性能指标和各种进程的统计数据；第二种方法涉及使用基于机器学习的分类算法分析潜在的恶意软件，并识别可能的恶意代码。尽管不同类型的恶意软件都具有可以用于分类的较为明显的“特征码”，但是目前的恶意软件大多进行同源的代码重写或复用，而仅稍加修改的恶意软件，其不同恶意软件代码之间的差异却是模糊的，并不容易使用传统机器学习的方法检测。另外，机器学习还提供了一种识别恶意软件模式中这类微小模糊差异的方法，即使用可执行文件的静态或动态特征分析法完成，人工智能技术的这种应用机制通常被安全系统制造商用来提高安全更新的可靠性和及时性。在大多数情况下，恶意软件由于其复杂性，没有被完全重写，一般是代码片段被重用，机器学习方法可以检测可疑代码的学习过程，甚至在代码加壳或改变影响模式的情况下也能识别。人工智能技术可以对大量有问题的行为人和可疑事件进行自动分析，而且除了在受控环境中进行代码和影响分析外，还可以了解与潜在恶意软件传播路径有关的其他特征。例如，恶意软件通过哪些载体进入网络？它的起源是否与其他已知的风险源有关？人工智能辅助的恶意软件检测技术能够从经验中推断出许多可疑事件，进而成为设计和更新安全系统的一种有价值的辅助系统。反过来，也是人工智能技术与人工分析结合的应用场景之一，说明人工分析得到了人工智能的帮助，而并没有完全被人工智能技术淘汰。原因在于轻易将软件归类为恶意软件是一项非常敏感的任务，可能会造成重大经济损失，需要人工参与并结合多重因素进行综合研判。

人工智能作为引领未来的战略性技术，日益成为驱动经济社会各领域从数字化、网络化向智能化演进的重要催化剂。近些年来，人工智能技术在信息安全防护领域产生了一系列先进前沿技术，包括基于自编码学习网络的异常流量检测技术、基于代码特征与行为自学习的恶意代码检测技术、基于代码特征自学习的漏洞挖掘技术、基于指纹自学习的设备认证技术及基于正常行为自学习的安全检测技术等。

基于自编码学习网络的异常流量检测技术通过自编码学习网络（Autoencoder），自动从网络流量中学习得到正常流量模式，迅速发现偏离所设定阈值的流量，从而检测出与正常流量模式不同的异常流量。基于自编码学习网络的异常流量检测技术主要包括如下功能模块：网络包捕获模块负责捕获网络数据包，网络包预处理模块负责从捕获的数据包中获得下一个模块所需要的元数据；特征提取模块基于数据包元数据，计算获得数据包及其相关的网络通信链路的信息，如包速率、包间时延等；特征映射模块将特征提取模块得到的信息划分为若干个分组，将每个分组包括的信息发送给下一模块中对应的一个部分；异常检测模块基于一系列自编码学习网络，根据各自所接收的一部分网络流量信息进行网络特征的学习，构建正常网络流量模式及检测异常流量模式。异常流量检测功能的核心是自编码学习网络。在训练阶段，自编码学习网络接收网络正常流量，通过降维学习机制，首先将网络正常流量维度降低，得到网络流量特征维度压缩的一类表示，然后从由特征维度压缩表示的网络流量中恢复原始网络流量，计算所恢复的网络流量与原始网络流量的距离差。在网络正常运行情况下，这个距离差非常小。在训练阶段，自编码学习网络的权重得到调整，使得自编码网络能够学习得到网络正常流量的特征分布空间。在检测阶段，自编码学习网络接收网络流量后，进行降维处理并恢复，如果所检测的网络流量特征属于正常流量的特征分布空间，则根据自编码学习网络的权重恢复出来的流量与原始流量之间的距离差将非常小。如果所检测的网络流量特征不属于正常流量的特征分布空间，则根据自编码学习网络的权重恢复出来的流量与原始流量之间的距离差将非常大。在距离差大于某个阈值时，则判断网络流量属于异常流量。

基于代码特征与行为自学习的恶意代码检测技术基于 DNN、CNN、RNN 等深度学习模型，从软件及其反编译后的代码中学习代码特征，在软件执行期间学习软件行为，从而检测出具备恶意特征或恶意行为的恶意代码。基于代码特征与行为自学习的恶意代码检测技术分为静态分析、动态分析和混合分析三大类，使用的深度学习模型包括 DNN、CNN、AE、RNN、DBN 等。静态分析是指从软件及其反编译后的代码中直接学习提取特征而无须实际运行软件。使用深度学习作为静态分析工具识别二进制文件中的函数，是许多二进制分析技术中非常关键的一步。对于恶意软件检测、软件漏洞防御和逆向工程等技术，直接对程序的二进制文件进行分析往往是最有效的。应用中可以使用 CNN 作为分类器，通过 API 调用序列检测恶意软件，其准确率可以非常高。针对 Windows PE 文件的静态恶意软件分类系统，分类模型是包含两个隐藏层的 DNN，选取了 PE 文件的四个类型的特征：字节频率、二元字符频率、PE 输入表及 PE 元数据特征。分值校准模型对 DNN 的输出进行计算，求得每个异常值。另外，使用 RNN 分析 Windows 二进制文件，可以检测函数的开始和结束位置。动态分析是指在软件执行期间学习其行为。将神经网络应用于恶意软件检测时，使用具有随机映射功能的简单前馈神经网络，可以从可执行文件中提取出的特征进行集中学习，提取的特征包括连续的 API 调用序列、API 调用参数及从系统内存中得到的对象，共数万个初始特征。通过降维得到数千个特征并使用 DNN 进行分类，然后再基于使用过程中的交互信息进行更进一步的特征提取，将得到数万个特征，继续使用降维方法将可生成数千个特征。DNN 的隐藏层使用完整流线性单元 ReLU 作为激活函数时，比使用 Sigmoid 激活函数时所需的训练次数减少一半，并且使用 dropout 技术可以防止过拟合和降低错误率。另外，可以构建基于卷积层和循环层的神经网络用于检测动态分析得到的恶意软件系统调用序列。将 RNN 应用于 Windows 系统的恶意软件检测，使用的是一种基于动态分析的、二层架构的恶意软件检测系统：第一层是 RNN 用于学习 API 事件的特征表示；第二层是逻辑回归分类器，使用 RNN 学习的特征进行分类。使用 LSTM 和 GRU 进行恶意软件检测，可以使用 CNN 进行字符级别的检测。混合分析是指结合了静态分析和动态分析的特点，学习软件代码特征及其执行行为。例如，已经广泛使用的基于深度学习的半监督的 Android 恶意软件检测系统，综合使用了静态分析和动态分析，提取了数百个特征，包括使用权限和 API 及动态行为。使用 DBN 进行无监督的预训练，预先训练的 DBN 使用后向传播进行权值微调。通过为每个特征向量集训练 DNN，能够将 DNN 学习的特征与原始特征相结合。

基于代码特征自学习的漏洞挖掘技术通过将程序代码片段化表达，转化为恰当的输入向量，基于深度学习等机器学习方法，自动学习代码特征，并在此基础上，挖掘代码中存在的可能威胁、损坏计算系统安全性的缺陷和不足。基于代码特征自学习的漏洞挖掘技术，针对不同的代码所具有的无法直接作为深度学习模型输入的丰富特征，有不同的代码特征学习方式，从而将程序表征为适合深度学习模型的向量表示。另外，不同的特征信息具有不同的粒度，同时漏洞挖掘的粒度与漏洞定位有关，细粒度的漏洞挖掘能够更好地定位漏洞。可以从基于函数形式的源码中提取出 API 符号，利用深度学习自动识别 API 用途的特征，并从 API 调用及库调用出发将一组语义相互关联但不一定连续的代码行形成一个输入向量，同时兼顾语义相关性并从细粒度上进行漏洞挖掘，从而在一定程度上能够识别漏洞位置。在二进制程序漏洞静态分析过程中，利用深度学习中的循环神经网络，通过语法抽象图和词袋模型可以识别函数，从而进行代码漏洞自动识别。利用自然语言处理中的 N-Gram 模型和统计特征，从 Token 级数据入手，采用文本挖掘与深度学习相结合的方式对软件组件进行漏洞挖掘。使用基于 LSTM 语言模型可以构建代码静态分析器，对文本特征进行自动化特征选择，克服专家经验的主观性，检查程序中每个变量在调用之前是否被初始化，从而挖掘相关安全漏洞。使用 Seq2Seq 架构［是一种循环神经网络的变种，包括编码器（Encoder）和解码器（Decoder）两部分］可以生成用于模糊测试的测试用例，从而进行 PDF 文件的漏洞挖掘。将迁移学习应用于漏洞挖掘，利用序列化表征代码信息，采用双向 LSTM 实现跨项目的漏洞挖掘。

基于指纹自学习的设备认证技术基于深度学习算法，从工业设备的通信、运行等信号中学习反映设备身份的特征，生成可用于识别设备的指纹，之后通过识别设备指纹，实现设备身份的认证。基于指纹自学习的设备认证技术将信号分析与处理技术与深度学习技术相结合，主要基于暂态信号、调制信号、频谱响应及传感器响应产生的指纹进行设备身份识别。基于指纹自学习的设备认证技术的认证流程包括测量信号、提取信号特征、降低维度、生成指纹及指纹识别五个阶段。利用设备开关的暂态特征实现设备身份的指纹识别的具体过程是测量设备暂态信号中的幅度和相位信息，将暂态信号的方差变量作为暂态特征，并采用算法降低暂态特征的数据维度，最后对设备指纹进行学习提取并识别。在不同的电源电压、环境温度及信道噪声条件下，识别性能变化明显，可通过在环境变量更大差异的条件下收集暂态信号，使性能得到补偿，从而提高识别准确率。针对无线网络设备，可以基于调制信号进行设备身份认证，具体过程为：首先提取设备的调制信号和频谱响应，采用算法降低特征数据的维度；然后学习生成设备指纹；最后实现设备识别。另外，利用深度学习可以实现智能手机和平板电脑设备的身份认证。不同于传统的通过 cookie 和设备 ID 来进行身份认证，该方法利用不同的传感器对同样的运动刺激会产生不同的响应的原理，设计利用设备内部传感器指纹实现设备认证的方法。具体流程为首先从加速度传感器产生的运动路径的时域、频域信号中提取若干特征数据，学习生成传感器指纹，然后对设备传感器进行指纹识别。

基于正常行为自学习的安全检测技术基于深度学习等机器学习方法，根据安全检测对象正常运行期间的数据，自学习构建目标对象正常行为模型，并在持续监测过程中对目标对象行为数据进行分类，迅速判别不符合正常行为模型刻画的行为，并进行安全检测。基于正常行为自学习的安全检测技术针对不同类型安全检测目标对象的不同行为，依赖不同的机器学习模型。例如，在 BGP 行为安全检测中，采用如 LSTM 等深度学习神经网络学习路由行为等模型，进行异常路由检测及前缀劫持检测。边界网关协议 BGP 是互联网的核心路由协议，互联网的域间路由通过 BGP 路由信息交换来完成。但 BGP 缺乏一个安全可信的路由认证机制，无法对邻居自治系统宣告的路由信息进行完整性和真实性的验证。这一漏洞导致路由器面临多种攻击，其中前缀劫持、异常 BGP 的更新消息等问题严重影响了互联网的连通性和安全性。早期的异常路由识别方法采用诸如统计分析方法、信号处理技术等技术分析流量行为模式，这些方法难以计量所有可能的异常路由的分布及维度。异常路由的检测是通过提取当前 BGP 更新消息的特征或时序特征，将当前流量识别为正常路由或异常路由，该问题可以抽象为深度学习二分类问题。在异常路由检测过程中，首先从 BGP 更新消息中提取数十个特征，包含 BGP 通告的数据、平均 ASPATH 长度、最长 AS-PATH 长度、IGP 包的数量等，然后采用深度神经网络构建分类器识别 BGP 的异常路由。在 BGP 流量的时间序列分析的基础上，针对网络流量的多维度的时间特性，以及在一个滑动窗口中的流量的历史特征，选取数十个具有时间序列特性的流量特征，采用 LSTM 网络对 BGP 异常路由进行检测。针对前缀劫持定位问题，应用设计了一个轻量级且能增量部署的方案，该方案利用层次聚类将系统中部署的大量监控器分成若干簇，每个簇中的监控器到目标前缀具有相似的路径。当前缀被劫持时，每个簇中的监控器基于目标前缀被污染的路径的概率进行排名，排名最前的监控器最有可能定位到前缀劫持。选择每个簇中的排名最前的监控器监控目标前缀，由此提供较精准的前缀劫持定位。

5.2.3　工业互联网中利用人工智能的攻击方法和防御机制

1. 利用人工智能技术的攻击与防御

对生产制造企业实施的网络攻击通常分为工业间谍、工业破坏和数据盗窃三类，每类攻击行为追求的目标各不相同，有些目的是获取公司的机密信息，如机器或产品的最新技术发展，而有些目的则是金钱利益。在人工智能协助下实施的网络攻击将更精确、更有效地绕过工业生产控制系统，结合人工和计算机辅助方法的攻击利用办公 IT 信息系统和生产控制网络中的各种数据源和通信系统识别漏洞，以便计划和实施更有效的网络攻击。使用人工智能技术进行的网络攻击一般有三个目标，即对办公 IT 信息系统、生产控制网络和人工智能系统自身的网络攻击。

1）对办公 IT 信息系统的网络攻击

大多数网络攻击是通过电子邮件和互联网应用程序进行的，正如 DeepLocker（DeepLocker 是 IBM 信息安全研究人员开发的一种由人工智能驱动的“高度针对性和躲避性”的攻击工具，称其能够隐藏其恶意的意图，直到感染了特定目标）所展示的那样，会议系统也可能是恶意软件在未来渗透到办公 IT 信息系统的一种方式。从宏观层面分析，人工智能辅助的网络攻击有两种基本类型：技术性攻击和对组织结构的攻击。两者之间有时会有一些重叠或差异，不易区分。更简单的攻击类型包括钓鱼攻击——发送大量包含各种恶意软件链接的电子邮件，最广为人知的攻击事件之一是 WannaCry；更智能的攻击类型包括鱼叉式网络钓鱼攻击——攻击过程中，恶意攻击者将发送个性化的电子邮件，其中包含通向具有后门功能的特洛伊木马等内容的链接。鱼叉式网络钓鱼攻击也可用于 0-day 攻击，0-day 漏洞是未公开的软件安全缺陷，暂时没有可用的补救补丁程序，攻击者可能会滥用这些漏洞。更高级和更持久的威胁通常是所谓的高级持久性威胁（APT）——通过结合后续攻击技术进行长期的社会工程攻击的方法，个人可以成为攻击的目标。对办公 IT 信息系统的攻击形式越来越复杂，越来越多地使用人工智能方法。更为先进的网络攻击形式是智能攻击，即模仿关键岗位人员的用户行为，如在电话中使用语音模仿，或者在电子邮件开头使用熟悉的地址形式，在电子邮件结尾使用问候语，通常涉及首席执行官向其内部员工发送的电子邮件，现在被称为“首席执行官欺诈”。DeepLocker 攻击尤其具有威胁性，根据受害者先前的各种观察，通常通过公开的信息，创建秘密和单独的密码密钥，然后用于加密恶意软件，并通过相应训练的深度神经网络（DNN）作为秘密触发器，以便日后发起攻击。当目标系统被 DNN 渗透和几乎无法识别的加密恶意代码破坏后，秘密触发器会在目标系统中等待其发出的信号。这个过程类似间谍的卧底行为，该间谍将在很长一段时间里保持隐蔽，等待着某个特定标志性事件的发生，进而触发他发动攻击。例如，如果通过目标系统中的摄像机，在某个时间和某个地点检测到某个人脸，那么攻击就可以开始。触发器也可以是社交网络中或特定在线会议期间的预定动作，有研究证明了 WannaCry 勒索软件是如何隐藏在视频会议应用程序中的，从而使其不会被反病毒程序或沙盒机制检测到。因为秘密触发器可以在几乎所有类型的数据流中潜伏，所以目前普遍认为是不可能被检测发现到的。而一旦此类恶意软件被激活，检测到攻击可能为时已晚。

2）对生产控制网络的攻击

国外相关研究机构的研究表明，在所有已报道的针对德国制造企业的网络攻击行动中，有三分之一导致生产或运营关闭，攻击者通常通过敲诈或勒索赎金等手段来追求财务目标。但也有针对获取敏感生产信息的新型攻击形式，其中一个例子就是在工厂工人换班时租来清洁生产大厅的清洁机器人，然而这类网络化的数字辅助自动控制设备却能够同时执行危险的间谍任务，通过人工智能辅助控制，可以接近、监视和分析所需的位置，并借助于集成的传感器，如用于窃取信息等定向任务的摄像头，开展对敏感目标信息的窃取。

3）对人工智能系统自身的网络攻击

现有的人工智能系统（例如，公司中部署的智能 IDPS）存在被恶意网络攻击者蓄意操纵的危险，机器的传感器数据可以在到达之前被修改，并由人工智能系统进行处理。对于已经被攻击者恶意操纵的输入数据，人工智能算法可能会做出错误的决策或预测，由于人工智能系统的源代码有时是已知的或开源公开的，攻击者可以尝试修改人工智能算法本身，从而故意影响结果。基于人工智能的系统必须使用与传统系统相同的方式免受攻击，为了做到这一点，了解人工智能系统中易受攻击的可能目标区域是至关重要的。2013 年以来的典型威胁是一种新的无监督学习形式如 GAN，涉及设计对抗性神经网络的能力，这种能力使得针对一个给定网络的训练检测能力可以被故意破坏。对非工业应用程序的操作和攻击，如识别/边界控制、用于自动驾驶的图像识别或语音识别等，理论上可以应用于分析大量数据点（如传感器数据）中的检测和分类模式的每种机器学习应用程序，至于是否或如何在具体的工业应用中利用这些技术，取决于各自的工业环境、情景和用于威胁的模型。对大量数据进行分类（如图像识别）的机器学习系统发起网络攻击的一种方法是操纵输入数据，一旦机器学习系统的训练完成，即机器学习系统本身处于静态不再发生变化，将发生此类攻击。输入数据可以通过多种方式进行操作，从而产生错误的分类：

- 在图像中植入标志，如通过放置经过特殊计算的数字人工制品（贴纸、涂鸦），攻击者可以故意造成交通标志的错误分类。
- 其他类型的攻击也会产生类似的错误，如用于面部识别的机器学习系统被各类眼镜所欺骗。
- 有可能故意生成机器学习系统认为正确分类的合成图像数据，当人眼只能看到抽象的图案或噪声时，机器学习系统却将图像视为动物、水果或技术设备，并还会对其进行分类。
- 攻击者可以在正确的输入数据中叠加数字伪影或噪声，从而导致机器学习系统进行错误的分类。例如，由于噪声的存在，识别系统错误地将熊猫图像分类为长臂猿，而人类视觉器官对这些照片的认知却是完全相同的。

当然，经典算法的输入数据也可以被操纵，当使用机器学习方法时，通常期望对模糊输入数据具有更高的弹性或鲁棒性。而对输入数据进行恶意修改操作并不容易，不仅需要考虑数据隐藏问题，而且还需要考虑人与机器学习系统对同一图像的感觉差异。此外，某些操作对于人类用户来说非常难以检测，错误也不容易理解，进而增加制定反制措施、分析和取证的难度。攻击机器学习系统的一种方法是通过操纵训练数据集，机器学习系统的行为从一开始就是有缺陷的，攻击者可以在他们认为合适的时候操纵系统的行为。例如，在线翻译系统是一种广泛使用的工具，其翻译结果的质量越来越依赖无法控制的翻译过程。目前，很多翻译服务公司都普遍使用支持多种不同语言的神经机器翻译系统，但对于这个系统的漏洞或副作用知之甚少，如果对某些语言来说，内部神经网络是建立在少量和稀有的训练数据基础上的，那么在某些情况下，翻译结果可能是错误的和没有意义的，其结果与 google deepdream 图片生成器在图像中识别并强调的 bazar 模式类似。因为训练数据和人工智能计算模型是在所谓的黑盒中实现的，所以几乎不可能评估这些材料的质量。而谷歌的做法是尽可能多地使用训练材料，这些模型被设计成只要训练数据与人类语言有某种相似之处，不管怎样都能输出结果。如果此系统提供生僻的翻译内容输入，则生成的翻译内容将显示为运行文本，但却与输入没有关系，而是有可能由于在训练系统时，使用的训练数据在质量方面没有得到充分验证，并且基于宗教经文，如《圣经》《古兰经》《塔纳克》《托拉》和其他经文，而这些经文本身有多种语言版本。如果机器翻译工具遇到某种语言中的毫无意义的、无序字符组合，那么机器学习算法可能就会使用上述训练数据中的含有宗教内容的结果。此外，涉及训练数据的机密性，人工智能系统的实际实现过程的一个重要环节是训练神经网络，使其能够从训练数据中进行抽象，不仅识别输入数据，而且还要学习基本概念和模式，但攻击者却可以从机器学习系统中检索训练数据。例如，银行信用卡号码形式的秘密通常隐藏在训练数据库中，机器学习系统不断地学习处理这些秘密，攻击者利用神经网络检索出信用卡号。其基本原理是：虽然神经网络自身的存储容量不足以存储整个信用卡号码数据库，但秘密是以精确的形式再现的，在过度拟合发生之前，神经网络的训练就会被中断，在结束通常的训练样本数据操作之前，并且是相对早期的训练阶段（很少的迭代次数），攻击者就已经可以学习到感兴趣的秘密。根据上述例子，以下几点是关于机器学习系统安全性必须遵守的最低要求：

- 与经典算法一样，输入数据的完整性和真实性至关重要，机器学习过程具有相对于模糊输入数据的健壮性/抽象性特点，但却无助于防止欺骗性操作。
- 训练数据的完整性和真实性同样也很重要，即人工智能系统用于算法训练的数据，必须对人工智能系统的用户透明，至少必须公开用于选择训练数据的标准，训练数据和验证数据的信任要求与统计结果的要求、选择和方法尺度须一致。
- 人类用户必须始终能够辨别和验证人工智能系统是否继续按照预先设计的规则运行，也就是当人工智能的识别结果出现错误率较低的情况时，人类必须有手段确保该系统始终基于识别错误的客观规则运行。在训练数据和应用领域日益抽象的情况下，人类的这种能力通常会下降，人工智能计算结果和所谓的“人类认知能力”在结果的一致性和准确性方面的区别变得越来越困难，甚至可以否定结果的可验证性。
- 在选择训练数据时，必须注意数据的机密性保护。这是因为除了所需的抽象/元数据之外，没有办法排除从机器学习系统重构精确的输入数据。

2. 利用 GAN 技术恶意绕过安全机制及其防护

在一些情况下，恶意攻击者会利用生成式对抗网络（GAN）技术，将工业互联网中部署的入侵检测系统（IDS）或入侵预防系统（IPS）禁用。攻击者通过人工智能技术持续不断地学习 IDS/IPS 的行为和规则，直到能够生成 IDS 不能识别的攻击行为或数据。该过程也是攻击者和安全防护系统之间不对称性的具体体现，攻击者可以使用最新版本的安全系统开发和测试自己的攻击方法，但同时也能使自身对安全系统不可见。因此，从防御角度来说，周期性使用与标准设置明显不同的策略配置个性化 IDS/IPS 是至关重要的，可以使攻击者很难利用不对称性。GAN 是一种来自无监督学习领域的技术，虽然其出现的时间不长，但却受到了广泛的关注。在生成型人工智能算法中，GAN 是一种使用隐式密度函数进行直接运算的先进技术，GAN 可以生成已知对象结构的新示例，而无须显式估计潜在的概率分布，这种方法的显著好处在于生成的数据的质量——这些数据通常不再被认为是伪造的。GAN 的基本思想是允许两个相互竞争的神经网络——一个生成器和一个鉴别器，达到一种博弈论均衡（纳什均衡）。使用有监督学习，鉴别器学习区分已知数据集的“真实”元素和由发生器产生的新元素，排除统计噪声。在对抗过程中，生成器接收有关鉴别器使用的方法的信息，以保持其区分真实元素和合成元素的能力，生成器使用此信息改进其自身元素生成函数的参数。数学上已经证明，在博弈对抗平衡状态下，真实和合成的数据对于鉴别器来说不再是可区分的，当对抗最终稳定后，一个元素为真的概率（无论是真的还是合成的样本）都表示为 0.5。生成的数据元素将拥有来自原始数据集的属性，尽管并不属于原始数据集。例如，GAN 技术可以从手写数字、衣服、家具、面孔、绘画等方面学习人类的习惯，也可以从对人类来说非常真实的、特定音乐风格的声音序列中学习模仿人类，进而生成高度逼真的人类画像。GAN 技术给传统的入侵检测系统（IDS）带来了很多新的风险，最基本的问题是生成器可以通过添加噪声修改恶意软件，而并不改变其功能，并且这种修改过程将一直持续，直到给定的 IDS 不再识别出攻击行为或代码，从而绕过安全防御机制。攻击者必须克服的困难是，尽管一个 IDS 可以在市场上公开获得，但是由于无法观察其内部程序机制，基于该 IDS 的 GAN 在鉴别器角色中的数据训练是不可能完成的。因此，IDS 本身并不能作为训练 GAN 生成器欺骗 IDS 时所需的信息源。正是这个原因，需要单独设计可以学习模仿 IDS 活动的神经网络作为替代的鉴别器。IDS 提供“无害”或“危险”标签，新的鉴别器从中学习将生成器生成的恶意软件分类为有害软件的方法。该过程是一个有监督学习过程，在这个过程中，IDS 传递标签，在这个标签的基础上，鉴别器网络中的权重因子通过模仿 IDS 行为的方式被校准，并可以将这些信息（在新的鉴别器中创建，通过这些信息学习被视为黑盒的 IDS 的行为）传递到生成器，GAN 应用中缺乏数据信息源的问题通过这种办法解决。新的鉴别器模仿防御行为的过程是：鉴别器接收来自入侵检测系统的危害性信息，使发生器在与入侵检测系统的博弈中获得目标的纳什均衡特性，从而能够生成 IDS 认为无害的恶意软件，因此 IDS 无法进行防御。

当然，这种形式的人工智能技术被恶意攻击者利用，并不局限于 IDS，用于检测数据、系统行为或其他类似干扰方面的异常状态的其他形式的信息安全防护系统，也会受到使用类似模式的基于GAN的攻击场景的威胁：如果某种鉴别器的代码在技术上是可实现的，或者可以通过适当的形式作为黑匣子观察到入侵检测类信息安全防护系统的防护细节，就可以通过神经网络生成对该安全防护系统的模仿，那么，故意欺骗安全系统所需的信息基础就存在了。而入侵检测系统本身是基于人工智能技术还是按照传统的编程方式实现，并不重要。在这种情况下，GAN技术可以被用来实现那些在自治系统领域讨论了很长时间的原理性设想：如果一个神经网络分析系统在足够长的时间范围内，观察到一个被模仿的个体的活动，并且拥有与这个个体相同的外部信息，那么该神经网络分析系统就可以学会自主行动。利用这一原理，很容易开发出从样本模型学习自主行动的自治系统。然而，对于诸如自动驾驶系统这样的系统而言，这并不是一个有吸引力的想法，因为神经网络系统也将会学习模仿驾驶员的错误行为。但这并不重要，因为只有GAN鉴别器的学习过程才是从IDS（被视为黑盒）派生出来的。目前还没有基于GAN技术的有效对抗攻击场景的通用方法，因此，建议不要盲目信任检测恶意软件异常和入侵的自动化系统的结果，还建议尽可能全面地使用补充策略对IDS/IPS系统进行个性化设置，以使黑盒攻击更加困难，并使用尽可能多的安全机制进行协同。

近几年，人工智能技术在信息安全领域有了新的发展，出现了很多新的应用。例如，通过所谓“人工智能密码学”，新形式的高度动态加密程序不再适用于任何已知的加密标准，该方法学习如何使用“对抗性神经加密”保护通信过程。从1995年开始，用于数值计算设计的专用硬件的性能和性价比的显著提高，是推动人工智能领域取得明显进展的驱动性因素之一。然而，这并不是针对人工智能本身的发展，而是为蓬勃发展的三维图形加速系统市场开发新的性能要求而附带发展的产物，三维模型交互操作的坐标变换的数值计算方式，在结构上与神经网络的张量数学的计算性能要求非常相似。基于GPU（图形处理单元）的超级计算机性能是机器学习取得巨大成功的基础，随着新的数据格式和新的计算体系结构的出现，数值张量处理单元领域的特定应用硬件产生了很大的应用需求，相应的产品已于2019年投放市场，大大加快了学习和推理过程，并使其价格越来越便宜，这使得云计算技术可以在几乎无限的容量空间中广泛而廉价地可用。随着这些高性能计算基础设施的成熟并普及应用，复杂神经网络所需的数据训练周期将从几周缩短到几个小时，神经网络参数的数量也将超过生物脑细胞的容量极限。在几乎所有的应用领域，加密都是IT信息安全的核心技术，在过去的30年中，硬件性能的巨大提升使得加密密钥长度不断增加，因为密钥能够通过素数分解过程被破译。

在工业互联网信息安全领域，运营商、制造商和集成商之间的结构化合作，使得针对新类型攻击行为的应急恢复能力比在传统工业控制系统场景要重要得多。传统入侵检测系统（IDS/IPS）的有效性受到新的攻击方法的极大影响，这主要涉及从工业控制系统过渡到工业互联网环境期间安全技术的升级更新，以及在传统工业生产控制部门目前没有计划过渡的情况下，针对这些大规模入侵形式的攻击制定更好的防御策略。工业互联网系统集成商正在以其特定设施和机器的形式，提供新形态的人工智能辅助能力，从而使得安全性更加依赖交付给集成商的产品的完整性。必须制定确保所用人工智能训练数据的质量及其在特定情况下相关特征的可确定性和可测量性的标准。对于工业互联网企业的操作员而言，人工智能辅助从根本上说是一个积极的绩效要素，但是对于每个具体的工业生产控制实现过程而言，必须始终能够验证通过人工智能辅助创建的判断结论，可以使用其他技术管理手段验证这些决策判断的正确性，从而及时发现基于人工智能识别方面存在的任何欺骗行为。人工智能决策的验证可以基于另一种完全不相关的系统或方法进行。例如，应通过在出入控制系统中禁止操作人员配戴眼镜，杜绝在质量保证作业任务期间，任何外部偶然因素干扰图像识别的能力。人工智能辅助应受到特殊的质量控制，特别是用于训练的数据，应在技术适用性和法律方面（知识产权）进行严格审查。对于工业互联网设备制造商来说，需要开发和使用人工智能辅助的核心技术，以及进行常态化的信息安全风险教育培训和不断吸收应用最新的科技创新研究成果。特别需要工业互联网企业关注的问题是人工智能技术使用的训练数据的安全。从政府对行业的管理角度分析，政府应确保向中小制造企业提供充分的信息，并充分说明人工智能在工业安全方面的机会和风险。考虑到安全和工业问题的深远影响，政府应采取适当的鼓励措施，促进运营商、制造商和集成商之间的合作，并应特别针对他们的安全要求制定特殊的政策。可以通过多方共同努力，找出对付新威胁的适当方法，也可以在共同的实地试验中检验这些方法，并为这些方法提出实际应用试点示范。

3. 基于利用多层分类器的工业 App 流量分析技术

工业 App 是工业互联网的重要技术领域，将在工业领域得到越来越广泛的应用，受到工业界的高度重视。工业 App 流量识别在网络安全、网络管理、用户行为分析等方面起到重要作用。例如，制造企业可以监控生产控制网络中是否存在恶意攻击流量、无关的访问流量、高危的重复性连接流量，以及员工在工作时间是否违规使用不允许的应用程序，如游戏和网络购物等。虽然工业 App 流量识别任务与传统的 IP 互联网识别任务相似，但工业 App 流量的特殊性对传统的识别方法提出了很大的挑战。首先，工业 App 流量几乎是通过 HTTP/HTTPS 进行的，这使得传统的基于端口的判断方法只能将大多数工业 App 流量简单识别为仅限于 Web 层次的普通流量，而无法分辨上层的工业应用流量。其次，许多工业 App 应用程序使用加密协议进行数据传输，实现用户隐私保护。再次，工业 App 应用程序经常访问第三方库，导致不同的工业应用程序可能会产生类似的流量，而且很难通过深度包检查（Deep Packet Inspection，DPI）技术或 IP 地址识别工业 App 流量。如果将此类流量视为一个单独的类别，则可以从某种意义上规避此类问题。最后，内容发布网络（Content Delivery Network，CDN）被许多 App 用来改善用户体验，因此，同一个服务器的 IP 地址将可以由多个 App 共享。例如，在流量中探测发现一个 IP 地址 101.226.220.12，则该地址可能同时至少为五个 App 所使用。此外，还有一些 App 不使用 DNS 获取服务器的 IP 地址。例如，很多即时通信 App 如微信程序，会将数百个服务器的 IP 地址列表返回给客户端的特定请求，客户端程序就不再需要执行 DNS 查询，减少了代码量和流量开销，但也明显减少了可通过基于 DNS 的流量识别方法所能识别的通信量。鉴于上述原因，传统的流量识别方法已不足以处理移动流量。

基于统计学方法利用网络流量泄露的原始流量数据信息或侧信道信息，训练基于机器学习的分类器，可以在一些特定场景中发挥作用。然而，由于工业 App 数量庞大，不可能识别出所有的应用流量。因此，传统分类器通常只能识别出满足一定条件的 App 流量。但是，大量来自低使用率场景的应用（特别是专业性较强的工业 App）和新兴应用场景的未知流量，给分类器检测带来了巨大的挑战。一般来说，在机器学习领域，有两种方法可以使分类器方法具备处理未知流量的能力。一种方法是构造 N+1 个分类器，另一种是利用多个二元分类器实现多分类。N+1 个分类器方法将未知实例视为一个类别，该方法的一个主要缺点是数据训练集总是不够，因为其并不可能收集所有未知的数据实例。第二种方法通过训练一个二元分类器分别学习每个已知类别的模式。只有当所有二元分类器的预测值都为负时，才会将其归类为未知。该方法的第一个缺点与前一种方法相同，另一个缺点是预测准则容易错误地识别出未知实例。

根据工业生产控制环境的特点，使用多层分类器或三层分类器，将可以有助于识别工业互联网环境中的工业 App 流量。多级分类器具有即使在训练集不足的条件下，也能排除未知 App 流量的能力。其中，第一层分类器进行粗粒度分类，排除已经学习了其模式的、无关的工业 App 流量。第二层进行细粒度分类，以区分目标工业 App 流量。第三层从不同的角度学习每个目标工业 App 流量的模式，并设置严格的预测标准排除未知流量引起的误报。此外，第三层分类器只使用侧通道流量信息和原始流量数据作为流量特征。为了完成工业互联网中的工业 App 流量识别任务，分类器需要满足两个要求：一是要正确识别目标工业 App 流量，二是要在未知流量训练集不足的情况下消除大量未知流量的干扰。在 TCP/IP 协议中，双向流是一组携带相同的五元组（源 IP 地址、目的 IP 地址、源端口、目的端口和协议）的数据包，用于将捕获的流量分解为离散单元。对于 TCP 连接，SYN 和 RST/FIN 分别表示流的开始和结束。超时机制（90s）用于在未观察到终止时确定流的结束，由于工业 App 主要使用 HTTP/HTTPS，因此主要考虑 TCP 流量情形，但是多级分类器方法也可以应用于 UDP 流量的情形。

（1）在粗粒度分类层，主要完成将流量标识为目标流量（来自目标工业 App 应用程序的流量）或其他流量（来自不关注的、新的 App 的未知流量）。二元分类器并不能准确区分目标流量，因为分类器本身不能用未知的流量进行训练。虽然未知实例不足，但分类器仍然可以从现有实例样本库中学习一些未知流量的模式。因此，本阶段的主要目的是尽可能消除未知的流量，而不影响识别目标流量，从而减少后续第二层分类器的不正确分类。因此，该二元分类器预期具有较高的召回率，但可能具有较低的目标类精度，可以通过为训练实例分配适当的权重来实现。

（2）第二层负责细粒度分类，该层中分类器的主要目的是区分目标工业 App 流量。如果有 N 个目标工业 App，则在该层中训练 N+1 个分类器。N+1 个分类器由 N 个目标应用程序流量和模糊流量组成，其中模糊流量是指多个 App 之间的公共流量。在第一层中被分类为目标的流量，将被这个细粒度分类器进行再分类。本阶段可能的流量分类结果为：

① 归类为模糊流量：分类器无法识别的目标 App 的流量，并且无法给出显式标签。

② 分类为第 i 个 App 的流量，并且该流量确实属于该 App_i：分类器产生一个真值。

③ 分类为第 i 个 App 的流量，但流量却属于另一个目标 App 或其他未知 App；分类器在 App_i 中产生假阳性。

在封闭环境中，分类器的主要目的是有效区分不同的目标工业 App 流量，而并不考虑其他 App 产生的流量。相比之下，在开放环境中，未知 App 流量是分类器误报的主要来源，将大大降低分类器的性能。因此，第三层的设计主要是为了消除第二层的分类结果中的误报。

（3）第三层分类器的目的是消除上一层中的误报，即消除第二层中的误分类的目标 App 业务流量，以及在第一层中未排除的未知业务流量。该阶段涉及的分类类别包括：N 个目标工业 App 流量、其他流量和模糊流量。同时，将一对一地训练 $(N+2)\times(N+1)/2$ 个二元分类器。如果一类流量在第二层被分类为 App_i，那么将被该层的 $N+1$ 个二元分类器进行再分类。$N+1$ 二元分类器的二元结构分别是：第 i 个 App 流量|第 j 个 App 流量（j 不等于 i）、第 i 个 App 流量|其他流量、第 i 个 App 流量|模糊流量。只有当所有二元分类器将流量分类为第 i 个 App 流量时，该层分类器的输出才是第 i 个 App 流量，否则，该阶段将拒绝做出预测。利用多个基本分类器和不同的流量特征对这些二元分类器进行训练，可以从不同的角度刻画工业 App 流量。简言之，在这个阶段设计的分类器首先基于假设，如果一个流量属于 App_i，那么不管使用什么特征或模型，它都应该始终被标识为 App_i。通过这种方式，第三阶段侧重于从多个角度描绘每个目标类别。因此，即使分类器没有学习到未知流量的模式，第三层的严格预测准则也能使分类器有效地排除非目标工业 App 流量实例。此外，尽管逐一训练 $(N+2)\times(N+1)/2$ 个分类器，但是到达第三层的每个流量只需要由 $N+1$ 个分类器进行分类。实际上，第三阶段排除未知流量的代价是降低其预测有效的流量数的能力。事实上，工业 App 流量识别通常并不需要假阳性。

（4）关于分类器实现，主要考虑以下三个方面的内容：

① 模糊流量的提取。工业 App 帮助制造企业以更便捷的方式收集和标记移动流量，然而，在捕获的数据中将存在一些噪声流量。噪声流量首先来自使用相同第三方库的不

同工业 App 的网络流量，且具有不同的 App 标签。其次，不可能对工业用户的行为施加任何限制，但是某些工业用户的操作可能会导致流量出现错误的标签。例如，如果用户在 App_i 中单击 App_j 的链接，并在 App_i 的进程中继续与 App_j 进行交互，则生成的网络流量将被标记为 App_i 而不是 App_j。事实上，这种流量的模式与 App_j 的模式是一致的。因此，分类器将训练出现矛盾的训练实例，而开源框架项目 AppScanner 中模糊流量思想可以在一定程度上缓解该问题。与使用 AppScanner 训练随机森林分类器提取模糊流相比，多级分类器方法将采用启发式规则提取模糊流量。对于那些来自同一种第三方库的 App 网络流量，则可能具有相同的服务器 IP 地址和端口。类似地，用户在 App_i 中单击 App_j 链接的情形产生的网络流量，其中的服务器 IP 地址和端口也应该与 App_j 生成的流量具有一定关联性。基于这个假设，提取模糊流量的过程为：首先，根据服务器 IP、端口对将训练集进行分组；其次，对于每个分组，如果分组中的流量存在多个标签，并且不存在主要类别，即不存在占分组中总样本量 90%以上的类别，则该分组中的流量被重新标记为模糊流量。

② 流量特征。首先需要根据工业生产控制现场的特点，预先设计工业 App 的流量特性即所谓"基线"，包括数据包长度相关特性、时间间隔相关特性、数据包编号和端口号等，然后构建流量的特征集。此外，P2P 流量分类器可以使用每个流量的第一个数据包的前 16 个字节作为有限数据，达到 95%以上的显著准确率。为了对工业 App 流量进行实时分类，可以从每个流量的前五个数据包中提取所有的特征。

③ 算法的基础分类器。之前的研究表明，基于决策树的模型在识别移动互联网 App 流量方面具有较好的性能。因此，使用基于决策树的模型作为基础分类器，实现多层分类器方法。多层分类器的第一层的训练集包括目标流量和其他流量两种，并用 16 个特征值训练出一个随机森林分类器。接下来，从训练集中提取模糊流量。第二层随机森林分类器的训练集，由模糊类流量的实例和 N 个目标 App 流量的剩余实例组成。在第三阶段，为了从不同的角度描述工业 App 流量，分别采用端口和若干种统计特征作为流量特征，训练两种不同的基于决策树的分类器。此阶段的训练集包括 $N+2$ 个类，具体包括 1 个模糊流量类、N 个目标 App 流量类和 1 个其他流量类，其中，其他流量类包含第一层分类器未分类的未知实例。这是因为如果一个未知流量被排除在第一层分类器中，那么第三层分类器就不需要学习该流量的特征。由于在这个阶段使用了两个模型，第三层总共包含 $(N+2)\times(N+1)$ 个分类器，进入该阶段的流量需要由 $2\times(N+1)$ 个分类器进行分类。

工业 App 流量识别中所使用的三层分类器，能够区分不同工业 App 之间的流量差异，有效地发现未知 App 产生的流量，是人工智能技术在工业互联网信息安全防护中的典型应用，明显提高了对工业 App 流量的检测能力。

5.3 边缘计算在工业互联网信息安全防护方面的应用

5.3.1 边缘计算参考架构

边缘计算存在多种定义方式，但包括三个共性技术特征：开放平台、使能作用和计算资源。边缘计算参考架构是一个或一组文档，提出参考架构的结构、产品和服务，形成解决方案，包含业界公认的最佳实践，通常建议交付方法或一些特定的、可应用的技术。参考架构帮助项目经理、软件开发人员、制造企业设计师和 IT 经理围绕目标项目进行有效的协作和沟通。为统一术语、统一体系架构和促进产业发展，国内外不同的边缘计算研究机构、产业联盟发布了多种边缘计算参考架构，具有代表性的边缘计算参考架构包括以下几类。

1）FAR-Edge 参考架构（FAR-Edge RA）

FAR-Edge 参考架构作为 H2020 FAR-Edge 项目（H2020 FAR-Edge 项目是欧盟的一个项目，目的是通过向工业企业提供一个基于边缘计算和信息物理系统的工厂自动化开放平台，支持工业的数字化转型）的一部分，已经被开发出来，并作为在工业场景中采用分散自动化架构的一种解决方案。该参考架构是一个概念框架，用于设计和实现基于边缘计算和分布式账本技术的边缘项目平台，与区块链密切相关。FAR-Edge 参考架构的两个主要概念是：范围和层。一方面，范围是指工厂或其生态系统中的组成要素，如机械、现场设备、工作站、SCADA（监控和数据采集）、MES（制造执行系统）和 ERP（企业资源规划）系统；另一方面，层提供有关系统组件及其关系的信息。图 5-7 描述了 FAR-Edge 参考架构的主要组件，包括其分层结构。

（1）现场层：是整个参考架构的最底层，由不同类型的设备组成，从智能机器到传感器或执行器，代表边缘节点。

（2）边缘层：主要是在多个边缘节点上运行的软件，这一层包含边缘网关，即作为现场层和数字世界之间的网关运行的计算设备，实时执行数据分析功能。也可以包括一个基于区块链技术的智能合约账本，为架构的任何一层提供安全支持。

（3）云层：由云服务器组成，云服务器承载负责规划、监视和管理资源的软件，处理体系结构功能组件的逻辑执行。

FAR-Edge 参考架构通过区块链保证信息安全的同时实现了边缘计算的应用，并通过智能合约实现自动化分析过程，此参考架构可作为工业环境中自动化分析和数字仿真的实现导则。

2）边缘计算参考架构 2.0

边缘计算产业联盟成立于 2016 年，由华为技术有限公司、中国科学院沈阳自动化研究所（SIA）、英特尔、ARM、软通动力信息技术（集团）股份有限公司和中国信息与通信技术研究院等多家机构组成。此外，2016 年成立了工业互联网产业联盟，该联盟由工业和信息化部进行业务指导，中国信息通信研究院为理事长单位，其中还包括航天科工、中国电信、海尔、华为等九家副理事长单位。边缘计算产业联盟与工业互联网产业联盟联合提出了基于 ISO/IEC/IEEE 42010—2011 等国际标准的边缘计算参考架构 2.0。从纵向看，边缘计算参考架构 2.0 使用以下服务：管理、数据生命周期和安全，重点关注整个生命周期中的智能服务；从横向看，边缘计算参考架构 2.0 遵循一个具有开放接口的层次化模型，如图 5-8 所示。

图 5-7　FAR-Edge 参考架构

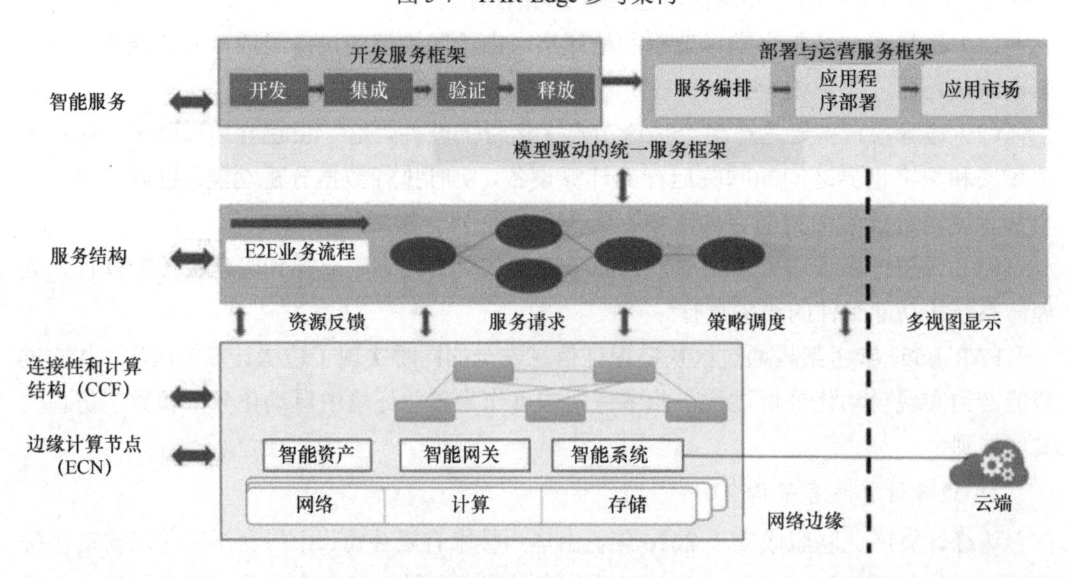

图 5-8　边缘计算参考架构 2.0

（1）智能服务：该层基于模型驱动的服务框架，通过开发服务框架和部署与运营服务框架，实现了服务开发与部署的智能协调。这些框架支持一致的软件开发接口、自动化操作。

（2）服务结构：定义加工和装配阶段的任务、工艺流程、路径规划和控制参数，实现服务策略的快速部署和多种产品的快速加工。

（3）连接性和计算结构：业务、信息和通信技术基础设施，负责部署业务和协调计算资源与本组织的各种技术类需求。

（4）边缘计算节点：在这一层中，边缘计算节点提供了实时处理和响应能力，与各种异构连接兼容，同时，安全性集成到硬件和软件中。

该参考架构增强了基于边缘计算范式的工业解决方案的参考价值。此外，边缘计算产业联盟于 2018 年 12 月发布了《边缘计算白皮书 3.0》，并提出了边缘计算参考构架 3.0。

3）包含边缘计算层的工业互联网参考架构

美国工业互联网 IIRA 中提出的工业互联网三层技术参考架构中包含边缘计算层，并形成了体系化的结构，详细内容参见 1.2.1 节。

上述三个边缘计算参考架构都基于边缘计算的三层模型，边缘计算并没有取代云服务，而是作为体系结构的最后一层进行集成补充。无论应用网络的边缘层传感器采集的数据量多么海量，这些边缘计算参考架构中的边缘节点都是处理、控制和减少传输到云中运行的服务的数据量的第一阶段，因此，可以减少存储需求，减少延迟，并向最终用户和应用程序提供实时响应。

5.3.2　边缘计算应用于工业互联网安全防护技术

边缘计算已经掀起产业化的热潮，各类产业组织、商业组织都在积极发起和推进边缘计算的研究、标准、产业化。利用边缘计算技术的边端数据计算、存储和分析能力，对工业互联网安全的防护技术机制进行能力提升，从技术能力和可行性角度都已具备条件，并且是从全面的安全体系结构设计到实现专用安全目标的具体设计，如分布式防火墙、入侵检测系统、身份验证和授权算法及隐私保护机制。全球工业互联网和信息安全厂商已经在这方面开展了很多工作。

1. 工业互联网边缘安全网关

如 4.3 节所述，边缘层为物联网应用提供了一个新的位置设计和部署新颖而全面的安全解决方案，4.3 节提出了边侧安全防护的技术需求，本节描述边缘计算技术在安全防护中的作用。工业互联网全面打通设备资产、生产系统、管理系统和供应链条，基于数据整合与分析实现 IT 与 OT 融合的核心功能，使得通过最大限度地将安全保护从终端设备转移到边缘层，从而满足终端设备的大多数安全需求，成为实施工业互联网项目过程中解决新老工业控制设备兼容性问题和实现数据驱动、弹性可变的安全防护能力的基本途径。在可信边缘层设置安全机制可以缓解工业互联网设备层的资源限制带来的安全短板，图 5-9 描绘了边缘计算技术赋能工业互联网终端设备信息安全防护的三种主要类型，包括以用户为中心、以设备为中心和端到端安全防护，边缘安全网关将是工业互联网终端设备信息安全防护功能的主要载体。

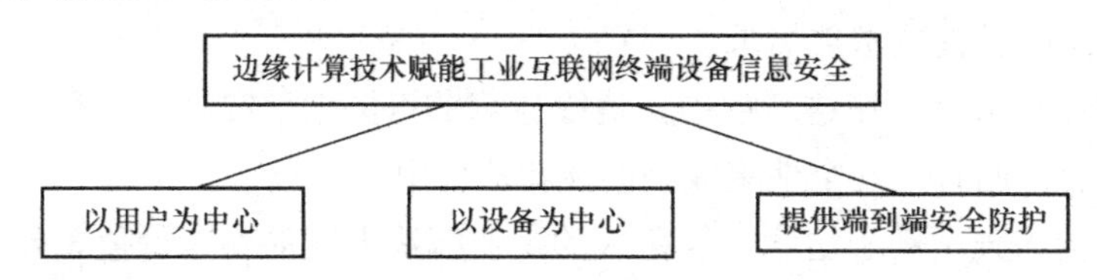

图 5-9 边缘计算技术赋能工业互联网终端设备信息安全防护类型

1）*以用户为中心的边缘安全网关*

在以用户为中心的工业互联网终端设备安全防护方面，满足用户需求是工业互联网应用成功的关键因素之一。随着数以亿计的工业控制设备接入工业互联网形成类似互联网的大众型规模化应用场景，工业互联网应用为用户提供了通过各种终端（如智能阀门、带微处理能力的控制器、传感器、智能仪表等）访问系统中大量资源的机会。工业互联网应用最吸引人的特点是便利性和普遍的资源可访问性，然而，当考虑安全问题时，面临两个重要的问题：一方面，工业现场控制用户可能不会从始终受信任和安全的工业设备登录；另一方面，大多数普通用户可能没有足够的知识有效地管理安全性。因此，仅依靠用户保证安全是不可靠的。而让边缘计算层管理每个特定用户的安全是一个创新性和实用性很强的想法，通过安全架构重构，如将个人安全卸载到网络边缘和在网络边缘实现虚拟化安全，并以边缘安全网关的方式实现。以用户为中心的工业互联网边缘安全网关如图 5-10 所示。

如图 5-10 中所示，在工业互联网的边缘层建立一个可信的域，当用户需要从各种工业现场设备访问工业互联网应用程序中的资源时，将首先连接到部署在边缘的可信虚拟域（TVD），TVD 管理对工业互联网资源的安全访问，边缘层设备可以由一组边缘安全网关组成，也可以由一个或多个网络边缘设备组成，均采用网络功能虚拟化技术构建边缘层。每个用户都可以一种简单的方式设置安全策略，然后借助规范的策略语言和策略转换机制，将这些策略转换为一组个人用户安全应用程序，如防病毒、防火墙和内容检查工具。TVD 作为一个逻辑容器用来封装用户特定的个人用户安全应用程序，部署在一个网络边缘设备中。用户利用全网通用的配置系统，将用户安全应用程序配置为连接并使用最接近的兼容的边缘安全网关。远程认证和验证技术被用来在用户和全网通用的配置系统之间建立信任，最终由网络功能虚拟化（NFV）编排系统帮助管理和控制边缘安全网关，进而实现大多数工业互联网用户的安全需求都由边缘安全网关管理。以用户为中心的边缘安全网关的存在形态可以是虚拟化的，也可以是专用的边缘安全网关，将依据工业现场需求而定。

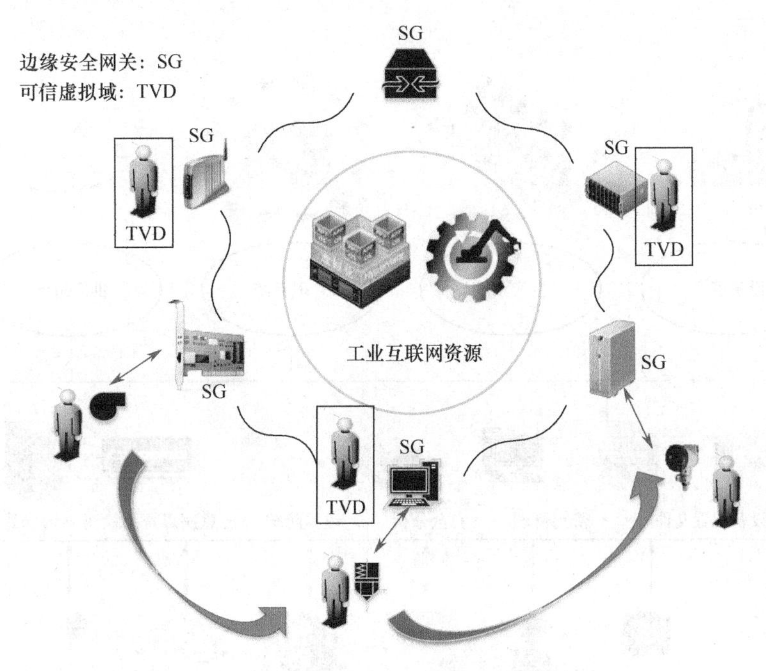

图 5-10　以用户为中心的工业互联网边缘安全网关

此外，在工业互联网的移动应用场景中，虚拟移动边缘安全网关可以提供基于边缘计算的安全防护能力，虚拟移动边缘安全网关至少应由四个主要组件组成，包括安全应用程序虚拟容器、网络执行器、资源迁移器和编排器。安全应用程序虚拟容器包含一套安全工具，如防火墙、反钓鱼软件、防病毒软件等，根据用户的安全需求为每个特定用户指定。网络执行器为每个用户实例化一个虚拟专用网络，在编排器的协调下，资源迁移器将特定安全应用程序虚拟容器的状态移动到靠近用户的位置，因此，可以有效地解决由用户移动性引起的安全问题。总之，以用户为中心的工业互联网边缘安全网关以边缘安全网关为载体，基于虚拟化技术，可以安全地连接来自不同位置的工业互联网用户，并使用不同安全防护级别的设备。

2）以设备为中心的边缘安全网关

在以设备为中心的工业互联网边缘的安全方面，数以亿计的生产控制设备深度嵌入工业互联网的信息物理世界中，不仅能感知有价值的数据，使许多智能应用程序能够建立在这些海量数据的基础上，而且还能驱动许多重要的决策来控制物理世界。与以用户为中心的工业互联网安全设计不同，以设备为中心的工业互联网安全设计根据每个终端设备的可用资源、传感数据的敏感性和执行任务的影响，为其定制安全解决方案，还可以同时考虑一组终端设备的安全需求。以设备为中心的工业互联网边缘的安全防护，主要考虑将安全功能从工业互联网设备卸载到边缘层。以设备为中心的边缘安全网关示意如图 5-11 所示。

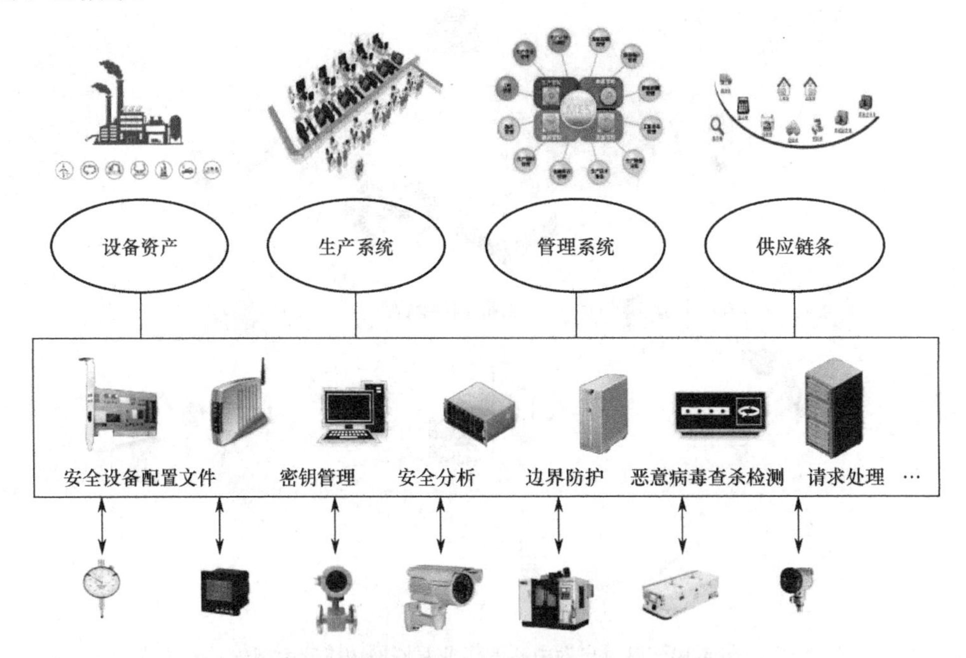

图 5-11　以设备为中心的边缘安全网关示意

以设备为中心的工业互联网边缘的安全防护方案，并不改变现有的网络体系结构和标准协议，而是采用新增加边缘安全网关实体设备的方式，满足工业互联网应用的安全需求，这类工业互联网边缘安全网关的形态主要是各种工业控制网络安全防护产品（如工业防火墙、工业隔离网关等)，或者已有产品的适配性改进。以设备为中心的工业互联网边缘安全网关是基于新的安全服务，部署在边缘层，功能是增强工业互联网系统的安全性，由六个主要模块组成，这些模块协同工作，系统地处理工业互联网中的特定安全威胁，这些模块应包括协议映射、密钥管理、安全模拟、边界防护、恶意病毒查杀检测和请求处理功能。首先，将每个工业互联网设备注册到安全设备配置文件模块，以便收集特定设备的信息并识别出特定设备的安全需求，然后，安全分析模块通过实现两个功能，完全监督独立工业互联网子系统的安全。一个功能是分析工业互联网子系统中已注册设备的安全依赖性，另一个功能是决定在何处部署安全功能。协议映射模块根据每个特定工业互联网设备的可用资源和已建立的安全设备配置文件，从协议库中为其选择适当的安全协议。此外，为了保护物理系统的安全，安全模拟模块在关键指令实际执行之前对其后果进行模拟。其他组件提供诸如兼容通信中的异构性和协调不同模块协同工作等功能。提供服务型的工业互联网边缘安全网关的存在形态，主要应以集中式的工业互联网边缘层服务器为主，而六个主要模块将以软件功能模块的形式实现。以设备为中心的工业互联网边缘安全网关考虑了每个终端设备的特性，并通过为其定制适当的安全解决方案来满足其安全需求。

3）提供端到端安全防护的边缘安全网关

许多工业互联网应用程序需要提供工业互联网设备之间，以及工业互联网边侧设备与云侧之间的端到端安全性保障。然而，在工业互联网中实现端到端安全面临很多挑战，主要是因为工业生产控制现场设备的异构性，由于工业互联网中的边缘层是连接异构物联网设备和云的桥梁，边缘安全网关的形态还可以是一种部署在边缘层的安全中间件，用于工业互联网设备之间的端到端安全通信，以及实现中间件管理安全功能，如MAC算法、加密算法、认证器及移动设备的安全会话状态等。

2. 工业互联网边缘防火墙

大多数工业互联网设备都受到资源限制，因此无法支持防火墙等高安全性应用程序。此外，考虑到工业互联网设备的大规模部署应用场景，如果每个工业互联网设备都安装防火墙或类似功能组件，那么管理大量防火墙的代价将非常高。基于边缘计算技术的防火墙或称边缘防火墙，将是一种经济高效的解决方案，图5-12表示边缘防火墙的基本构成。

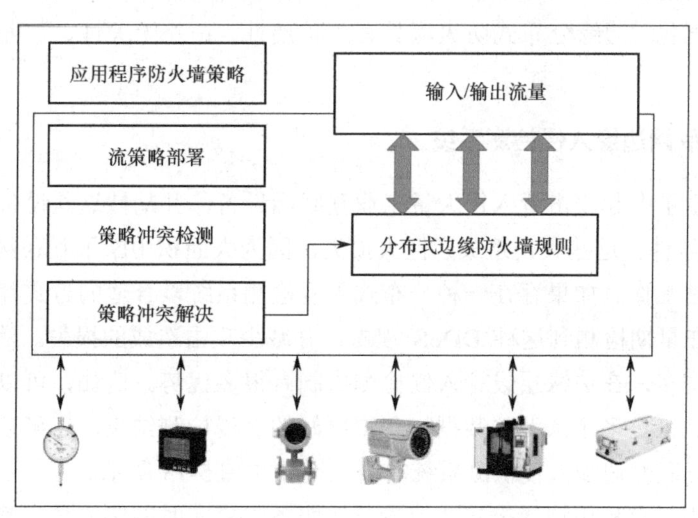

图5-12　边缘防火墙的基本构成

如图5-12所示，工业互联网的各类应用程序定义防火墙策略，这些策略转换为一组流策略，当完成流策略中的冲突检测及相应处理后，这些策略就成为一组分布在边缘防火墙中的规则，边缘防火墙将依据这些规则对进出网络防护域内的流量进行控制。边缘防火墙具有以下明显的优势：首先，更新防火墙将更加可行和易于管理，因为只是一种概念集中防火墙；其次，在许多工业互联网应用场景中，边缘设备可以管理工业互联网子系统，因此，可以配置防火墙以适应子系统的总体安全需求；最后，可以支持工业互联网系统中的用户移动性，因为边缘层可以跟踪用户和终端设备的移动轨迹和证书状态。基于边缘计算技术的防火墙有两种不同的体系结构：软件定义边缘防火墙和边缘分布式防火墙。前者采用软件定义网络（SDN）技术，后者采用虚拟网络功能（VNF）技术。

软件定义边缘防火墙包含三个主要功能单元：网络状态和配置更新、违规检测和违规处置。在软件定义边缘防火墙中，违规检测不仅像传统技术那样检测每个数据流的违规行为，而且跟踪数据流路径进而识别网络中每个数据流的原始来源和最终目的地。其基本原理是使用数据包头部字段空间分析技术作为流跟踪机制，还引入了防火墙授权空间的概念表示防火墙规则允许或拒绝的数据包，使得防火墙规则可以转换为不相交的授权子空间，即拒绝授权空间和允许授权空间，基于流路径和防火墙授权空间，检测违规行为。在冲突解决过程中，当配置新的流策略时，设计了一种新的综合冲突解决机制，新机制没有直接拒绝可能部分违反流策略的新流量，而是提出了数据流重路由和流标记技术，打破了对数据流的完全依赖。

边缘分布式防火墙采用主/从体系结构，在多个工业互联网设备的分布式策略实施点的边缘层提供集中管理，使用策略服务器提供诸如用户界面、策略管理、网络连接组管理和审核等功能。同时，边缘分布式防火墙创建策略并将它们推送到网卡，网卡过滤违反策略的数据包。边缘分布式防火墙具有可扩展性、拓扑无关性、不可绕过性和抗篡改性。

3. 工业互联网边缘入侵检测系统

近几年发生了多起攻击者入侵大量工业互联网设备，并劫持这些设备发起数次严重的 DDoS 攻击事件。这些攻击造成了巨大损失，因为大面积中断了互联网连接，影响了数亿用户的日常工作。如果存在一种分布式入侵检测系统以合适的方式部署于工业互联网中，就可能在早期检测到这种 DDoS 攻击，并减少攻击造成的损失。随着工业互联网边缘层信息的增多，在边缘层设计入侵检测机制有很多优势。例如，可以利用先进的机器学习算法关联来自多个来源的数据，获得更好的入侵检测结果，还可以适应攻击模式的变化。工业互联网边缘入侵检测系统的概念设计如图 5-13 所示。

在该设计中，首先由边缘分布式流量监控服务收集实时网络流量；其次在单个边缘设备中运行边缘局部入侵检测算法，此外，协同入侵检测是通过检测来自多个边缘设备的数据流量实现的；最后由部署在边缘设备上的边缘网络控制器组件执行检测结果。工业互联网边缘入侵检测系统的形态主要是在工业互联网边缘层中的设备，该设备应同时具有边缘分布式流量监控功能组件、边缘局部入侵检测功能组件、协同入侵检测功能组件和边缘网络控制器功能组件。

工业互联网边缘入侵检测系统可以采用虚拟形式，即虚拟免疫系统（见图 5-14），分析底层工业互联网基础设施的安全性和一致性。

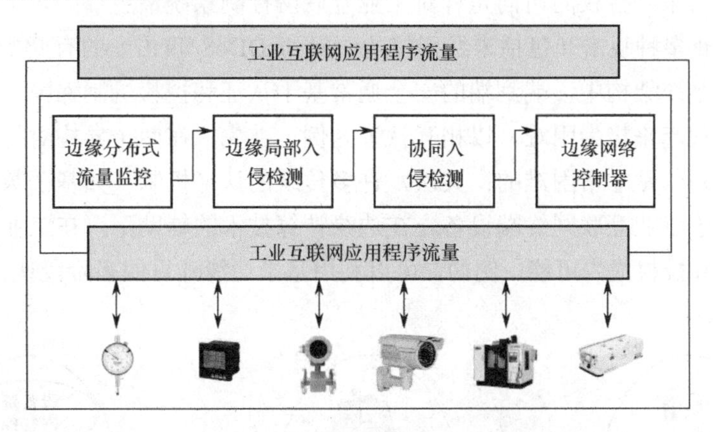

图 5-13　工业互联网边缘入侵检测系统的概念设计

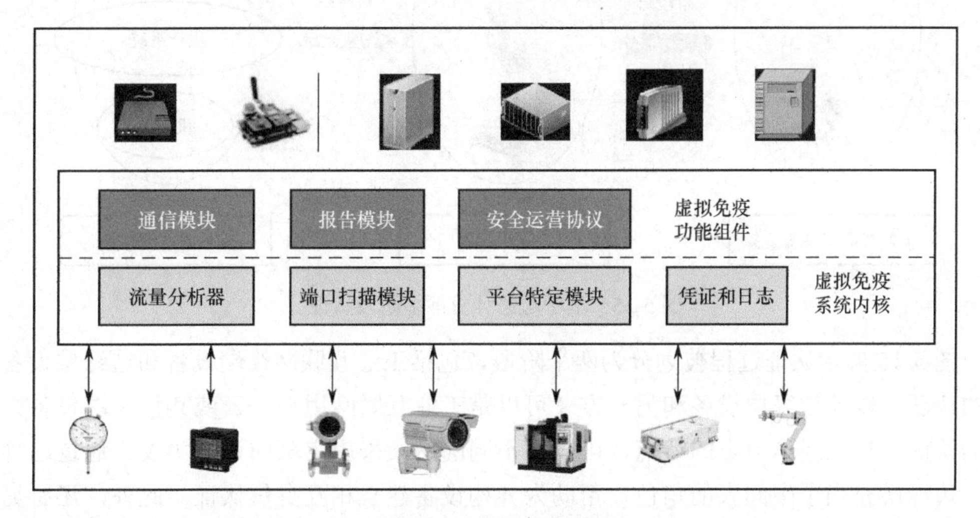

图 5-14　虚拟免疫系统

虚拟免疫系统有两个功能模块：虚拟免疫系统内核和虚拟免疫功能组件。其中，虚拟功能组件包括一个通信模块、一个报告模块和一个安全运营协议模块。而在虚拟免疫系统内核中，主要包括流量分析器、端口扫描模块、平台特定模块、凭证和日志。工业互联网边缘入侵检测系统管理器一个编排器组件，根据从各种来源收集的信息（包括内部系统管理员、外部威胁情报源，以及虚拟免疫系统在边缘基础设施中收集的信息），在边缘基础设施中配置和部署虚拟免疫系统。虚拟免疫系统的形态可以是一个部署于工业互联网边缘层的设备中的功能模块，或是一种可供调用的云端服务等多种虚拟化部署模式。

4. 基于边缘计算的认证和授权机制

研究表明，未经授权的访问是针对工业互联网控制系统最主要的攻击类型，身份认证和授权是阻止多种攻击（包括未经授权的访问和 DDoS 攻击）的有效安全防护机制。在工业互联网系统架构中，端到端的安全通常基于认证和授权机制保障，但由于很多方面的原因，实现起来极为困难。以相互认证为例，首先，在两个异构对等节点之间建立端到端的直接通信是非常困难的；其次，许多传统的认证机制（如基于数字签名的认证机制）不适用于工业互联网终端设备。在边缘计算技术的辅助下，在工业互联网中实现端到端的认证和授权成为可能。例如，可以利用基于边缘计算的多阶段认证实现该过程，如图 5-15 所示。

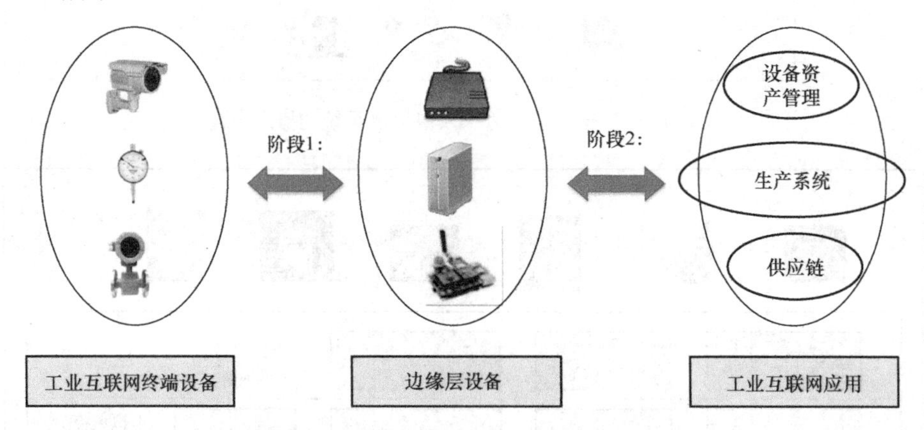

图 5-15　基于边缘计算的多阶段认证

图 5-15 所示认证过程被划分为两个阶段，包括工业互联网终端设备和边缘层设备之间的认证，以及边缘层设备和另一方（可以是工业互联网用户、云或其他终端设备）之间的认证。根据通信节点的特点，可以对不同的网段采用定制的认证协议。通过这种方式，边缘层充当了中间人的角色，帮助为异构设备建立相互身份认证。此外，还有另一种方式，边缘层代表终端设备完成认证和授权过程，即终端设备将认证和授权功能外包给边缘层。此外，由于边缘层具有支持多个认证接口的资源，因此，有条件在边缘层实现工业互联网系统所需的多因素认证功能。

在工业互联网应用场景中，可以使用边缘层中的工业控制网关作为代理，代表大量的工业互联网终端设备完成身份认证和授权过程，实现多因素认证和授权，并部署实时身份监控服务，保证身份的有效性。多因素身份认证通常涉及两种以上不同的身份认证机制，其目的是验证实体的信息（如用户名/密码和安全问题）和/或实体拥有的信息（如令牌、密钥、证书和/或智能标记）和/或实体的身份（如生物特征识别）。在认证和授权的过程中，工业互联网用户向网关发送请求及生物特征和身份信息等，网关对用户进行身份认证并确定其授权级别。同时，还可以使用两阶段的身份认证，其过程为：在第一阶段，工业控制网关使用基于数字签名的协议对用户进行认证，并从用户获得凭证。在第二阶段，基于接收到的凭证，工业控制网关进一步使用基于对称密钥的认证协议与工业互联网终端设备达成相互认证。类似地，还可以基于边缘计算的认证协议对 RFID 进行认证。在资源丰富的工业互联网边缘层，可以支持许多功能强大的身份认证和授权算法。例如，在边缘层执行基于属性的细粒度访问控制策略，以对工业互联网的数据访问进行强制控制。

5. 基于边缘计算的隐私保护

工业互联网应用程序从无处不在的工业互联网设备收集大量有价值和敏感的数据，由于许多工业互联网应用，如供应链管理和用户需求管理，涉及很多用户的隐私信息，用户往往期望严格的隐私保护措施。但是因为边缘层的数据比终端设备的数据多，因此可以实现各种隐私目标，如差异隐私、k-匿名和隐私保护聚合。换句话说，当工业互联网应用提交对工业互联网数据的查询时，边缘层可以首先处理数据，然后通过向工业互联网应用提供隐私保护数据响应这些查询，如图 5-16 所示。

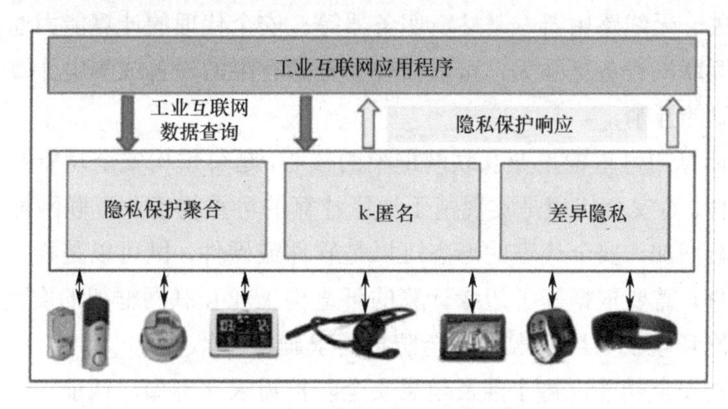

图 5-16　基于边缘计算的隐私保护设计

轻量级隐私保护数据聚合技术是适合在边缘层使用的一种隐私保护方案，工业互联网设备将其在本地处理的传感数据，连同消息认证码（MAC）一起报告给边缘层的节点。当边缘层节点接收到报告之后，首先通过比较 MAC 值认证工业互联网终端设备，然后为工业互联网应用程序生成聚合值。基于边缘计算的隐私保护方案可以利用同态加密和单向 hash 链等技术，实现异构工业互联网数据的聚合问题，减少通信量，并从工业互联网终端设备报告中过滤出虚假数据，轻量级隐私保护数据聚合技术利用差异隐私技术来实现隐私保护的目的。此外，输出扰动方法，即在输出值中加入拉普拉斯随机噪声的方法也可以实现数据隐私保护，该方法在不显著影响数据效用的情况下，实现了不同等级的隐私保护。

此外，基于边缘计算的隐私感知调度机制，也是有效解决大规模工业互联网数据隐私保护的方法，该方法的核心思想是不同应用程序运行在不同的服务器中，具有不同的隐私要求。例如，私有应用程序任务只能在本地或私有云或微型数据中心运行，半私有应用程序任务可以在与云数据中心动态通信的本地或私有云或微型数据中心运行，而公有应用程序任务可以调度到任何数据中心运行，基于边缘计算的隐私感知调度算法将在感知这些差异化运行条件的基础上，更精细化地满足应用的实时性要求。

5.3.3 基于边缘计算的可重构工业互联网安全技术

边缘计算是一种新的计算模式，具有更强的计算能力、更靠近用户设备，可以为其他资源有限的工业互联网设备的应用提供所需的资源。基于边缘计算的可重构工业互联网框架，将边缘计算技术与工业互联网安全防护技术融合，可以有效缓解使用以高级密码计算技术为基础的安全防护能力所面临的高计算成本、低灵活性和不兼容性的问题。基于边缘计算的可重构工业互联网安全框架不改变工业互联网应用体系结构或不需要重新设计标准协议流，使用新的功能组件——安全代理，进而更接近工业互联网用户边缘的设备，如网关、无线路由器、基站、服务器等。安全代理的计算能力通常比大多数资源有限的工业互联网设备更强大，可以减轻在资源有限的设备或集中计算基础设施中进行复杂密码计算的开销。

基于边缘计算的可重构工业互联网框架的核心，是可重构安全功能及其相应的可重构安全功能组件。而安全代理是实现基于边缘计算的可重构工业互联网框架的执行及承载实体，需要新增加。安全代理的形态可以是软件或硬件，既可以是物理实体，也可以是虚拟功能组件，需要依据基于边缘计算的可重构工业互联网框架的实现方式，以及所处的工业互联网环境的实际情况和安全防护需求确定。

通过可重构安全功能，每个涉及信息安全防护需求（例如，认证、访问控制等）的工业互联网设备，只需要通过维护安全代理的密钥就能保证与安全代理的安全通信。安全代理使用其安全密钥生成和分发所需的安全信息，并注册到生产制造企业或组织统一的全局密钥管理系统，完成工业互联网设备之间的相应安全防护程序。可重构工业互联网框架功能的优势可概括如下：

（1）在工业互联网设备方面，可以将密钥管理过程从应用层简化到用户层。

（2）由于安全代理具有更强的计算能力，即使是低端工业现场控制设备也可以请求使用，并获得需要较高计算成本的高级安全算法进行保护。

（3）与以往 3G/4G 网络中可重构安全的概念不同，可重构工业互联网框架不需要、也不能改变原有协议和标准的体系结构，还兼容所有可能通过加密方法实现的安全要求。

（4）与基于云的解决方案相比，可重构工业互联网框架利用接近工业控制用户的边

缘设备，为工业互联网安全提供了更好的可扩展性和可用性。

（5）尽管基于云计算的安全防护模式也可能有助于减轻安全防护的计算开销，但需要各种类型的工业互联网用户将其私有安全密钥共享给云服务器，可重构安全却不需要共享私有密钥，而是允许用户自己保存私有安全密钥。

除机密性、完整性、可用性和不可否认性等基本安全需求外，基于边缘计算的可重构工业互联网安全框架还将产生有关工业互联网安全代理方面的额外安全问题，即安全代理需要处理好特别针对两类入侵者的防护问题：恶意工业互联网设备和属于 honest-but-curious（诚实但好奇）类型的安全代理，如图 5-17 所示。

恶意工业互联网设备可能在与其他合法工业互联网设备的交互过程中实施恶意攻击行为，属于 honest-but-curious 类型的安全代理可能会截获其所在工业互联网中的正常交换的消息，并追踪工业互联网设备之间的通信足迹。因此，由特定安全功能组件构造的可重构安全功能组件应满足以下附加的安全防护要求：

- honest-but-curious 类安全代理的机密性，即使安全代理实现可重构安全功能的计算过程需要涉及工业互联网中的交换消息，也应确保工业互联网设备之间消息交换的机密性。安全代理不应该从工业互联网设备之间的通信，以及执行可重构安全功能的计算过程中非法获取其他无关的信息内容。
- 工业互联网设备的合法身份认证：每个工业互联网设备的身份应由所属的安全代理验证，在为提出请求的工业互联网设备计算指定的安全功能之前，安全代理应首先对设备进行身份认证，确保未经授权的工业互联网设备不会滥用安全代理计算安全功能的资源。
- 工业互联网设备对 honest-but-curious 类安全代理的不可追踪性：即使需要安全代理参与计算过程的安全功能，每个安全代理也不应该具备能够在由工业互联网设备发起的通信会话中，跟踪每个工业互联网设备的身份的能力，并确保所有的通信过程踪迹对参与计算通信的安全代理保密。

通过确保上述三个方面的安全要求，安全代理可以在为每个工业互联网设备计算指定的安全功能之前对其进行身份认证，工业互联网设备的机密信息不能暴露给安全代理。此外，设备的标识信息和通信会话是不可访问的，因而安全代理无法在工业互联网设备之间的所有通信会话期间跟踪任何设备的标识信息。

基于边缘计算的可重构工业互联网安全框架由工业互联网应用程序服务器、工业互联网安全域、全局密钥管理系统和全局 AAA（Authentication、Authorization、Accounting，认证、授权和计费）系统等组成。工业互联网安全域由完成同一应用程序所需的设备构成，每个设备都配备了与全局 AAA 系统的密钥相关联的唯一标识，工业互联网应用程序服务器支持所需的计算和存储资源、逻辑操作，以及应用数据和成员管理功能。每个工业互联网安全域都有一个或多个专用服务路由器，这些路由器与工业互联网设备互连，

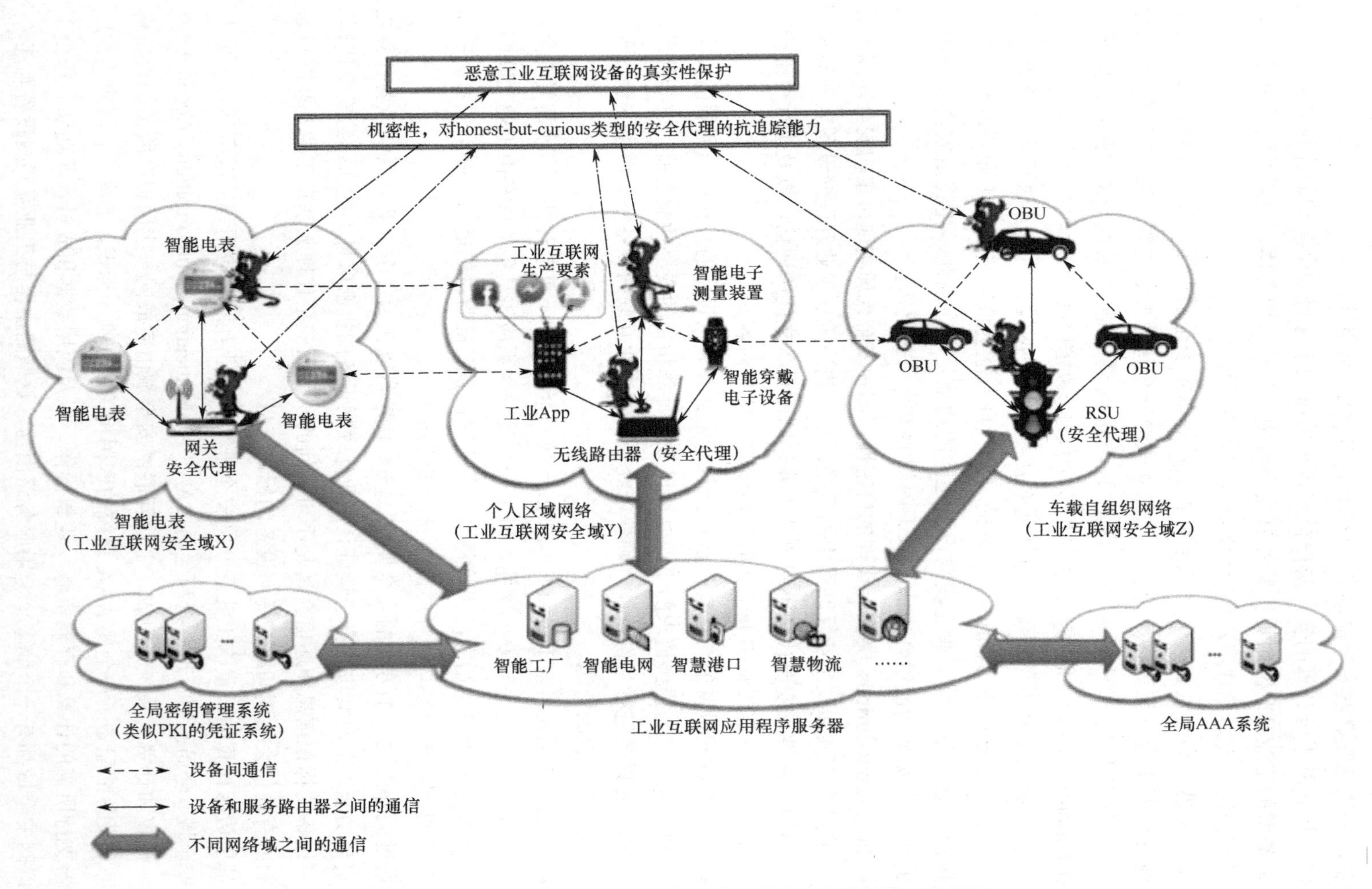

图 5-17　基于边缘计算的可重构工业互联网安全框架及对抗模型

可以访问运营商通信网络，如移动网络和互联网。服务路由器是接近用户的边缘工业互联网设备，是安全代理的承载实体，具有足够的资源来支持高级安全算法。例如，配备高计算能力和各种通信接口（例如，UMTS 或 WLAN）的移动设备（例如，智能手机等），也可以作为安全代理，为邻近的其他资源有限的工业互联网设备提供安全服务。应用程序的用户或管理者可以预先部署满足设计要求的安全代理，并且每个安全代理将继承底层通信接口的安全保护机制。通过有效利用安全代理的计算资源，可以大大降低资源有限的工业互联网设备的安全计算成本。安全代理的部署具有以下优点：降低工业互联网设备密钥管理的复杂性，不需要升级工业互联网设备的硬件能力就可以实现高级安全机制，支持新的信息安全防护机制的高度灵活性。

基于边缘计算的可重构工业互联网安全体系基本的协议栈如图 5-18 所示，主要包括连接抽象层、安全和资源层，以及应用层，从而实现为各种工业互联网信息安全需求提供可重构的安全保障。

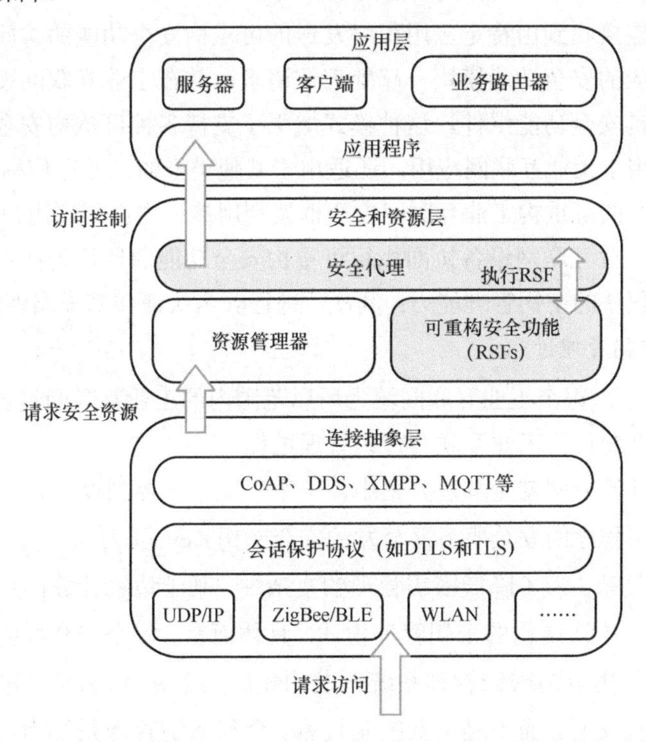

图 5-18　基于边缘计算的可重构工业互联网安全体系基本的协议栈

连接抽象层：由网络协议［例如，UDP/IP、ZigBee/Bluetooth 低能（BLE）和 WLAN］、会话保护协议［例如，数据报传输层安全（DTLS）和 TLS］及面向消息的互联网应用协议［例如，受限应用协议（CoAP）、数据分发服务（DDS）、可扩展消息和状态协议（XMPP）和消息队列遥测传输（MQTT）］组成。

安全和资源层：包括资源管理器、可重构安全功能和安全代理。资源管理器将工业互联网设备的计算、通信和数据作为资源进行统一维护；可重构安全功能是基于边缘计算的可重构工业互联网安全框架所支持的信息安全防护功能，可以视为安全资源；安全代理负责基于边缘计算的可重构工业互联网安全框架的功能支持。

应用层：由作为服务器资源的服务器、客户端和业务路由器等组成。

可重构安全功能组件是一种协议实现，它可以作为一个跨层中间件来实现，安装在安全代理和工业互联网设备中，并根据设备的类型在操作系统或硬件上运行。可重构安全功能组件是可重构安全功能的具体实现者，或者功能的代码实现模块。在一个完整的可重构安全功能执行过程中，将主要根据工业互联网设备和安全代理执行所需的操作实现可重构安全功能。使用可重构安全功能组件，安全代理可以与各种硬件、应用和通信标准的工业互联网设备兼容地执行安全功能。通过可重构安全功能组件的 API，每个设备都能够支持各种工业互联网应用所需的安全防护。

当连接抽象层接收到由特定应用程序发送的可重构安全功能的访问连接请求时，资源管理器将与相应的安全功能模块一起处理该请求，并在工业互联网设备和安全代理的合作下运行可重构安全功能组件。这种模式增强了支持各种可重构安全功能组件的灵活性，而且不仅适用于工业互联网应用，还适用于其他类型的工业通信标准。

基于边缘计算的可重构工业互联网安全框架利用接近生产制造用户设备（安全代理）的基本条件，与工业互联网设备协同执行可重构安全功能的过程为：首先，简化跨多个工业互联网应用程序的密钥管理能力；其次，进行匿名认证和基于属性的数据访问控制。

1）简化的密钥管理过程

如图 5-19 所示，每个工业互联网域为所属范围内的工业互联网设备部署私有的安全密钥，进而极大地简化了工业互联网密钥管理过程。

在传统的工业互联网安全解决方案中，每个工业生产控制设备 D_i 需要维护一组由不同工业互联网应用程序的安全服务器分发的安全密钥 $\text{Key}_{D_i} = \{K_{\text{SS}_{j_1} \leftrightarrow D_i}, \cdots, K_{\text{SS}_{jm_i} \leftrightarrow D_i}\}$，维护过程本身就很复杂。为了降低密钥管理的复杂性，基于边缘计算的可重构工业互联网安全框架采用基于层次结构的密钥管理模式。具体而言，每个安全域的安全代理维护一个凭证，功能是使用全局密钥管理系统颁发的相应的公钥/私钥对，进而与每种可重构安全功能组件进行交互，而不是工业控制设备。全局密钥管理系统为可重构安全功能组件颁发安全证书，而群签名和基于属性的加密过程应支持可追溯性和可撤销性，以确保安全代理的安全性。此外，基于边缘计算的可重构工业互联网安全框架的每项输出（例如，签名和密文），都可以追溯到发端的相应的安全代理。因此，在安全代理出现损毁的情况下，就可以暂停执行基于边缘计算的可重构工业互联网安全框架的防护能力。每个工业互联网设备或实体，都需要维持一个与由网络提供商提供的全局 AAA 系统［例如，移动网络中的家庭用户服务器/认证中心（HSS/AuC）］共享的秘密密钥 $\text{Key}_{D_i}^{\text{AAA}}$，使用这个秘密密钥，工业互联网设备和安全代理之间经过认证的安全通信，就可以响应基于 AAA 的认证和密钥交换（AKE）协议，并且由每个安全代理维护与全局 AAA 系统安全连接的信道。

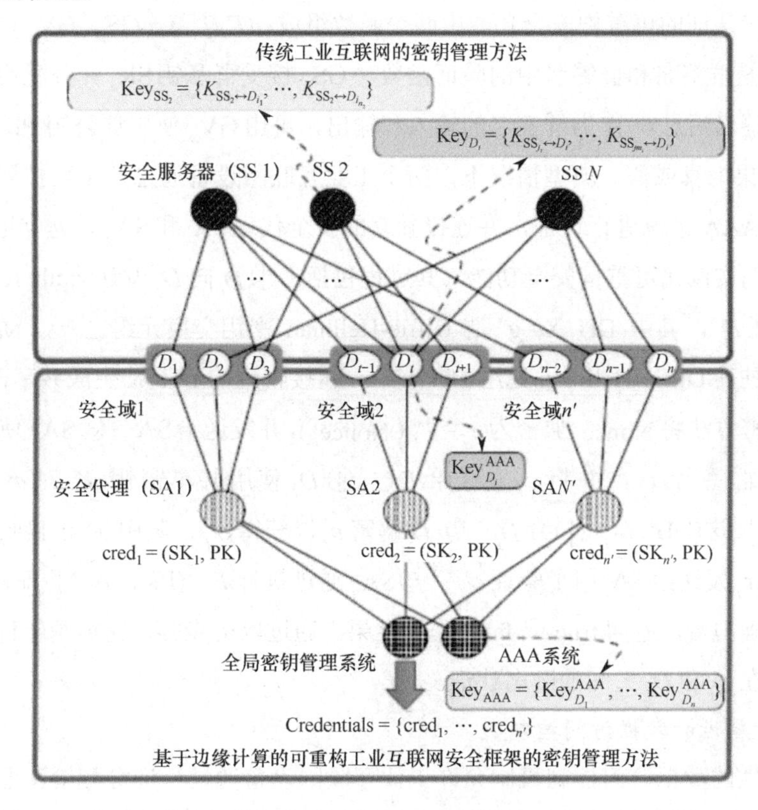

图 5-19　传统和基于边缘计算的可重构工业互联网安全框架的密钥管理方法

2）可重构安全功能组件的构建

可重构安全功能组件是基于边缘计算的可重构工业互联网安全框架中的重要组成部分，实现与工业互联网设备的连接、安全功能与可重构安全功能转换两部分功能。连接过程涉及的实体包括工业互联网设备、安全代理和全局 AAA 系统，主要是建立工业互联网设备和安全代理之间的相互认证。通过某种基于 AAA 的认证协议，如 EAP 认证协议（可扩展的身份认证协议）可以实现这一过程，为此需要在工业互联网设备和全局 AAA 系统之间使用前述过程共享的秘密密钥。安全功能与可重构安全功能转换涉及的实体是工业互联网设备和安全代理，其中安全代理帮助执行工业互联网设备的安全功能。除了特定安全功能需满足的安全要求外，可重构安全功能还需要具备满足其他安全要求的能力，如针对安全代理的机密性，针对工业互联网设备的真实身份认证与鉴别，以及针对连接访问安全代理的工业互联网设备的不可追踪性。

3）可重构安全功能中的匿名认证

通过匿名身份认证，可以在不知道确切身份的情况下对实体进行身份认证，为此，每个身份认证会话的参与者的身份都应该随机化。通过仅使用基于群的公钥凭证将给定消息签名为特定群的签名，可以利用群签名机制实现匿名认证。

实现匿名认证的可重构安全功能由两个函数组成：$(F,F^{-1})=(GS_{if},GV_{er})$，其中，$GS_{if}$ 和 GV_{er} 分别是群签名和群签名中的验证函数。GS_{if} 接受群私钥 SK_i 并分配给每个安全代理，同时将签名消息 σ_i 作为群签名的输入和输出，可由 GV_{er} 使用群公钥 PK 进行验证，验证 σ_i 的结果为真或假。典型情况下，两个工业互联网设备通过基于可扩展的身份认证协议与全局 AAA 系统进行认证，并连接独立的安全代理 SA_i 和 SA_j，建立连接过程后，通过群签名的实例化可重构安全功能，其过程包括：① D_i 向 D_j 发送 auth req={DH_X，$Nonce_i$}验证 D_j，其中 DH_X=g^x 是 Diffie-Hellman 密钥交换元组之一，$Nonce_i$ 是随机数；② D_j 通过其 Diffie-Hellman 元组 DH_Y=g^y 和接收到的 DH_X 生成共享密钥 $K=g^{xy}$，使用对称加密算法将 $Nonce_i$ 加密为 $\varepsilon_j=E_k(Nonce_i)$，并发送给 SA_j；③ SA_j 使用 SK_j 在 ε_j 上生成一个群签名 σ_j，并将 ε_j 发送给 D_j；④ D_j 使用共享密钥 K 对 σ_j 加密为 $\varepsilon'_j=E_k(\sigma_j)$，并发送(DH_Y，$\varepsilon'_j$)给 D_i；⑤ D_i 解密 ε'_j 以获得 σ_j，其中 K 由接收到的 DH_Y 计算，并将 σ_j 发送给 SA_i 用于验证 σ_j；⑥ SA_j 通过执行 F^{-1}(PK，σ_j)验证 σ_j，根据 D_j 的群签名正确与否，返回 true 或 false 作为结果。通过以上步骤，完成基于群签名的可重构安全功能在 D_i 和 D_j 之间的匿名认证。

4）基于属性的数据访问控制

基于属性的数据访问控制机制允许工业互联网设备通过认证分配给工业互联网设备的属性，以及为受保护目标设置的策略来访问受保护的信息（例如，多媒体内容）或设备（例如，传感器）。基于属性的加密通过使用基于属性的公钥和指定的策略（如属性谓词）对消息进行加密，进而实现安全的、基于属性的数据访问控制。只有具有与属性相关联的合法密钥且满足策略的工业互联网设备才能解密加密的数据，这意味着属性和策略的验证是通过基于属性的加密和解密实现的。可以通过基于属性加密的安全功能，构建一个基于属性加密的可重构安全功能组件，实现工业互联网中的细粒度访问控制。安全功能由两个函数组成：$(\phi,\phi^{-1})=(ABE_{nc},ABD_{ec})$，其中 ABE_{nc} 和 ABD_{ec} 是基于属性的加密和解密函数。

首先，由于会话密钥在每个可重构安全功能会话中使用 Diffie-Hellman 密钥协议进行共享，安全代理只能计算加密的消息，并且从计算工业互联网设备的特定安全功能中，不能学习到两个工业互联网设备之间交换的消息，确保了 honest-but-curious 类安全代理的机密性；其次，确保了安全代理连接所属的工业互联网设备身份的真实性；最后，当在工业互联网设备连接过程中采用匿名认证时，由同一工业互联网设备发起的通信会话将不可追踪。因此，在安全代理中计算安全功能时，不会破坏工业互联网设备间通信的安全性。

基于边缘计算的可重构工业互联网框架可以为工业互联网设备提供更为实用且可靠的信息安全防护能力，在硬件（如计算能力和内存）和软件（如各种标准和综合应用场景导致的密钥管理复杂性）方面具有更好的可实现性、灵活性和可扩展性。

5.4　工业互联网中应用场景与资源匹配的轻量级密码技术

5.4.1　轻量级密码技术概述

轻量级密码算法是为了适应计算和存储资源受限的嵌入式设备而提出的一种功耗低、占用门数少的密码算法。轻量级不是指密码算法安全性的降低，而是明确密码算法是在安全、成本和性能之间进行权衡的设计。密码算法的轻量化主要在两个方面体现：硬件方面是指算法实现的芯片面积和能量消耗方面；软件方面是指算法实现程序的代码量、计算资源及内存占用[20]。

1. 轻量级密码技术的背景

虽然经典密码算法 AES 和 SHA 在传统 IT 互联网信息系统中可以很好地协同工作，但在工业控制系统、物联网设备及嵌入式设备中应用却非常困难，因为算法运行需要占用大量处理能力、物理空间及供电能量。一段时间以来，大量的轻量级密码算法被学术和技术团队提出，并在资源有限的设备上使用。ISO/IEC 和 NIST 等国际组织都发布了一些可用于嵌入式设备和 RFID 设备的轻量级加密方法，并对轻量级密码算法的应用范围做出了界定。

传统密码：服务器和桌面电脑、平板电脑和智能手机。

轻量级密码：嵌入式系统、RFID 与传感器网络。

在嵌入式系统中，常见的是 8 位、16 位和 32 位微处理器，但很难满足传统加密方法的实时性要求。在首款 4 位微处理器问世后的 40 多年里，4 位微处理器一直保持稳定且强大的市场应用，但是，RFID 和传感器网络装置使用的 4 位微处理器本身可分配给安全加密过程的逻辑门的数量有限，并且通常受到设备功率消耗的高度限制。因此，功能强大的 AES 加密算法并不适合大多数嵌入式设备。而在轻量级密码算法中，经常看到的是较小的数据分组尺寸（一般是 64 位或 80 位）、较小的密钥（通常小于 90 位）和较简单的加密循环（其中 S 盒通常只有 4 位）。对于轻量级加密算法，主要的技术限制常与功率条件、逻辑门等效和时序有关。对于无源 RFID 设备，没有相关的电池为其供电，芯片必须通过无线电波耦合的能量为自己供电。因此，RFID 设备可能在与任何密码功能相关联的功率消耗操作中受到严重影响，同时也将受到时序要求和所使用的逻辑门数量的限制。一方面，即使有源 RFID 设备配置了相关的电池，也可能很难对电池进行经常性充电，因此同样必须尽量减少耗电。另一方面，工业互联网、物联网由于其将物理世界中的智能电子装置连接云端的固有能力，正在不断推广应用。数据和隐私保护是工业互联网成功的基础，却给加密技术、认证和身份管理带来新的安全挑战。例如，在所采用的加密算法和该加密算法实现的整体安全性之间常常存在折中，于是，轻量级加密算法通常会在性能（吞吐量）与功耗和逻辑等效之间取得平衡，并且性能不如主流加密标准（如 AES 和 SHA-256）。除此之外，轻量级加密算法还必须对 RAM（随机存取存储器）和 ROM（只读存储器）具有较低的要求。为了评估各种加密算法的性能，通常定义加密功能将在设备中使用的区域，并以微米为单位进行度量。在工业互联网中，许多互连的资源受限的工业现场控制设备，一开始并没有设计为能够支持运行代价很高的常规密码算法，导致产品成型后要实现足够的密码算法安全防护变得非常困难。在将资源受限的设备安全地集成到工业互联网中时，工业互联网中的安全和隐私保护成为一个严重的问题，因为无法执行强度足够的加密算法。

近年来出现了很多应用于工业互联网场景的轻量级对称密码算法，包括 hash 函数和类似 Quark 的消息验证码（MAC）算法，以及分组/流密码体制，如 PRESENT、SPONGENT 等。同时，非对称密码技术包括数论加密，如 ECC、PBC 等，以及后量子密码学的格和编码等也适用于工业互联网。由于大多数工业互联网设备都工作在多任务模式下，因此设备中的软件性能对轻量级密码技术至关重要，现有的轻量级解决方案，如 Chaskey、FLY、LEA、SPARX 等都有很好的应用效果。在工业互联网应用环境中，应考虑密码算法的类型、分组大小、密钥大小、面临的相关攻击等因素。在轻量级密码分析中，典型的攻击分析包括单密钥/相关密钥攻击、区分器/密钥恢复攻击、弱密钥攻击、中途相遇攻击（meet-in-the-middle-attack）等。对于轻量级密码学，密码分析通常考虑密钥、分组和标签的大小，特别是多密钥攻击、预测计算能力、暴力破解等。在多数情况下，轻量级密码算法对资源有限的设备的适用性是至关重要的。目前，国际标准 ISO/IEC 29121 规范了多种轻量级加密协议、算法和原语。针对安全通信，轻量级加密原语已经嵌入现有的协议中，如 IPSec、TLS、wolfSSL、CyaSSL、sharkSSL、RELIC 等一系列嵌入式专用加密算法库已经发布。

2. 轻量级密码技术面临的挑战

轻量级密码技术针对的是各种各样的资源受限设备，如工业互联网控制终端节点和 RFID 设备等，这些设备是不同的通信技术体制在硬件和软件上的具体实现。由于标准密码算法的实现规模、速度或吞吐量及能量消耗等原因，在资源有限的环境下实现标准密码算法非常困难。轻量级密码算法在资源受限的设备上权衡实现成本、速度、安全性、性能和能耗，使用轻量级密码技术的动力是使用更少的内存、更少的计算资源、更少的电能量，提供可以在资源有限的设备上工作的安全解决方案。与传统的密码技术相比，轻量级密码技术更简单、更快捷，但轻量级密码技术的缺点是安全性不高。

1）轻量级密码算法的硬件实现

在轻量级密码算法的硬件实现中，代码量、RAM 消耗和能量消耗是重要的指标。为了更好地评估轻量级密码体制，必须考虑电路的具体类型（如时钟）、存储器、内部状态和密钥状态的存储。然而，并不意味着越小的分组和越短的密钥长度就更好，因为这可能会导致针对密钥的攻击。在有些情况下，掩模式只读存储器技术用于将密钥烧写入设备（芯片）中，以减少密钥空间。

2）轻量级密码算法的软件实现

在软件实现的情况下，实现代码量、RAM 消耗和吞吐量（每周期字节数）是轻量级应用程序的优选度量尺度，越小越好。从软件工程角度来看，轻量级密码系统的对等评估（Fair Evaluation of Lightweight Cryptographic Systems，FELICS）框架可以评估轻量级密码分组或流密码在代码量、RAM 消耗和执行给定操作所需时间等方面的性能。由于硬件电路实现的原因，代码量、RAM 消耗和时间消耗并不是孤立的，而减少加密运算的操作次数可以明显减少代码量和时间消耗。

3）轻量级密码技术特点

基于硬件和软件两个方面的度量标准，大多数轻量级密码算法都被设计为使用较小的内部状态、短分组和短密钥长度。实际上，大多数轻量级分组密码只使用 64 位分组（AES 需要 128 位分组和 128 位密钥）。轻量级实现通常会导致较小的 RAM 消耗，而且 RAM 也擅长处理较短的消息。在轻量级加密解决方案设计时应注意以下问题：①短的数据分组和短密钥会产生问题：当加密的 n 位分组的数量接近 $2^{n/2}$ 时，短长度的数据分组会导致密文分组链接模式（Cipher Block Chaining，CBC）加密分组发生错误的速度比其他部分更快等问题，同时密钥太短会增加针对密钥的相关攻击的风险。②当对称密钥加密的输入数据类型为双精度浮点数（占 8 字节内存）时，对称轻量级密码算法所需的操作数大约是原来的 2 倍；在轻量级散列函数的 PHOTON 族中，加密轮数是 12，如果分组大小加倍，S 盒的数目就会加倍。类似地，在 AES 256 中，加密轮数是 14，如果分组大小加倍，则 S 盒的数目就会加倍。③轻量级密码技术总是由应用驱动的，因此，轻量级密码的设计应能应用于新的技术场景，并与现有协议进行适配匹配。

3. 轻量级加密方法

国际标准 ISO/IEC 29192-5:2016 中定义了轻量级加密的标准散列方法 SPONGENT 和 Lesamanta LW，ISO/IEC 29192-2:2012 的现行和修订标准中定义了分组加密算法 PRESENT

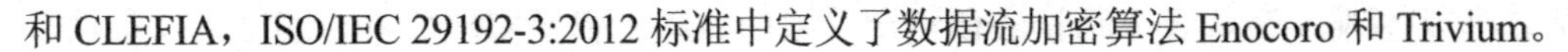

和 CLEFIA，ISO/IEC 29192-3:2012 标准中定义了数据流加密算法 Enocoro 和 Trivium。

1）散列算法

虽然在智能手机和台式计算机中 32 位或 64 位处理器是常规配置，而且内存容量远不止 1GB。但在工业互联网世界中，现场控制设备通常只能以几千字节（KB）来衡量内存容量，而 8 位处理器仍然占据主导地位，因为 8 位处理器成本非常低，且存在一次性使用的应用情况。因此，针对 MD5 和 SHA-1 的加密散列函数，以及大多数其他的现代散列算法，对于工业互联网设备而言都不能有效发挥作用。NIST 推荐了几种新的散列算法，如 SPONGENT、PHOTON、Quark 和 Lesamnta- LW。运行这些方法占用的内存要小很多，并且目标输入仅为 256 个字符（而散列函数通常支持高达 2^{64} 位输入）。

（1）SPONGENT 散列算法。

SPONGENT 散列算法使用海绵函数［在密码学领域，海绵构造是一种基于固定长度置换（变化）和填充规则，生成一个从可变长度输入映射为可变长度输出的函数的操作模式。这种基于海绵构造所得到的函数就称为海绵函数（Sponge Function），海绵函数通过任意二元域上的一个输入，能够返回一个任意用户指定长度的输出］[22]，海绵函数结构如图 5-20 所示。

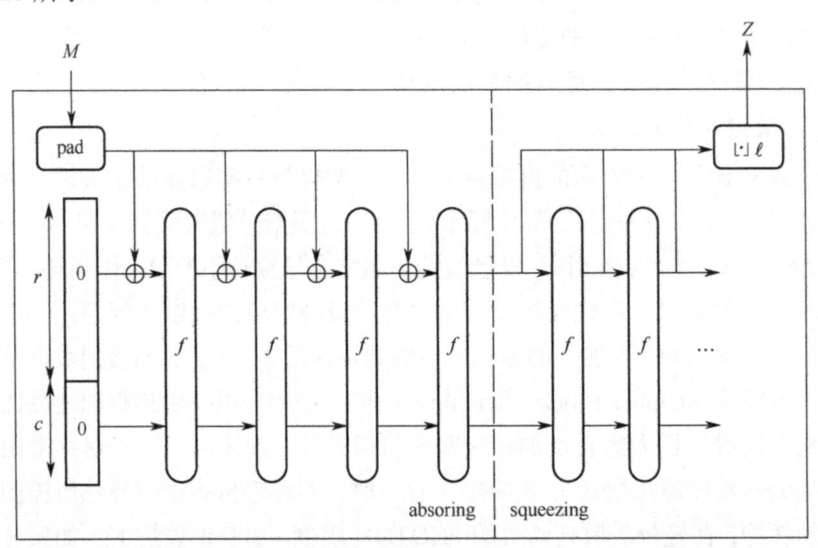

注：sponge：海绵；absorbing：海绵吸入；squeezing：挤出。

图 5-20　海绵函数结构

SPONGENT 散列算法的输入是任意长度的 $Z2^*$，然后将其转换为 $Z2^n$，其中 n 被定义为散列计算过程中的一部分。总体而言，该方法使用有限状态机过程，通过添加输入数据来迭代状态，海绵函数既可以使用一个众所周知的无限排列（P-spine），也可以使用一个随机函数（T-spine）。海绵函数除了在散列中的用法外，还可以用于创建流密码。海绵构造使用一个具有可变长度的输入和预定义输出长度的函数f，需要固定的b位字符，然后，海绵构造在$b=r+c$位的条件下工作。r定义为比特率，c定义为容量。初始状态下，使用可逆填充规则（例如，添加空字符）填充输入字符串，然后将其分段为r位分组。接下来，状态的b位被设置为零，海绵构造接下来的过程是：

- Absorbing 阶段：r位输入分组进行异或运算形成状态的前r位的位置，与函数f的应用交织在一起。处理完所有的输入分组之后，将进入 Squeezing 阶段。
- Squeezing 阶段：状态的前r位作为分组输出并与函数f交织的位置，输出的位数被定义为过程的一部分。

总体而言，一个状态的最后c位永远不会被输入分组改变，也永远不会在 Squeezing 阶段输出。于是，88 位 SPONGENT 散列为：SPONGENT-088-080-00-SPONGENT-88/80/8:n=88 位，b=88 位，c=80 位，r=8 位，R=45；128 位 SPONGENT 散列为：SPONGENT-128-128-008-SPONGENT-128/128/8:n=128 位，b=136 位，c=128 位，r=8 位，R=70。

目前，大多数轻量级密码协议都是基于海绵构造设计的。

（2）Lesamnta-LW 散列算法。

Lesamnta-LW 散列算法以 AES 方法为核心，关于 Lesamnta-LW 需要注意的一点是，S-box 结构与 AES 中的结构相同。多数应用场景中应用 Lesamnta-LW 散列算法只需要 8.24kGates，吞吐量为 125Mbps。对于 8 位微处理器上的 RAM 需求， Lesamnta-LW 散列算法只需要 50 字节的 RAM。

（3）Quark 散列算法。

Quark 散列算法有三种形式：u-Quark、d-Quark 和 s-Quark，并使用海绵函数，u-Quark 占用空间最小，在 1379 个数字逻辑门上提供 64 位安全性，而 s-Quark 提供 112 位安全性。

（4）Keccak 散列算法。

Keccak 散列算法是一个加密海绵函数族，已于 2015 年成为 FIPS 202（SHA-3）标准。Keccak 基于海绵构造，其底层函数是在一组七个 Keccak-f 置换中选择的置换，表示为 Keccak-f（25、50、100、200、400、800、1600），置换的七个不同宽度为{1、2、4、8、16、32、64}。Keccak 在硬件和软件方面，都具有良好的灵活性和性能，实现规模和 RAM 消耗适中，适合于轻量级应用。

（5）PHOTON 散列算法。

PHOTON 散列算法是一种基于 AES 算法的轻量级散列算法，它可以创建 80 位、128 位、160 位、224 位和 256 位 hash 函数，可以接受任意长度的输入并产生可变长度的输出。该算法被定义为 PHOTON-n-r-r'，其中n是散列大小，r是输入比特率，r'是输出比特率。内部状态定义为t（位），t的计算过程为$t=c+r$（其中c是容量）。PHOTON 使用海绵函数，首先获取输入位，并对从当前状态获取的位进行异或运算。整个散列计算过程主要包括以下三个阶段：

- **初始化**。此阶段接收输入位流，并将其分为 r 位（如果需要，还包括填充位）。
- **Absorbing**。在这个阶段，对于所有的消息分组，采用 r 输入位与状态的 r 位进行异或运算，并用 t 位的置换函数进行交织。
- **Squeezing**。在这个阶段，从当前的内部状态中提取 r 位，并对其应用置换函数（P），该过程将一直持续到输出位数等于所需的散列大小。此处的置换函数（P）类似于一种 12 轮的 AES 加密运算过程，每轮具有的功能是：①异或运算；②与 S 盒进行多轮计算；③单元数据循环处理；④单元数据的单元列与最大距离可分离矩阵进行混合计算。

2）*流加密*

适应资源受限的嵌入式设备的使用条件，满足工业互联网现场设备安全防护需求的轻量级流密码主要有 PRESENT、XTEA、SIMON、MickeyV2、Trivium、Grain 和 Enocoro。

最早显示出具有替代 AES 算法前景的轻量级加密技术是 PRESENT 算法，其使用较小的数据分区，并具有使用较短密钥的条件（例如，80 位的密钥）。PRESENT 算法向用户提供 80 位（10 个十六进制字符）或 128 位加密密钥（16 个十六进制字符），在 64 位数据分组中运行，并使用置换网络方法。使用置换网络方法就像使用 AES 算法一样，应用一个密钥对纯文本分组进行加密操作，同时使用 S 盒和 P 盒进行若干轮操作。所进行的操作通常是通过 XOR 或比特位翻转实现，并且部分密钥是在多轮加密操作中动态生成的。解密过程与加密过程相反，并且 S 盒和 P 盒在其过程中的流程也是相反的。目前，PRESENT 算法通常采用 64 位的数据分组，并应用 80 位或 128 位的密钥。PRESENT 算法共进行 31 轮操作（见图 5-21），主要由以下部分组成：密钥操作、S 盒操作和 P 盒操

```
generateRoundKeys()
for i = 1 to 31 do
    addRoundKey (STATE, K_i)
    sBoxLayer (STATE)
    pLayer (STATE)
end for
addRoundKey (STATE,K_32)
```

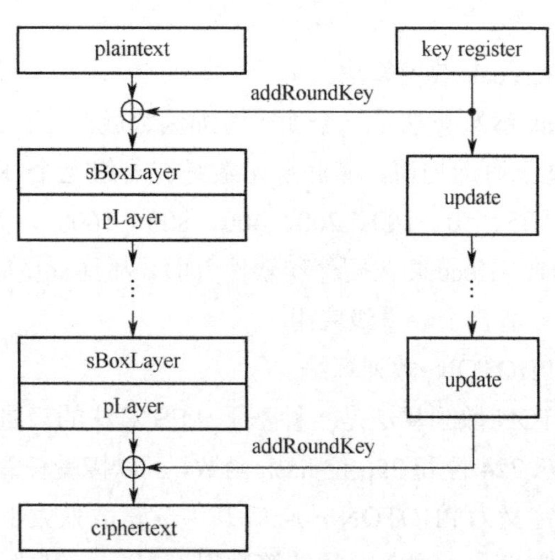

图 5-21　PRESENT 算法

作。密钥循环操作提取当前密钥的一部分，与输入数据一起进行异或操作，并将结果输入下一轮操作。之后将数据在 4×4 位的 S 盒中运行，极大地提高了处理效率。而在传统的 AES 算法中，计算过程是将 16 位输入映射到 16 位输出（从 0x00 到 0xFF），但目前 PRESENT 算法只需 4 位数值，且这些值将映射为 16 位输出值（从 0x0 到 0xF）。

另一种较有应用价值的数据流加密算法是超快速的 XTEA 算法，XTEA 算法是一种使用 64 位分组大小和 64 位密钥的分组密码算法，是由剑桥大学的研究人员设计的。XTEA 算法的精巧之处在于，只需几行代码就可以完成加密操作。最初提出 XTEA 算法时，建议的实现是 64 位的分组大小、128 位密钥和 12 轮运算，但在工业互联网应用中，可以针对具体设备进行优化。

2013 年，美国国家安全局（National Security Agency，NSA）提出了轻量级分组密码算法——SIMON 算法，SIMON 算法的密钥大小为 64 位、72 位、96 位、128 位、144 位、192 位或 256 位，数据分组大小为 32 位、48 位、64 位、96 位或 128 位。同时发布的还有专门针对软件实现方面进行优化的 SPECK 算法。

MickeyV2 是一种轻量级流密码，适用于嵌入式设备环境，由 Steve Babbage 和 Matthew Dodd 提出，使用 80 位密钥和可变长度的初始化向量（最多 80 位）创建密钥流，密钥流的最大长度为 2^{40} 位。

Trivium 是一种硬件占用空间小的轻量级流密码，由 Christophe De Cannière 和 Bart Preneel 创建，使用一个 80 位的密钥，并生成高达 264 位的输出，以及一个 80 位的向量。

Grain 是一种轻量级流密码，由 M Hell、T Johansson 和 W Meier 设计，该密码需要相对较少的逻辑门数量，以及较低的功耗和内存。Grain 密码算法具有一个 80 位密钥、两个移位寄存器和一个非线性输出函数。

Enocoro 是由日本 Hitachi 公司定义的轻量级流密码，使用一个 128 位的密钥和一个 64 位的向量值。同时，Enocoro 也包含在国际标准 ISO/IEC 29192 定义的轻量级流密码方法中（ISO/IEC 29192-3-2012）。

3）分组密码

CLEFIA 是一种很有代表性的轻量级分组密码，由索尼公司设计，可以有 128 位、192 位和 256 位密钥，以及 128 位分组大小，可以用 6k 的逻辑门实现。此外，国际标准 ISO/IEC 29192 还包含了一种轻量级分组密码方法（ISO/IEC 29192-2:2012）。

由 RonL.Rivest 于 1994 年创建的 RC5 密码显示了轻量级加密方法的巨大潜力，RC5 密码是一种分组密码，具有可变的分组大小（32 位、64 位或 128 位）、可变的加密轮数和可变的密钥长度（0～2048 位）。因此，RC5 密码可以用于将加密与工业控制设备的具体功能相匹配。如果是一个低功耗的现场工业控制设备，内存有限，可占用物理空间相对较小，那么就可以使用 32 位分组大小和 80 位密钥，只需有限的几轮加密操作。但是，如果工业设备有足够的技术支撑条件，则可以提高安全防护能力，如使用 128 位分组和

128 位密钥。RC5 密码具有很高的灵活性，供需双方的任何一方的变更都可以改进或减少安全防护能力。RC5 密码围绕密钥长度、分组大小和加密操作的轮数的灵活性，可以支持一系列设计选择，而这是 AES 算法难以实现的能力。例如，AES 密码算法使用 128 位、192 位和 256 位的相对较大的密钥，以及 128 位的分组。AES 密码算法还要求根据密钥长度设置固定的轮数，如 128 位加密为 10 轮，192 位加密为 12 轮，256 位加密为 14 轮。对于工业互联网设备而言，这些需求通常会消耗大量的内存和处理资源，并且通常会对功耗产生重大影响，进而耗尽电池资源。

4）签名算法

Chaskey 密码是一种基于置换的轻量级加密方法，用于使用 128 位密钥对消息进行签名。Chaskey 密码算法使用 128 位的基于模整数加、异或加和循环移位（Addition-Rotation-XOR）[22]的置换方式获取 128 位数据分组，硬件实现只需要约 3334 个逻辑门，相当于 1MHz 的工作时钟频率。对于 SHA-256，则需要大约 15000 个逻辑门，而 Keccak（SHA-3）需要 4658 个逻辑门。

5）非对称加密

常规的公钥方法由于复杂的计算过程，在大多数工业互联网设备中并不适用。国际标准 ISO/IEC 提出的公钥算法标准是 ISO/IEC 29192-4:2013，其中包括 ELLI、cryptoGPS 等。ELLI 算法比较适合微功耗、小体积和低成本的嵌入式设备，物联网中的射频识别技术是 ELLI 算法的典型使用场景。ELLI 算法使用椭圆曲线及 RFID 标签和阅读器之间的 Diffie-Hellman 协议进行相关握手，ELLI 算法从椭圆曲线（P）上的一个已知点开始，用一个大的数字（ε）乘以这个点的坐标，在曲线上产生另一个点（A）：$A=\varepsilon P$，其中 A 是公钥，ε 是私钥。如果 ε 足够大，那么即使攻击者有 A 和 P，也很难计算 ε。因为这个 RFID 标签包含一个随机值 ε（私钥），RFID 阅读器生成一个随机值 λ，在创建 RFID 标签时，计算：$B=\varepsilon P$，以及计算 B 的签名 PublicKeySign（B）（其中，该签名是由 RFID 阅读器可以验证的密钥进行的签名），因此，RFID 标签包含：ε、B、PublicKeySign（B）。每次当 RFID 阅读器需要验证标签时，都会取其随机值 λ 并计算：$A=\lambda P$。接下来，RFID 阅读器向 RFID 标签发送 A。之后 RFID 标签将 A 的值乘以其私钥（ε）得到 C：$C=\varepsilon A$，并发回它的公钥（B），阅读器可以验证 C 的值和公钥签名。然后阅读器计算 D：$D=\lambda B$，比较 C 和 D，如果是相同的，证明私钥是正确的，通过验证。因为：$C=\varepsilon(A)=\varepsilon(\lambda P)$，$D=\lambda(B)=\lambda(\varepsilon P)$。此外，使用椭圆曲线中的 Diffie-Hellman 方法确保私钥的安全性。如果攻击者想产生一个虚假的 RFID 标签，将面临在计算 $A=\lambda P$ 时，必须返回一个有效的响应（C），以及一个由权威机构签名的公钥。由于攻击者只有 A 和 B，因此无法计算 C 的有效响应。因为攻击者不知道 λ 和 ε，因此无法计算 λ、ε、P。

在过去的二十年中，轻量级密码技术得到了学术界和工业界越来越多的关注，研究人员和机构提出了大量的轻量级算法，以上是在资源受限设备中最典型的几种轻量级密码解决方案。

5.4.2　工业互联网设备联网的轻量级认证机制

在工业互联网时代，以机器和机器（M2M）通信技术为基础的现场设备联网，被认为是构建工业互联网环境的关键基础性技术，在工业互联网生产环境中，现场控制设备（如传感器、执行器、控制器等）将能够以自主的方式相互组网交换信息，而无须人为干预。虽然大多数已有的 M2M 协议也可用于工业互联网领域，这些协议提供了基于非对称密码的安全机制，但却导致较高的计算成本。资源受限的工业互联网设备不能完全应用这些协议，甚至一些情况下根本不能使用已有安全机制，工业互联网中的设备联网存在很多安全隐患。因此，工业互联网中的设备联网需要轻量级的安全机制才能充分发挥作用。针对工业互联网环境下的 M2M 通信，仅基于散列计算和异或运算的轻量级认证机制具有广泛的应用前景。该机制具有计算量小、通信交互少和存储开销低的特点，同时实现了相互认证、会话密钥协商和设备的身份机密性保护，以及有效防御重放攻击、中间人攻击、假冒攻击和恶意篡改攻击。

工业互联网中用于设备联网的 M2M 通信协议，主要功能是实现信息的传递、路由和存储，不需要在不同的工业设备或应用中使用不同的通信机制。目前，工业互联网和 M2M 通信中推广应用最多的相关通信协议有如下几种。

- **6LoWPAN：**由 IETF 开发的一种基于低功耗无线个人区域网标准的 IPv6 协议，可以广泛应用于物联网，以及开发工业互联网的 M2M 应用。6LoWPAN 协议允许基于 IP 的 M2M 设备连接至 Internet，典型的工业应用场景是监控工业生产过程，在工业生产过程中，可以将许多传感器、执行器和控制器连接在一起，实现被动监控、主动控制和自动化。然而，随着 6LoWPAN 的发展，面临着各种各样的安全威胁和信任危机。生产控制传感器节点通常分布在不受保护的环境中，信息在传输过程中容易被窃听。为了克服 6LoWPAN 系统的脆弱性，工程技术人员开展了大量的研究工作，其中较为成熟的是 SAKES 方案——一种安全的认证和密钥建立方案，SAKES 使用了两种不同的加密方案，首先，在认证阶段使用对称密钥方案对消息进行加密；然后，在密钥建立阶段采用基于椭圆曲线密码（ECC）的非对称密钥方案，在使用 6LoWPAN 协议的设备和服务器之间建立会话密钥。更准确地说，SAKES 方案中的会话密钥是用 Diffie-Hellman 密钥交换方法计算产生的。此外，研究人员提出的 EAKES6Lo 方案是另外一种适用于 6LoWPAN 网络中 M2M 通信的双向认证和密钥建立方案，EAKES6Lo 方案包括三个阶段：预部署阶段、AKE 阶段和切换阶段。安全性分析表明，该方案能够抵抗重放攻击、中间人攻击、假冒攻击、Sybil 攻击和泄露攻击。此外，EAKES6Lo 方案的优势还包括较低的计算开销和传输开销。

- **MQTT**：消息队列遥测传输是一种 OASIS 标准化协议，且被设计成轻量级的、灵活的和易于实现的协议。MQTT 使用不同的路由机制，如一对一、一对多或多对多，使物联网或工业互联网中的 M2M 连接，或者设备与应用之间的连接成为可能。MQTT 是基于 TCP/IP 协议开发的发布/订阅模式的消息传递协议，由三个组件（订户、发布者和代理）组成。在服务质量（QoS）方面，支持三个级别：①QoS-0：消息将被传递一次，无须确认；②QoS-1：消息将至少被传递一次，需要确认；③QoS-2：消息将通过握手过程，被精确传递一次。然而，尽管 MQTT 协议已经在物联网中广泛部署，但其解决物联网安全问题的能力有限。特别是 MQTT 仅仅使用用户名/密码身份验证和 SSL/TLS 进行安全的数据通信，因此，需要对 MQTT 协议进行安全加固。使用基于证书和会话密钥管理的 SSL/TLS 是增强 MQTT 的安全性的一种有效方案，特别地，该方案提出了一种安全的 MQTT（SMQTT）协议，SMQTT 协议使用椭圆曲线上轻量级的、基于属性的加密（ABE），使用属性加密的原因是因为其固有的设计，适合物联网应用的广播加密。基于属性的加密有两种类型：①密文策略属性加密（CPABE）；②密钥策略属性加密（KPABE）。相关分析和性能评估表明，SMQTT 是高效、健壮和可扩展的。
- **AMQP**：高级消息队列协议，是国家标准 ISO/IEC 19464 定义的二进制应用层协议，是构建于 TCP/IP 协议之上的一个以消息为中心的协议，提供发布-订阅和点对点通信机制。AMQP 通过消息传递保证机制支持面向消息的通信，包括：①最多一次，当某条消息传递一次或从不传递时；②至少一次，当每个消息都会被传递时；③正好一次，当某个时候消息肯定只会传递一次的情形。AMQP 协议提供了不同的特性，包括使用消息队列在代理中存储消息和对消息进行路由。在安全性方面，支持简单验证和安全层（Simple Authentication and Security Layer，SASL）身份验证和通过 TLS 进行安全的数据通信。
- **CoAP**：受限应用协议，是一种 Web 传输协议，支持在资源受限设备和网络中使用单播和多播请求，并且是基于端点之间的请求-响应体系结构实现。CoAP 客户端在使用 URI 向服务器端发送请求之后，可以作为响应从服务器接收 GET、PUT、POST 和 DELETE 资源。消息在端点之间通过 UDP 进行交换，并且 CoAP 协议还支持使用单播和多播请求。在 QoS 方面，CoAP 支持两个级别：①“可证实的”，当没有数据包丢失并且接收器用 ACK 响应时；②“不可证实的”，当消息不需要 ACK 时。CoAP 通过数据包传输层安全（DTLS）功能提供安全性，DTLS 是一种网络通信的安全协议，支持处理数据包丢失、消息内容和消息大小的重构。但是，数据包传输层安全功能需要大量的消息交换过程建立一个安全的会话，因此具有通信代价高的特点。因此，CoAP 面临着数据包传输层安全功能的通信资源耗散的挑战。为了克服这个问题，研究人员提出了一个轻量级的物联网安全 CoAP 方案——Lithe，通过该方案的处理，数据包传输层安全功能可以被压缩，并且可以大大降低开销，该方案已在 Contiki 操作系统中实现，相关评估结果表明，当对数据包传输层安全功能进行压缩时，在数据包大小、能量消耗、处理时间和网络范围的响应时间方面都有显著的提高。

- **XMPP**：可扩展的消息和状态协议，是一种基于可扩展标记语言（XML）的 TCP 通信协议，用于实时消息传递、在线状态呈现和提供请求-响应服务。客户端通过分布式网络进行通信，不依赖中央代理。XMPP 支持发布/订阅模型，并提供安全性，如通过 SASL 进行身份验证和通过 TLS 进行安全通信，但不提供任何级别的 QoS。
- **DDS**：数据分发服务是对象管理组织（Object Management Group，OMG）（对象管理组织是一个国际性的、开放成员资格的、非营利的技术标准联盟，成立于 1989 年）为实时 M2M 通信开发的发布/订阅协议之一。与其他发布/订阅应用程序协议（如 MQTT 或 AMQP）相比，DDS 依赖无代理体系结构并使用多播体制。这些设施为其应用提供了高可靠性，其无代理发布/订阅体系结构，非常适合物联网和工业互联网 M2M 通信的实时限制。DDS 定义了一套全面的 QoS 策略，可以对动态路由发现、路由内容感知和过滤、路由容错和确定等实时行为进行控制。

工业互联网设备互联使用的典型 M2M 协议如表 5-5 所示。

表 5-5　工业互联网设备互联使用的典型 M2M 协议

协　议	特　征	位　置	TCP/UDP	安全机制
6LoWPAN	通过低功耗 WPAN 映射 IPv6 所需的服务，实现 IPv6 网络的维护	网络层	TCP	SSL
MQTT	利用发布/订阅模式，提供转换灵活性和实现的简单性	应用层	TCP	SSL
AMQP	提供发布/订阅和点对点通信模式	应用层	TCP	SSL
CoAP	以安全可靠的方式连接资源受限的设备	应用层	UDP	DTLS
XMPP	传输用于多方聊天、语音和视频通话的即时消息（IM）标准	应用层	TCP	SSL
DSS	使用发布/订阅模式实现可伸缩、实时、可靠、高性能和互操作的数据交换	应用层	TCP/UDP	SSL

TPM（可信平台模块）是由可信计算工作组（TCG）编写的安全加密处理器的国际标准，其国际标准文档为 ISO/IEC 11889。OPTIGA^{TM} TPM 产品是英飞凌科技公司提供的一组密码控制芯片，用于保护嵌入式设备和系统的完整性和真实性，执行远程认证和执

行加密功能。该产品支持 TPM 1.2 和 TPM 2.0 标准，并可以在智能工厂之间提供安全通信通道，以保护数据、流程和知识产权免受潜在的破坏或窃取。OPTIGA™ TPM 的核心功能包括安全密钥、证书和密码的存储，以及专用的密钥管理方法和对主流加密算法的支持。

工业互联网设备联网的轻量级认证机制，用于资源受限的工业设备（例如，智能传感器）之间进行的机器和机器的通信，包括安全元件（SE）和使用 TPM 的路由器。轻量级认证机制包括两个过程：①将传感器注册到身份认证服务器（AS）的注册过程；②在传感器和路由器之间实现相互认证的认证过程。表 5-6 列出了工业互联网设备联网的轻量级认证机制中使用的符号。

表 5-6　工业互联网设备联网的轻量级认证机制中使用的符号

符　号	说　明
x	由身份认证服务器保护的密钥
PSK	身份认证服务器和路由器之间的安全预共享密钥
ID_i	智能传感器 i 的身份
AID_i	实体 i 的别名
f_i	函数生成
SK_i	智能传感器 i 和路由器之间的共享密钥
R_i	伪随机数发生器（PRNG）产生的随机数
$h(\cdot)$	单向散列函数
$\Vert$	连接运算符
$\oplus$	异或运算

1）注册

每个智能传感器都需要通过安全通道与身份认证服务器执行注册过程，身份认证服务器生成安全的预共享密钥集 PSK_i（i=1,⋯,n），并将每个 PSK_i 发送到路由器之一。注册过程包括以下步骤，如图 5-22 所示。

（1）智能传感器→AS：智能传感器通过安全通道将其唯一标识号 ID_i 传输到 AS。

（2）在接收到智能传感器的 ID_i 后，AS 将为传感器计算以下三个秘密身份认证参数：$f_{1i}=h(\mathrm{ID}_i \Vert x)$，$f_{2i}=h(f_{1i})$，$f_{3i}=\mathrm{PSK}\oplus f_{1i}$。$f_{1i}$ 和 f_{2i} 的目标是建立智能传感器 ID_i 和 AS 之间的关系。

（3）AS→智能传感器：AS 通过安全通道向智能传感器发送参数：f_{2i} 和 f_{3i}。这些参数将存储在智能传感器的安全元件中。

2）身份认证

在注册阶段之后，每个智能传感器都能够向路由器进行身份认证。值得注意的是，在认证过程中，智能传感器一般不使用其真实身份对路由器进行认证。因此，智能传感

器的 ID_i 不能被恶意攻击实体窃取。身份认证过程由以下步骤组成，如图 5-23 所示。

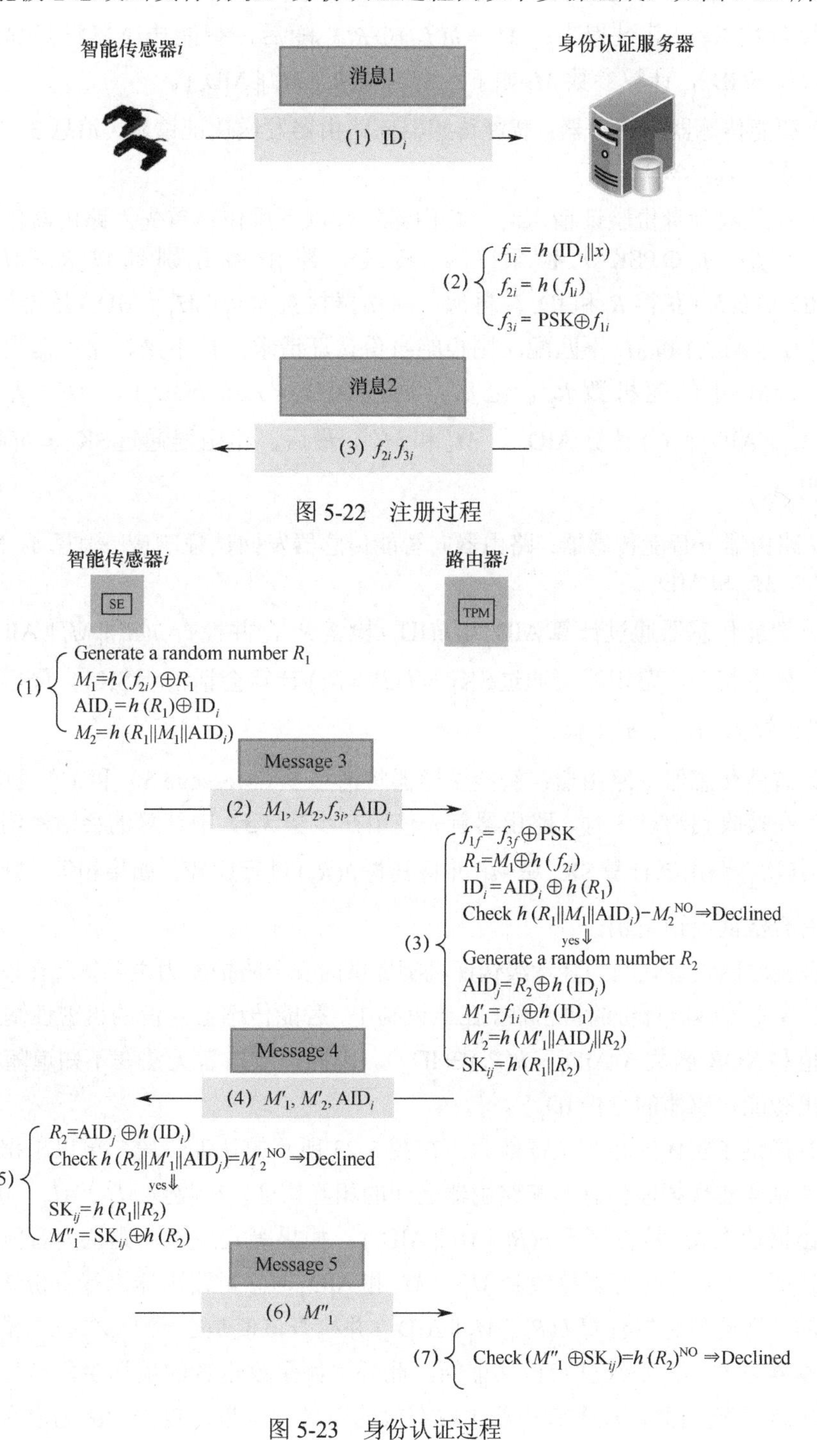

图 5-22　注册过程

图 5-23　身份认证过程

（1）智能传感器首先生成一个随机数 R_1 并将其存储在智能传感器的安全元件中。然后，计算参数 M_1，其过程为：$M_1 = h(f_{2i}) \oplus R_1$。随后，智能传感器将其混淆值计算为 $\mathrm{AID_i} = h(R_1) \oplus \mathrm{ID}_i$，计算参数 M_2 如下：$M_2 = h(R_1 \| M_1 \| \mathrm{AID}_i)$。

（2）智能传感器→路由器：智能传感器向路由器发送认证请求（消息 3，Message 3），包括 M_1、M_2、f_{3i}、AID_i。

（3）在接收到身份验证请求时，路由器执行以下操作：首先，路由器使用预共享密钥 PSK（$f_{1i} = f_{3i} \oplus \mathrm{PSK}$）检索 f_{1i}。其次，路由器分别通过 $R_1 = M_1 \oplus h(f_{2i})$ 和 $\mathrm{ID}_i = \mathrm{AID}_i \oplus h(R_1)$ 获得 R_1 和 ID_i。再次，路由器检查 $h(R_1 \| M_1 \| \mathrm{AID}_i)$ 是否等于 M_2。如果 $h(R_1 \| M_1 \| \mathrm{AID}_i)$ 和 M_2 不匹配，则拒绝身份认证请求。接下来，路由器生成存储在路由器的 TPM 中的随机数 R_2。之后，通过 $\mathrm{AID}_j = R_2 \oplus h(\mathrm{ID}_i)$，$M_1' = f_{1i} \oplus h(\mathrm{ID}_i)$ 和 $M_2' = h(M_1' \| \mathrm{AID}_j \| R_2)$ 计算 AID_j、M_1' 和 M_2'。最后，路由器通过 $\mathrm{SK}_{ij} = h(R_1 \| R_2)$ 计算会话密钥 SK_{ij}。

（4）路由器→智能传感器：路由器向智能传感器发回认证响应（消息 4，Message 4），包括 M_1'、M_2' 和 AID_j。

（5）智能传感器通过计算 $\mathrm{AID}_j \oplus h(\mathrm{ID}_i)$ 检索 R_2，并检查 $h(R_2 \| M_1' \| \mathrm{AID}_j)$ 和 M_2' 是否相等，如果相等，路由器会通过 $\mathrm{SK}_{ij} = h(R_1 \| R_2)$ 计算会话密钥 SK_{ij}。最后，智能传感器将 M_1'' 计算为 $\mathrm{SK}_{ij} \oplus h(R_2)$。

（6）智能传感器→路由器：智能传感器将消息 5（Message 5）和 M_1'' 发送给路由器。

（7）在接收到消息 5 时，路由器首先使用在步骤（3）中计算的会话密钥 SK_{ij} 来检索 $h(R_2)$。其次，路由器计算 $\mathrm{SK}_{ij} \oplus M_1''$ 并将其与 $h(R_2)$ 进行比较。如果相等，则表示智能传感器持有合法的会话密钥。

工业互联网设备联网的轻量级认证机制提供的安全防护能力主要体现在以下几方面：

（1）智能传感器身份的机密性。在该机制中，智能传感器身份的机密性基于随机数 R_1 的散列值和 XOR 函数（$\mathrm{AID}_i = h(R_1) \oplus \mathrm{ID}_i$）。因此，攻击者无法在不知道随机数 R_1 的情况下得出智能传感器的身份 ID_i。

（2）提供了实体的相互认证能力。在图 5-23 所示的认证阶段，可以根据接收到的消息 3 和消息 4 实现智能传感器和路由器之间的相互认证。在收到 M_1、M_2、f_{3i} 和 AID_i 之后，路由器检查 M_2 是否等于 $h(R_1 \| M_1 \| \mathrm{AID}_i)$。如果等式成立，则认为智能传感器已通过身份认证。当智能传感器接收到 M_1'、M_2' 和 AID_j 时，对路由器进行身份认证的过程也是一样的。智能传感器计算 $h(R_2 \| M_1' \| \mathrm{AID}_j)$ 并检查该值是否等于 M_2'。如果计算结果相等，路由器也被认为是经过身份认证的。此外，如果攻击者的破坏手段是伪造一个有效的智能传感器/路由器，攻击者需要生成有效的消息。但是，攻击者因为没有掌握关于随机数（R_1 和 R_2）的相关信息，因此无法生成有效消息。

（3）能够抵抗重放攻击。如身份认证过程所述，假设合法的智能传感器已向路由器发送消息 3（M_1、M_2、f_{3i} 和 AID_i）。如果攻击者试图通过重放消息 3 来假冒合法的智能传感器，路由器将拒绝认证请求，因为智能传感器的混淆值 AID_i 是基于只有合法传感器才知道的随机数 R_1 的散列值计算的。

（4）可以抵抗中间人攻击。通过获取智能传感器的身份（ID_i），攻击者无法发起中间人攻击并计算会话密钥 SK_{ij}，因为攻击者无法获取只有身份认证服务器知道的密钥 x。x 安全地存储在身份认证服务器中，并且从不传输到任何其他实体。同时，由于攻击者没有预先共享的密钥 PSK，因此攻击者不能假装是可信的路由器来认证其他智能传感器。

（5）具有抵抗假冒攻击的能力。假设一种智能传感器（$smartsensor_k$）企图假冒另一种智能传感器（$smartsensor_i$），但是，$smartsensor_k$ 无法获取由 $smartsensor_i$ 和路由器生成的会话密钥 SK_{ij}，因为它没有关于 $smartsensor_i$ 的随机数的信息。

（6）具有防篡改攻击的能力。单向散列函数 $h(\cdot)$ 保证信息在未被检测到的情况下不能被恶意篡改，如果攻击者向路由器发送篡改过的消息，路由器将通过计算散列值检测该消息的合法性。

此外，工业互联网设备联网的轻量级认证机制可以实现以下信息安全目标。

（1）无须专门的时钟同步方法。

工业互联网设备联网的轻量级认证机制不需要同步所涉及的工业互联网设备（例如，智能传感器、路由器和认证服务器）的时钟，因为在设备之间交换的消息，类似于在不依赖时间戳的基于 nonce 的身份认证机制中交换的消息。

（2）快速错误检测。

在认证过程中，若攻击者使用错误的传感器 ID，路由器将立即检测到错误。这意味着在计算会话密钥之前，路由器已经能识别出合法的智能传感器。

（3）独立的会话密钥。

若会话密钥 SK_{ij} 遭攻击者窃取，智能传感器和路由器可以生成一个新的会话密钥。这是因为在工业互联网设备联网的轻量级认证机制中，会话密钥 SK_{ij} 的生成基于散列函数和随机数，因此，该密钥独立于先前的会话密钥。

工业互联网设备联网的轻量级认证机制具有良好的可扩展性和适应性，只要适当地对其中的要素进行微调，就可以提供工业互联网环境中控制设备之间或者传感器之间的轻量级相互认证。

5.4.3　工业大数据应用中的高效轻量级加密散列函数

工业互联网通过实现工业经济全要素、全产业链、全价值链的全面连接，重新构造了工业生产制造和服务体系，工业大数据是工业领域各类资源的核心载体。处理工业大数据需要的安全性和真实性要求一般通过加密协议（如加密和解密）实现，传统的加密算法需要耗费更多的时间处理工业互联网设备产生的海量数据。尤其是对数据逐字节进行加密和解密的机制在多源异构大数据的情形下，效率极低。反之亦然，简单的加密算法很容易被破解，并且不能满足所需的安全级别的要求。由于传统的加密算法需要大量存储、计算资源和电能量开销，并不适合工业大数据使用环境，因此需要一种功能强大的轻量级加密算法支持工业互联网设备产生的大数据。

安全散列算法是密码学的一部分，需要快速处理数据和可靠的数据传输能力。如果工业互联网应用程序通过云计算平台涉及密集而敏感的业务数据，则需要应用轻量级的加密散列函数，尤其是涉及设计、生产、使用和维护等多个环节的工业互联网设备场景。传统的散列函数在不断地进行改进优化，并构建了强大而安全的散列协议，散列协议对安全漏洞和攻击具有很强的抵抗能力。但是，由于设计规范的限制，轻量级密码协议的安全性不如传统的密码协议完善。

工业大数据应用中的高效轻量级加密散列函数，提供了一种安全、快速的密码散列方案，该方案具有传统散列函数的安全性要求和轻量级规范，并且能很好地支持工业大数据、工业互联网应用和设备。

1）Merkle-Damg（a）rd 结构

密码学的散列函数遵循不同的结构模型，Merkle-Damg（a）rd 结构是目前最流行的构造散列函数的模型，特别是 SHA-1 和 SHA-2 散列函数，图 5-24 所示为 Merkle-Damg（a）rd 结构。

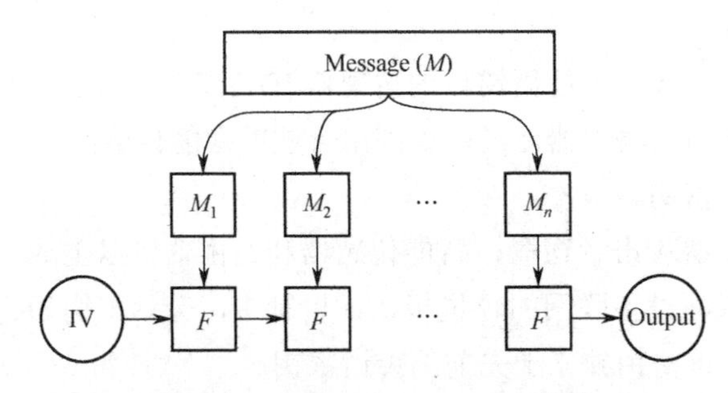

图 5-24　Merkle-Damg（a）rd 结构

一个输入消息（M）被分成若干个大小相等的数据分组（$M_1,M_2,\cdots,M_n$），并使用压缩函数（F）依次处理这些分组。初始值（IV）用于处理第一个消息分组，并在处理完 M_1 之后，使用中间值处理第二个数据分组 M_2。在处理完所有的数据分组之后，最后一个分组计算的输出就是最终的输出。

2）S 盒

置换盒或其已知的 S 盒是用于置换的密码学基础组件之一，工业大数据应用中的高效轻量级加密散列函数使用 4×4 规格的 S 盒且选择由初始高值（Initial High Values，IHV）和消息分组组成的输入消息作为输入位。S 盒接收 4 位输入，其中，2 位来自消息分组，2 位来自 IHV，S 盒的选择取决于圈常数（Round Constant）位。

3）线性变换

线性变换是伽罗瓦域（GF）上最简单的矩阵距离可分（MDS）操作，是密码学中常用的一种变换，线性变换通过置换过程进行异或运算。

4）轻量级密码需求

为了设计适合在工业互联网中应用的轻量级密码协议，需要考虑以下几个要求：

（1）RAM 和 ROM 要求。轻量级加密协议需要较小的 RAM 和 ROM 内存处理数据。

（2）芯片大小。实现轻量级密码要求考虑比传统密码协议更小的芯片尺寸。

（3）时钟周期。处理加密协议的时钟周期数用于评估加密速度和吞吐量。

（4）抵御攻击的能力。轻量级加密协议容易受到密码学攻击（来自软件或硬件的），因为加密轮数或设计规范的数量减少。

5）符号

工业大数据应用中的高效轻量级加密散列函数使用的符号如表 5-7 所示。

表 5-7　工业大数据应用中的高效轻量级加密散列函数使用的符号

符　号	说　明
word	一组比特
H_i	链接哈希值
M	输入消息
B_i	数据分组 i
$\|\|$	串联
F	压缩函数
$\oplus$	逻辑异或

轻量级加密散列函数用于支持具有密集数据计算需求的工业互联网应用，特别是敏感数据处理。工业大数据应用中的高效轻量级加密散列函数的总体结构如图 5-25 所示。

具有可变长度的输入消息（M）首先使用 10×1 填充技术进行填充，使其大小为 512 的倍数。其次，填充消息（M^*）被划分为大小相等的数据分组 $B_1, B_2, \cdots, B_n$，每个分组大小为 512 位。以双射方式通过压缩函数 F 依次处理被分割的数据分组，其中在压缩函数处理之前和之后将分组与 IHV 的一部分进行异或操作。IHV 是 1024 位的，并且根据期望的输出散列大小进行初始化，即如果期望的输出散列大小是 256 位的，则 IHV 的前两个字节将是 0x0100，其余的字节将被设置为零。工业大数据应用中的高效轻量级加密散列函数包括五个阶段：消息填充、解析消息填充处理过的数据、分配初始散列值、压缩函数计算和生成最终散列值。每个阶段具体内容如下。

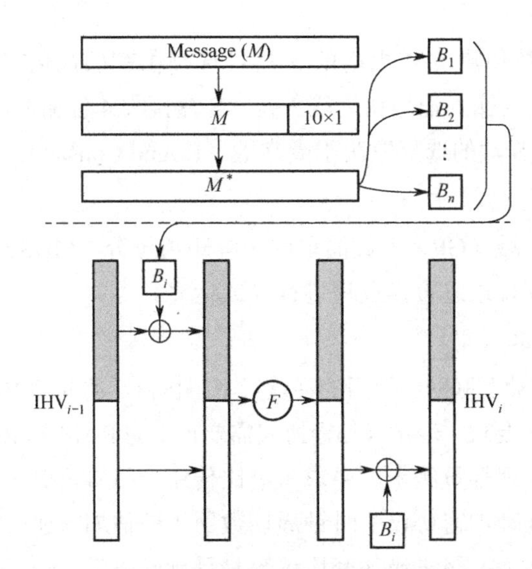

图 5-25　工业大数据应用中的高效轻量级加密散列函数的总体结构

（1）阶段 1：消息填充。

消息填充是工业大数据应用中的高效轻量级加密散列函数结构中的第一阶段，主要是对输入的可变长度的信息（M）进行填充，确保其大小为 512 的倍数。下面的算法 1 描述了这种 10×1 填充技术的一般流程：对可变长度的输入消息（M）进行填充，使其大小成为块大小（B）的倍数。如算法 1 中所示，所需填充位的数量是通过将消息长度除以块大小（B）后计算剩余位进行确定的。然后，将所需位数（P）附加到输入消息，包括表示填充边界的两个 1。于是 M^* 生成，表示填充后的输入消息。

算法 1：填充技术

输入：Message(M)

数据分组大小(B)

输出：填充消息(M^*)，M^* 的长度是 B 的倍数

1　$P = M \bmod B$

2　$* = P - 2$

3　$M^* = M \| 1 \| 0^* \| 1$

4 Return　M^*

（2）阶段 2：解析消息填充处理过的数据。

经过填充消息处理的数据被平均分成 512 位的数据分组 $B_1, B_2, \cdots$，B_n，大小为 512 位的数据分组被表示为 8 个 64 位的字，即消息块 B_i 被表示为 8 个字 $B_i^0, B_i^1, B_i^2, \cdots, B_i^7$ 级，每个消息块都传递给压缩函数计算，如图 5-25 所示。

（3）阶段 3：分配初始散列值。

在这个阶段，遵循“JH-hash 散列函数建议”所提出的过程，HV 取决于所需的输出散列

长度，其中输出散列的大小存储在 IHV 的前两个字节中，其余的 IHV 设置为零，建议支持的各种散列长度包括 160 位、224 位、256 位、384 位和 512 位。

（4）阶段 4：压缩函数计算。

消息数据分组使用压缩函数 F 按顺序进行处理，如图 5-26 所示。

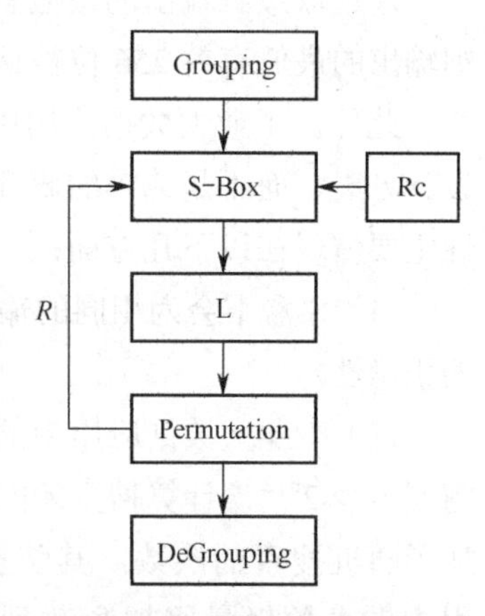

图 5-26　压缩函数 F 的流程

压缩函数包括位分组、S 盒、线性变换、置换和解组五个步骤。在解组步骤中，输入消息分组 B_i 和 IHV 被组合在一起，使得每个 S 盒从每个输入源（消息分组和 IHV）接收 2 位消息数据。在压缩函数的 S 盒步骤，压缩函数根据圈常数（Round Constant）位选择要使用的具体 S 盒。之后，线性变换层对位进行重置，并将其传递到下面的步骤。这一过程持续到第 18 轮操作结束，处理当前数据分组后的输出作为 IHV 传递给第二数据分组进行计算。每个数据分组经过 18 轮操作，轮数根据公式 $R=6(d-1)$ 进行计算，其中 R 是轮数，d 是尺寸大小，通常情况下尺寸大小一般为 4。在位分组步骤中，输入被分成 2^d 个字并传递到 S 盒的选择层，圈常数决定从 4×4 位 S 盒中选择哪个 S 盒。S 盒以这样的方式接收输入，即它包含来自 IHV 和消息分组中相等数量的位，线性变换层通过对接收字进行异或运算，连续传递两个字的内容。之后，在下一轮分组计算中，当一个字的内容被置换并与下一轮分组计算中的字相邻时，应用 P_d 进行置换。在进行 18 轮处理后，在解组阶段，所有位都返回到它们的起始位置，以生成最终的散列，处理最后一个数据块后的输出是 1024 位数据。因此，通过取所需位的最低有效数生成最终散列，实现散列的生产。环形压缩函数的内部结构如算法 2 所示。

算法 2：环形压缩函数

1 for $i=0;i<15;i=i+1$ do

2 if $R_{c_{i,j}}=0$ then

3 　　$v_i=S_0(x_i)$

4 　else if $R_{C_{i,j}}=1$ then

5 　　　$v_i=S_1(x_i)$

6 for $i=0;i<7;i=i+1$ do

7 　　$(w_{2i},w_{2i+1})=L(v_{2i},v_{2i+1})$

8 $(y_0,y_1,\cdots,y_{15})=P_d(w_1,w_2,\cdots,w_{15})$

S 盒的输入代表 16 个不同的分区（$x_0,x_1,\cdots,x_{15}$），是来自消息分区和 512 位的 IHV 的混合。如前所述，输入被传递到 S 盒和线性变换层，然后将此轮的输出传递给第二轮计算。

（5）阶段 5：生成最终散列值。

通过取最终输出的最低有效位数生成最终散列值，即如果期望的散列值是 256 位，则输出的最低有效 256 位被认为是最终散列值。

此外，工业大数据应用中的高效轻量级加密散列函数是一种带有很强的应用背景的设计方案，而不是纯粹的研究分析报告，主要采用 S 盒、线性变换和置换方式。其安全性主要体现在以下几方面：

（1）S 盒不会为相同的输入产生相同的输出，Rijndael S 盒的定义本身确保了这一点的正确性。

（2）工业大数据应用中的高效轻量级加密散列函数产生 1024 位作为输出，而这本身需要至少 2^{512} 次计算搜索才能找到冲突碰撞。此外，S 盒内部的位置变换和置换等操作增加了随机搜索的次数，其防护强度足以抵御生日悖论攻击。这个特性使工业大数据应用中的高效轻量级加密散列函数在碰撞和第二原像攻击的情形中占据明显的防御反击优势。

5.4.4 工业互联网设备程序实现中的轻量级密码技术

工业互联网所产生的大量数据和现场设备的广泛网络化、远程化使信息安全脆弱性问题变得越来越突出。Java 是工业互联网、物联网、无线传感器网络（WSN）、近场通信（NFC）和射频识别（RFID）等嵌入式应用中，最常用的软件开发平台，Java、SWIFT、PHP 和 C++等面向对象的编程语言在任何程序对象运行后都使用垃圾内存回收机制，但却可能成为下一个内存地址占用（Next Memory Address Occupation，NMAO）、内存重放、任务行为恶意跟踪等网络攻击技术的攻击目标。当利用这种漏洞实施的网络攻击行动跨越目标设备，感染周围连接的其他工业控制设备，并形成大规模的受控攻击设备群时（如物联网僵尸网络），工业互联网遭遇大规模网络攻击的安全风险将剧增，并且难以及时防御。

工业互联网设备程序实现中的轻量级密码技术防护，主要解决工业互联网设备代码运行时针对堆内存渗透和地址修改（下一个内存地址占用、内存重放、任务行为恶意跟踪攻击的基础技术）攻击的安全防护问题，以及当设备程序设计成运行时绑定后，可以擦除操作痕迹的内存垃圾回收方法，同时当发生程序运行时会话攻击后，检测或发现恶意第三方对物理地址进行非法操作的机制[23]。堆内存是在程序运行时，而不是在程序编译时，请求操作系统分配给自己一定大小的内存空间，即动态分配内存。对堆内存的访问和对一般内存的访问没有区别，但堆内存存在回收问题，即垃圾内存回收。每种编程语言都有自己的方法管理堆内存中的对象，以及用相应的测试工具检测堆内存中的缺陷和漏洞。但目前的方法，如内存加密等并不能很好地检测或防止攻击者对工业互联网设备的嵌入式软件中堆内存进行溢出的攻击行为[24]。特别当攻击者利用暴力破解或猜测方式攻击破坏指向任务名称或对象线程的相应堆地址使用的会话密钥时，安全威胁将会显著增加。而内存检索是通过搜索标志检索内存，确定相关结构的过程。内存检索的核心要素是确定搜索标志，搜索标志必须满足的基本要求是：搜索标志的唯一性，即通过搜索标志可以唯一确定被搜索的内存结构；搜索标志的完整性，即搜索标志不能被修改，如果修改，将直接影响整个软件的正常运行。但是在Java程序开发过程中，恶意程序通过使用DKOM等技术，却可以破坏搜索标志[25]。而正常程序如果执行任何不需要的任务，或停止任何其他正在工作的任务，将会造成设备软件系统资源的浪费，耗费时间攻击或拒绝服务攻击都将会对服务造成负面影响（迫使服务重复或中断）。如果正在执行的任务遭到破坏将会导致相关设备烧毁或损坏时，此类安全威胁的风险就会急剧增加。反过来，如果未能有效发现并控制正在遭受攻击影响的工业互联网设备或服务，将可能导致网络中的若干同类设备也遭受攻击，从而形成一大批随时可能发起拒绝服务攻击的设备。因此，针对这些威胁，可以通过使用轻量级的垃圾内存加密方法阻止恶意应用程序或线程的渗透或修改动作。该方法可以在任何工业现场设备程序代码的底层位置实现，并在运行状态结束前及运行过程中执行，可以更好地检测针对工业互联网设备软件代码环境的恶意攻击行为，进而可以更可靠地预警针对软件堆内存层次的攻击。同时，垃圾内存加密方法将确保没有堆内存地址被发送给企图使用猜测、暴力或下一个内存地址占用方式进行攻击的攻击恶意线程，并在任何对象运行结束时对回收的垃圾内存进行加密。即使恶意攻击者尝试对可能的输入进行暴力搜索攻击，意图查看其是否产生匹配或使用匹配散列值的彩虹表，也无法找到能产生给定散列值的消息，因为一次性密钥和加密散列函数（CHF）并不易受到重放攻击。工业互联网设备程序实现中的轻量级密码技术方案的特点是：包括广泛的轻量级密码算法的研究，如对称、非对称和一次性密钥算法及轻量级散列函数。针对工业互联网设备系统软件代码过程中的脆弱性环节，可以利用基于一次性密钥和L-函数的椭圆曲线框架（ECC）保护软件程序代码的垃圾内存回收过程的安全性。

工业互联网现场控制设备程序实现代码中的库语言结构和功能模块特征，是恶意攻击的重要攻击目标，特别是缺乏代码实现级的标准规范和安全性评估的代码混淆机制，以及开源免费代码的嵌套使用，是C++类应用程序容易遭受攻击的风险脆弱点，如浏览器或虚拟机等。为了具体检查已有类型的软件功能控件，目前用完整的运行时替换静态控件机制进行独立性检查是普遍使用的方法。运行时静态替换评估的方法主要有：代码安全机制的定性分析，安全性的定量评估，在相同的外部环境下对其防护进行测试性评估。此外，还可以使用机器学习技术生成代码不同状态的等价类的运行时性能，并对各种运行时性能进行评估，从而预测工业互联网设备程序代码面临的威胁。程序代码认证技术也是程序代码级防护的重要手段，许多已有的基于远程软件调用的认证过程，依赖严格的时间限制和其他并不适合在工业互联网环境中使用的方法。静态和动态两个阶段的双重认证模型是常用的程序代码认证技术，静态认证过程测试认证单元的内存，动态认证技术检查应用程序代码的执行情况，并在运行时检测攻击行为。此外，可信平台模块即 TPM，目前在许多硬件中已有广泛应用，TPM 可以实现基于一个分离的硬件检查目标系统，使具有防篡改功能的内存位置能够存储系统的敏感信息。然而，这种方法无法测量应用程序在运行时的行为，而这种能力对于发现运行时的恶意攻击行为［如返回导向编程攻击（Return-Oriented Programming，ROP）、堆栈缓冲区溢出攻击和其他相关攻击］非常重要。此外，多层远程认证协议通过在资源和计算能力方面利用不同类型的网络化的工业互联网设备，更强大的 TPM 设备将通过可靠的硬件进行身份认证，而其他设备将使用软件认证进行检查。为了增加认证响应的熵，在多层远程认证中使用随机记忆区域进行认证，认证协议可被视为认证异构工业互联网设备设置完整性的通用方法。在设备程序用户身份认证方面，最新的安全认证技术划分两个安全阶段，对保存在外部设备上的密码进行加密操作，确保密码能够在程序运行过程中进行实时调用，避免通过网络传输纯文本密码。这种加密操作模式采用改进的基于 Kerberos 环境的用户身份认证模型，保持用户和工业控制设备之间的安全连接。此外，外部存储加密机制可以阻止外部连接的攻击，以及 TPM 与内部组件之间的安全交互。已有方法对于检测程序代码级的攻击行为有一定效果，但却无法检测和防护代码内存级的攻击。

大多数工业互联网中的低成本工业现场控制设备要求具有很好的跨平台移植和低成本代码复用能力，因此，越来越多的此类设备采用 Java 平台开发。Java 虚拟机（JVM）是 Java 程序运行的心脏，Java 的许多优异特性都来源于 Java 虚拟机的概念和实现。Java 虚拟机是一种建立在实际处理器基础上的抽象的计算机，Java 虚拟机利用实时（JIT）编译器将 Java 字节码编译成机器码，同一个 class 类文件可以运行在实现了 Java 虚拟机的不同操作系统平台。Java 虚拟机在执行 Java 程序的过程中，会把它所管理的内存划分为若干个不同的数据区域。这些区域都有各自的用途，以及创建和销毁时间，有的区域随着虚拟机进程的启动而存在，有的区域则依赖用户线程的启动和结束而建立和销毁。Java 堆内存是被所有线程共享的一块内存区域，在虚拟机启动时创建。此内存区域的唯一目的就是存放对象实例（Java 程序中所有的对象实例和数组），几乎所有的对象实例都在这里分配内存。Java 堆是垃圾收集器管理的主要区域，因此有时也被称为 GC（Garbage Collection）堆[25]，可以处于物理上不连续的内存空间。然而，随着 Java 虚拟机的使用越来越多，其自身也容易遭受网络攻击，其中堆喷射（Heap Spray）攻击具有很高的成功率。针对应用程序代码的堆喷射攻击的基本原理是：利用应用程序中（多指 Java 应用程序）可操控的脚本环境，进行大量且重复的内存申请操作，将 shellcode 等数据布局在需要的内存空间，从而绕过操作系统地址空间布局随机化保护机制实施攻击。此外，只要出现相关设备连接的网络中的节点发生特定故障的情形，恶意攻击者就可以通过堆喷射攻击方法获得破坏或中断整个同类型设备网络的方法，使用随机堆（Rand heap）的方法可以在一定程度上检测和防止堆喷射攻击。

在由大量基于 Java 虚拟机平台开发的微型工业控制装置或设备组成的网络环境中，如果存在由恶意入侵者投放的具有信息互联互通能力的软件功能组件，攻击者就可能将 Java 虚拟机堆内存容量膨胀到其最大值，进而导致相关控制器崩溃。其中，攻击者通过影响垃圾内存回收功能，中断或影响新生代垃圾内存回收（Young Generation Garbage Collections）的性能，进而激活完全垃圾内存回收功能（Full Garbage Collection，FGC）。FGC 因为需要对整个堆内存进行回收操作，所以耗时很长且效率很低，非正常地频繁触发 FGC 机制，实际上是对 Java 虚拟机堆内存的拒绝服务攻击。为防护这类针对 Java 虚拟机固有的垃圾内存回收机制的攻击，一方面，可以从远程的、相对独立的硬件检查目标设备的软件系统，并将系统的敏感信息安全地保存在其特定的内存位置，以有效防护针对代码内存管理模式的攻击；另一方面，从程序代码的完整性方面考虑，即完整性度量体系结构（IMA）也可以防护这类程序代码级的攻击，其目标是从内核到应用层生成认证。然而，IMA 技术却无法评估应用程序的运行时行为，而运行时行为对于识别运行时的恶意攻击行为（如堆栈缓冲区溢出攻击和返回导向编程攻击）至关重要。因此，为了使程序级的认证协议能够覆盖认证过程和程序动态行为集，还需要做大量的工作。

工业互联网设备程序实现中的轻量级密码技术防护，解决的是如何有效防护 Java 虚拟机中下一个内存地址占用攻击的问题，攻击者通过深入学习目标任务行为进而恶意中止或破坏正在运行的会话，并利用堆内存的垃圾回收机制进行攻击。防护方案主要有两个步骤：第一步是硬件认证环节，在内存中使用 TPM 从指定的用户地址执行保护过程，防止假冒正常的程序用户实施攻击。第二步是通过在正在运行的程序对象中使用轻量级加密散列函数（CHF）进行垃圾回收操作，使攻击者在破解过程中找出冲突更加困难。图 5-27 示意了这种工业互联网设备程序实现中的轻量级密码技术防护框架对内存的保护过程，攻击者使用暴力攻击或通过学习与猜测模式实施攻击，对相应的堆内存地址进行破坏。

Java 虚拟机垃圾内存加密是一种基于一次性密钥和鲁棒混沌映射的流密码算法，提高了算法的安全性和动态性能。其中，线性混沌映射被作为伪随机密钥流生成器，并在其过程中引入彩色图像编码方案，同时使用轻量级加密散列函数作为单向散列操作。由于加密散列函数产生了非常大的密钥空间，该方法具有非常高的安全性。

基于椭圆曲线加密算法（ECC）的散列技术是一种流行且有效的轻量级技术，该算法基于椭圆曲线上的点方程实现，如图 5-28 所示。

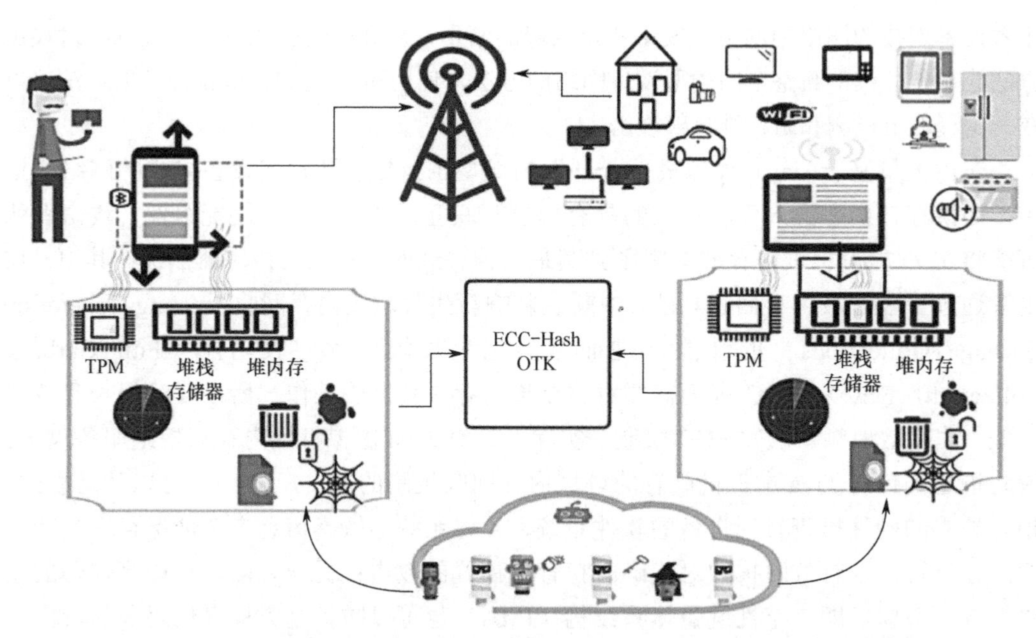

图 5-27　工业互联网设备程序实现中的轻量级密码技术防护框架对内存的保护

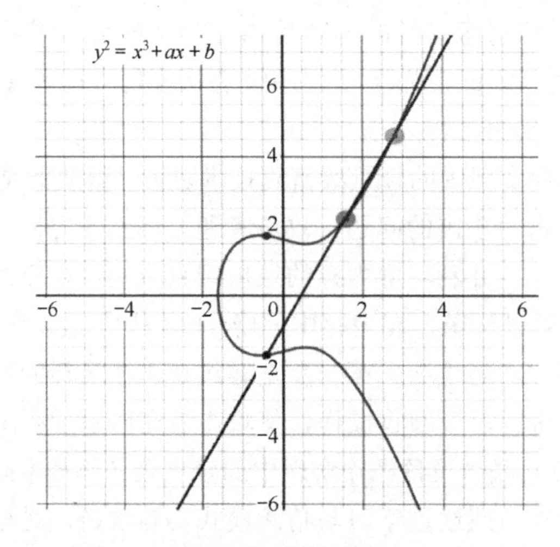

图 5-28　椭圆曲线

Java 虚拟机垃圾内存加密是基于 L-函数的加密散列函数，可以将散列函数定义为 H，接受可变长度的输入并产生固定长度的输出，以确保完整性，如式（5-1）所示：

$$H(\cdot):\{(x,y)\in E_p(a,b)\}\to Z \tag{5-1}$$

椭圆曲线上的坐标是 $E_p(a,b)$，输出整数值 Z。椭圆曲线方程可定义为式（5-2）和式（5-3）：

$$E_c: y^2 = x^3 + ax + b, (a,b)\in K \tag{5-2}$$

$$\Delta\ (E_c) = -4a^3 - 27b^2 \tag{5-3}$$

应用 Mordell-Weil 定理，可得

$$E_c(K)=\{(x,y)\in K\times K\,|\,y^2=x^3+ax+b\}\cup O \tag{5-4}$$

O 是一个以 $k=F_q$ 为有限集的阿贝尔群为单位的无限元，q 是一个素数，$(a,b)\in Z$。如果取素数 p，则有 $a_p=p+1-\#E_c(F_p)$。F_p 有 p 个元素，其顺序如式（5-5）所示：

$$E_c(F_p)=O\cup\{(x,y)\in F_p x F_p\,|\,y^2=x^3+ax+b\} \tag{5-5}$$

接下来应用 Hasse 定理，p 和 a_p 将满足 $|a_p|\leqslant 2\sqrt{p}$。

把 L-函数与 E_c 结合得到式（5-6）：

$$L(s,E_c)=\prod_{p|\Delta(E_c)}\frac{1}{1-a_p p^{-s}}\prod_{p|\Delta(E_c)}\frac{1}{1-a_p p^{-s}+a_p p^{1-2s}} \tag{5-6}$$

如果将 p 除以 $\Delta(E_c)$，$a_p=0\pm1$，并且利用 $E_c \bmod p$ 可以发现奇异点，那么欧拉乘积可用式（5-7）表示：

$$L(s,E_c)=\sum_{n=1}^{\infty}a_n n^{-s} \tag{5-7}$$

用 ξ^T 表示 Q 上的所有椭圆曲线的集合 E_c，假设 α,β 为固定正数，则在 $T\leqslant\Delta(E_c)\leqslant 2T$ 条件下，k 和 m 应满足式（5-8）：

$$\log T^{\alpha}\leqslant k,m\leqslant(\log T)^{\beta} \tag{5-8}$$

最后，加密散列函数可由式（5-9）表示：

$$H:\zeta^T\to Q^{K+1} \tag{5-9}$$

接下来可以应用一次性密钥加密技术对垃圾内存进行加密，一次性密钥是指每次执行新的加密操作时都使用新的密钥。一次性密钥加密的广义数学方程可表示为：

$$C_i=E(M_i,H_i\%m),i=1,2,3,\cdots,n \tag{5-10}$$

其中，C_i 是加密操作生成的密码或加密文本，E 是加密操作，M_i 是明文的第 i 个字符，H_i 是第 i 个垃圾内存回收明文生成的加密散列值，H_i 由式（5-9）计算得出，m 是一个模固定数。以类似的方式，也可以从数学角度表示式（5-11）中的解密操作：

$$M_i=D(C_i,H_i\%m),i=1,2,3,\cdots,n \tag{5-11}$$

其中，D 是解密操作，M_i 是明文的第 i 个字符，H_i 是第 i 个垃圾内存回收明文生成的加密散列值。

工业互联网设备程序实现中的轻量级密码技术防护的自身的安全性在于，攻击者不可能同时检测到两个数值非常相似的加密散列垃圾内存值，也不可能提取相关数据的有用信息（仅考虑其散列运算过程）。

5.5 可信工业互联网信息安全防护技术

5.5.1 可信计算技术简介

1. 可信计算的基本概念

国际标准 ISO/IEC 15408 将“可信”定义为：一个可信实体（包括组件、系统或过程）的行为在任意操作条件下是可预测的，并能很好地抵抗应用程序、病毒及一定的物理干扰造成的破坏。可信计算是研究“网络中网络元素的行为和行为结果，网络元素之间的行为和行为结果总是预期和可控的”的机制、策略、支撑技术、管理等评测方法的总称[26]。例如，从某种意义上理解，AES 可被视为数据加密方面的可信系统，原因在于，AES 加密无法用现有的计算手段破解。对于相同的安全环境，DES 或 3DES 不能被认为是可信系统，因为 DES 或 3DES 已经可以被破解。

受信任系统将使用软件和硬件手段维护受信任的财产，以确保安全策略不仅可以保护其所有者（或设备的当前所有者），而且还可以保护设备所有者进行的合法操作，从而保护某些第三方的利益。例如，受信任的视频播放设备将保持受保护状态，并确保其内容持续受保护，不仅保护所有者的利益，而且强制实施数字版权管理限制，这可以被解释为避免对设备所有者的利益造成不利的行为。在工业互联网中，无处不在的计算元素相互通信，为了修改计算结果，某些元素可能被破坏或以其他方式访问。因此，在工业互联网中，常规性、系统性检测哪些组件可能被恶意攻击者篡改变得至关重要。在可信计算的情况下，需要处理的不仅是经典的黑盒安全模型问题，即攻击者可能只对黑盒进行外部操作，如修改输入或输出的通信、伪装等，而且在可信计算用例中，攻击者也可以攻击盒子本身。例如，攻击者可以通过窃听工业控制系统内存总线等读取内存内容，系统能够检测出内部被篡改的系统元素是至关重要的，因为只有这样，该系统才可能会在以后的计算中忽略或阻止被篡改的元素。“可信”“可信赖”“信任链”和“信任关系”或“可信计算基（TCB）”等术语应该有明确的定义。在所有可信系统中，系统的安全性都是有一定的前提条件的，这些前提条件可能是正确的，也可能是不正确的。

可信组件或可信系统是开发者用来维护某种策略，确保系统安全性的任何软件组件形态。当然，任何这样的组件自身都可能存在漏洞，受信任的组件可能会由于某些错误或缺陷而没有维护受信任的策略。因此，对开发者而言，总是希望尽量减少其信任的代码（或组件）的数量。系统开发者所信任的任何代码中的错误都将导致系统安全策略面临危险。例如，无线网络专用的有线等效隐私（WEP）标准依赖 RC4 加密，即 RC4 是可信组件。若 RC4 在安全性方面被破坏，则 WEP 在安全性方面也将遭到破坏。对于几乎所有的计算机软件，可以安全地做出假设，用户更愿意在系统中使用最少数量的可信软件。

可信赖组件是指满足某个设计假设并且可以被信任的组件，并不一定表示该部件对机器所有者有用（或“有益”），可信赖仅意味着功能组件满足软件开发者的策略假设。例如，由勒索软件开发者编码的勒索组件可能是可信的（保护勒索软件开发者的利益不受硬件开发者的利益影响）。

信任链是一组受信任的组件，如果先前的组件也是受信任的，则每个组件都是受信任的。在每个阶段，先前的受信任组件都会在加载新组件之前对其进行认证，大多数系统需要几个步骤来确保系统是可信的。例如，TPM 认证 BIOS，BIOS 认证引导加载程序，引导加载程序认证操作系统，操作系统在进程启动时认证进程。假设所有步骤都由可信组件认证，则可以确保运行的软件确实得到认证。如果任何一个组件都不可信，那么整个链就会断开，运行中的软件将不再被认为是经过认证的。

信任的根即可信计算基（TCB）或信任关系指的是信任的第一个组件，信任关系认证信任链中的下一个组件，这些组件认证与其向下连接的组件，直到整个系统受信任为止。创建信任关系是一件非常困难的事情，通常通过一些硬件模糊化设计的组件（如 TPM）来解决，该组件认证系统通常是一个小的部分，从这一小部分开始认证更多的组件，直到整个系统得到认证。创建可信的信任根是可信计算中最重要的问题之一。

2. 可信计算与硬件相关的技术

1）TPM

可信平台模块（TPM）是由可信计算组指定的标准安全协处理器（硬件组件），TPM 能够存储密钥并执行加密功能，TPM 芯片通过硬件混淆和防篡改子系统防止物理篡改。为抵御不断变化的网络攻击，TPM 芯片一直在不断完善发展中。尽管云计算技术已经在向万物皆可服务（Everything as a Service，XaaS）云基础设施转变，同样需要 TPM 的支持，且对 TPM 的要求也越来越高。vTPM 技术提供了将 TPM 访问虚拟化到云客户机的能力（前提条件是主机 TPM 是可信的）。TPM 一般与 Intel TXT（英特尔可信任执行技术）指令结合使用，但其他体系结构中也存在类似的指令。

2）虚拟机监控程序

虚拟机监控程序被设计为在一个硬件设备中运行多个操作系统。目前，虚拟机监控程序有许多额外的用途，比如在软件开发和调试、评测方面，当然还有网络安全方面。一种独特的虚拟机监控程序类型是瘦虚拟机监控程序，瘦虚拟机监控程序是仅运行单个操作系统的虚拟机监控程序，操作系统处理大部分硬件访问，因此虚拟机监控程序可以忽略这些调用。虚拟机监控程序充当一个小的微内核，只处理系统的某些部分，比操作系统享有更多的特权，因此，可以捕获某些事件，如访问某些受保护的内存地址、使用某些设备或调用系统级的事件。虚拟机监控程序还可以映射操作系统未映射的内存，因此，可以在完全独立的内存空间中工作，并提供白名单、软件保护和取证功能。

3）隔离

隔离是指在各自的软件堆栈、地址空间等中运行不同的软件组件，通过消除同一软件的多个不兼容版本（如 Python2 和 Python3）之间的冲突，隔离可以从 DevOps 的角度获得几个显著的好处。然而，隔离也给网络安全提供了一些出色的支撑，因为信息不能在应用程序之间泄露，从而需要创建一个安全的可信执行环境（TEE）。通常使用 TrustZone、虚拟化和 SGX 等硬件特性来创建隔离。

4）加密

加密过程将占用宝贵的 CPU 周期，并产生诸如热、噪声、功耗和其他计算环境资源的开销，这就要求尽量使用不产生副作用的高效加密指令，能够实现 AES 算法的高效加密指令几乎适用于所有现代 CPU。由于在没有专用硬件的情况下，使用加密计算是不安全的，因此建议任何工业互联网系统需要进行加密操作时，在具有特定硬件指令集的体系结构中使用加密指令。

5）本地认证

认证是向第三方（通常是远程第三方）证明系统未被篡改的过程，本地认证的作用有限，因为第三方还可以攻击请求证明的命令、计算证明响应的命令或确认证明的命令，因此，大多数认证解决方案都是远程的。系统中运行的软件二进制文件可能会被具有终端物理访问权限的恶意攻击者修改，这些攻击的范围从实际修改指定要运行的文件到修改它们所在的文件系统，即使是本地的软件组件也可能希望在执行特定指令之前认证它是否未被修改。本地认证是一个过程，通过这个过程，可以确保它运行的平台是正确的。简单的散列不能用于认证，因为攻击者可以修改系统，也可以修改散列值匹配更改操作，或者修改系统导致其忽略散列测试。TPM 和其他可以提供度量每个平台密钥的系统可以用作本地信任关系，没有信任关系的系统无法执行本地认证，因为本地攻击者能够删除本地认证过程。在具有 TPM 或其他可信计算基础的系统中，TPM 可以充当认证系统的远端（即使它是本地芯片）。

6）远程认证——静态信任根度量

远程认证是让第三方相信当前的系统没有被恶意篡改的过程，静态信任根度量（SRTM）在系统引导时启动，引导过程将所有平台配置寄存器（PCR）重置为其默认值。硬件本身所做的第一个度量是测量一个数字签名的模块，这个模块被称为认证代码模块（Authentication Code Module，ACM），该模块的签名由芯片组制造商提供。处理器在执行已签名模块之前对其签名和完整性进行认证，之后，ACM 度量第一个 BIOS 代码模块，BIOS 代码模块接下来进行其他度量。PCR0 保存 ACM 和 BIOS 代码模块的度量值，并保存静态核心信任度量根（CRTM）及 BIOS 可信计算基（TCB）的度量值。BIOS 代码模块度量其他组件，将结果保存到 TPM（PCRs）的特殊寄存器中。在系统被度量并且可信组件确信自身没有被修改后，引导过程根据信任链继续执行预定的操作。在可信链度量的特定组件启动之后，可以使用该组件执行远程认证过程。

7）认证——信任的动态根

动态信任根度量（DRTM）是在系统运行过程中对平台进行初始化的度量技术。DRTM 与 SRTM 不同，SRTM 在引导过程中进行度量，DRTM 则带来了比 SRTM 更大的挑战，因为系统已经处于运行状态，分步骤、分阶段度量和认证已经不再可能。

8）管理

一些特定功能需要对当前硬件进行监控，但由于这些特定功能通常没有文档记录，因此这些功能（如 SMM、管理引擎等）很可能成为系统无法控制的攻击来源。此外，由于这些特性所包含的有价值信息量相对较低，不能用来标识 CPU 硬件中的 Spectre 和 meldown 等漏洞。一般情况下，这类功能都被禁用。

9）密钥存储

可信平台中用于加密和解密消息的密钥，不应向外部软件暴露，可以将这些密钥存储在 CPU 内部，并使用虚拟机监控程序捕获外部组件对密钥的访问。某些特定于硬件的功能（如 Intel 的 IIPT）提供了类似的保护作用。

10）权限级别

常规操作系统平台一般至少有三个权限级别，即供虚拟机监控程序、操作系统和用户进程使用。用户代码以最低特权模式运行，由于多个用户进程可能试图访问同一个硬件设备，因此需要操作系统（称为管理器）管理这些调用行为。在没有操作系统干预的情况下，通常不允许用户进程直接访问 I/O 设备或内存。如果虚拟机监控程序在系统中运行，必须监视操作系统，因此虚拟机监控程序的权限级别高于操作系统。在虚拟机监控程序通过认证过程确信没有其他操作系统试图同时访问同一硬件之前，虚拟机监控程序不应允许操作系统直接与硬件通信（例如，不允许两个操作系统同时尝试从网络适配器读取数据）。因此，如果存在虚拟机监控程序，那么虚拟机监控程序对每个操作系统的处理方式与对每个进程的操作系统处理方式类似。不同的权限级别允许对指令进行分段，并防止恶意代码执行不应运行的指令，此功能创建了另一层系统保护。通常在某个系统应用程序或恶意应用程序中利用 bug 的攻击者，必须首先提升权限或破坏虚拟机监控程序，然后才能执行攻击。尽管这些概念对所有操作系统平台都是通用的，但每个平台都有自己的具体实现。在 Intel 和 AMD X86 或 X64 平台上，这些特权级别称为“保护环”，从 Intel 80286 开始，标志寄存器上的位 12 和位 13（2 位）就预留给“保护环”，原则上在 X86 和 X64 上可以使用四个保护环。实际上，大多数现代操作系统只使用 Ring 3 表示空间代码，Ring 0 表示内核代码。Ring 2 和 Ring 1 被较旧（现在已过时）的操作系统（如 OS/2 和 DR DOS）用于需要直接内存或 I/O 访问的进程，但这类操作系统早已淘汰。当虚拟机监控程序被引入时，需要一种新的模式区分虚拟机监控程序调用和操作系统调用，因此一个新的“hypervisor-1 保护环”被引入。但是，hypervisor 模式不像旧模式那样由标志寄存器指定。在引入虚拟机监控程序之前，所有四种模式都使用 2 位标志寄存器表示。当引入第五种模式时，就超出表示范围了。相反，使用 CPU 保留一个状态位的方式，指示当前处于“hypervisor”模式，系统可以通过调用 VMXON 和 VMXOFF 指令进入和离开“hypervisor”模式，用户则可以通过查询系统对 CPUID 指令的响应情况，读取系统“hypervisor”功能，ECX 寄存器的第五位通知用户系统是否处于“hypervisor”模式。系统管理模式（SMM）是 Intel CPU 上的另一种模式，允许更新 CPU 自身。SMM 由系统管理中断（SMI）调用，并提供比“hypervisor”模式更多的权限，SMM 被非正式地称为“Ring 2”。Intel 还在其 CPU 中提供 Intel ME（管理引擎），在一定条件下，ME 能够读取内部 CPU 结构。英特尔很少发表关于 SMM 和 ME 的相关信息，因此，工业互联网设备制造商在英特尔系列平台开发相关应用程序时，应该关注 Ring 3、Ring 0 和 Ring 1。

5.5.2 供应商提供的可信计算解决方案

英特尔指令在《英特尔系统编程手册》中有详细说明，英特尔在 2006 年推出了 VT-x 虚拟化指令，采用最新一代酷睿 2 双核和四核处理器。这些处理器后来增加了二级地址转换表（SLAT），英特尔在 2008 年用第一代酷睿 i7 将其命名为 EPT。VT-x 指令集允许诸如捕获 guest 事件、切换到 guest 处理及使用 EPT 执行 SLAT 操作等操作。此外，Intel 还发布了另一组虚拟机监控程序指令，其中 VT-d 或 IOMMU 创建了一个特殊指令集，用于在虚拟客户机上执行 DMA 操作。而英特尔发布的另一套针对网络适配器的指令 VT-c，最后一个指令集允许在较少的物理适配器上创建多个虚拟适配器。2008 年，英特尔推出了 AES-NI 指令，该指令允许使用 RDRND 生成无副作用的随机数，并提供了比手动执行指令效率更高的高效加密和解密命令。2008 年，Intel 还引入了 TXT（可信执行技术）指令操作 TPM，并做出信任决策，TXT 指令包括允许识别受信任操作系统和创建信任链的度量指令。TXT 的改编并不成功，发布后不久就出现了对新版 TXT 的攻击，英特尔随后推出了英特尔身份保护技术（IIPT 指令），英特尔身份保护技术是一套身份认证和在线访问技术。IIPT 为 Web 用户和企业提供嵌入 Intel 平台的基于硬件的安全性，当使用 IIPT Java applet 与网站进行通信时，可以在本地生成和存储密钥，并将密钥安全地发送到网站。英特尔随后推出了名为 Secure Guard Extension（SGX）的新指令系列，SGX 的第 6 代 Core IX 处理器已公开上市，SGX 目前是 Intel 在可信计算方面的主流产品。SGX 允许使用类似虚拟化的技术创建加密的内存飞地，SGX 创建的内存飞地使用每个平台密钥（类似于 IIPT）进行加密，因此即使攻击者能够攻入系统总线，内存飞地也无法被攻击者访问。

AMD 的设计与英特尔非常相似，并已发布了大多数现代指令集版本，在 AMD 平台上，AMD-SVM（Secure Virtual Machine，安全虚拟机）相当于 2006 年 AMD 发布的，与 Intel VT-x 类似（但不完全相同）的 AMD-v 指令。AMD 使用的设计理念与英特尔的解决方案相似，但指令完全不同，如存储所有虚拟机信息的结构，AMD 称为 VMCB（虚拟机控制块），Intel 称为虚拟机控制段（VMCS）。VMCS 和 VMCB 具有完全相同的功能和用途，但是两种结构的格式完全不同。AMD 也几乎与英特尔同时推出了 SLAT 的概念，并将其命名为 RVI（Rapid Virtualization Indexing），与英特尔旗下的 EPT 类似。AMD 推出了 IOMMU，类似于 Intel 的 VT-d。AMD 体系结构还支持 AES-NI（与 Intel 体系结构相同的指令集），AMD 提供与 TPM 通信和认证的安全技术说明，TPM 大致相当于 TXT。AMD 拥有自己的 SEV/SME 内存加密技术，大致相当于 SGX。

ARM Holding PLC 为多个 OEM 供应商和制造 ARM 体系结构 CPU 的小型工厂提供 ARM 平台的设计，不同供应商对最终用户使用某些安全功能的限定方式不同，如高通公司规定家庭用户、制造商和个人用户禁止使用其产品的 TrustZone 功能。因此，普通用户不能在常规的高通 CPU 或主板（如 Dragonboard 开发板）上安装 TrustZone Trustlet。但是，其他供应商却允许家庭用户和制造商在 TrustZone 中运行 Trustlet。例如，在 Lenovitor LeMaker HiKey 产品中，制造商可以在 TrustZone 上运行 Trustlet。ARM 平台最重要的安全特性是 TrustZone，其提供了一个单独的安全操作系统，称为 Secure world，正常的操作系统（如 Linux、Android 或 iOS 等）与安全域并行运行，安全域能够管理正常的操作系统，这种隔离和内存保护的级别大致相当于 Intel 管理引擎。ARM 引入了虚拟机监控程序指令作为对 ARMv7a 体系结构的扩展，在 ARMv8a 体系结构的 CPU 中提供了虚拟机监控程序指令，与 Intel 的 VT 指令相比，虚拟机监控程序指令允许类似的功能和安全措施。一些 ARM 供应商还使用加密协处理器实现 AES 指令，加密协处理器提供了与 X86 的 AES-NI 类似的性能提升和侧通道保护功能。ARM 平台还提供了四个特权级别，这些特权级别在 ARM 中称为异常级别（Exception Levels）：Exception Levels 0（EL0）类似于 X86 平台中的 Ring 3，此模式指的是普通（最低权限）用户空间代码，智能手机上几乎所有的应用程序都在 EL0 级运行；Exception Levels 1（EL1）类似于 X86 平台中的 Ring 0，这是操作系统运行的模式；Exception Levels 2（EL2）类似于 X86 平台上的 Ring 1，被称为 HYP 模式，如果平台没有虚拟机监控程序，那么在这个级别上没有运行任何程序；Exception Levels 3（EL3）指 TrustZone™，TrustZone™ 是一种特殊的安全模式，它可以监视 ARM CPU 及其上运行的操作系统。此外，TrustZone™ 允许在标准操作系统之外运行单独的安全实时操作系统，X86 中没有直接类似的模式，类似的技术模式（从安全角度来看）是 Intel ME 或 SMM。与 Intel ME 和 SMM 不同的是，ARM 确实披露了有关其 TrustZone™ 模式的信息，但是 TrustZone™ 的访问权限仅限于平台供应商，而非普通开发人员。ARM 特权级别的一个独特特性是，每个特权级别都有自己的内存映射，而且页面不太可能跨级别泄露，因为某些页面在某些特权级别上根本不会被映射。

PowerPC目前由IBM（品牌为RS/6000）的AIX支持，AS/400、Linux操作系统和NXP支持嵌入式平台（VxWorks和Linux）。Power PC平台从Power PC5开始就内置了虚拟化指令，这些指令还用于保护索尼Playstation 3的安全性（DRM）和仅运行已签名（白名单）的可执行文件。IBM在Power PC7版本的体系结构中引入了AES指令（大致相当于X86 AES-NI）。

MIPS内核已不像以前那么常见，MIPS自I6400内核以来仍然提供硬件虚拟化，该硬件虚拟化与上面描述的一些特性相当。MIPS内核一般运行Linux、VxWorks和实时操作系统，MIPS曾经还运行现在停产的Silicon Graphics IRIX操作系统，最新的一些MIPS处理器还支持使用协处理器的AES-NI等效指令集。

UEFI或统一可扩展固件接口取代了大多数常见计算机系统中的基本输入/输出系统，尽管EFI最初是由英特尔为自己的设备提出的。工业界很快将UEFI作为一种通用标准，UEFI规范目前由统一的EFI论坛管理，UEFI支持硬件检测和初始化、本地和网络引导的多种功能，并支持图形用户界面。其中，Secureboot是管理信任根的UEFI功能。与传统BIOS相比，具有现代UEFI的系统可以测量并提供静态信任根（SRTM）。

5.5.3 工业互联网可信保护框架

工业互联网终端节点运行多种类型的软件，在一些应用场景中，如嵌入式计算机或智能移动终端，终端节点可以被视为能够运行任何形态的软件。当然，能够运行多种平台软件的终端节点功能更强大，但也比其他终端节点更脆弱。通常，工业互联网的终端节点只需要运行一组特定的软件，传感器网络、智能仪表、PLC终端等就属于这种情况。一般情况下，限制允许在端点中运行的软件种类和数量对安全性有很大影响，因为这种做法有可能损害终端节点用途的适用性。在一些容易识别的情况下，终端节点白名单机制或应用程序控制，是一种比其他基于黑名单的“反病毒”机制更强大的方法，“反病毒”方法一般基于内存或行为特征检测恶意软件。然而，针对工业互联网的病毒攻击往往属于高级可持续威胁攻击（APT），病毒可以使用自我修改代码的方式躲避内存签名机制，此外，病毒可以避免明显的恶意攻击，从而避免基于行为的检测。其他病毒是完全“无文件”类型的病毒，可以避免任何恶意签名，以及可以检测到的反病毒或反恶意软件。应用程序控制或白名单机制可以有效抑制上述所有攻击方法，通过指定允许在终端节点上运行的所有软件范围列表，并拒绝所有列表之外的其他软件，可以阻止所有上述病毒攻击，甚至是没有特定签名的“无文件”攻击。大多数主要的网络安全产品提供商，如McAfee、Sophus、Symantec、Microsoft和其他公司都提供终端应用程序控制解决方案。一种方法是基于白名单或捕获操作系统“create new process”处理程序（例如，fork［2］和 execve［2］系统调用）。另一种方法是基于虚拟机监控程序提供应用程序控制，在这种情况下，目标计算机中不允许使用未经授权的软件，无论其来源如何（包括内核驱动程序、共享库、插件等）。当与防范“无文件”攻击的方法相结合时，这种方法可以提供一个几乎完整的终端节点安全解决方案，但在“反病毒”或其他攻击方法中是不可用的。

工业互联网设备供应商的知识产权和资产净值的很大一部分与其独特的软件设计方案密切相关。通过逆向工程，恶意攻击者可以窃取 IP 地址等重要信息，因此工业互联网终端设备很容易被非法篡改。而且由于劳动力成本问题，工业互联网全球跨域协同的生产模式更加大了这种攻击风险。甚至在上述技术出现之前，就已经有了用于 IP 保护的混淆解决方案。然而，最近出现了使用硬件虚拟化的 IP 保护解决方案。当使用虚拟机监控程序进行 IP 保护时，私钥保存在 CPU 上。设备程序代码使用可靠的加密算法加密存储，并且仅在执行之前提取。软件在执行后会被自动丢弃，并且永远不会在操作系统可访问的内存地址中使用。通过防止缓存逃逸攻击，可以确保受保护的内存永远不会离开 CPU，从而进一步加强对系统总线窃听攻击的保护。这种方法在保护不需要复杂运行时环境的本机代码方面效果最好（而且效率最高），但是，基于虚拟机监控程序的软件保护也可以用于保护 Java 和其他类型的托管代码不被反编译。在这些情况下，虚拟机监控程序还必须包括 Java 解释器。

虚拟机监控程序可以提供系统内存的完整视图，一旦内存可用，就可以使用 volatility 等工具对系统进行全面了解。虚拟化技术可以用来调试系统组件，如内核模块或引导加载程序，也可以用来帮助开发安全的内核组件。

虚拟化技术可用于智能传感器、仪表、PLC 等工业互联网现场设备的保护，在所有的应用场景中，当这些设备使用硬件进行数字版权管理时，设备的硬件安全性功能将被用于强制防止非法复制数据，或其他数字版权管理功能。复制保护技术类似于软件防盗用和白名单机制，为了防止删除复制保护，需要防止反向工程，并且只允许执行签名代码，同时需要使用白名单。在某些情况下，该解决方案将强制执行无法随意绕过的复制操作保护。在其他情况下，数字版权管理技术嵌入数字版权管理解决方案中。例如，构建一个仅保护运动矢量符号并控制视频输出设备的虚拟机监控程序。创建虚拟机监控程序和飞地的最新技术可用于创建比基于标准操作系统的飞地（如 Linux 容器）或进程更安全的安全飞地。通过使用虚拟化机制，可以确保操作系统永远无法访问容器内容。此外，内容是加密的，绝不会在总线上不加密地传输。Docker 可以创建容器，但如果主机受到威胁，这些容器可以被操纵。为了降低这种风险，可以使用受 SGX 保护的容器，并使用硬件实现强制容器独立。Appsec 是仅使用普通虚拟化指令构建容器的示例，HA-VMSI 是一种最新的 ARM 容器隔离技术，它使用最新的 ARM 指令。

TEE 是一种基于某种信任链的可信任环境，使用诸如 TPM 和 UEFI 之类的现代硬件，可以建立可信的执行环境。TEE 可以使用 DRTM 为云基础设施创建动态信任根。

基于上述可信计算解决方案，可以建立工业互联网可信保护框架，该框架分别部署于典型制造企业的现场设备网络层、生产监控层和企业管理层，实现了工业互联网的安全可信防护。具体过程为：①将 TPM 嵌入工业互联网系统的核心控制网络中，对核心控制部件进行访问控制；②在工业互联网系统的运行监控模块和现场设备网络中嵌入可信数据保护机制，实现真实可信的数据管理；③在工业互联网的企业层管理网络模块中嵌入信任管理模型，实现网络节点的动态信任管理。工业互联网可信保护框架如图 5-29 所示。

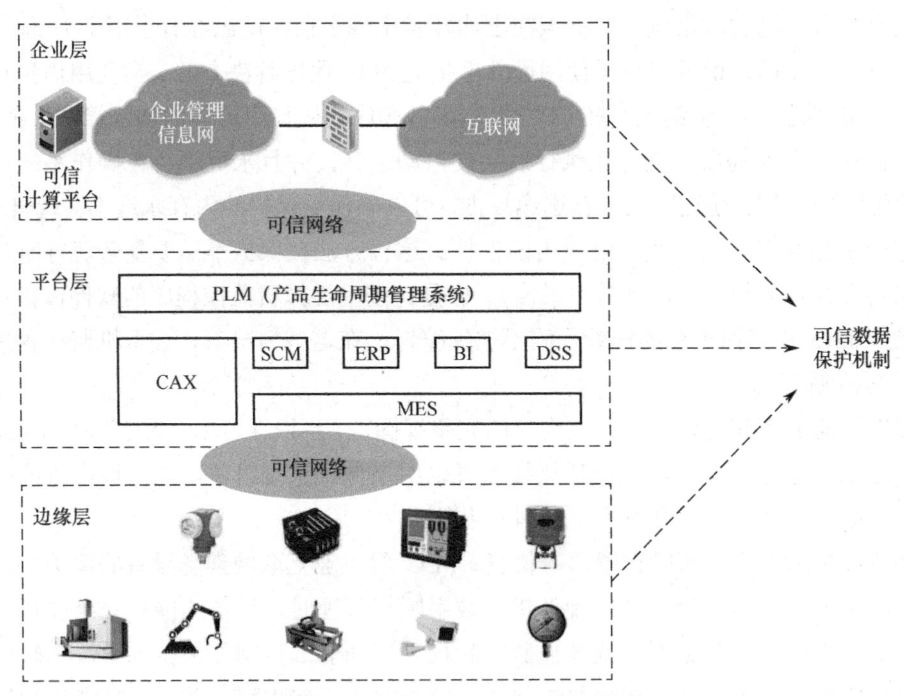

图 5-29　工业互联网可信保护框架

工业互联网可信保护框架一般由边缘层、平台层和企业层构成，其中边缘层主要由生产制造企业的现场设备组成，平台层的主要实体是通信网络设备及生产监控类设备，企业层以信息化管理层（包括 Internet）为主，边界用虚线表示。从图 5-29 中可以看出，工业互联网可信保护框架至少包括云侧网络安全防护、管（网）侧安全防护、边侧安全防护和端侧安全防护四个层面。各层协同部署可信计算平台、可信数据保护机制、可信网络。可信保护技术的建立，结合传统的数据和系统保护技术，可以实现工业互联网的数据和系统安全。同时，可信保护技术从节点和网络的角度对工业控制过程的数据流（网络路由信息、读写信息、数据传输信息）进行分析，确定其可信性，其结果可用于实时审计或事后审计。工业互联网可信保护框架的特点主要是：高安全、高可用和差异化。

恶意代码攻击、未授权访问、信息泄露、拒绝服务攻击是工业互联网中常见的攻击。工业互联网可信保护框架的安全性主要体现在：可信数据保护机制中的主动可信访问监控技术可以发现通过可移动存储设备的入侵，可信虚拟域可以基于访问控制的完整性保护阻断恶意代码攻击。因此，工业互联网可信保护框架可以有效地阻止恶意代码攻击。未授权访问由边界访问控制机制隔离，然后由受信任的数据保护机制拒绝，并提交审核。信息泄露主要来源于内部网络，可信数据的隔离环境、敏感数据的安全保护域、传输数据的读写认证等措施都可以用来保护信息，必要时可以根据操作日志进行审计。拒绝服务攻击的目标是破坏工业互联网的可用性，平台层和边缘层的控制管理器应该得到优先保护。工业互联网可信保护框架主要通过可信计算平台阻止非可信访问请求，结合协议检测和流量监控机制及冗余机制来保证可用性。

另外，工业互联网可信保护框架利用工业互联网三层体系结构的不同资源特性，并根据其异构特性，差异化地部署可信保护技术：在实时性要求最高的现场设备层，采用可信虚拟域隔离机制防止未经授权的访问；在生产监控层与现场层的控制接口部署入侵防御机制，进一步有效地保护现场设备；在生产监控层，部署可信计算平台和可信数据保护机制，保证核心控制系统的可靠性；在计算和通信能力较强的企业信息管理层和生产监控层的控制网络中，部署需要消耗大量能量来计算信任或系统状态的信任网络机制、恶意软件检测机制，以保证外围网络的可用性。

5.6　5G 赋能工业互联网涉及的信息安全防护技术

5.6.1　5G 应用于工业互联网面临的安全威胁

5G 与工业互联网及智能工厂融合是未来技术发展的基本趋势，在工业互联网环境中应用 5G 技术时，需要注意任务关键型控制流程中引入的新漏洞，这些漏洞将会影响生产机器的总体正常运行时间和吞吐量保证。信息安全问题将成为基于 5G 的数字化工厂发展的另一个重要问题。工业互联网中资源受限和广域分布的传感器、执行器组件等不能执行常规的加解密操作。因此，在自动控制领域，经常使用区域概念，如定义物理和逻辑访问受限且内部通信不加密的区域。工业企业必须为确保区域内外的一致性做出努力，但是工业互联网的安全目标与传统 IT 网络不同。系统的可用性是工业互联网安全最重要的目标，其次是完整性和机密性。由于 5G 将工业互联网中大量异构平台连接起来，信息安全防护技术的应用将遇到多方面的障碍。并且由于基于 5G 的智能工厂的分布式组件数量（工厂内多达数万个节点）呈现指数级增长，安全管理问题将十分复杂。同时，在工业互联网的功能安全方面，还面临着遵守 IEC 61508 等标准中规定的功能安全完整性水平方面的合规性问题。此外，工业制造业对所有机器和设备在各种环境条件下的正常和安全运行有特殊要求，因此，信息安全方面的新技术需要符合气候条件（灰尘、湿度、温度等）、机械条件（冲击、振动等）和本质安全条件（例如，限制功耗以避免爆炸）。

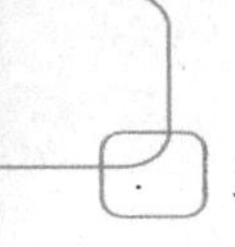

但是，5G、工业互联网本身都尚处于不断发展过程中，成熟度并不高，5G 与工业互联网的结合将有许多不确定性，有待创新完善。5G 与工业互联网结合将面临的安全威胁包括以下几个方面。

1. 5G 通信体制方面存在的威胁

与前几代移动通信技术相比，5G 架构和协议的安全能力和安全基线得到了极大增强。3GPP 标准提供的安全功能基于经验证的 4G 安全机制，并包括了加密、相互认证、完整性保护、隐私和可用性的增强功能。随着移动运营商向 5G 过渡，恶意攻击者依然会继续利用现有及新的 2G、3G 和 4G 安全漏洞，对各类移动设备（如智能手机等）和移动通信基础设施进行攻击尝试。由于设备的数量众多及现有和新部署的运营商基础设施兼容共存的复杂性，攻击威胁可以在任何地方出现，而且并非所有威胁都可以从安全标准层面解决。4G 网络无缝过渡到 5G 网络，4G 网络中已有的安全威胁，也将同样出现在 5G 网络中。5G 面临的攻击威胁面概览如图 5-30 所示。

图 5-30 中描述的一些攻击威胁属于通信体制方面的威胁，在 5G 网络中依然延续。例如，在针对 UE 攻击威胁向量中，机器和机器（M2M）的通信，特别是在工业互联网中基于 5G 的 M2M 通信，可能在功率、处理和存储器资源方面受到限制，导致其很容易成为信息安全防护的短板。以 5G 为基础的 M2M 和其他工业互联网应用将需要网络级的信息安全防护，但不一定都能在传感器或 UE 中实现。如果没有进行有效防护，M2M 的通信过程受影响，将会中断关键基础设施的正常运转。5G 网络支持大量的连接实体，并使带宽和/或总连接数量大幅增加，因此能对工业互联网的网络基础设施造成更大破坏的攻击威胁剧增。

网络切片是 5G 移动网络中的业务功能得以细分的一个促成因素，允许运营商更灵活地将安全策略应用到每个用例中。但与任何网络结构一样，网络切片也有其自身存在的攻击威胁面，需要合理地分割网络并确保安全性。分段在 5G 中尤其重要，因为超低延迟能力（如涉及物联网和 M2M 的用例），将需要在移动边缘计算（MEC）边缘广泛部署网络和安全功能。在工业互联网的 5G 环境中需要使用边缘模式的应用场景需求很多，但同时也将面临很多移动边缘威胁向量。5G 核心网络功能（如 UPF、用户面或数据面功能）可以安装在边缘，但却没有安装在中心位置时的安全检查级别能力。因此，移动边缘的开放性使恶意攻击者可以较小的代价部署攻击设备和应用程序，这种攻击威胁将产生与中间人攻击相同的破坏性（中间人攻击可以创建未经授权的网络流量嗅探能力）。在访问的目标网络和本地源网络之间的漫游流量（漫游威胁向量）中可能会诱发攻击威胁，端到端加密限制了对入站漫游者执行合法拦截的能力，因为用于解密和提取服务内容的安全参数位于待访问的目标网络中，而且还会导致难以确定在漫游流量途径的每个节点是否有足够的安全防护措施。从 SGi 接口［分组数据网络网关（PGW）与外部互联网连接

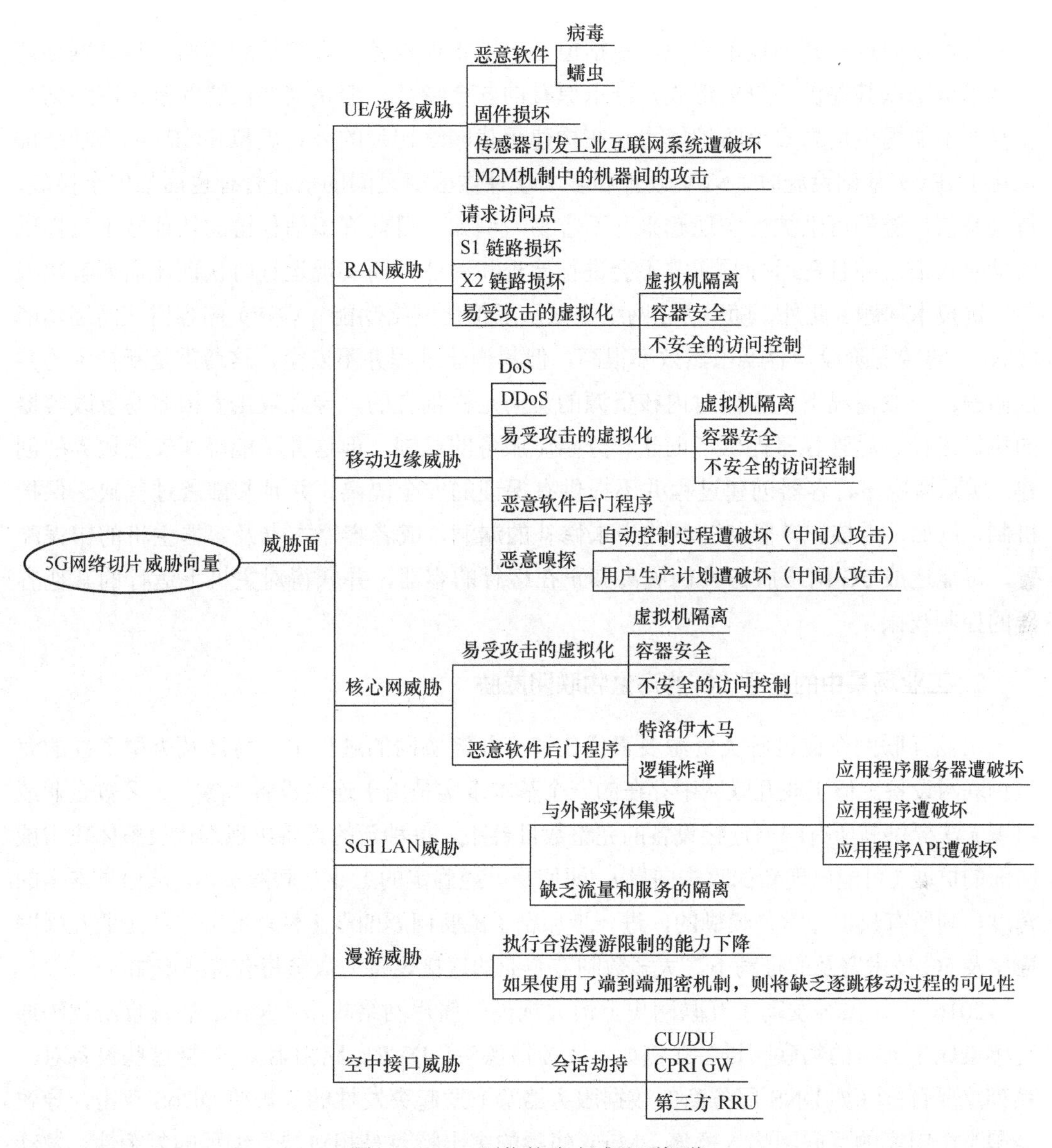

图 5-30　5G 面临的攻击威胁面概览

的接口］提供不同类型的通信和服务的能力，存在不同程度的威胁隐患。SGi 接口可能为不同类型的设备提供服务，攻击者成功入侵一类设备就可能会影响其他类型的设备。威胁的形态可能是通过僵尸网络攻击 5G 网络中的用户设备，也可能是攻击移动网络基础设施，如 PGW 用户平面的 DDoS 攻击。随着服务提供商向 5G 网络转型，不断增长和变化的连接性需求为使用不同技术和解决方案提供新的商业模式提供了机会。网络切片将一个公共虚拟设施和物理基础设施实体共享成为多个网络，使网络服务提供商能够将其网络的一部分专用于特定的服务或功能，并使部署各种 5G 应用程序变得更加容易。5G 生态系统可以通过一系列技术实现，包括但不限于物理设备、虚拟机和容器。尽管网络切片技术机制以其提供的隔离形式，继承原有的安全特征，但是需要注意的是，网络切片本身并不能提供信息安全防护能力。在构建承载网络切片的公共虚拟和物理网络功能虚拟化（NFV）基础设施时，NFV 硬件和多个软件供应商之间的信任管理也面临安全挑战，特别是信任链的可维护性实现起来并不容易。例如，目前许多信任链的认证技术只提供启动时认证，并且在运行时通常不会进行检查和评估，而实现运行时认证还需要解决很多关键技术问题。此外，随着 5G 网络进入从虚拟化网络功能（VNF）向容器化网络功能（CNF）的转变阶段，容器虽然效率很高，但其构建过程并不安全，这通常是新技术的共性问题。一般情况下，容器对内核资源的访问是松耦合的，导致攻击者很容易篡改容器的执行路径。尽管容器提供了创建和分离微服务的机制，但这并不能确保安全边界的创建。实际情况下，容器创建过程并不提供有保证的安全隔离，并且其部署过程缺乏保护机制。例如，内核、容器基础结构中未修补的漏洞，或者容器本身及容器主机的错误配置，可能造成 5G 网络服务实例脱离其正在运行的容器，并获得对主机上运行的其他容器的控制权限。

2. 工业场景中的基于 5G 的海量物联网威胁

工业互联网在促进各类资源要素优化和产业链协同的过程中，将涉及类型多样的海量物联网设备。但工业互联网中存在的一个基本事实是由于连接设备太多，大多数企业或组织无法提供其所有网络连接设备的完整数目台账。每种新的设备出现都代表整体攻击威胁面的扩展（可能出现新的攻击向量），即使是已经确定的工业互联网实体，从信息安全的角度，其所有权也经常是模糊的，进一步加剧了威胁问题的严重性。此外，在工业互联网应用及 5G 技术普及的推动下，大多数制造企业的连接设备的数量将会持续增加。

2016 年，黑客发动了互联网史上最大规模的僵尸网络攻击，Mirai 病毒攻击代码通过感染成千上万的物联网设备（例如，监控摄像头、DVR、路由器），劫持这些设备对一系列重要目标（如 DNS 服务商的数据服务器等）发起突发性的大规模 DDoS 攻击，导致美国半个国家的互联网陷入瘫痪。Mirai 病毒的突出特点是相对缺乏编程的复杂性，发动这种僵尸网络攻击并不需要很高的编程技巧，因为基本工具在互联网上很容易获取和访问，Mirai 病毒攻击凸显物联网面临的严重安全隐患。5G 为恶意攻击提供从无线通道渗透工业互联网的途径，而且不限于移动边缘攻击。此外，家庭或企业环境中的智能计算系统，可能成为从支持物联网的家庭设备到边缘的计算机，再到数据中心或云的重点攻击目标。来自复杂、异构实体的联合攻击所产生的短时大流量，将使得当工业互联网环境中不存在有效的安全解决方案的情况下，更难防御 DDoS 攻击。

物联网跨越工业互联网的各种领域形成交叉应用，如自主车辆通信、智能电网、高速公路和交通传感器、无人机通信、医疗传感器和 AR/VR。物联网在工业互联网中的广泛渗透一定程度上影响 5G 架构的发展，如 5G 使用边缘计算和支持超可靠低延迟通信（URLLC）。上面描述的攻击场景中，恶意攻击者利用海量物联网设备的 0-day 漏洞对 5G RAN 发起 DDoS 攻击，攻击者的初衷也许只想破坏一个移动网络，但也可能是国家级的网络对抗，攻击目标国家的所有移动通信运营商。针对工业场景中的基于 5G 的海量物联网的攻击场景如图 5-31 所示。

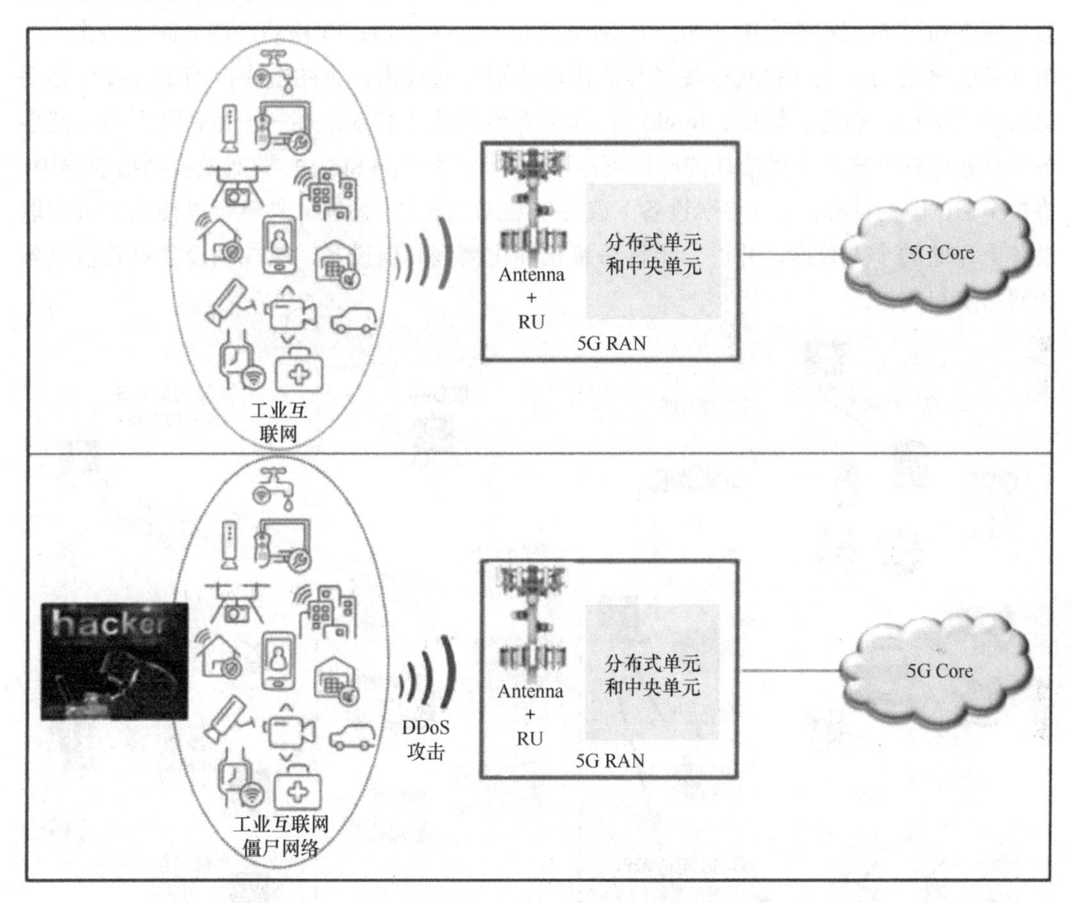

图 5-31　针对工业场景中的基于 5G 的海量物联网的攻击场景

图 5-32 是基于 5G 的工业互联网威胁高级视图。

不同的 5G 实体和结构，如 UE、RAN、核心网络和运营商托管或第三方应用程序和服务，可能是来自不同威胁行为者的目标。例如，黑客行动主义者、有组织犯罪人员、国家资助和内部威胁行为者可能对 5G 网络发起网络攻击，目的是窃取服务、欺诈、窃取客户身份和信息，造成品牌声誉损害或使 5G 网络功能服务不可用。

3. UE（用户设备）面临的威胁

智能手机的广泛使用、多样化的设备外形因素、更高的数据速率、各种各样的连接选项（例如，WiFi、蓝牙、2G/3G/4G/5G），以及大量开源代码框架的复用，都是导致UE成为5G网络攻击的主要目标的因素。基于5G的工业互联网中针对UE的攻击主要分为四类：①从移动终端攻击通信基础设施——由攻击者指挥控制（C&C）大量受感染终端设备组成移动僵尸网络，对5G基础设施发起DDoS攻击，目的是使5G网络功能和服务不可用；②从移动终端攻击互联网——由C&C服务器控制的大量受感染设备组成的移动僵尸网络通过5G网络对IP互联网的网站发起DDoS攻击；③移动终端之间的攻击——由许多受感染的工业互联网设备对其他移动终端发起攻击，企图造成拒绝服务或传播恶意软件（例如，病毒、蠕虫、rootkit）；④从互联网攻击移动终端——互联网中的恶意服务器将恶意软件嵌入不受信任的应用商店的应用程序（App Store）、游戏或视频播放器中，将每个UE作为目标，一旦终端设备下载并安装恶意软件，恶意软件就可以使攻击者窃取设备上存储的个人数据，并进一步将恶意软件传播到其他设备，或控制设备对其他设备和网络发起攻击。

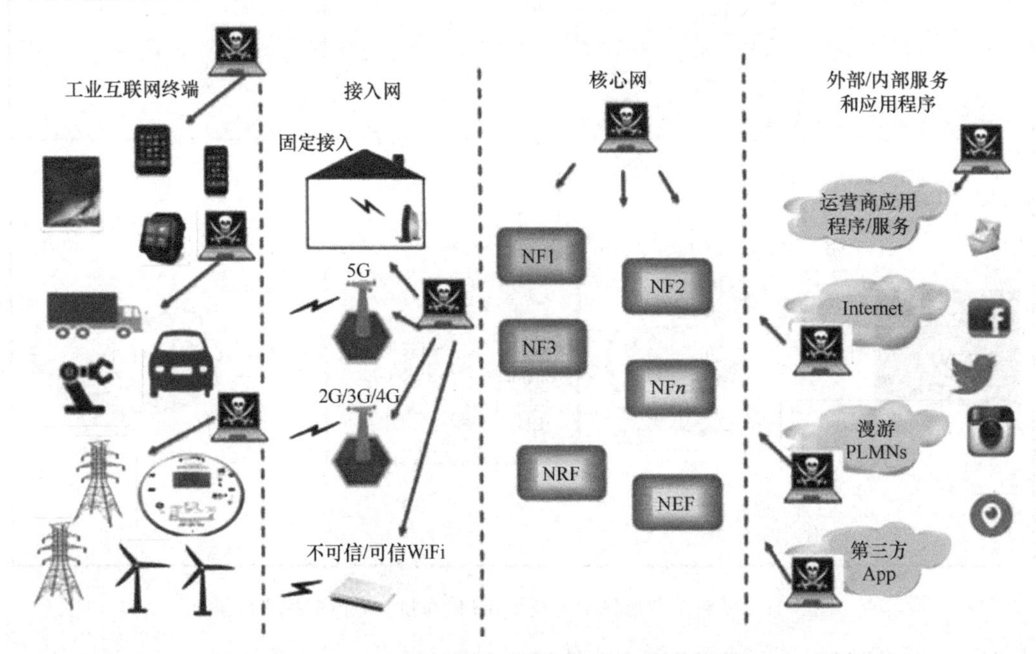

图5-32　基于5G的工业互联网威胁高级视图

4. 无线接入网络（RAN）面临的攻击威胁

5G支持包括2G、3G、4G和WiFi等多种不同通信体制的设备接入网络的特点，导致5G网络中将存在这些通信网络中已有的信息安全威胁。4G移动网络中存在多方面的信息安全和隐私问题，如在4G-RAN层发布的大多数攻击行为涉及无线基站，或利用IMSI（国际移动用户识别码）捕获器在UE到移动通信网络的初始连接过程中捕获UE的IMSI，或者使用IMSI寻呼特征拦截用户电话并跟踪其位置。在这种攻击场景下，非法获得的特定 IMSI 信息将可以用于后续其他类型的攻击。虽然 5G 相关的安全技术和标准已经考虑到解决这一安全缺陷，但在多种通信体制混合共用的情况下，彻底解决这类威胁并非易事。不同移动通信网络体制（可能包括 5G）面临的共同威胁之一是恶意无线基站攻击威胁，攻击者伪装成合法的基站，在移动用户设备（UE）和移动网络之间实施中间人攻击。理论上攻击者可以使用无线基站对移动用户和网络发起不同的攻击，假冒无线基站攻击通常涉及一种或多种软件定义无线电模式，而并不需要访问运营商的核心网络或运营商成员的核心网络，从而将其可能的影响破坏力限制在 UE 认证之前的早期通信阶段。攻击方法包括窃取用户信息、篡改传输信息、跟踪用户、损害用户隐私或造成 5G 网络拒绝服务。自 GSM 移动通信网络出现以来，假冒基站威胁问题就一直存在，并随着移动通信网络技术的发展而不断演变。尽管 5G 网络进行了安全增强，但仍可能成为假冒无线基站攻击的目标，可能的攻击威胁向量包括：攻击者可以利用 5G 与 4G LTE 的互通性需求发起降级攻击；已受攻击者控制的 5G 手机将可能会对 5G 网络和用户造成无线基站攻击威胁；攻击者可以利用空闲模式下缺乏 5G 基站身份认证的漏洞，迫使用户在无线基站驻留，从而导致拒绝服务（如公共安全警告、传入紧急呼叫、实时应用程序服务器推送服务等将延迟发送），造成连锁破坏。

另外，在 5G 应用于工业互联网时，还面临攻击者利用 5G 无线传输体制的特征，基于开放的无线电信号，进行非法窃听，恶意接收者将截获数字化工厂中的敏感信息。由于正常通信不受窃听的影响，窃听是一种被动攻击，因此窃听很难进行检测。流量分析是另一种被动攻击，攻击者通过利用非正常接收器分析接收信号的流量特征，而不需要深入了解信号本身的内容，实现拦截并分析诸如通信方的物理位置和身份特点等信息。换句话说，即使无线信号被加密，流量分析攻击仍然可以揭示 5G 通信各方的敏感信息。与窃听和流量分析不同，干扰可以完全中断合法用户之间的通信。恶意节点可以产生故意干扰信号，干扰基于 5G 的智能工厂的合法用户之间的数据通信，还可以阻止授权用户访问工业 5G 网络的无线电信号资源。直接序列扩频（DSSS）和跳频扩频（FHSS）等扩频技术被广泛用作安全通信手段，通过在较宽的频谱带宽范围扩频对抗物理层的干扰。然而，基于 DSSS 和 FHSS 的抗干扰方案并不完全适合 5G 无线网络中的某些应用场景。DoS 攻击也是主动式攻击，是破坏网络可用性的攻击方法，将会耗尽基于 5G 的工业互联网的无线网络资源。干扰也可以用来发起拒绝服务攻击，当网络中存在多个分布式的资源访问请求或无效性重复使用资源的节点时，将形成 DDoS 攻击，5G 无线网络中的 DoS 和 DDoS 攻击可以通过大量连接的设备攻击无线接入网络（RAN）。而在中间人攻击（MITM）中，攻击者秘密控制两个合法方之间的通信通道，攻击者可以截获、修改和替换两个 5G 网络中的合法实体之间的通信消息。中间人攻击是一种主动攻击，可以在不同的层次上发起。

5. 用户隐私泄露威胁

用户隐私一直是移动行业最关注的问题，进入 5G 时代，由于媒体和监管机构的关注度越来越高，用户隐私问题变得更加重要。国际上已经曝光的几起对手机用户行踪的非法监控事件，包括某银行为获取暴利在一些主要城市非法跟踪用户并进行恶意欺骗事件等，都暴露出侵犯用户隐私问题的严重性。此外，恶意攻击者会利用原版 3GPP 移动标准中的疏漏，借助 IMSI 捕获器发起攻击。3GPP 移动标准要求设备向网络进行身份认证，但却不要求网络向设备进行身份认证，这种单向认证的设计缺陷，导致允许 IMSI 捕捉器模拟无线基站并非法捕捉 IMSI。此类设备还可以防止 UE 在呼叫期间进行加密，或者强制 UE 使用容易破解的密钥加密，从而实现恶意窃听。5G 标准设计通过用户永久标识符（SUPI）和用户隐藏标识符（SUCI）机制缓解这些漏洞，SUPI 使用网络运营商的公钥进行加密，允许 UE 对其连接的网络进行身份认证。但是高级攻击者可能会强制 UE 以非 5G 模式（例如，3G）通信，从而使这些缓解措施的效果降低。对用户隐私的攻击可能导致暴露用户永久标识符（SUPI），以便对用户移动和活动进行未经授权的跟踪。随着 5G 在工业互联网领域的融合加速，损害工业用户隐私将可能会对制造企业和产品造成重大损害。

6. 核心网络威胁

5G 核心网络是基于 IP 的服务架构设计的，常见的 IP 互联网攻击威胁在 5G 核心网络中依然存在。此外，大量受感染的移动设备在攻击者指挥控制（C&C）服务器的控制下，可以对 5G 核心网络功能发起用户平面和信令平面攻击。因此，关键服务质量会降级，并使合法用户无法使用。接入和移动性管理功能（AMF）、认证服务器功能（AUSF）和统一数据管理（UDM）是 5G 的主要网络功能。AMF 提供 UE 认证、授权和移动性管理服务，AUSF 存储用于 UE 的认证的数据，UDM 存储 UE 订阅数据，这些功能在 5G 中至关重要。来自互联网或移动僵尸网络的针对这些重要功能的 DDoS 攻击，可能会显著降低 5G 服务的可用性，甚至导致网络中断。3GPP 建议对非 3GPP 访问使用 Internet 协议安全（IPSec）加密，攻击者可以利用大量受感染的移动设备，针对 5G 核心网络功能同时发起大量 IPSec 隧道建立请求，进而造成 DDoS 攻击。

7. 5G 网络的 NFV 和 SDN 面临的威胁

为有效地支持 5G 网络所需的性能和灵活性达到新水平，5G 网络采用了新的网络模式，如 NFV 和软件定义网络（SDN）。然而，这些新技术同时也将带来许多新的攻击威胁。例如，在应用 NFV 时，虚拟化网络功能（VNF）的完整性及其数据的机密性可能取决于 hypervisor 的隔离属性，而且一般而言，还将依赖整个云软件栈，但这类软件组件中将不可避免地存在漏洞。因此，提供一个完全可靠、安全的 NFV 环境面临很多安全风险。

此外，5G 云数据中心将通过增强的传输网络和改进的网络概念（如 SDN）进行连接。SDN 面临着控制应用程序的威胁，这些应用程序可能通过错误地或恶意地与中央网络控制器交互，导致发生大规模的网络混乱。SDN 引入了转发和控制的分离机制，从而在 SDN 控制器和 SDN 交换机之间引入新的接口。正是这种接口使整个系统更容易受到攻击，将导致恶意攻击者可能会对控制器交换机通信的完整性和机密性方面进行破坏，以及可能利用协议软件或接口配置中的漏洞获得对交换机和控制器的非授权控制。

8. 互通和漫游威胁

与 4G 相比，5G 网络的漫游机制应用了一些新的协议，带来了新的灵活性和新的威胁。5G 架构中的漫游机制将有可能涉及 5G 漫游链路处的嵌入式安全问题：5G 架构引入安全边缘保护代理（SEPP）节点作为实体，SEPP 节点可以通过交换/漫游链路终止公共陆地移动网络（PLMN）之间的信令消息；这种互连模式相当于 3G 和 4G 网络中存在的 SS7 或 DIAMETER 互连。但同时也不可避免地引入了 SST 和 DIAMETER 协议中存在的已知交换/漫游漏洞。

9. 网络切片的威胁

5G 网络切片中容易导致威胁的薄弱环节是网络切片之间的不当隔离（片间隔离），以及同一切片的组件之间的不当隔离（片内隔离）。如图 5-33 所示，如果 5G 网络切片中的一个承载工业互联网应用的设备存在漏洞，并被恶意病毒利用，同时获得该设备的控制权，则该病毒可能会在切片之间传播。因此，关键切片（如 5G 车联网切片、V2X 切

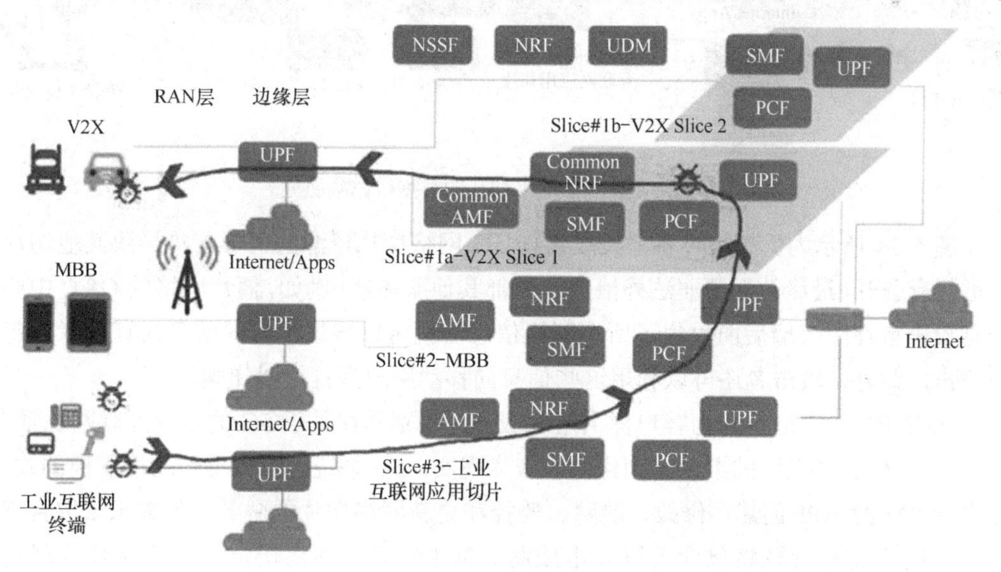

图 5-33　5G 网络切片的资源消耗威胁

片）也会受到影响。

在图 5-33 所示的场景中，恶意攻击软件通过多种形式的攻击，耗尽网络切片的资源，从而导致对真实的服务订购用户的拒绝服务（DoS）。攻击者还可能耗尽多个切片的公共资源，从而导致其他切片出现拒绝服务或服务降级，最终将导致所提供的网络服务严重退化。作为一个本地云平台架构，5G 核心网络拥有所有虚拟化的功能和资源，为网络切片提供额外的灵活性。然而，这将导致出现另一种攻击威胁，即侧通道攻击，如果再叠加网络切片之间的不恰当隔离，将导致严重数据外泄。在 5G 移动网络的敏感部分，如账单、计费和用户身份认证层，安全性至关重要。如图 5-34 所示，如果切片和切片中的组件没有充分隔离，攻击者可以使用另一个切片中受感染的工业互联网设备或终端节点访问其他切片组件。

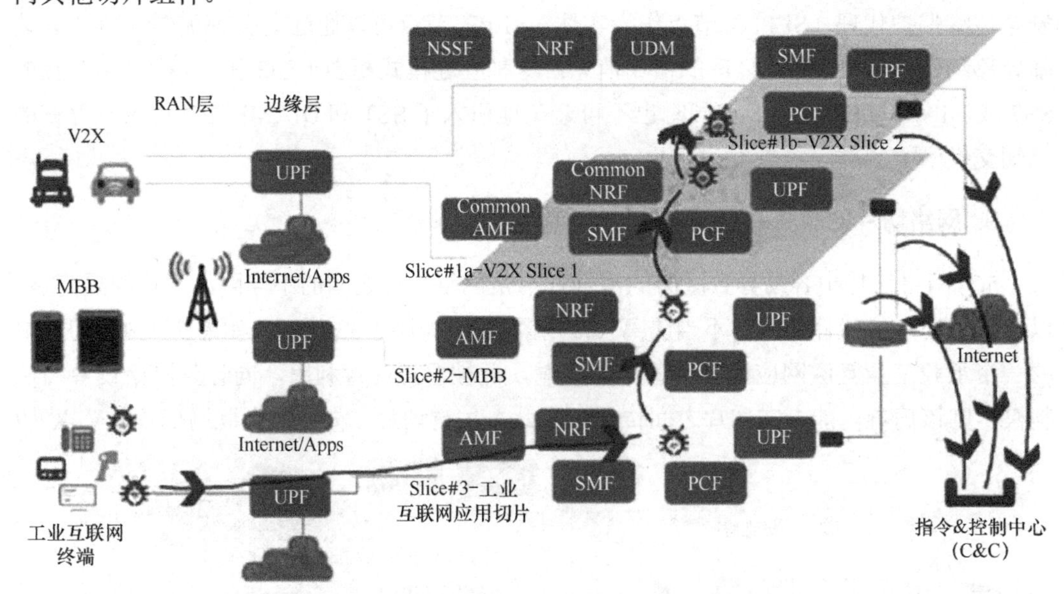

图 5-34　5G 网络切片的数据泄露威胁

图 5-34 所示为受感染设备非授权访问 5G 网络切片资源的情形，将导致其他切片信息被恶意公开，最终数据遭非法外泄进入外部其他服务器（例如，僵尸网络的 C&C 中心）。一旦攻击者在防火墙后面收集了所有网络信息，就可以根据泄露的信息对订阅者发起定向攻击，此外，攻击者还可以利用这些信息向移动用户进行钱财诈骗。

网络切片允许运营商为客户提供定制服务，特别是在基于 5G 的工业互联网场景下，5G 的出现使智能工厂的柔性定制化生产成为现实。5G 系统可以根据移动运营商的政策，提供标准化的 API 创建、修改、删除、监控和更新网络切片的服务。如果未采取合理的措施，网络切片管理将包含关键攻击威胁。3GPP 标准规范指定了网络切片管理功能（NSMF）和通信服务管理功能（CSMF）之间，以及通信服务提供商（CSP）和通信服务客户（CSC）之间的管理接口。此外，3GPP 标准规范还为网络切片实例（NSI）的管理方面、监视和性能报告的操作阶段指定了接口。如果缺乏对这些网络切片管理接口的相应安全防护技术机制，恶意攻击者将可能获得对管理接口的访问权，通过这种非授权访问，攻击者将故意创建需要耗费大量网络切片资源的实例应用，结果将导致网络资源耗尽，造成拒绝服务（DoS）攻击。攻击者可以通过重播管理消息如虚假指控，恶意启动欺骗性网络调整行为。攻击者还可以非法窃听、监视和存储数据的传输，并提取敏感信息对正在运行的网络切片实例发起攻击。

5.6.2　5G 与工业互联网结合背景下的信息安全技术

3GPP 标准已经完成了许多针对 5G 网络安全需求的规范定义和设计，但 5G 与工业互联网结合出现了许多新的网络安全威胁，需要符合工业互联网实际情况的、新的信息安全技术机制。网络切片是 5G 网络在公共物理基础设施上提供自动配置和运行多个逻辑网络的能力，这些逻辑网络实际是独立的业务操作。5G 网络切片将在工业互联网中，成为 5G 网络的基本架构组件，满足大多数基于 5G 的工业互联网场景，如 5G 库存动态管理能力的需求。根据 3GPP 规范，网络切片是一个完整的逻辑网络（提供电信服务和网络能力），包括接入网（AN）和核心网（CN），网络切片支持将多个逻辑网络管理为公共物理基础设施上几乎独立的业务操作。在实际的工业生产中，每个网络切片可以分配给不同的使用目的。例如，网络切片可以分配给移动虚拟网络运营商（MVNO）、企业专属客户、工业互联网中的生产控制流程或一些工业互联网服务。网络切片扩展了目前移动网络中使用的接入点名称（APN）的概念。

1. 5G 网络层的信息安全技术

对于一个攻击威胁面像 5G 一样广阔的通信网络，信息安全防护的一种可行的方法是将其分成若干部分，检查每部分网络的威胁，部署信息安全防护措施。基于 5G 的工业互联网边缘存在的安全威胁如图 5-35 所示。

图 5-35 还显示了对终端节点保护的需求（终端节点对恶意软件的防护），不仅需要防护 UE（例如，iPad、具有移动通信能力的工业现场控制设备），还要防止入侵者利用 RAN 自身的漏洞创建僵尸网络对 RAN 发起攻击。DNS 级别的保护技术，一般是通过切断网络节点与怀疑有“不规则行为”的 C&C 通信连接，在恶意软件杀伤链的第一个环节阻止攻击行为。可视性对所有信息安全防御至关重要，可视性和控制的概念是确保 5G 安全的基本要素。可视性提供不断更新的网络行为趋势的图形化显示和图形化显示中的威胁源变化情况，使信息安全防护者可以有针对性地对已知和未知的攻击威胁进行防护。策略和分段用于确保信息安全防护人员明确具体的异常行为，然后对网络进行分段，避

免威胁扩散和损害其他功能或工作负载。

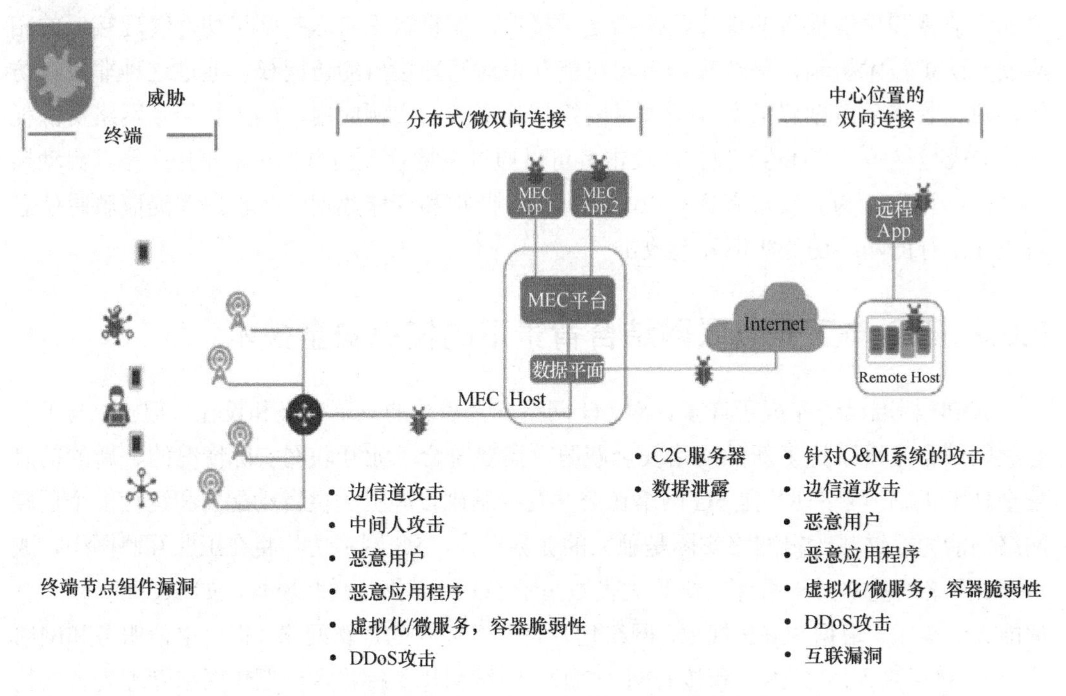

图 5-35　基于 5G 的工业互联网边缘存在的安全威胁

如图 5-36 所示，在网络中的特定位置使用多种防护控制技术机制防御 DDoS 攻击威胁（基于容量和应用程序），通过 Web 应用程序防火墙（WAF）防护 Web 应用程序攻击

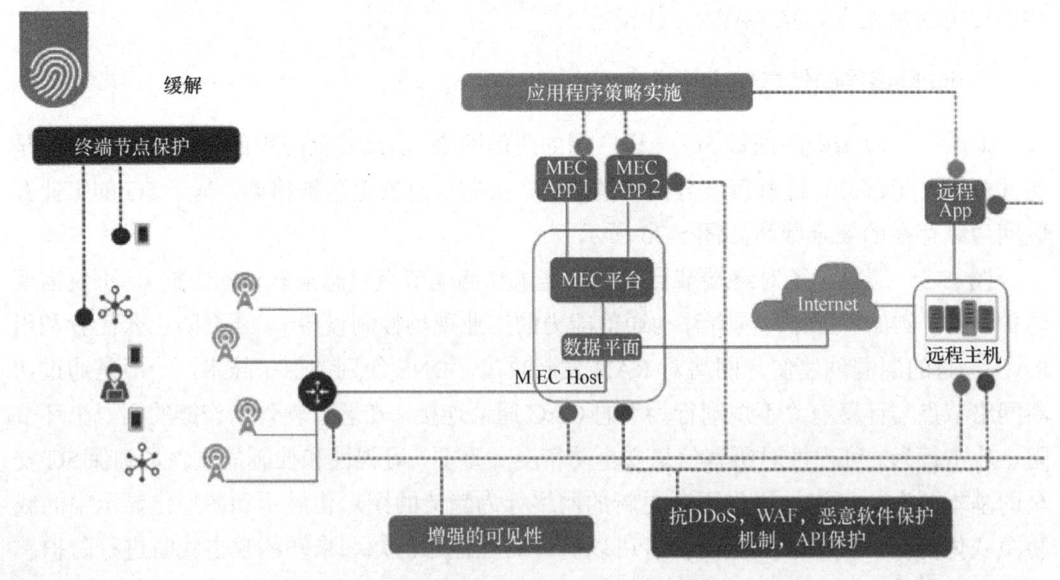

图 5-36　基于 5G 的工业互联网边缘的安全防护技术机制

威胁，并部署 API 保护（通常称为云服务访问代理类型功能）和恶意软件保护机制，通过这些防护技术提供对基于 5G 的工业互联网边缘的安全防护。

5G 网络体系展示了编排、NFV、容器、微服务和关键核心功能的虚拟化实现的层次化结构，网络切片是移动边缘计算（MEC）解决方案的一部分。例如，在边缘可以有多个 V2X 服务租户（MEC App1、MEC App2 和 etcetera），每个租户运行在不同的网络切片中，随着时间的推移，这些租户可能需要相互通信，以及使用相邻切片的 MEC 实例。5G 中的接口名称与 4G 相比有新的变化，在某些情况下有特定的映射关系。例如，4G 中的“Gi/SGi”接口，在 5G 中通常被称为“N6”接口。接口对分布式 5G 核心架构产生的威胁主要有：通过 NG2 接口对不受信任的网络进行嗅探，导致控制平面受损；使用不受信任的网络对来自受损远程数据中心的 NG4 接口（在集中式和远程数据中心之间）进行 DoS 攻击；在远程数据中心中可能存在受损的 MEC 服务器；面向互联网的低延迟的 NG6（面向互联网）接口容易受到来自互联网的 DDoS 和 DoS 攻击。图 5-37 为分布式 5G 核心网络架构的信息安全防护机制，其中有许多技术是较为成熟可靠的网络安全技术。5G 还可以借助分布式部署、协同和自动化扩展/收缩的机制，抵御分布式核心架构的威胁。

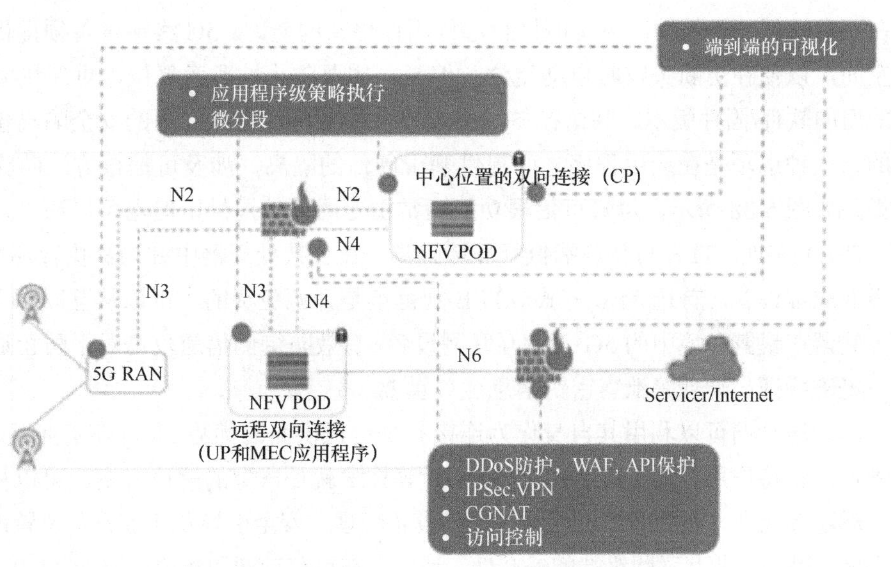

图 5-37　分布式 5G 核心网络架构的信息安全防护机制

虚拟化层的信息安全防护是 5G 网络架构必须解决的重要问题之一，工业互联网推动了关键网络功能服务虚拟化的发展，5G 将这种虚拟化提升到了更高的水平，5G 运营商的骨干网络提供将一些分布广泛的小型数据中心连接到少数几个核心数据中心的能力，形成功能强大的分布式工业大数据处理系统，而在这种基础设施结构中，需要应用程序具有依赖关系和流量模式可见，进而可以将这些信息提供给更广泛的分析功能单元。图5-37对此进行了进一步说明，精心设计的NFV层存在于安全基础设施之上。5G促进了向高度虚拟化工作负载能力的转移，以及在某些情况下网络的特定关键部分向云端的迁移［CUPS（控制和用户平面分离）模型］。CUPS并不是严格意义上的5G功能，而是5G网络部署中新的信任边界和攻击威胁平面的侧面。在分布式5G核心网络架构的信息安全防护技术机制中，以及在不断增加的应用程序策略实施实例中，还必须考虑网络切片的信息安全防护。虚拟化工作负载机制将产生一系列新的威胁：信任和受损的VNF，虚拟机逃逸漏洞，微服务受损，容器映像漏洞。全域和动态网络行为态势可见性、网络分段、DNS级安全技术（过滤已知的问题会话、问题域名）、异常流量检测为5G架构的虚拟化提供了基本的安全防护能力。而可视化（流量分析、流量和交易分类记录、实时更新威胁源信息、基于正确网络分割的应用依赖性关系）和行为分析技术，则可以支撑网络安全防护人员检测5G核心网络架构的威胁。

2. 工业互联网中的5G终端设备及DDoS的安全防护技术

无人值守或安全防护条件较弱的工业现场设备中的敏感数据需要加密并保护其完整性。5G终端设备必须在系统启动或更新时以加密方式验证其固件和软件包，并保持即使是在恶意软件感染的情况下也能接收远程固件更新的能力。5G终端设备须提供足够的存储空间，以便在更新失败时自动复位。但是，需要防止被恶意复位，重新恢复具备旧漏洞的旧的软件/固件版本。驻留在5G终端设备中的应用程序之间的安全隔离也是至关重要的，一种选项是在应用程序之间提供基于硬件的隔离，涉及可信根方法防止操作系统受损，如图5-38所示，尽管可信根功能通常由专用硬件提供，但也可以通过可信执行环境（TEE）实现。TEE与客户端执行环境隔离，在公共处理器中称为富执行环境（REE）。对于低成本设备，首选TEE方式。TEE规范集是开源免费的，可以从互联网公开获取。对于驻留在暴露环境中的5G工业互联网设备，有效防御侧信道攻击对于防止通过定时信息、电磁特征、功耗等泄露密钥信息至关重要。

移动运营商可以利用其自身作为连接和平台提供商的优势，发挥在工业互联网5G应用领域的独特作用，如LTE-M和NB-IoT等技术就是典型的解决方案，可以提供更强大的全球连接能力。移动网络可以通过提供设备管理、安全引导及认证设备位置或平台的可信程度，增强工业互联网终端的安全性。通常，在可移动通用集成电路卡（UICC）组件中预先设置设备凭据，并通过在设备中动态实际生成凭据，将可以降低安全漏洞的风险。再结合使用已经集成在基带处理器中的TEE，这种组合提供了诸如降低硬件成本和功耗、提高速度，以及安全修改凭据和网络配置灵活等优点。工业互联网覆盖多种生态系统，安全引导连接凭据（来自设备凭据和/或来自连接凭据的应用程序凭据）的灵活性对于某些应用场景非常重要。

工业互联网应用程序应该首先在工业云基础设施中，使用可信根在安全的计算平台中进行安装，以此获得基本的保护。而云端应用程序之间，或应用程序与工业互联网 5G 终端设备之间的数据交换可以通过轻量级 IETF 安全协议进行保护，如适用于受限环境的基于 OAUTH 协议（一种开放协议，为用户资源的授权提供了一个安全的、开放而又简易的标准）的授权框架（IETF）。为了防止中间人攻击，仅仅依靠 IPSec 和 TLS 是不够的，因为这些协议只支持能够保证完全信任端点的通信模型。信息的最小化访问原则即只在有必要知道的基础上才允许访问信息，为实现这个目标，端到端的安全性需要在应用层实现。保护消息交换安全的首选解决方案是在应用程序级别使用信息容器技术，而不是在协议栈的较低层使用，这些容器具有机密性、完整性和来源认证功能。

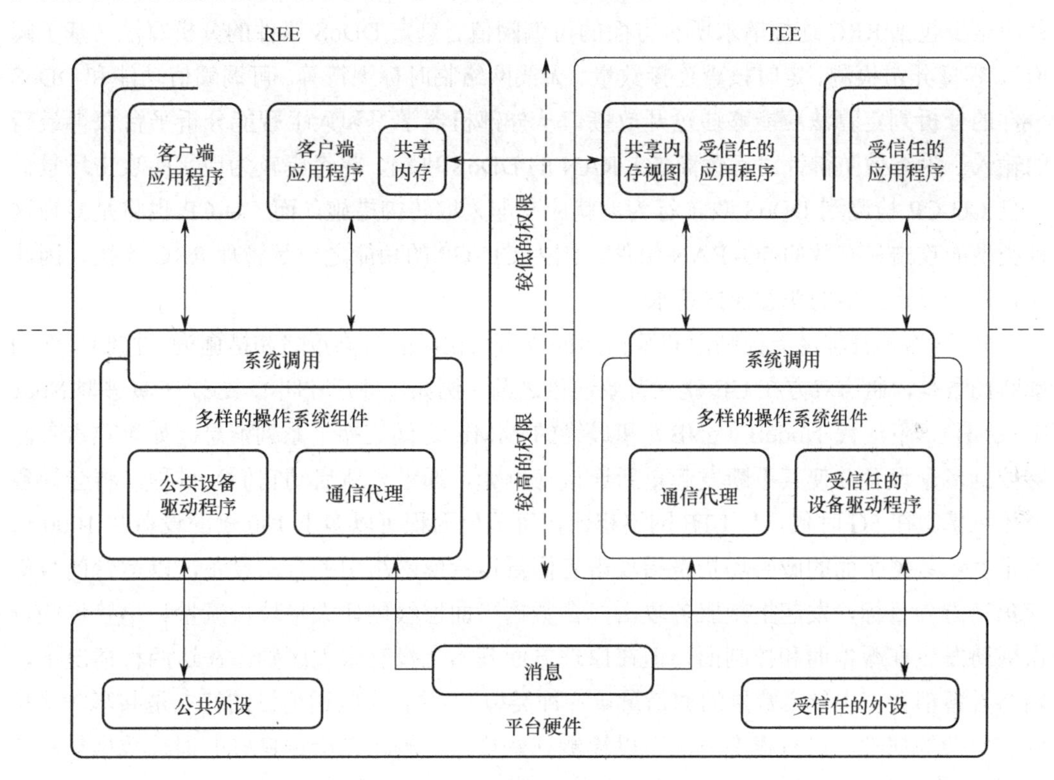

图 5-38　5G 终端设备的可信根方法

为了防止利用 5G RAN 的漏洞实施海量物联网僵尸网络攻击，造成 5G 服务中断，并确保 5G 服务的灾难恢复能力，须慎重考虑 5G 网络安全需求。这些安全需求的基础是检测和防御针对 5G RAN 的 DDoS 攻击，也被归类为 5G RAN 的过载问题。这些安全需求的实现将涉及 5G 标准社区、5G 运营商和 5G 供应商之间的合作，每个运营商独特的 5G 网络实现方式可对此类攻击提供一些效果有限的保护能力。而 5G RAN 组件却能在真正有效地实时检测和防御此类攻击方面发挥重要作用，5G 标准社区和 5G 运营商应当在 5G RAN 方面做出更多努力。为检测由海量物联网僵尸网络引起的针对运营商 5G RAN 的 DDoS 攻击，必须从攻击行为的细节入手。之前描述的攻击场景如下：恶意黑客控制其掌握的海量物联网僵尸网络同时重新启动特定设备，或目标 5G 覆盖区域内的所有设备，将导致产生超常规的恶意请求，造成连接风暴。利用这些细节，可以定制检测技术。考虑到所需的实时响应能力，最直接受到此类攻击影响的 5G RAN 组件，将是在检测过程中发挥辅助作用的最有效元素。相关的 5G RAN NR 或 gNodeB 组件包括无线单元（RU）、分布式单元（DU）和集中式单元（CU）。鉴于这些组件的功能，用于检测此类攻击的理想组件将是中央单元控制平面（CU-CP）。因为 CU-CP 有助于管理无线资源控制（RRC）连接，所以将是嵌入安全检测功能的最有效位置。CU-CP 中嵌入的信息安全检测功能组件应至少包括 RRC 连接请求所有方面的可调阈值、判定 DDoS 事件的分析算法（基于阈值）、容量异常检测、定时核查连接数量、无线网络临时标识符等。可调阈值功能和 DDoS 事件的分析判定算法应能够通过开放接口从外部机器学习和人工智能分析平台获得最新的输入。为有效防御针对运营商 5G RAN 的 DDoS 攻击，将考虑较为现实的攻击场景：一旦 CU-CP 检测到 DDoS 攻击行为，就应立即采取防御措施，而 CU-CP 也将是减轻这种类型的攻击最有效的 5G RAN 组件。因为 CU-CP 的功能之一是管理 RRC 连接，因此非常适合阻止过多的恶意连接请求。

5G 网络本身容易受控制面和数据面的攻击，相应的防御策略和措施为：控制平面的威胁场景是，通信双方在 UE 建立有效连接之前（例如，进行呼叫），必须在演进型 Node B（eNB）、下一代 NodeB（gNB）和最终的 MME 之间交换一系列消息。如果攻击者能够控制多个设备并使其不断发起重新连接（例如，通过重新启动它们）过程，将会导致连接风暴。在 5G 时代，与 LTE 网络相比，每单位面积可以多出 100 倍的设备和 1000 倍的带宽。数据平面的威胁场景是指攻击者假冒运营商网络中的合法设备，以运营商身份或第三方为目标，发起拒绝服务攻击，在数据平面层级创建大量垃圾流量。尽管这些攻击威胁发生在数据面和控制面，但在原理方面基本上没有太大区别。在这两种情况下，网络设备都会产生异常数量的通信量（各种类型），并且这些通信量的特点是共享一些相同但复杂的属性。已有很多方法可以检测这些攻击行为，在给定良好的训练数据集的情况下，有监督训练算法在网络入侵检测中将具有良好的性能。例如，深度神经网络（DNN）在检测针对 KDD99 数据集（网络入侵检测领域事实上的基准数据）的攻击方面表现非常好，广泛应用于机器学习研究和入侵检测系统中，而生成良好标签方面的问题可以通过无监督算法辅助完成。建议将有监督算法和无监督算法组合使用，基于有监督算法计算 24 小时滑动窗口的统计数据，并将其作为异常检测算法的输入，其中孤立森林算法、基于马氏距离函数和自动编码器等都是较为有效的方法。有监督算法存在的误报问题，可以通过识别 DDoS 攻击行为将产生的共性连接特征的方法进行优化。一方面，5G 网络节点简单的垂直特性（计算每个 gNB 的异常连接数，或给定的用户代理字符串或类型分配代码）可用于构建基本规则，以减少管道这一阶段的误报。另一方面，基于无监督算法即使用聚类技术（如 K 近邻）自动识别聚类，可以进一步生成数据视图，该数据视图可以输入卷积神经网络（CNN）中进行异常检测。

3. 针对 5G 网络切片的信息安全技术

对 5G 网络切片进行合理隔离是确保安全性的基本方法，实现安全隔离有不同的技术，但有不同的优点和缺点。根据攻击威胁模型的不同，安全隔离问题可以表述为两种方式：一种方式是隔离可能涉及在安全边界内执行不受信任的程序；另一种方式是安全增强系统将保护受信任但易受攻击的程序的执行，因为这些程序的攻击面在切片条件下会明显增加。例如，面向 Internet 的程序（Web 服务器、电子邮件服务器和 DNS）是可信的，但需要防止应用程序存在的漏洞被利用。5G 网络安全隔离方法如图 5-39 所示。

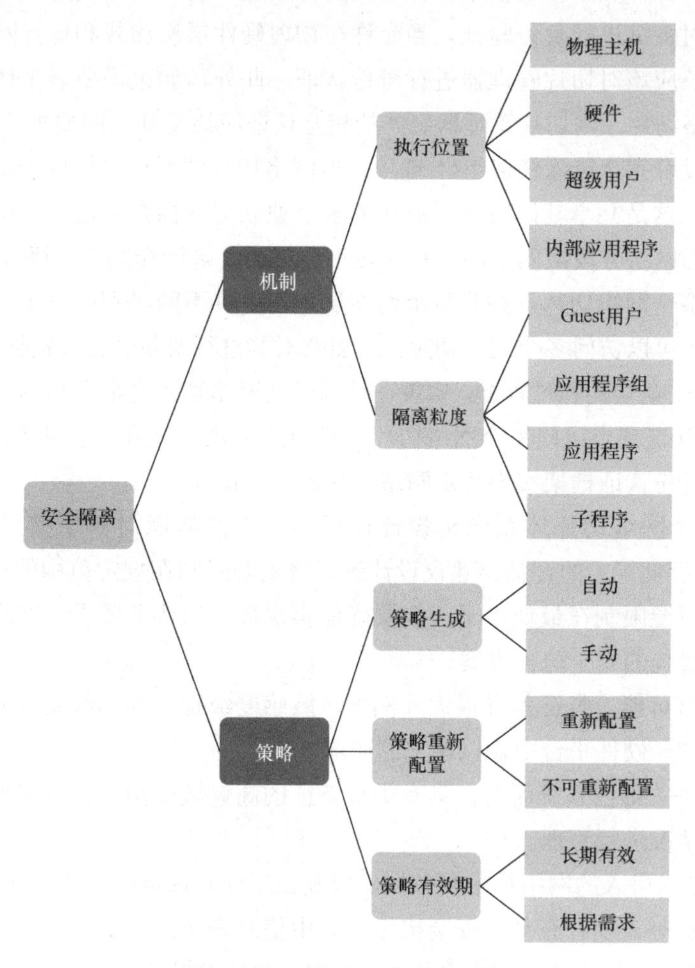

图 5-39　5G 网络安全隔离方法

安全隔离的分类层次结构可以大致划分为两个主要的设计类别：机制和策略，可以为每个类别考虑一组相关的子类别。例如，为机制考虑的设计子类别是执行位置和隔离粒度，两者都被进一步细分为反映特定设计选择的子类别。类似的层次架构也适用于策略设计方面。建议的分类是一种框架性方法，有助于设计规划5G网络切片场景中的安全隔离机制。在5G网络切片背景下，与安全威胁防御相关的概念如下：

（1）网络切片体系结构的一个信息安全风险是攻击面的潜在扩展，恶意软件可以通过切片引入整个网络中。网络切片之间的隔离是一个关键要求，除了网络切片隔离外，多层隔离也可以减少攻击面及其影响。多层隔离的例子包括NFV基础架构（NFVI）边界隔离、管理和编排（MANO）系统隔离、安全域隔离、服务实例隔离、VNF隔离等。各种技术和软件/硬件加密技术需要适应所需的隔离级别，实际的技术实现可能包括一系列选项，包括托管容器、hypervisor托管虚拟机和VPN。

（2）网络切片管理器和主机平台都应该支持相互认证，网络切片管理器应该在激活切片实例之前对主机进行身份验证。当允许在物理硬件层次加载和运行网络切片实例之前，主机平台还应该对切片管理器进行身份认证。此外，如果需要多个切片管理器来实例化端到端网络切片，则切片管理器之间的相互认证应该是基本的要求。

（3）虽然没有完全排除任何组合/选项，但网络切片体系结构倾向于端到端安全，而不是逐跳安全，这是共享基础设施可能作为多个独立部分拥有并运营的结果。端到端的网络安全实现对网络分段级安全的依赖性较小，然而，端到端的安全性却强调端点用户/设备需要访问多个网络切片，并且每个网络切片应提供不同级别的安全性的能力。如果同一个终端节点可以访问多个网络切片，则需要对其进行身份认证（根据《3GPP R15 TS 33.501 5G系统安全架构和过程》），实现在访问任何网络切片之前先访问5G系统。此外，应该授权和/或认证端点访问每个网络切片，特别是在并发使用多个网络切片的情况下。可以使用公共身份认证框架实现特定网络切片的身份认证。

（4）在整个网络切片体系结构设计过程中，必须考虑对单个网络切片所需资源（CPU、内存、存储等）的评估。建议设计过程将资源限制在规定范围的最大值，或将单个网络切片的资源限制在最低水平，但要确保实现最低的认证要求，网络切片的业务性质可用于选择最佳的安全防护方案。

（5）如果有可能，特征差异很大（例如，敏感度级别、漏洞级别等）的网络切片不应共同托管在同一硬件平台中，以避免侧通道攻击。

（6）就任务关键性系统而言，具有类似特征的高灵敏度网络切片需要单独的硬件，需要根据具体情况进行管理。

对于5G技术引入的网络技术复杂性，以及在工业互联网中应用的多样性和差异性，预配置的安全机制需要补充动态安全措施，其中信息安全防御机制应由基于人工智能的系统实例化和部署，作为应对新形态的0-day攻击的技术提升。早期和综合的威胁检测是防御取得成功的关键，检测需要超越传统基于特征码的方法，具有发现那些攻击者精心设计的躲避基本过滤器的攻击方法的能力。基于行为的 5G 终端节点检查非常重要，高容量实时数据包采集、大数据分析和机器学习的组合可用于识别基本过滤器不能发现的攻击威胁。当异常检测功能模块嵌入交换机和路由器设备中时，网络节点本身就可以成为 5G 安全传感器，从而极大地增强整体防御效果。同时，通过对基于 5G 的业务网络进行适当地分段，确保在网络受到攻击威胁时，运营商能够迅速控制威胁，从而使这些防御措施更加有效。网络切片技术是 5G 业务飞速发展的催化剂之一，可以加速业务应用落地，也可以作为网络正确分割的催化剂，并确保业务的信息安全。5G 与工业互联网结合背景下的信息安全技术并未成型，而是随着融合性的发展不断创新和进步。

4. 针对 5G 无线传输体制的无线入侵检测技术

5G 面向行业最重要的三个特性就是边缘计算、网络切片和超级上行。而无论运营商级的 5G 网络，还是工业园区级的虚拟 5G 网络，无线频率是 5G 网络建设的基础，目前 5G 有两个频段域：FR1（频率范围为 450～6000MHz，又被称为 Sub-6GHz）、FR2（频率范围为 24250～52600MHz，又被称为 Above-6GHz 或毫米波）。5G 技术应用于工业互联网的智能工厂场景时，由于网络结构的变化性、工厂用户终端的移动性和无线电波传输介质的开放性等因素，使 5G 无线通信系统容易遭受无线电干扰和恶意注入虚假信息等主动攻击。同时，随着工业互联网的 5G 无线网络中，大量低功耗、弱资源和廉价的无线工业控制设备的高度普及，如 5G 模组的规模化应用，DoS 和 DDoS 很可能成为基于 5G 的工业互联网应用面临的严重威胁。主动防御的首选解决方案通常是基于入侵检测，由于无线干扰本身的技术特点，进行 5G 无线信号层面的入侵检测是可行的，而且入侵检测是目前对付 DoS 和 DDoS 攻击的主要办法。

可以从很多角度实现对 5G 无线传输体制的无线入侵检测，如最基本的以入侵检测引擎规则库为基础的检测技术，可以基于工业互联网 5G 终端设备的无线射频指纹建立白名单机制，或者安全基线，进而建立无线信号入侵检测引擎。其原理是不同的工业 5G 无线终端，如不同类型的工业控制设备包括传感器、阀门、执行器、机械臂、无线 AGV 小车等，由于实现方式不一致，将产生不同的 5G 无线射频信号特征。而且，即使是同一类型的 5G 无线工业控制装置，不同厂商、不同品牌的现场设备，由于设计和加工技术的差异，也会出现不同的 5G 无线射频信号特征。例如，ABB、西门子和罗克韦尔的 5G 无线 PLC 装置，其信号特征是不一致的。此外，同一厂商、同一类型的 5G 无线工业控制装置，由于不同的工艺流程处理和环境条件的差异性，也将产生不同的无线信号指纹。因此，可以根据这些不同条件下的射频指纹，借助深度学习的方法，建立起数字化工厂正常运行状态下的正常信号特征，进而构建 5G 无线网络入侵检测引擎。

在工业互联网环境中，实现 5G 无线网络入侵检测技术最基本的思路是在每个基站系统都使用入侵检测系统。为了验证在基站上接收到的所有请求，每个请求都要求首先必须经过入侵检测系统。尽管基站位置中的入侵检测系统并不能确切知道所提供的服务类型，但是客户机的身份信息可以通过将接收到的 MAC 层 ID 与基站所拥有的 ID 进行对比的方法，完成判别过程，即通过验证一致性判断客户机的请求的真实性。同时，基于请求者发送的会话请求的报文信息，可以检测请求中的异常。如果入侵检测系统确认该请求为恶意请求，则会发出告警，基站将会拒绝该请求。这种判别方法较为简单，但其需要耗费一定的处理时间并会产生延迟，甚至出现漏报的缺陷很明显。由于新的攻击方法和攻击站点将不断出现，传统的入侵检测系统及其规则引擎需要不断完善的、具有自适应能力的入侵检测机制。在实际的工业互联网场景中，5G 无线网络实现生产控制区域的广域覆盖，以及对数字化车间、流水线的延伸控制，需要涉及在厂区建立中继（Relay）和临近区域的无线接入点（SCA）。因此，5G 无线网络面临的攻击威胁将是多阶段的，并至少包含三个阶段或目标，即中继系统、小区接入点和基站。因此，为实现工业互联网 5G 无线网络环境中的入侵检测技术，需要在所有可能的易受攻击环节（包括中继系统、小区接入点和基站）中实现入侵检测能力。但是，通过在每个易受攻击站点中都设置一个入侵检测功能单元，却面临电源问题且非常难以解决。与小区接入点和基站的电源功率相比，中继系统的备用功率最复杂。为了在 5G 无线网络环境多阶段的、每个易受攻击站点实现入侵检测机制，需要充分考虑电源功率的限制。然而，中继系统或小区接入点的电源功率将在 DoS 和 DDoS 等数轮攻击后耗尽。实施 5G 无线信道入侵检测的基础是现场电源的可用性，为了克服这个缺点，引入了多级 5G 无线网络入侵检测技术。当入侵者试图攻击 5G 网络中继节点时，中继位置的入侵检测系统将阻止攻击行为，以及阻止入侵攻击者。但是，由于电源功率的限制，攻击者如果持续进行干扰破坏，将突破中继系统的防御。为了减少攻击频次和从无线网络中移除入侵者，跨越中继系统的攻击入侵数据将进一步发送到小区接入点进行验证，并最终发送到基站。同样，如果攻击的目标是小区接入点中，那么攻击入侵数据将进一步发送到 5G 基站端进行验证。因此，基于 5G 网络的工业互联网中的入侵检测技术，需要具有自适应能力。而对于入侵检测系统的自适应性，可以采用隐马尔可夫模型实现。与经典的马尔可夫模型相比，高复杂度系统是一个具有两个层次结构的双嵌入随机过程，因此隐马尔可夫模型（Hidden Markov Model，HMM）是理想的建模工具。隐马尔可夫模型是统计模型，用于描述一个包括隐含未知参数的马尔可夫过程，其核心是从可观察的参数中确定该过程的隐含参数，然后利用这些非显性参数进行进一步的分析，隐马尔可夫模型在生物信息学、基因组学、语音识别等领域都有应用。目前，隐马尔可夫模型也被广泛应用于信息安全技术方面，主要应用于网络异常检测方面，其对识别 TCP 网络中的攻击流量精确性较高。由一组转移概率控制的隐马尔可夫模型具有有限的状态过程数量，对于一个确定的状态，有一个确定的概率分布，就有可能产生一个观测值，观测值是由一个外围的观察者分析出来的，而不是状态。针对 5G 应用于工业互联网的场景，可以将隐马尔可夫模型应用于多级网络攻击的入侵检测系统。当在基于 5G 的工业互联网使用无线信道入侵检测技术时，使用隐马尔可夫模型的步骤是：确定观测值符号，多级带宽欺骗的状态表示和转移概率的确定，观测值符号的动态生成，工业 5G 终端用户行为建模，模型参数估计与训练，开展多阶段入侵行为检测。对于多层级的工业互联网 5G 无线网络，该模型的训练是根据优先级进行的，其中优先级顺序是小区接入点、基站、中继系统和 5G 客户终端。类似地，在对入侵行为的检测过程中，应优先考虑的因素是从基站移除入侵者。

5.7　数字孪生与工业互联网信息安全防护

数字孪生的概念可以追溯到 2002 年密歇根大学向工业界推荐产品生命周期管理（PLM）中心的大会期间由 Grives 博士提出，简单地称为“PLM 的概念理想”，在该概念中就已包含数字孪生体的所有元素：真实空间、虚拟空间。他还提出这两者之间的关系是：数据流从真实空间到虚拟空间的链接、信息流从虚拟空间到真实空间和虚拟子空间的链接[27]的概念。驱动该模型的前提是每个系统均由两个系统组成：一个是一直存在的物理系统，另一个是包含物理系统所有信息的新虚拟系统。这意味着存在于真实空间和存在于虚拟空间之间的系统存在镜像或配对，反之亦然。所谓 PLM 或产品生命周期管理意味着这不是一个静态的表示，而是两个系统将在整个系统生命周期中链接起来[27]。当系统经历创建、生产（制造）、运行（维持/保障）和处置四个阶段时，虚拟系统和真实系统将无缝连接起来。于是，数字孪生概念模型于 2002 年年初在密歇根大学（University of Michigan）的第一批高管 PLM 课程中使用，在那个课程体系中被称为镜像空间模型。2005 年，《华尔街日报》的一篇文章就这样提到了这一点（格里夫斯，2005 年），在 PLM 的开创性著作《产品生命周期管理：推动下一代精益思维》中，概念模型被称为信息镜像模型（Grives，2006 年）。这一概念在《几乎完美：通过产品生命周期管理驱动创新和精益产品》（Grives，2011 年）一书中得到了极大的扩展，在该书中，这一概念仍被称为信息镜像模型。然而，正是在这本书中，数字孪生这一术语，通过引用合著者对这一模式的描述出现。近几年来，数字孪生体在航天和航空领域被作为一个概念基础，美国航天局在其技术路线图（Piascik，Vickers 等人，2010 年）和可持续空间探索提案（Caruso，Dumbacher 等人，2010 年）中使用了该技术[27]。且该概念已被提出用于下一代战斗机和 NASA 飞行器研发与设计（Tuegel、Ingraffea 等人，2011 年；Glaessgen 和 Stargel，2012 年），以及对存在的挑战（Tuegel、Ingraffea 等人，2011 年）和实施路径（Cerrone、Hochhalter 等人，2014 年）进行分析[28]。

数字孪生的定义是：数字孪生是一组虚拟信息结构，从微观原子水平到宏观几何水平，全面描述了一个潜在的或实际的物理制造产品。在最佳情况下，任何可以从检查一个实际制造的产品中获得的信息，都可以从它的数字孪生体中获得。数字孪生体有两种类型：数字孪生原型和数字孪生实例[29]。

数字孪生体是物理的工业系统的虚拟实体映射，为安全防护提供了新的支撑，如物理系统实体行为的模拟和复制[30]。传统的工业系统基础设施包括OT域（操作技术域），如SCADA系统、DCS、人机界面（HMI）、PLC系统和其他现场设备，这些系统也可以被描述为工业控制系统（ICS），能够在工业环境中控制生产过程。工业互联网的产生和发展，使传统OT系统越来越多地与IT系统集成，包括企业资源规划系统、制造执行系统等，主要通过以太网、TCP/IP和无线技术（如蓝牙、5G、4G等）建立连接。尽管集成IT和OT系统可以明显提升通信效率和创建协作业务流程，但却给工业生态系统带来了更多的攻击面。2011年的震网病毒攻击（Stuxnet蠕虫）开启了工业信息安全的新时代，震网病毒的主要目标是伊朗的纳坦兹核浓缩实验室，实验室的OT系统由IT工程师维护。通过使用已知的Windows漏洞，攻击者通过U盘摆渡方式感染了IT系统及其维护设备，并成功实现了突破专用控制网络的隔离防护机制，进而有针对性地攻击破坏OT系统（特别是PLC系统和SCADA系统）。然而，与以前的恶意软件不同，只有具有管理某些工业控制过程的特定配置的OT系统遭受攻击。特别地，Stuxnet针对控制离心机速度的变频器驱动器进行攻击：如果连接了驱动器，恶意代码可以将离心机的速度更改为有害值，并且实施攻击的代码载体依附于正常的控制程序中，隐蔽性极高。所有这次攻击事件的细节都表明对系统行为和目标攻击的深层次理解，并代表了一种新的安全威胁发展趋势，即高级持久性威胁（APT）。2017年，另一个工业APT攻击事件发生：这次袭击的目标是沙特阿拉伯一家石油化工厂的工业安全系统，并在不知情的情况下导致工厂生产流程意外关闭。恶意攻击者在进入安全系统的工程师操作员站之前，在目标网络中已经驻留了约一年，通过长期分析工作站与其安全系统的通信过程，攻击者获得了工业硬件控制器的关键信息，进而可以利用这些信息进行生产业务流程级的攻击。这些攻击事件表明，高级的瞄准工业控制的攻击事件通常借助传统的IT系统来实现最终目标。增强工业生态系统信息安全的标准和指南（例如，IEC 62443和NIST SP 800-82）包含了包括信息安全测试和监控及攻击检测在内的措施，此外，这些规范也涉及工业互联网安全性的各个领域。但是，工业安全措施也将受益于数字孪生技术创建IT组件与OT组件融合的虚拟实体的能力。一般来说，数字孪生是指在其整个生命周期中任何真实世界的对应物的数字化表示，在大多数情况下，代表一种工业企业的资产。数字孪生模型的核心构建块是特定于资产的数据项，通常通过语义技术进行增强，以及分析/模拟环境来数字化地探索真实世界的资产。数字孪生的主要目的之一是管理现实世界中的资产，范围从简单的监视到自治型控制，旨在应用于以资产为中心的组织，尤其是那些拥有关键控制相关基础设施的组织，在这些组织中，由于重大停机（例如，电力系统、油气管网等）造成的损失可能涉及公司财务以外的风险（国家安全、社会稳定等）。数字孪生可以通过提供有关资产状态、历史和维护需求的全面信息，在减轻和避免这些风险方面发挥重要作用[31]。一些数字孪生技术甚至提供与资产的直接交互。在 Stuxnet 蠕虫攻击事件中，可以使用数字孪生技术监视变频驱动器的状态，并在状态发生变化时发送命令以保持必要的离心机速度。在安全性方面，操作可以在数字孪生的虚拟、隔离环境中进行，而不会对其现实世界中的对应对象产生负面影响。真实空间和虚拟空间之间的直接联系进一步支持了对安全事件的即时反应。

大多数情况下，信息安全防护系统只能以一种模式运行。例如，安全信息和事件管理系统只能检索当前事件日志（历史数据）并进行分析。而数字孪生却提供了在多种模式下运行的可能，即对历史数据的分析/优化、模拟和复制。图 5-40 描述了这些模式，并简单地说明了作为数字孪生安全操作基础的数据的流动方式。

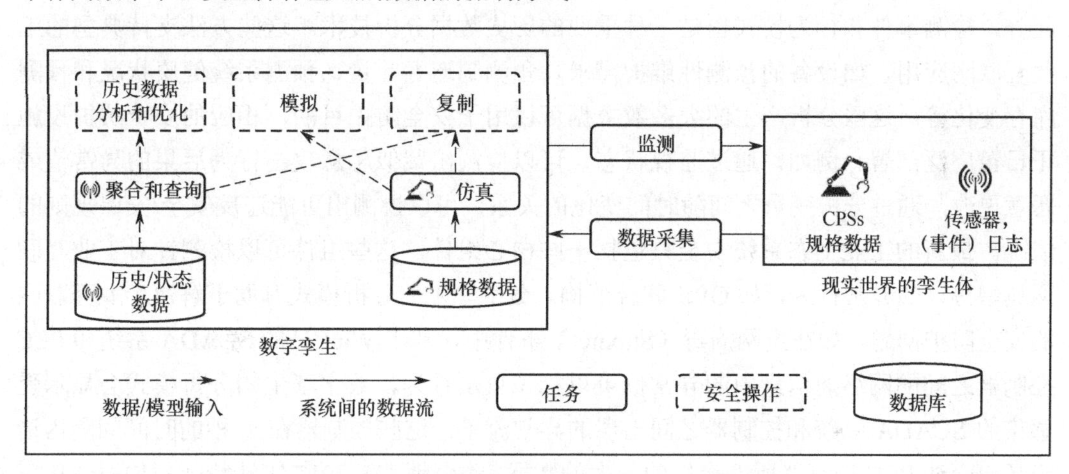

图 5-40　数字孪生中的安全防护过程（虚线）

在图 5-40 中，数字孪生技术的主要操作模式有三种：历史数据分析和优化、模拟、复制，数据来源有四个方面：仿真、聚合和查询、历史/状态数据和规格数据。现实世界中虚拟和物理空间的状态数据由设备的传感器或（事件）日志记录，并在数据收集任务期间提交给数字孪生。状态数据被添加到历史/状态数据库中，可以在其中进行聚合并用于特殊查询，规格数据库包括关于现实世界对象的特征信息，如信息物理系统及其组成结构，以及相应的功能数据和程序逻辑，规格是数字孪生技术中较为重要的基础性技术。这种 IT/OT 系统的安全规则通常用自动化标记语言（AML）表示，并用于模拟现实世界中的真实对象，规格数据库可以包含其他信息，包括主要应用于程序逻辑的安全规则。这些规则可以包含阈值和一致性检查逻辑，并且通常是预先定义的。例如，安全规则可能会对电机施加加速或减速的策略。安全规则应用的案例是：当在数字孪生系统应用安全规则对 HMI 接口和 PLC 的速度变量进行一致性检查，以确保在 HMI 中输入的数字被正确传输到 PLC，而没有遭受中间人攻击被篡改时。如果在检查过程中发现异常情况，

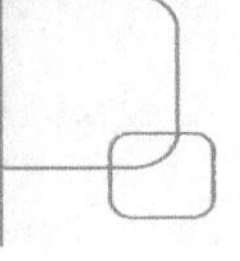

数字孪生系统可以直接连接到真实世界中的对应物，并立即向对应物释放预警信号，提醒其及时监控当前的运行状态。

1. 历史数据分析和优化

除了基于资产状态数据的动态分析外，当前和存储的历史数据还包括用于各种分析目的和优化的输入，其中包括行为分析和预测性维护。这些在数字孪生中进行操作的结果可以用来优化现实世界中的对应对象，如通过发出预警信息来改变其状态。分析和优化依赖机器学习、人工智能等技术，历史数据可以作为正常实例的基线和训练数据。例如，行为分析可以“学习”工业互联网资产环境中的行为，而这些行为数据反过来又可以作为检测异常和优化流程的有价值的输入。另一种分析技术是检测时间的变化和趋势，此外，检测事件和行为模式也是一种重要的历史数据分析技术。这些方法支持典型的工业互联网应用，如设备的预测性维护需求、预测制造吞吐量、预测系统健康状况和预测库存变化等。这些分析产生的大多数数据可以用于安全防护目的，相应的安全防护设施正日益广泛部署。例如，通过监视状态，可以检测出疑似恶意攻击行为后果的异常值或恶意更改，通过分析变量之间随时间变化的关系，可以检测出可能违反安全/安保规则的情况。最新的工业生态系统安全只包括一些核心组件，这些组件可以检测针对工业互联网典型协议的异常行为，如 OPC 联合架构。数字孪生的分析模式有助于解决工业互联网的安全防护问题，如在震网病毒（Stuxnet）事件中，基于 WinCC 的 SCADA 系统和 PLC 控制器之间的网络通信量中的异常值可以标识攻击行为，数字孪生的分析模式会显示受感染的 SCADA 系统和控制器之间出现的异常流量，这些控制器在 5 秒的时间间隔内请求超出合法 PLC 控制器所能产生的最大的数据。类似地，在 2017 年沙特阿拉伯石油化工厂 APT 的攻击事件中，数字孪生中的分析操作模式能够预警被攻击者网络中出现的异常流量，因为在攻击期间对网络流量的数字孪生分析，可以及时发现非合规范围内的输入和输出连接行为及异常的安全 shell 会话。

2. 模拟

与历史数据的简单分析不同，对特定资产的模拟提供了各种新的安全研究的工具。仿真方法不同于分析和优化方法，因为它们是建立在现实世界资产的模型上的，而现实世界资产的模型又是基于规格数据的。而模拟操作模式使用用户指定的设置和参数运行，在对仿真结果进行评估之后，通过发送相应的命令和参数，现实世界的对应物可以匹配变化了的设置。模拟操作模式具有的优势为：首先，通过重置模型并重新运行模拟过程实现测试的重复；其次，与对真实资产的测试不同，模拟的时间间隔可以按需被压缩；最后，模拟通过广泛的特定条件可以揭示系统在多种条件下的行为，支持对突发行为的理解。尽管有这些好处，在当前的安全分析中，模拟大多被忽略。在安全监控和操作方面，这些方法可以在整个资产生命周期中用于各种目的[32]。例如，安全测试人员可以在设计阶段就提供关于缺点和潜在漏洞的反馈；还可以根据指定的安全规则对设置进行测试，以检测错误配置。新组件可以在虚拟环境中建模，并在不影响生产系统的情况下进行安全性测试。此外，为了处理丢失的信息，可以修改仿真参数。这种方法限制了对实物资产的损害和原型等比构建的成本耗费，并引入了设计安全性。更重要的是，安全测试人员可以诱导并调整安全相关的条件，如中间人攻击和内部攻击，并检查模拟环境的防御能力。

3. 复制

复制模式类似于模拟，指对规范数据进行操作以实现模拟真实世界的孪生。此外，来自真实世界的动态过程是通过整合当前状态数据和再现物理环境中的事件而产生的，尽管复制模式接近于历史数据分析，但两者有显著的区别，复制方法必须有外部的输入知识（例如，安全事件和相关的行动过程）才能在数字世界中产生相同的动态激励，而历史数据分析需要足够大的数据基础进行有效的算法训练。规格数据在复制模式中发挥的作用最显著，如提供实时识别受攻击影响组件、跟踪和复制行为轨迹及提供定制化对策的可能。复制模式对于正确检测威胁和攻击至关重要，将数字孪生的复制模式的状态与真实世界的状态进行比较应该会得到相同的结果（一致性），因为物理环境将通过相应的规格参数和当前事件一起镜像到虚拟环境。而如果出现两种状态比较的结果不一致的情况，则表明真实世界的物理对象实体可能发生攻击事件或出现故障。例如，对现实世界中的 PLC 设备的运行状态数据进行散列应该产生与数字孪生相同的散列值，如果不一致，就表明该 PLC 设备出现异常。

在震网病毒攻击事件中，真实原始数据集与其虚拟空间的数字孪生之间的 SCADA/PLC 网络通信量的差异，将可能揭示正在发生的攻击行为，至少会出现异常状态告警提示。复制模式下的包计数与实际状态如果有很大的不同，将表明控制设备行为异常，此外，只有根据 PLC 的状态与数字对应物的状态，才能发现攻击，原因在于如果 PLC 在某些特定配置条件下运行，Stuxnet 代码将被注入控制器，某些基于 PLC 的功能代码模块的 Stuxnet 感染，是基于增加宿主代码块的大小而实现的。尽管相关的功能块（如 PLC 的 OB1 和 OB35）的原始代码仍然存在，但恶意 Stuxnet 代码是预先注入进去的，因此，检查受感染 PLC 的 OB1 和 OB35 块将导致异常块大小及开始时的未知代码段。在应用数字孪生的情形下，保护 PLC 代码块完整性的预定义规则可以在 PLC 规范中说明，于是将在代码块大小更改后立即生成告警。

图 5-41 显示了用于检测不匹配块大小的伪代码（仅为说明原理用），该伪代码检测每个 PLC 代码块的常规大小（regular_plc_blocksizes）及当前块大小（current_plc_blocksizes），将当前块大小与常规块大小进行比较，出现不匹配时将产生告警。

```
GET regular_plc_blocksizes AS ARRAY
GET current_plc_blocksizes AS ARRAY
FOREACH index IN current_plc_blocksizes,
          regular_plc_blocksizes
   IF current_plc_blocksize.index!=
     regular_plc_blocksize.index
      ALERT
   ENDIF
ENDFOREACH
```

图 5-41　数字孪生中根据 PLC 代码块的大小保护其完整性的伪代码

在 2017 年沙特阿拉伯石油化工厂 APT 的攻击事件中，数字孪生和实际流量之间的差异也将代表发生异常行为。此外，真实实体与其虚拟数字孪生实体间的文件编号差异也会向受攻击者提示正在发生或已经发生了攻击事件。尽管恶意攻击文件被命名为合法文件（例如，“Kb77846376.exe”，以模仿微软的更新文件）进行伪装，但通过将这些散列值与已知的合法文件进行比较，可以发现这种攻击行为。

表 5-8 将数字孪生中的历史数据分析和优化、模拟、复制操作模式进行了对比，并进一步介绍了优势和劣势，这三种操作模式的结合，将提供更为广泛的安全分析能力。

表 5-8　数字孪生的安全操作模式比较

操作模式	优　势	劣　势	共性方面	特　征
历史数据分析和优化	• 现状分析； • 当前安全事件警报； • 技术成熟并有广泛的用户基础	• 强时间相关性； • 不可能分析潜在的、未来的事件； • 数据库容量大小影响大多数算法的功能	数据库	状态数据
			技术	统计分析、机器学习等数据查询
			应用场景	网络流量分析、异常检测等
模拟	• 时间独立性； • 可再现性； • 重复性； • 可对潜在的、未来条件分析； • 支持安全性可设计	• 假设条件； • 现状未知； • 系统的独立视图； • 较高的复杂性、需要专业用户	数据库	规格化数据
			技术	仿真、模拟
			应用场景	漏洞分析、系统安全测试
复制	• 现状分析； • 当前安全事件警报； • 真实世界激励/事件的数字化跟踪	• 时间相关性； • 需要预先知道的行为/事件； • 较高的复杂性、需要专业用户	数据库	状态数据、规格化数据
			技术	仿真、激励再现、微分算法
			应用场景	攻击和威胁检测

当数字孪生技术应用于信息安全分析时，这些操作模式的相互协同，使得数字孪生能更好地发挥作用。例如，在模拟操作模式期间诱导的网络攻击的数据结果，可以用作复制操作模式的比较输入，以检测真实世界中的攻击。例如，模拟 Stuxnet 中间人攻击对

虚拟 OT 系统的攻击，该系统随后产生特定的数据输出。这些输出可以与现实世界中物理实体的当前状态数据进行比较，以检测是否发生了此类攻击。此外，仿真还可以检测系统的弱点，如缺少可以制定、添加到规格数据库，测试并传输到真实系统的安全规则（专门监视）。历史数据分析操作模式可以通过其趋势分析提供有关未来系统状态的信息，这些预测可以作为模拟的输入参数。此外，历史数据分析操作模式支持事件识别，并提供有关事件及其发生的信息（模式检测），这是确定复制操作模式的激励输入的基础。

由于一些工业互联网安全方法在概念上是相似的，因此需要特别注意这些方法与数字孪生安全分析技术之间的共同点和区别。例如，测试床通常用于评估关键基础设施的功能，并通过发现漏洞和进行安全攻击等方式评估安全防护级别。然而，与数字孪生及其操作模式的方法结构不同，测试床通常结合虚拟和物理组件，即所谓半实物仿真，通常是仿真工具（通信网络仿真、业务流程仿真等）与局部的工业控制设备（真实的工业系统）的结合使用[33]。例如，电力控制系统试验平台为研究人员探索电力系统的脆弱性和攻击检测算法的有效性提供了一个逼真的、动态的环境，而这种环境中既包含电力 SCADA、数字化变电站等电力业务仿真软件，也包含继电保护器、小型变压器等控制设备。另一个例子是安全水处理测试床，提供了一个水处理控制过程的试验平台进行安全研究，在该环境中至少具有供水 SCADA 系统仿真软件、水泵及 PLC 控制器等模块。单纯的测试床更接近于数字孪生，但是单纯的测试床通常在工业资产的设计和规划期间部署，而数字孪生必须覆盖整个资产生命周期。网络靶场是提供培训机会的虚拟环境，包括有助于提高基础设施和系统的安全性、稳定性和性能的工具。例如，一款名为“SWAT Showdown”的游戏，可以提供基于安全策略对抗体验的交互式增强训练环境，目标用户是技术界及工业控制安全方面的专业人士，并被设计为夺旗赛类竞技项目。与网络靶场不同的是，数字孪生专注于资产、运营和安全。蜜网和蜜罐技术是对付网络攻击和 APT 的有效方法，其更强调网络层面的模拟，目的是通过在网络中模拟目标系统的行为，将攻击者从真实网络环境中吸引过来，网络特征和行为越多，对目标系统的模拟度越好，对攻击者的欺骗性越强。虽然数字孪生与欺骗技术有着不同的目的，但其仿真模式可以为蜜罐系统仿真提供有益的参考。

在工业互联网中，如果工业资产的每个生命周期阶段仅由一个参与方单独处理数据，将导致重复的数据或信息孤岛，从而造成资源浪费和数据共享效率低下。数字孪生技术通过定位所有工业生产过程的生命周期阶段，在资产生命周期中引入差异化的实体处置其对应的数据信息，很好地解决了该问题。数字孪生与现实世界中的物理实体一起进化，并在生命周期中包含可检索和相关的信息。就安全性而言，数字孪生技术的优势包括从规划和设计阶段开始，在整个资产的生命周期中无缝地包含保护措施。因为数字孪生技术是以资产为中心的，而不是通过安全事件的生命周期（如以攻击为中心的攻击破坏链）寻找解决方案。资产全生命周期阶段的统一模型并不存在，因为这些阶段强烈地依赖其资产属性，资产形态可以表现为产品、流程或系统。在实践中，最常见的阶段是需求分析、规划和设计（早期阶段），运营和操作（中期阶段），拆除和销毁（最终阶段）。因此，资产生命周期存在两个方面的问题：设计安全和数字取证。

数字孪生技术将在这两个阶段发挥信息安全防护作用。在众多的工业互联网 IT/OT 系统中，OT 功能超过了安全性，因此，安全性如果需要得到解决，通常会在工业互联网资产后期的生命周期阶段（例如，资产的操作）中实现，而不是事先考虑。数字孪生技术中的设计安全原则要求在资产实现之前引入安全机制，并在设计阶段就考虑信息安全问题。数字孪生技术在生命周期方面符合设计安全原则：因为数字孪生的目标是整合工业互联网资产的每个生命周期阶段，所以它起源于资产的规划和设计，从而提供了在操作之前关注安全性的时机。数字孪生技术可能包括将安全和安全规则作为输入知识（规格数据，见图 5-40）进行说明，确保存在避免程序逻辑误用和攻击的风险。数字孪生通过设计引入安全性的另一种方法是模拟预期环境并检测漏洞，同时支持创建安全感知资产。通过设计引入安全性，有助于降低安全风险和事件响应成本，由于安全机制是在开始时就配置的，因此在工业互联网资产生命周期的后期阶段发生安全事件的可能性将极大地降低，从而显著减少维护安全防护机制的开销，而不是花费大量的人力、物力和财力成本从被攻击失效中恢复。理想情况下，在资产设计过程中，应考虑大多数安全性要求。然而，设计阶段之后的每个生命周期阶段都会产生新的安全需求，虽然现实世界中的物理实体在早期阶段一定不存在，但可能会在后期阶段运作和进化。除了通过设计实现之外，数字孪生还提供了一个在后期的生命周期阶段关注安全性的时机。例如，在 OT 系统的操作阶段添加新功能可能需要为所连接的 IT 设备制定新的安全规则，以避免误操作和攻击。当攻击发生在真实世界资产的操作阶段时，数字取证可以发挥决定性的作用。数字孪生提供的主要数字取证优势涉及这样一个事实，即真实世界中的对应实体不会被攻击调查所修改。因此，真实世界中的数字证据不会受到污染，数字孪生支持证据保护，并可能提供更高质量的数字取证。数字取证可分为现场取证和事后取证，现场取证是在攻击过程中进行的，目的是对发生的情况提供一个清晰的概述。数字孪生的复制操作模式可以通过镜像当前事件的方式协助检测攻击，现场取证也针对攻击的发生阶段和随后的演变阶段。数字孪生的历史数据库包含了攻击前和攻击期间的状态，历史数据分析可以识别攻击发生的时间，同时，结合仿真，复制模式可以重放恶意攻击活动。如果外界输入条件不清晰，模拟模式可以通过尝试不同的输入参数复制不同版本的攻击，直到产生与历史数据库中的输出相一致的输出。这些模式可以追溯进入系统的不同方式及随后的攻击传播过程，这对于现场和事后取证至关重要。数字孪生数据可能存在非法证据的情况，然而，数字孪生技术本身却有助于选择寻找追踪溯源的程序。此外，数字孪生可能存储已经从现实世界中删除的遗留数据（在其历史/状态数据中，如图 5-40 所示），这些信息可能有助于事后的数字调查，即数字孪生可以在现实世界中的对应实体被拆毁后保存下来，以供档案记录之用，为在攻击发生后很长时间内继续进行的事后数字调查取证提供相关数据。

由于数字孪生尚处于起步阶段，在其有效和高效的安全操作之前，需要克服各种障碍，而存在的主要障碍与数据相关，影响安全操作。例如，控制逻辑（如 PLC）提供了重要的安全信息，如果信息丢失、细节感知不完整或数据本身质量差，则可能会发生错误的真实世界模拟，从而严重影响数字孪生的安全操作。数字孪生技术本身还在不断发展过程中，并未成型，因此，数字孪生技术应用于工业互联网信息安全防护技术，还处于初级阶段，离工程化应用尚有不小的差距，还需要在理论依据、技术体制、实现方式等方面开展深入研究。

第 6 章　国内外工业互联网信息安全研究进展

6.1　国外工业互联网安全标准、指南和规范发展情况

工业互联网信息安全起源于工业控制系统信息安全技术，已经发展多年，形成了一些有代表性的专属解决方案，并且对许多制造企业用户都有效。而且正在发生变化的是工业互联网信息安全技术概念推动工业互联网技术本身的完善性发展，并确保其产品和服务具有更强的安全性。因此，这些技术形成应用标准的时机已经成熟。标准、指南和规范对技术创新活动有明显的推动作用，颠覆性技术将随着标准的不断被接受和应用而最终出现。制定标准也将使工业互联网技术、产品和服务，变得更便宜、更智能、更易于使用。同时，标准协议将使规模相对小的自动化厂商也能感受到工业互联网信息安全技术的收益。因此，全球范围内的工业互联网安全标准、指南和规范研究活跃。

1. 标准及其合规性在信息安全方面的作用

世界范围内，北美和欧盟的许多指导方针、标准和法规都与工业互联网系统信息安全防护有关，而合规性是其中的重要内容。从工业互联网的 OT 角度，许多 OT 法规仍然适用，如 ISA 99、IEEE PC 37.240、安全完整性等级（SIL）、关键基础设施保护（CIP）条例、关键基础设施安全（CIS）规范，以及良好制造规范（CGMP）、环境保护署（EPA）排放控制、海洋污染（MARPOL）、建筑能源性能指令（EPBD）和电机设施的能源性能标准（MEPS）中的网络安全要求。安全标准指导并强制执行整个行业的通用级别的安全功能，遵循标准要求工业企业或组织采取措施实现规定的一致性要求，应尽量避免因偏离标准要求而受到经济或其他处罚。标准很少直接控制实现方式和过程，因此解决方案可能符合标准，但由此产生的安全态势可能并不是最佳的，还必须在合规性和成本、易操作性和可维护性之间寻求权衡。保护工业互联网系统的目标是满足其可用性、完整性和机密性要求。实现充分安全的环境应以一系列知情的决定为指导，这些决定旨在确保

所确定的威胁、脆弱性和对策与可接受的风险水平相适应。安全标准的合规性目标是指导一个企业或组织的最佳安全实践，但并不意味着该组织的产品将没有漏洞或绝对安全[34]。理想情况下，还应该定期更新安全防护技术机制并适应新发现的安全威胁的防护要求，这可能会触发重新评估标准遵从性的需求。而在工业互联网领域，进行这种安全更新可能并不可行或成本太高。在工业系统中，OT 功能和安全功能一般是紧耦合的，因此，更新、升级或缺陷修复可能需要根据法规（如 IEC 61508 或 ISO 138491）重新认证，并通知公告机构。例如，欧洲机械指令 2006/42/EC 对所有在欧盟使用的机械设备的功能安全要求方面进行了详尽的定义，自 2009 年 12 月起，该指令对欧盟（EU）所有成员国具有约束力，只有符合该指令要求的机器才能在欧盟境内销售，原始设备制造商（OEM）对此负责，必须记录每台机器的功能安全性，并且必须在交付时包含这些文件。在机器上贴上 CE 标志象征着制造商的自我声明，即制造商确信符合相关 EC 指令的所有基本健康和安全要求。作为机械指令实施后的结果，影响安全方面的软件或固件的任何更新、升级或错误修复只能根据 CE 符合性所要求的步骤进行，否则安全认证无效。工业互联网的出现无疑增加了功能安全、信息安全和法规遵从性要求的结合所带来的挑战，除了适当分离功能安全、信息安全和操作功能外，更新的可扩展监管模式的发展，将为应对这些挑战提供新的支撑。

2. 工业互联网信息安全基础性标准和法规

国际电工委员会（IEC）发布了 IEC 62443 系列工业自动化和控制系统安全标准，该系列标准广泛涵盖制造和控制系统电子信息安全的概念，涵盖不同行业和不同类型的系统、设施和工厂。目前，IEC 62443 系列标准分为四组：第 1 组标题为“一般”，提出了一套标准化的术语，主要是提供一致的模型，供其他组参考和应用；第 2 组标题为“政策和程序”，建立有效的工业自动化和控制系统（IACS）安全程序的政策和程序；第 3 组标题为“系统”，涵盖网络安全技术、设计方法、评估方法、安全要求和保证水平；第 4 组标题为“组件”，涉及工业自动化和控制系统（IACS）的安全开发生命周期和安全组件开发的要求。例如，IEC 62443-2-4《IACS 服务提供商的安全计划要求》将工业系统集成和维护活动的安全能力进行了标准化，允许资产所有者选择最适合其组织的安全防护能力。此外，IEC 62443-2-4、IEC 62443-3-1 和 IEC 62443-3-3 部分定义了基于攻击者实力的安全级别区分，这对工业控制系统的设计很有价值。该系列标准正在 IEC 电工技术设备和部件合格评定体系（IECEE）框架要求内进行认证。随着该标准日益成熟，可能会被采纳为一种安全认证体系，用于保护运营商的供应链。

2010 年 10 月，美国国家标准与技术研究院（NIST）发布了 NIST SP 800-82《工业控制系统安全指南》（第 2 版），该标准为提高工业控制系统（ICS）的安全性提供了指导，包括监控和数据采集（SCADA）系统、分布式控制系统（DCS）和其他控制系统配置，如可编程逻辑控制器（PLC），还考虑了性能、可靠性和安全性要求。其中的综合安全控制方法和要求，与其他 NIST 建议的内容一致，如 NIST SP 800-53《联邦信息系统和组织安全控制建议》中列出的建议。NIST SP 800-1836 中描述了考虑物联网的框架。NIST 还发布了 NISTIR 7176《系统保护轮廓——工业控制系统》《中等健壮环境下的 SCADA 系统现场设备保护概况》等标准和规范。

2009 年，美国颁布《保护工业控制系统战略》，此为涵盖能源、电力等 14 个行业工业控制系统安全的战略；2013 年，美国发布《国家网络和关键基础设施保护法案》，强调加强对包括工业控制系统在内的基础设施的保护力度；2016 年，美国发布《制造业与工业控制系统安全保障能力评估草案》，其目的是帮助制造商及化工厂等使用特殊计算机化生产流程的从业企业预防在线攻击活动；2017 年，时任美国总统特朗普签署了一项名为“增强联邦政府网络与关键性基础设施网络安全”的行政命令，要求采取一系列措施增强联邦政府及关键基础设施的网络安全。此外，美国国土安全部和美国国家标准与技术研究院还共同撰写了《控制系统安全建议名录》，并会同美国国务院联合发布了《加强 SCADA 系统及工业控制系统的安全》。此外，美国国家标准与技术研究院（NIST）的国家网络安全卓越中心（NCCoE）与工程实验室（EL）合作开展了行为异常检测能力实验分析，以支持工业制造业组织的网络安全。2020 年 7 月 15 日，NCCoE 发布了 NISTIR 8219《确保制造业工控安全：行为异常检测》。该报告分别记录了行为异常检测（BAD）能力在两个演示环境中的使用情况：基于机器人的制造系统和化学制造业的过程控制系统；将行为异常检测能力的多种特性与网络安全框架中的要求一一对应，并指出了网络安全标准中存在的具体安全控制措施。

作为美国国家层面的智能电网信息安全防护战略规划与指南，NIST 为智能电网信息安全战略规划发布的 NISTIR 7628《智能电网网络安全指南》是一本三卷的纲要，提出了解决整个智能电网安全问题的建议，NIST 与智能电网互操作性小组网络安全委员会共同创建了该文档，该文档主要内容包含描述风险评估、脆弱性分析和分析电网系统的安全信息交换过程。

北美电力可靠性公司（NERC）发布的 NERC CIP 标准，主要通过定义关键基础设施保护（CIP）的可审计要求，提高电力行业的安全性和可靠性。NERC CIP 提供的安全指南主要针对发电和输电设施中使用的自动化系统，NERC CIP 适用于美国、加拿大和墨西哥部分地区的公用事业。

IEEE 1686《智能电子设备网络安全能力标准》定义了智能电子设备（IED）中提供的功能和特性。该标准涉及 IED 的访问、操作、配置、固件修订和数据检索，为智能电网数字化变电站中的 IED 网络安全防护提供了引导。

德国是世界上最早提出工业 4.0 战略的国家，2013 年 12 月德国电气电子和信息技术协会（DKE）发布了《德国工业 4.0 标准化路线图》，形成了德国工业 4.0 标准化工作的顶层设计。信息安全是工业 4.0 战略的重要组成部分，德国工业 4.0 平台针对智能工厂的设备、系统安全的加固增强制定发布了《工业 4.0 中的 IT 安全》。

3. 评估信息安全计划的方法

目前，已有几种方法可用于评估安全计划、组织的安全态势及其产品安全开发和维护过程，其中包括网络安全能力成熟度模型（C2M2）及其纵向特定变体（能源和油气子领域的能力成熟度子模型 ES-C2M2 和 ONG-C2M2）。NIST 框架的层次侧重于关键基础设施，CERT 弹性管理模型（CERT-RMM）侧重于操作弹性管理，而构建成熟期安全模型（BSIMM）侧重于安全软件开发。

4. 信息安全产品评价标准

在信息安全产品评价标准方面，通用标准和联邦信息处理标准（FIPS）侧重于安全产品的认证，而不是评估安全过程或策略，并允许第三方（如可信实验室）进行技术评估。使用这种评估方法时应注意，如何适应不断变化的应用场景和应对攻击技术动态发展。有许多产品的评估实际上毫无意义，因为产品是在非常有限的配置中评估的，或者因为只是产品的一些局部基本特性得到了评估，并没有真正代表产品的整体情况。

信息技术安全评估通用标准（Common Criteria for Information Technology Security Evaluation，以下简称 CC）是一项国际标准（ISO/IEC 15408），用于评估 IT 产品（包括安全集成电路、操作系统和应用软件）的安全能力。CC 用于评估 IT 产品满足信息安全要求的能力，而评估过程基于两个关键概念即评估保证级别、保护概要文件[35]。

执行评估的严格程度称为评估保证级别（Evaluation Assurance Level，EAL），范围从 EAL1 到 EAL7。例如，功能测试足以满足 EAL1 要求，但要实现 EAL7，则需要进行彻底的测试及正式验证的设计。保护概要文件由安全需求及其基本原理和 EAL 组成。保护概要应描述目标、假设及功能和保证要求。当客户（所有者或经营者）计划购买具有共同标准评估的产品时，他们应确保了解并同意产品评估所依据的保护概要。

联邦信息处理标准（Federal Information Processing Standard，FIPS）出版物 140 系列为同时包含硬件和软件组件的加密模块建立了要求，FIPS 140-2 涵盖的主题包括非对称和对称密钥的实现和使用、消息认证、安全散列和随机数生成。FIPS 140-2 规定了四个质量安全保证级别，每个级别代表越来越严格的控制，以防止非法访问者对模块存储或管理的信息进行物理访问。

5. 功能安全标准与信息安全标准的关系

行业或领域的信息安全标准和指导文件，一般建立在改编或衍生自 IEC 61508《电气/电子/可编程电子安全相关系统的功能安全》的基础之上，如 ISO 26262（汽车）、IEC

62279（铁路）、IEC 61511（工业过程控制）和 IEC 61513（核反应堆仪表和控制）。IEC 61508 标准系列通常要求在系统的整个生命周期（从需求引出到生命结束）中将安全性作为一级系统属性来处理。这些标准要求必须识别所有危害，并且必须将与这些危害相关的风险降低到尽可能低的水平。由于安全漏洞被攻击者利用后将引发破坏事故，现有的安全标准可理解为：直接意味着在信息系统生命周期的每个阶段也必须认真考虑系统安全性（安全必须从一开始就考虑，而不是事后增加）。除了 IEC 61508 系列衍生标准外，还有许多其他导则或标准主要集中在安全关键系统软件的开发方面，如 MISRA C《关键系统中的 C 编程语言的使用指南》、DO-178B/C《航空系统中的软件》和 ARINC 653《航空电子软件系统的标准分离内核接口》。一般来说，这些标准要求对安全关键软件有一个严格且有详尽的文档记录的开发过程。而且必须使用具有高覆盖率的广泛单元测试进行验证。尽管这些标准的制定已考虑了安全性方面的要求，但严格、规范的开发及测试过程却反过来有助于减少可利用缺陷的出现。

6. 隐私标准、框架和条例

1）ISO/IEC 和 NIST 隐私标准方面

国际标准化组织（ISO）一直致力于制定一套有关个人识别信息（Personally Identifiable Information，PII）隐私和保护的标准：ISO/IEC 29100《隐私框架》提供了一个指南，其中规定了一个通用的隐私术语，定义了处理 PII 的参与者和角色，描述了隐私保护注意事项，并包括对信息技术的已知隐私原则的引用；ISO/IEC 29101《隐私体系结构框架》规定了信息和通信系统处理 PII 的关注点，列出了实现此类系统的组件，并提供了将包含这些组件的上下文体系结构的视图；ISO/IEC 29190《隐私能力评估模型》为组织评估其管理隐私相关流程的能力提供了高级指导；ISO/IEC 27018《公共云中作为个人识别信息处理器的个人识别信息（PII）保护实施规程》根据 ISO/IEC 29100 中描述的原则，为实施保护个人识别信息措施确立了公认的控制目标、控制措施和指南；ISO/IEC 29134《隐私影响评估-指南》提出了一种对隐私影响进行评估的方法；NISTIR 8062《联邦信息系统的隐私风险管理》描述了一个隐私风险管理框架，明确了隐私工程目标和隐私风险模型的具体内容。

2）隐私保护框架方面

框架是一种概念结构，用于组织为实现特定目标而进行的活动。例如，跨大西洋国家的数据流动框架方面，因为欧洲法院在 2015 年 10 月宣布先前的安全港框架无效，欧盟和美国已经就一个新的跨大西洋国家数据流框架达成协议，称为“欧盟-美国隐私保护”。隐私保护加强了美国联邦贸易委员会（US Federal Trade Commission）和欧盟数据保护机构之间的合作，隐私保护框架独立、有力地执行了隐私保护中规定的数据保护要求。而欧盟和美国隐私保护框架的制定工作仍在进行中。

3）隐私条例方面

许多国家已经公布了指导方针、标准或条例，以保护其公民的个人识别信息（PII）和受保护的健康信息（PHI）。较为典型的例子是欧盟的《通用数据保护条例》（General Data Protection Regulation，GDPR），北美的《HIPAA 法案》（Health Insurance Portability and Accountability Act/1996，Public Law 104-191）和《个人信息保护及电子文档法案》（Personal Information Protection and Electronic Documents Act，PIPEDA）。由于这些条例是强制性的，不遵守可能意味着罚款，甚至监禁。最佳实践是通过设计、默认和部署方法实现隐私保护，一些隐私要求可能与信息安全要求重叠，因此应同时考虑。有关数据隐私标准和法规的更多信息，可以访问 Baker&McKenzie 律师事务所的“全球隐私矩阵”和电子前沿基金会（EFF）的“国际隐私标准”。

7. 工业互联网信息安全标准涉及的协议资源

工业互联网信息安全标准必然涉及工业网络协议的安全特性、弱点和优点等，深入了解安全标准特性之前，需要对相应的工业互联网协议资源特性（包括相关的安全考虑）和相关属性有一定的了解，较为典型的工业互联网协议包括：

对象管理组开发了数据分发服务（DDS）的开放规范，包括“DDS 安全规范”，有关该规范、其用户及与其他技术的比较的更多信息可以在 OMG 网站上找到。

OPC 基金会维护 OPC 协议的开放规范，有关 OPC Classic、OPC UA 和 OPC.NET（又称 OPC Xi）的信息可以在 OPC 网站上找到。

DNP 用户组维护分布式网络协议（DNP3）。技术信息、一致性测试和一致性产品清单已经在 DNP 网站上公开。

Modbus 组织管理 Modbus 协议的开发和使用，有关 Modbus 协议的信息，以及开发和测试基于 Modbus 的工业系统的技术资源，已在 Modbus 网站上公开。

PROFIBUS 和 PROFINET 国际组织分别管理 PROFIBUS 和 PROFINET 工业协议，协议规范、技术文件和软件工具可在 PROFIBUS 网站查询。

工业互联网技术研发人员可能感兴趣的其他标准和协议是 MQTT 和 AMQP，都是 OASIS 标准和 XMPP。通用协议定义和标准（如 HTTP）由 IETF 维护，只要有可能，建议通过 HTTP 使用更安全的版本 HTTP/TLS。

8. 云安全标准

目前，已经有大量关于云安全的指导方针和标准在各个国家设计和使用，较为典型的是：

ISO/IEC 27017 标准为云计算的信息安全元素提供了指导，协助实施特定于云的信息安全控制，并补充 ISO 27000 系列标准中的云安全标准方面的指南，包括关于云计算隐私方面的 ISO/IEC 27018、关于业务连续性的 ISO/IEC 27031、关于关系管理的 ISO/IEC 27036-4 及所有其他 ISO 27XXX 标准。

NIST 还发布了以下云计算标准：NIST SP 800-146《云计算概要和建议》，NIST SP 500-291《云计算标准路线图》，NIST SP 800-144《公共云计算安全和隐私指南》，NIST SP 500-292《云计算参考体系结构》和 NIST SP 500-293《美国云计算技术路线图》。

欧盟网络和信息安全局（ENISA）发布了一个“云计算技术方面”的可审计性标准：《信息安全的好处、风险和建议》，获得了许多云提供商的认可。

“云计算安全注意事项”由澳大利亚信号理事会提供风险分析和度量机制，云 SaaS 客户在评估云作为潜在解决方案时将考虑这些风险。

云安全联盟发布了许多指导方针，包括：《云计算 3.0 版关键领域安全指南》，其中包含了针对云计算客户和提供商的实用、最新的指南和建议。《云应用程序安全开发实践》提供了与云 SaaS 相关的实用指南，如多租户和数据加密的安全设计建议，以及保护 API 的安全实施建议。《云控制矩阵版本 3.0》是一个可审核的标准，映射到大量其他标准，包括 COBIT、ISO/IEC 27001:2005、NIST SP 800-53、FedRAMP、PCI DSS、HIPAA/HITECH、NERC CIP。《云控制矩阵版本 3.0》提供了基本的安全原则来指导云提供商，并帮助潜在客户评估云供应商的总体安全风险。云提供商通过开展对云控制矩阵的评估，为其安全控制的设计和管理提供了透明度。

9. 标准存储库

智能电网互操作性小组（SGIP）创建了一个与智能电网开发和部署相关的标准和实践概要，SGIP 官方网站的 SGIP 标准目录包含了所有的文件表。

可信计算组织（TCG）是由 AMD、惠普、IBM、英特尔和微软组成的一个组织，旨在建立个人电脑的可信计算概念。使用 TCG 标准保护工业控制系统的具体指南包含在这些文件中：《TCG ICS 安全架构师指南》《TCG 物联网安全架构师指南》和《TCG 物联网安全指南》。这些文件介绍了保障工业控制系统安全的方法，解决了通信安全、系统完整性、固件更新及复杂攻击的检测和恢复问题。

美国机动车工程师学会（Society of Automotive Engineers，SAE）针对整个轿车、载重车及工程车、飞机、发动机、材料及制造等的产品和服务的安全性、质量和有效性制定了相关的标准，SAE 数据库中的 10000 多个标准都是公开的资源。

10. 供应链完整性资源

工业互联网制造商应采用供应链风险评估和风险管理的最佳实践，NIST 的供应链风险管理标准为《联邦信息系统和组织实践》，该标准为美国联邦机构识别、评估和减轻各级组织的供应链风险提供了指导。该标准还将信息和通信技术供应链风险管理（SCRM）

纳入联邦机构的风险管理活动中，方法是采用多层次、SCRM 特有的方法，包括关于评估供应链风险和实施缓解活动的指导。

工业互联网制造商还应遵循供应链安全的最佳实践规范，代表性例子是 ISO 组织的“供应商关系的信息安全”规范，另一个是 NEMA（一般指美国电气制造商协会）的“供应链最佳实践”，该规范确定了一套建议的供应链最佳实践和指南。电气设备和医疗成像制造商可在产品开发过程中实施这些实践和指南，以最大限度地减少缺陷、恶意软件、病毒或其他利用漏洞对产品运行造成负面影响的可能性。

6.2 国内工业互联网信息安全标准发展情况

国内工业互联网信息安全标准的制定工作起步于 2010 年，目前相关标准化委员会、行业主管部门已经开展了标准起草、制定和发布工作。其中，全国工业过程测量控制和自动化标准化技术委员会（SAC/TC124）围绕工业自动化控制的需求，借鉴 IEC 62443 等系列标准，组织国内工业自动化领域的企业、高校、科研院所和主管部门等研究制定了 GB/T 30976.1—2014《工业控制系统信息安全 第 1 部分：评估规范》、GB/T 35673—2017《工业通信网络 网络和系统安全 系统安全要求和安全等级》、GB/T 33007—2016《工业通信网络 网络和系统安全 建立工业自动化和控制系统信息安全程序》、GB/T 33008.1—2016《工业自动化和控制系统网络安全 可编程序控制器（PLC）第 1 部分：系统要求》等多项工业控制信息安全标准。全国信息安全标准化技术委员会（TC260）作为全国信息安全领域标准化归口机构，组织国内相关单位发布了 GB/T 32919—2016《信息安全技术 工业控制系统安全控制应用指南》、GB/T 36323—2018《信息安全技术 工业控制系统安全管理基本要求》、GB/T 36324—2018《信息安全技术 工业控制系统信息安全分级规范》、GB/T 37980—2019《信息安全技术 工业控制系统信息安全检查指南》等相关标准，同时已经批准立项国标 10 余项[36]，明确了工业控制系统安全管理的基本原则、安全等级划分、安全框架模型和关键行动，以及开展工业控制系统信息安全评估活动的方法、过程，为工业控制系统信息安全提供了依据。2017 年，公安部牵头组织国内有关单位编写发布 GA/T 1390.5—2017《信息安全技术 网络安全等级保护基本要求 第 5 部分：工业控制系统安全扩展要求》，这是对工业互联网安全指导意义较强的行业标准之一。此外，在自 2019 年 12 月 1 日起实施的等级保护 2.0 标准，即 GB/T 22239—2019《信息安全技术 网络安全等级保护基本要求》中，也将工业控制系统纳入保护对象，并将风险评估、安全监测、通报预警、案事件调查、数据防护、灾难备份、应急处置、自主可控、供应链安全、效果评价、综治考核、安全员培训等工作措施全部纳入等级保护制度。

国内工业互联网信息安全标准化建设也在积极推进过程中。2016 年，在工业和信息化部的指导下，由中国信息通信研究院牵头并联合制造业、通信业、工业行业和互联网业界等相关企业成立了工业互联网产业联盟（AII）。2018 年 2 月，其下设的安全组编写并发布了《工业互联网安全总体要求》《工业互联网安全框架》和《工业互联网平台安全防护要求》，该工作组还于 2017 年发布了《工业云安全防护参考方案》等文件，上述文件为国内工业互联网相关企业构建安全防护和保障体系提供了顶层框架指导和模型参考。2017 年 7 月，为推动工业互联网领域标准化进程，中国通信标准化协会（CCSA）设立了“工业互联网特设任务组”（ST8），致力于国内工业互联网安全标准体系建设，包括总体类标准、基础共性类标准、安全防护类标准、安全管理与服务标准和垂直应用领域类标准五大类。并且该工作组已经立项了九个“工业互联网安全防护体系”系列的标准，包括《工业互联网安全防护总体要求》《工业互联网安全接入技术要求》《工业互联网安全能力成熟度评估规范》等。

在工业互联网的端侧安全防护方面，国内有关机构还针对传感器、数据传输、网络应用等方面，立项研制了一些标准，如针对视频监控安全，全国安全防范报警系统标准化技术委员会（TC100）已制定视频安防监控系统相关安全国家标准五项，其中有两项强制性国家标准，行业标准二十五项，包含管理、技术、测试验收等方面。

目前，国内已经发布的工业互联网相关标准多集中于工业控制系统，以及外围资源层面的物联网、云计算等标准。截至 2020 年 1 月专门针对工业互联网安全的标准还处于立项研制过程中。

第7章　工业互联网信息安全发展趋势

随着工业互联网技术的蓬勃发展，预防相关安全风险所需的最佳实践也在不断发展。一方面，工业互联网系统与传统信息技术系统的区别明显，需要从更多方面考虑关键系统特征及其与风险、安全评估和风险分析的关系；另一方面，从系统的功能和实现角度分析，工业互联网开放、全球化的网络架构，以及人、数据和机器的融合更需要安全性和隐私性防护的技术和方法。

工业互联网已显示出巨大的潜力，可以极大地提高设备在各种应用中的能力，包括工厂自动化、医疗系统和各种各样的其他系统。工业互联网通过连接现场控制设备，实现设备彼此之间和云之间的通信，打开了使设备“智能化”的可能性，潜在地提供了前所未有的功能。技术的进步将使新一代设备比以前的设备更智能、效率更高，但也将推动一个新的技术拐点的出现，在这个拐点上，更强大的功能、效率和智能的提升将促进新旧系统更快速的迭代，甚至可能是完整的替代升级。在OT中，控制系统的使用寿命一般是数十年，类似的技术转折点极少。随着这些高价值工业系统的连接日益紧密，解决安全和隐私风险就更为关键。工业互联网在多方面的科技进步，如日益强大的微控制器、微机电系统（MEMS）传感器、电池友好型无线协议、水平可扩展的超级计算基础设施、高可信微内核、增材制造、台式铣床、柔性自动化生产线等将以不可预测的方式变革制造业的发展。新的无线通信协议将能传输更丰富的传感器数据，新的微控制器可能更加节能，因而未来的工业传感器将可以通过更灵活、更绿色的方式工作，为离散制造、炼油厂和生产与处理厂提供了无数的可能性。当然，这些工业系统核心技术的革命并不是孤立发生的，如在建筑行业，新型楼宇控制过程与状态的精确传感技术、智能仪表技术方面的突破性进展，正在推动智能建筑和智慧城市的发展。与此同时，带宽和嵌入式处理成本的下降使得管理全球跨多个大陆供应商的供应链变得越来越容易，包括通过流水线单件工作流的实时制造，实现大规模定制等令人兴奋的生产制造。而传统的工业管理模型和现场操作流程体系结构通常不适合这些场景，传统的操作体系结构围绕着集中化的管理和监视能力确保相应的功能，类似于人脑和一系列神经，允许大脑将命令推送到肌肉（执行器）并接收（来自传感器的）反馈信息。然而，在工业互联网时代，技术的发展使得制造企业越来越有机会利用巨大的分布式计算能力实现网络边缘的智能化，使边缘设备能够更自主地做出决策进而产生更高效的流程，并提供对边缘事件更快速做出反应的能力。类似于人类的条件反射，当人类遇到外界刺激时，刺激并不是一路传到大脑去发出反应指令的，而是在脊柱中被截获，所以对非常特殊的刺激，人类很快就会做出响应。从工业互联网发展的角度分析，这种技术进步将带来一个更具可扩展性的解决方案，因为所有原始数据不需要传输到中央管理层，而是通过边缘的智能决策就实现了更快的自反应操作。当然，从另一个角度来看，随着边缘设备的能力不断增强，需要更好地保护这些边缘设备。

工业互联网技术不断迭代发展，其面临的攻击威胁也在发展变化，并呈现如下发展趋势：

（1）工业互联网的攻击将变得更加机会主义，更加难以发现或预测。内部持续性威胁将为更多的攻击行动提供支撑，并且无法使用当前的方法检测。工业互联网的实体与威胁向量（互联网）的持续连接几乎是不可避免的，并且可能无法断开设备连接以减少攻击的影响，边界将很难进行清晰的界定。随着智能化工业现场设备的引入和物理基础设施工作方式的改变，新的攻击面也随之产生。原因不仅在于技术本身存在漏洞，技术的意外使用在操作过程中造成攻击面，而且人类与技术、机器的交互也会导致攻击面增加。当攻击者利用这些漏洞作为平台渗透入侵工业控制系统时，所有被攻击的局部装置、设备或子系统，都可能进一步危害工业互联网整体数据和系统。

（2）威胁将变得更加强大，因为工业互联网系统之间的相互联系更加紧密，人、机器和物体将更加依赖信息和通信技术发挥作用。由于需要的互联性增加，以隔离系统作为保护机制的防护手段将会从多个角度被攻击者突破。工业互联网中的传感器和计算机将更加本地化和分散化，很难（或不可能）对所有端点进行物理保护，进而防损坏或篡改。而由受损工业互联网设备构成的僵尸网络，有可能在高度分布式的攻击中被恶意控制并形成强大的攻击面，制造更大的危害。

（3）针对工业互联网攻击的效果或结果将呈现动态发展性，不会一开始就很明显或激烈，将通过工艺、流程、配方、过程、结构、浓度等方面缓慢影响工业生产过程，且可能会在很长一段时间内难以被发现，即会对工业生产控制过程产生长期及深远的影响。

（4）攻击手段将从代码利用，转向工业数据操纵、攻击工业生产业务流程和引入级联破坏效应等手段。攻击代码将变得更加模块化、可装配化、可重载化及跨平台复用化，攻击过程将更加隐蔽、快捷。而且当工业互联网的功能和通信越来越基于软件（通过软件定义的网络和虚拟化的网络功能）实现时，可以利用的、基于软件漏洞的攻击面也会越来越大，并可能加剧工业软件开发和维护过程的复杂度，安全性问题越发突出。

（5）攻击者很可能利用 AI 和机器学习技术的不断发展进步，构建更强大的网络攻击能力。AI 技术将被攻击者恶意利用并产生基于广域互联工业互联网设备的、更具攻击性的僵尸网络，并利用机器学习算法进行密码破解。同时，攻击者将利用 AI 技术提高发现工业软件漏洞，以及利用这些漏洞生成攻击代码的效率。对抗性学习还可以使攻击者利用 AI 过程本身的漏洞，或不断改变攻击策略。

（6）未来，随着量子计算技术的不断进步，当足够强大的量子计算机建成后，攻击者将能够消除许多基本数字应用中所依赖的公钥密码技术，包括在硬件和软件层次保护工业互联网应用的基本加密技术。

（7）5G 时代共享基础设施模式增加了共享风险，以及工业控制过程发生系统中断故障的可能性。在安全要素被工业企业外包给 5G 网络服务提供商的情况下，这种威胁风险将尤为突出。

（8）恶意使用工业大数据的威胁。随着关键工业互联网功能的控制越来越依赖数据驱动的自动化决策，潜在的数据损坏带来的风险变得越来越严重。例如，用于训练机器学习算法的数据的损坏或被恶意操纵，可能使攻击者破坏系统或改变关键系统功能。

（9）工业数据可用性的风险。随着工业互联网时代设备和人类决策越来越依赖数据，数据的可用性变得越来越重要。风险可能来自数据不足（例如，攻击者阻止设备发送工业现场遥测数据的攻击），或者由于数据过多（在拒绝服务攻击的情况下，工业生产系统的数据量超过了设计的处理能力）。工业制造链条中的上游或下游数据流，将可能不在制造商的严格控制之下（如技术或合同管控等），工业互联网企业或组织将面临由此产生的风险，表现为数据可用性风险（例如，对互联网服务提供商的攻击使客户端工业设备离线），但同样也可能包括下游组织如何使用或保护其局部工业生态系统的风险。

（10）工业互联网数据隐私和泄露。工业互联网涉及的各个环节，都可能涉及收集和处理与个人有关的数据（位置、消费、IP 地址等），可能会导致隐私法规的遵从性问题。此外，随着个人数据、公司敏感数据、行业关键参数、关系国家安全信息的数据被大规模收集和共享，数据泄露可能变得越来越普遍——这些数据对攻击者来说既有价值，也可能对个人、公司和国家利益高度敏感。此外，制造商和客户共享数据也存在泄露风险，商务合同更多的是涉及服务的提供或数据的许可使用，但一般不会涵盖数据的使用细节方面的保护条款。因此，数据难免会在许多层面上共享，包括企业、个人、社会、社区或国家层面。

（11）通过用户暴露的风险。工业互联网设备用户可能会使设备所有者，甚至制造商面临风险。用户可能会规避、忽略或删除安全措施，数据源可能会受到损害，或者组织可能会对发生故障的组件承担责任，这将可能导致不明确的事故及故障归因。例如，执法部门或保险公司是否将事件归因于与受害者有合作关系的人员（内部人员）意外将恶意软件引入系统，或是犯罪分子试图将恶意软件插入系统，或技术故障（例如，算法偏差或制造商的默认值）。在工业互联网现场设备具有 HMI 的情形下，操作人员将可能成为攻击目标，可能会将攻击面引入以前没有考虑过的区域。

随着工业互联网的现场控制设备数量如预期般激增，工业互联网的安全管理将可能面临类似的从集中到分散的转变，工业互联网信息安全技术也将朝着边缘智能化、去中心化的方向发展。类似地，随着管理工业现场设备所需的数据量的增加，传统中央集中化管理显然不再有效和高效。相反，将安全性单独嵌入每个现场设备中，并为设备提供安全决策所需的安全上下文环境，可能会成为一种更具可扩展性的方法。与此同时，在未来工业互联网自治条件下，如果不能妥善处理其自身的安全性，结果可能是毁灭性的。想象一下，许多自主的智能设备，都是自主决策，因而必须确保可以实施安全制衡措施，保持设备的完整性和可控性，防止出现受控和非受控的攻击行为，并防止恶意攻击者不能危害设备并导致这些设备在关键时刻做出错误的决定。自治安全场景中的关键要素，是必须确保终端节点设备自身的完整性并启用通信安全监控机制，以及提供更安全可靠的更新升级终端节点配置的能力。为了确保所有不同类型的工业现场控制设备之间的兼容性，最好有一个通用的基础设施支持所有设备之间的通信和管理（以及监视）。有许多先进的技术，可以显著提升工业互联网系统的安全性，其中一些技术已经使用了一段时间，但成熟程度并不相同。例如，软件定义网络可以隔离网络并防止数据包在网络之间交叉通过，从而提高安全性；还允许动态更改 IP 地址，使攻击者更难了解网络状态，并从以前的侦察过程中进行分析。软件定义平台和虚拟机允许分离计算机系统，并降低对系统的攻击风险，从而影响该系统的多种功能。同时，软件定义平台和虚拟机可利用更轻便的技术保护终端节点现场设备中私钥的机密性，并简化资源调配方式，进而提升工业互联网安全技术的实用性。例如，物理不可克隆函数（Physical Unclonable Function，PUF）技术，允许端点设备在不存储密钥的情况下像拥有私钥一样工作，从而降低了恶意攻击者通过硬件检索破解存储密钥的风险[37]。这项技术的推广应用一直很慢，其中的重要原因在于稳定性问题一直未得到理想的解决。同态加密通过对加密文本执行计算的技术，使隐私保护可以得到增强，这需要对工业控制设备中使用的数据设计过程进行更为精细的约束。密钥分割（Split Key）技术可用于实现工业互联网系统组件（如执行器）的多方控制（N/M）。但是，并不是所有的技术进步都有利于工业互联网系统的安全。例如，量子计算可能会降低一些密码技术的安全性。因此，密码算法的敏捷性在工业互联网系统中是可预见的发展趋势，包括在硬件中安全地更新算法的能力。在工业互联网、物联网的网络边缘或外围区域进行的计算有时被称为雾计算（Fog 计算），在雾计算中，当现场设备移动到核心网络和可选的云存储库之前，更多的处理是在网络边缘完成的。随着数十亿个工业互联网设备可能产生数据，以足够快的速度在网络中移动所有数据将变得很复杂，因此在网络边缘解决数据管理问题变得十分必要。雾计算可能成为解决工业互联网中这类问题的可行的部署方法，但雾计算正处于由技术联盟机构为其定义参考体系结构的早期阶段。一旦雾计算的参考体系结构得到完整的定义，雾计算就可以应用于工业互联网安全防护的各个阶段。类似地，管理模式特别是新旧设备共存的兼容性部署模式，将需要更多的微服务能力。微服务是将应用程序组件的体系结构分解为由自包含服务组成的松散耦合模式而产生的元素，这些服务使用标准通信协议和一组定义良好的 API 相互通信，而这些 API 独立于任何供应商、产品或技术。工业微服务是小型自主软件组件，用于管理工业互联网物理资产的特定方面，尽管物理资产多年来保持不变，但用于管理它们的微服务可以轻松升级[38]。工业互联网微服务种类繁多，如数据微服务、公共微服务、智能城市微服务等[39]。在某些工业互联网应用场景中，创建一个防篡改的事务日志或其他信息可能极有价值，区块链技术可以实现这种能力，并支持安全地广播更新多个记录。供应链管理是工业互联网环境中的一个关键环节，可以在其中应用区块链技术确保供应链的安全性，区块链的优势在于，独立节点对大型数据集（如账本）的最新版本达成一致意见的能力，可以提供事务的一致性、有效性和自动冲突解决功能。所有这些新兴技术都应该对工业互联网及更广泛的趋势（如去中心化）产生影响。

与上述工业互联网攻击威胁发展趋势同步的是，工业互联网将不断发展，并适应许多全球性变化，能源、人口、环境保护和稀有金属等资源将受到更多的限制，而人类将需要更多先进的产品。全球范围内，几个传统的制造业大国，都面临从事科学、技术和数学教育的学生人数大幅下降，愿意从事制造业职业领域的学生人数也在下降的问题，可能会大大增加对自主系统和机器人的需求。事物之间的相互联系正在创造一个潜力未知的世界，通过分布式系统，信息共享将得到极大的改善，信息惠及面将更为广泛和多样，产品和服务也可以更容易地获得。

以 5G、人工智能、移动互联网、物联网、云计算、大数据等为代表的新一代信息技术风起云涌，加速 IT 和 OT 技术全方位融合发展。工业互联网加速了可定制化生产、远程医疗诊断、柔性库存管理等一批新兴业态的信息安全环境和需求复杂多样，安全风险呈现多元化特征，安全隐患发现难度更高，安全形势进一步加剧。工业互联网链接工业全系统、全产业链、全价值链和支撑工业智能化发展的能力，将前所未有地呈现更多的攻击面，工业互联网信息安全将呈现新的发展趋势。

1）*工业互联网分层的纵深防御*

工业互联网必须处理工业控制设备和增强的连接性与互操作性，此外，由于 OT 设备的使用寿命较长，因此还必须考虑与遗留系统、遗留设备兼容的问题。这些问题将直接导致包括通信缓冲区的限制、缺乏安全补丁、难以实施身份认证、在不影响系统可用性的情况下升级遗留系统的困难，或与较新系统的互操作性障碍。不解决遗留设备的局限性可能会导致各种事故，如安全违规、金钱损失或信息盗窃。工业互联网络的复杂性使其安全性也变得复杂，因此纵深防御策略是较为有效的防护实践。纵深防御策略创建了不同的安全层，其设计思想是如果攻击者进入系统，安全措施将设法与攻击者周旋足够长的时间，导致其最终被检测发现。在所有安全层中，都建立了检测这些攻击者的监视和身份认证系统。通过这种方式，即使那些不能对用户进行身份认证的遗留陈旧工业

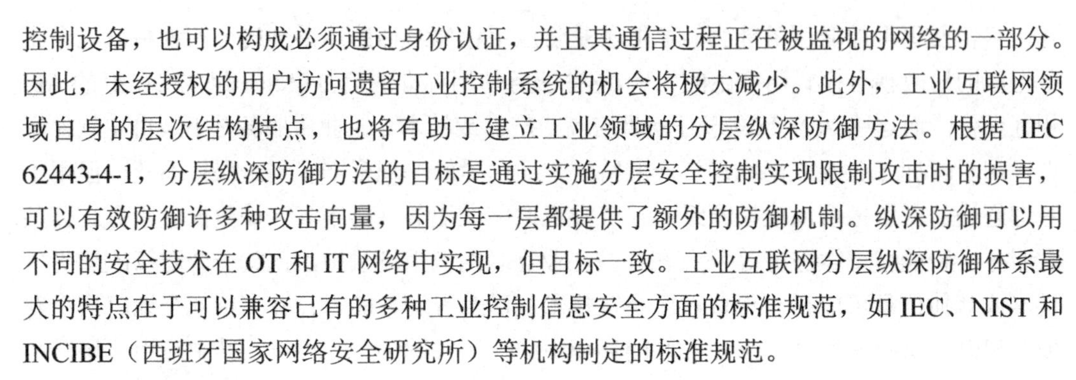
控制设备，也可以构成必须通过身份认证，并且其通信过程正在被监视的网络的一部分。因此，未经授权的用户访问遗留工业控制系统的机会将极大减少。此外，工业互联网领域自身的层次结构特点，也将有助于建立工业领域的分层纵深防御方法。根据 IEC 62443-4-1，分层纵深防御方法的目标是通过实施分层安全控制实现限制攻击时的损害，可以有效防御许多种攻击向量，因为每一层都提供了额外的防御机制。纵深防御可以用不同的安全技术在 OT 和 IT 网络中实现，但目标一致。工业互联网分层纵深防御体系最大的特点在于可以兼容已有的多种工业控制信息安全方面的标准规范，如 IEC、NIST 和 INCIBE（西班牙国家网络安全研究所）等机构制定的标准规范。

2）弹性自适应

基于弹性自适应的潜在创新对于工业互联网信息安全非常重要，在这种情况下，信息安全主要来自系统敏捷性、移动目标防御、网络机动和其他机器自主或半自主行为。利用这种自适应可能意味着将相当一部分设计资源从减少脆弱性转移到提高弹性。一个真正有弹性的系统可能会因为网络攻击而遭受重大的资源和能力损失，但却可以恢复得足够迅速和充分，从而使其整个任务顺利进行。例如，对于驻留在移动互联网设备中的软件（如工业 App）而言，在通过自应用补丁或自我重写代码机制响应其检测到的异常行为，从而实现自我修复方面已经取得了明显进展，此类技术应用已经出现并逐渐完善。然而，有效的自主自适应要求机器智能的程度远远超过现有的能力，而且将明显增加系统的复杂性，从而使脆弱性风险成倍增加。此外，网络攻击的复杂性及所处的运行环境的多样性都是不可预测的，在攻防对抗场景下，弹性自适应的恢复能力具有的显著概率属性也是应该给予高度重视的问题，未来的工业互联网信息安全需要具有更强的自恢复和自我评估技术。

3）工业互联网内生安全

一方面，工业互联网的发展使制造企业的效率和能力得到大幅提升。例如，在某些场景中使用工业摄像头和工业 App 的组合，生产者和消费者可以实时查看产品的生产状态。但是，这类基于云端的跨平台和跨应用交互，其信息安全问题很突出。另一方面，工业互联网设备制造商、供应商、经销商、服务提供商、用户等各个环节都面临不同程度的网络攻击威胁。工业互联网内生安全是指工业互联网设备制造商将安全能力集成到工业设备中，或者说安全机制属于工业设备自带功能的一部分。工业互联网内生安全可以确保工业产品终端用户在安装设备阶段，就具备与工业生产过程融合度较高的信息安全防护能力，工业互联网内生安全功能一般是内置的工业互联网设备安全软件模块（少数情况下为硬件），用于监控、检测和保护工业互联网设备免受潜在风险，包括数据盗窃和勒索软件攻击。确保固件完整性并减少攻击面，不仅可以防止对工业互联网设备的破坏，而且还可以使设备维护成本最小化并保护商业信誉。

4）混合可信机制

混合可信系统的新设计方法对未来工业互联网信息安全也很重要，将是安全意识强、灵活、可修改的系统，可以结合并适应不可信的硬件和软件，这些硬件和软件将来自可疑的供应链、遗留元素（老旧的工业设备）、逐渐累加的复杂性及许多第三方共享的组件等。其核心基础包括一个管理协议，该协议应用基于可信的入侵检测机制评估工业互联网传感器节点的可信程度和安全性。混合可信机制的成功取决于其设计方法和运行质量方面的灵活性，灵活性将使复杂的工业互联网系统具有很高的兼容性，如用干净的、高度可信的软件、硬件框架加固不可信任的组件。这种设计模式还必须包括可以快速、廉价更改的组件，便于当发现新的威胁时更高效、适时地调整防护能力。因此，需要在现有的形式化分析方法方面取得突破，或出现新的高度可靠的半形式化方法。

5）基于大数据分析的安全事件预测能力

尽管从现有信息安全的角度分析，对网络安全事件的发生进行预测的技术并不成熟，但大数据分析的预测性和自主性是一个正在积极发生变化的领域。大数据分析可能达到全球规模，能够在可操作的时间框架内预测多种新的网络威胁，并且几乎不需要或完全不需要人工网络分析，这种预测能力也许是一种颠覆性技术，可以掀起网络安全防御技术能力的变更性突破。这种超预测能力的实现，很大程度上将依赖聚合和关联范围更广泛的高度异构数据取得实质性突破。然而，网络数据的异质性、噪声因素、不完整性和超大规模特征，将会极大地增加技术实现的难度。而且在软件算法实现方面还有很多工作要做，如这些算法将具有从足够异构的海量数据中找出隐藏得很深、可能受检测保护的信息的能力。

6）主动应对威胁

工业互联网信息安全防护水平将通过对可能出现的威胁进行主动应对得到改善，而不是传统的以预先制定的策略为导向的防护方法。主动应对攻击威胁的方法将基于对攻击技术的辨识、全局性安全态势的感知，以及对攻击者的欺骗和心理感知机制的认知进行防护。在攻击者发起攻击行动的早期或初级阶段，利用攻击者存在的漏洞或脆弱性，以及不断优化的博弈策略，向攻击者主动发起制衡性对抗手段，将攻击行为扼杀在最初阶段，最大限度地减少损失。目前，这种方法处于发展的早期阶段，特别是考虑到网络安全相关的法律和政策的合规性及攻防双方人类主体的合法权益，主动应对网络威胁技术的发展面临很多非技术性因素的制约。但是，网络攻防对抗的长期实践，以及人、机器和网络间博弈的战略和战术经验知识，将为工业互联网防御中合理预测对手的行为提供重要的参考，从而有效遏制攻击对手，并挫败他们的进攻意愿[40]。无论具体技术实现细节如何，主动应对网络攻击威胁的方法都将依赖高度精确的态势感知能力，需要详细了解攻击对手的体系结构、基础设施和感知能力，还需要建立语言体系，以清楚、准确地表达具体的防御和进攻环境、威胁情报和对手画像，以及实现对在主动防御过程中的人、机和物之间关系的深刻理解。

7）无线信道的攻击威胁反制

工业无线技术应用在智能工厂内连接移动的设备，以及有线电缆连接实现困难或无法实现的场合，具备很大的必要性。目前，用于工业场景中的工业无线通信技术主要有5G、WLAN、Bluetooth、Wireless HART、WIA-PA、WIA-FA等。伴随着工业互联网的不断推进，特别是5G技术的广泛应用，工业通信技术更新换代的节奏可能会超过之前任一阶段。但无线网络通信环境中的一项艰巨任务是检测和抵御无线安全威胁，在工业互联网无线通信环境中，传统基于签名的安全解决方案很难自动更新签名信息，因而难以发现多样化的攻击行为。未来的工业互联网环境需要自动化的、基于无线传输体制分析的网络防御机制，实现无线环境中的各种攻击威胁发现与防护。首先，新型的工业互联网无线防御技术机制需要具备可扩展性，能够适应无线通信网络中从几个节点扩展到上万个节点的数据节点处理规模，特别是能够在数字化工厂复杂的无线通信环境中具有较高的灵敏度，并发挥作用。其次，新型防御机制应为工业互联网无线通信系统安全提供一种实时检测和预防机制，解决现场设备在工业无线会话阶段出现的各种安全攻击的有效防御问题。特别是在每个无线会话建立过程中，设计适应无线通信环境的访问控制机制对无线网络分组进行认证，实现仅允许合法节点与无线环境中的其他实体传输数据分组。

8）基于互操作性建立工业互联网的安全基线

考虑到经济成本等多方面因素，工业互联网新设备、平台和系统将必须与现有工业控制系统集成，互操作性问题将长期存在。互操作性方面的信息安全问题与工业互联网生态系统相关，特别是新系统与遗留老旧系统的集成。大多数互操作性的信息安全问题来自不同工业互联网制造商和不同工业控制通信协议的设备（关键和非关键制造组件）的互连。但是，新旧工业控制设备、平台、系统和流程在网络结构、通信体制和控制逻辑等方面差异很大，基于互操作性的安全基线，有助于提高威胁监测预警的精确性和实时性。为实现该能力，应研究使用工业互联网通用安全语言的互操作性框架，并研发具有良好封装性、兼容性的工业互联网组件通用协议；研究新的技术，能清晰地定义整个工业互联网供应链中合作伙伴和公司之间的特定安全等级，并涵盖网络安全的三个方面，即人员、流程和技术；研究具有更高开放性、可访问性、多样性、多态性的工业互联网互操作性试验平台。

9）安全的机器人及M2M制造

机器人及 M2M 制造将成为工业互联网中较为普遍的生产制造方式，但机器人及M2M技术存在多种复杂的安全漏洞，如攻击者可以利用机器人的远程识别和发现机制漏洞，识别机器人的存在，并利用通信网络截获或注入机器人控制命令；利用弱消息加密漏洞，窃密者通过简单地监听弱编码或未加密的机器人通信数据包可以获取大量敏感信息。在从控制器到机器人，以及 M2M 的指令传输和反馈传输网络建立信息安全防护机制，是确保安全机器人及 M2M 制造的基础。在机器人通信协议的传输层集成数据分发服务，可以确保身份认证、访问控制和加密的可用性、安全性。实时智能地发现和理解当前的 M2M 生态系统、连接、设备等，也是安全防护的关键技术能力。基于当前上下文和细粒度策略授权访问是机器人及 M2M 安全操作的保障技术机制。

10）扩展检测和响应能力

面向工业互联网的扩展检测和响应（XDR）解决方案正在兴起，该技术可以自动收集和关联来自多个工业互联网环节的不同的网络安全产品的数据，进而实时改进威胁检测并提供事件响应能力。例如，来自工业互联网各个系统的电子邮件、终端节点和网络流量的安全告警，有可能是同一个攻击者（例如，APT 攻击）针对不同目标、不同阶段、不同时间段采取的攻击行动，XDR 解决方案提供的能力就是将这些告警信息进行数据融合、关联分析、知识图谱绘制及关键信息要素重构，从而判断并复盘出单个攻击事件及其行为。XDR 解决方案的主要目标是提高检测精度和安全操作效率。

11）面向生产制造场景的安全流程自动化编排

制造企业缺乏熟练的信息安全从业人员，以及越来越多网络安全设备中自动化功能的可用性，推动了更多安全过程自动化的发展。这项技术基于工业互联网系统中的安全设备、功能及部署情况，制定各种场景条件、工艺流程、安全等级条件下的策略或规则，同时这些策略或规则定义特定场景中的网络安全设备类型、数量、位置及行为。在工业互联网的产品生产和服务提供环节，各研发参与方可以根据预定义的规则、行为模板和操作规程，自动完成以工业现场设备或系统为中心的安全操作任务，自动化的安全任务编排可以更快地执行，并以一种可扩展的方式运转，并且错误更少，同时将消除重复性任务。

由于有更多新的重新部署新系统的机会，世界范围内的很多新兴国家可能会更多地采用工业互联网[41]。但是，必须确保技术进步最终不会使我们付出高昂代价。在工业互联网大规模应用之前的有限机会窗口中，每个生产制造企业可以设计一个内聚的、符合自身实际需求的安全愿景，实现点对点的安全通信，并实现安全管理和监控。此外，未来的工业互联网企业，将形成原材料/零部件提供商、安全服务商、系统承包商、产品用户、监管机构等全链条要素协同防护的机制，共同应对来自信息与物理世界的跨领域、跨行业信息安全挑战。

第 8 章　工业互联网信息安全技术应用解析

8.1　工业互联网供应链信息安全防护技术应用

工业互联网能够在工厂内部和供应链网络外部实现端到端的实时信息共享和通信，同时维护数据和数字资源的安全管理。重要的是，更好的沟通和信息共享，有助于资源整合和对事件的实时响应。工业互联网中的供应链可以收集和分析工厂运营的数据，从而推动生产的实时改进，优化原材料、水和能源的使用。例如，更好的感知、调度、跨接缝优化、生产中断和事务及需求动态管理可以更好地减少闲置机器和使用人力资源[42]。工业互联网创造了让原材料供应商参与技术创新和制造过程、提高生产力、促进和加速增长、提高工人和产品安全及改善能源和环境供给的机会。

1. 工业互联网供应链的构建及应用

为实现工业互联网时代的美好愿景，全球制造业的供应链将变得更具活力，同时相互依存性将更高，对绩效的要求也更高，因此，既要管理更复杂的风险，也要寻求新的机遇。通过工业互联网的促进，未来的供应链可以更加“工具化、互联化和智能化”地管理机遇和风险。但工业互联网的开放性、灵活性将影响供应链的有效性，也将影响供应链的安全性[43]。工业互联网中数字驱动的供应链更灵活，更能响应客户需求。工业互联网创造的能力和资源超出了任何一个独立制造企业可用和可负担的范围，甚至对跨国大公司也是如此。如图 8-1 所示，工业互联网供应链的一些重要功能包括端到端的可视化、预测性分析、溯源和跟踪、数字监管链、安全的 B2B 通信和信息共享等。

工业互联网供应链最明显的特征是整个供应链的端到端的可视化（采购、库存、生产），使整个供应链更加敏捷和适应性更强，降低多余的成本，并建立互操作性，实现确保产品价值和整体制造过程的性能。工业互联网供应链的两个基本要素——供应链状态的实时接收和响应预测需求的变化，或者动态调整来自供应商或客户的信息；整个供应链中的实时信息为生产力和产品改进提供了机会，创建了有关交货数量和日期的精确信息，并减少了对过量库存或额外运费催交的负担。

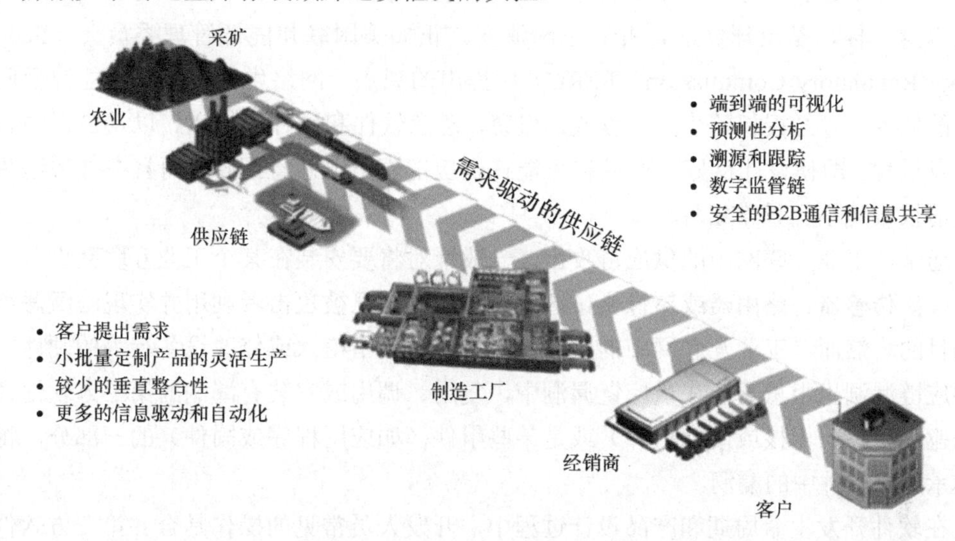

图 8-1　面向需求的工业互联网供应链：高效、透明、安全

在供应链中对产品的电子监管链方面，端到端的可视化和传感器技术可实现对货物的全天候监控：供需两端的用户特性，货物是否偏离指定路线，集装箱或包装箱是否在途中被打开。冲击振动、温度、湿度等传感器提供有关货物状态的信息，这些类型的资产可视化技术机制既保障了货物的物理安全，也保障了货物的质量。

在跟踪和溯源方面，供应链可视化为跟踪和溯源功能提供了技术基础，该功能为产品制造（无论是工件还是材料）提供了完整的谱系：产品原材料产地、零部件属性、安装或装配位置、出产时间、生产线信息、测试设备及测试时间等。

在综合价值链绩效方面，工业互联网供应链不仅是数据共享和可视化，还包括在整个企业架构中进行分析和建模，实现全局性能目标分析，并对未开发的阶段进行优化。企业信息化提供的互操作性，为更深入地收集和分析生产过程中涉及的过程、能源和原材料数据信息，以及产品的使用、维护和性能等方面的数据信息奠定了基础。

在预测分析方面，工业互联网供应链使开发和加速实时分析和建模的应用成为可能，从而形成对运营和物流信息的深度掌控。工业生产管理者可以针对能源成本优化问题，全环节、跨系统动态管理上游和下游资源的相互作用，如生产发货和库存交互可以跨企业及其贸易伙伴进行规划。当公司管理层得以从更宽广的视角分析实时数据，并及时了解其与运营相关的背景时，就有可能在问题出现之前准确预测问题或解决问题。

2. 工业互联网供应链脆弱性

工业互联网供应链是多样化、多层次的，而且遍布全球各国。全球多个实体可以参与单个采购产品的开发、设计、制造和交付。全球供应链可以为消费者带来巨大利益，但同时，供应链中任何一个环节的脆弱性都可能给最终用户带来风险。这些风险就像供应链本身一样，是全球性的，并且不断演变。正如美国联邦能源管理委员会（Federal Energy Regulatory Commission，FERC）所提出的观点，网络供应链风险可能源于假冒产品的插入，未经授权的生产，篡改，盗窃，恶意软件和硬件的插入，以及错误的制造和开发过程。即使设计良好的产品也可能在供应链中引入恶意组件，而且在部署这些组件之前很难识别出异常组件。

通常，工业互联网中的供应链攻击，一般针对将要安装在某个工业互联网设备中的软件，如传感器、路由器或摄像头，这些设备的漏洞已被攻击者利用并实现隐藏恶意软件的目的。然而，工业互联网中的供应链攻击也可以指植入或修改设备行为的硬件。考虑供应链漏洞也很重要，在供应链漏洞中，复用、调用或安装有漏洞的第三方软件（如库、驱动程序、内核或硬件组件）或是某些组件（如应用程序或固件）的一部分，将可能继承原有软件中的漏洞。

在软件开发生命周期和产品设计过程中，开发人员常见的操作是合并第三方软件和硬件组件，但不记录或罗列出已添加到设备中的组件明细。因此，当在其中一个组件中发现新的漏洞时（例如，0-day 漏洞），很难知道同一供应商的多少种产品将受到影响（漏洞的同源异构跨平台性）。更为糟糕的情况是，可能很难确定不同供应商和制造商中将有多少设备受到此漏洞的影响。一般情况下，安装在不同设备中的固件会使用已知包含漏洞的、不推荐使用的库或组件。而且这种具有漏洞的固件，仍然可能会在市场上的许多设备的生产过程中使用。

从用户的角度分析，产品购买者很难清楚地知道所购买的任何工业互联网设备中运行着哪些组件。这些组件具有内在的安全属性，这些属性依赖其他组件，而这些组件又具有自己的安全属性。如果这些组件中有任何一个遭受攻击，攻击者将可以危害整个设备。

此外，使用工业互联网设备管理网络的用户，并不能总是保存连接到该网络的工业互联网设备数量的清单。因此，跟踪公司网络中存在的潜在易受攻击的设备，会将安全和风险管理变成一项长期的任务，但却降低了网络攻击成功的概率。

使用互联网进行更新、升级操作的供应链组件（软件或硬件），很容易受到来自互联网黑客的攻击，如将指定官方网站中正常的功能更新或升级组件替换为病毒、木马等，一旦供应链组件访问该更新或升级网站，将很容易被感染并受控制。

3. 工业互联网供应链信息安全解决方案

价值链的可视化、性能和可信度，取决于供应链合作伙伴的安全性，以及由所有者管理和可信地共享的有价值的信息资产数量。依赖数据共享的环境，需要能够防止、检测和管理网络攻击。当数据在两个企业之间共享时，总是存在潜在的风险，特别是当连接的一方不太安全或者第三方正在处理数据时。此外，B2B（企业与企业之间通过专用网络或 Internet，进行数据信息的交换、传递，开展交易活动的商业模式）模式中的各供应商应用程序之间的数据接口，和开放网络连接本身也可能成为网络风险点。工业互联网供应链提供了一个已建立的安全环境，一方面，在该环境中共享关键数据，并且用于收集、分析和处理数据的安全协议已经就绪，避免企业每次都需要开发安全的 B2B 连接。另一方面，一些工业软件、系统和设备已经存在足够长的时间，以至于相关的制造商和供应商的维护能力非常弱或受到限制。工业互联网供应链可以替换过时的软件、系统和设备，并通过简化和现代化的自动化运行过程提供合理的投资回报率。但是，推翻已有的基础进行从零开始的重构，完全没有必要也不可行。事实上，对于制造企业来说，最可行的方法是将工业互联网供应链能力应用到一个较小的、定义良好的用例中，了解其优势和机会，创建一个集成团队拥有和执行工业互联网供应链用例。并制定一套适应性强的复制方法，将已成功的案例扩展到其他场景的用例中。

围绕工业互联网中的信息安全问题，制造商应对有价值的数据、信息，IP 网络资源的安全，以及基于网络的控制操作面临的网络攻击风险给予足够的重视。信息安全性是先进制造业的一个主要方面，工业制造企业需要首先解决安全问题，才能在网络化、多供应商、基于云的生产环境中独立运营，并与其他友商安全地互操作。将制造业供应链企业内的数据和运营决策转换到工业互联网平台或任何平台基础设施，都需要内部和外部的信任和共享，但收益远超安全风险。此外，安全是一项不断变化、日益复杂的功能，是技术、实践和知识的结合。但不存在百分之百安全的基于网络的工业控制操作，对网络攻击行为的检测、缓解与预防同等重要。工业互联网或任何基于云的制造、运营服务都会带来潜在的网络风险，而且并不是一种新趋势。在过去的 40 年中，工业界一直在不断地将计算机技术、控制系统和自动化系统集成到其业务中，并将这些系统连接到内部网和互联网。自动化控制系统中的大多数系统、设备和装置已普遍转向通用的操作系统，在制造商内部，有成千上万的应用程序以松散和特殊的方式耦合在一起。基于云计算的制造系统将是基于网络的工业信息技术平台，而这些平台正在逐渐完善和发展过程中[44]。工业互联网平台将云服务的应用扩展到云服务的集成环节，并创建新的功能。先进制造业和云技术结合的安全问题既复杂又敏感，工业互联网企业在承认信息安全风险客观存在的前提下，应该从以下几个方面的误区考虑供应链的信息安全防护。

（1）误区一：供应链数据只要在企业内部的管控体系内就安全

部分工业制造商仍然认为，其企业内部的网络是安全的，只有云服务本身风险才更大。然而，存在这种认识的企业，其内部的安全风险可能很高，因为该企业的员工安全防护意识将非常薄弱，导致与之相关的安全防护技术和手段将非常不健全或存在较大的隐患。工业互联网企业或组织应该从一个假设出发，即随时可能遭受网络攻击，并像关注预警技术一样关注缓解和响应措施。来自企业内部对供应链数据的违规操作，不管出于有意还是无意，都和外部的违规事件性质一样重要。

（2）误区二：并不需要确切知道企业保存的数据类型及其用途

检测和缓解效果依赖了解工业供应链数据的预期模式，并能够设置检测阈值，而检测阈值又依赖业务流程和操作知识。信息安全风险源于不知道收集的数据的细节：内容、位置及使用方式。在物理制造环境中，知道生产加工制造机器的位置和用途毫无疑问是企业和员工开展生产任务的先决条件。但在网络化制造领域，情况却并非总是如此，制造企业更关注的是使用数据解决的问题及达到的工业控制效果，却很少注意对数据的处置。工业数据也是资产，也必须精确掌握数据的来源、状态和使用情况。

（3）误区三：因为供应商提供的资产是安全的，所以企业生产的产品也是安全的

供应商通常会提供经过安全认证的资产（如原材料、零部件、软件模块、组件等），只要这些资产没有集成到系统前，通常都是安全的。任何时候两个系统连接起来，都可能出现漏洞。优质的工业互联网时代的产品，通常需要集成多个供应商的各种软件或硬件资源，但重要的是要确保任何网络应用程序接口都已建立良好的安全协议。

（4）误区四：技术可以解决所有的网络安全风险

网络安全不仅涉及技术，还涉及人员、过程和知识技能问题。违规往往不是技术故障，更多的是人为因素（故意或无意）引发的。在工业生产过程中，最明显的网络攻击载体之一是网络钓鱼计划，最好的技术和安全策略（无论是供应链安全机制，还是工厂的网络安全防护系统），都不可能保护公司的关键信息资产的绝对安全，员工的信息安全意识也将发挥至关重要的作用。

工业互联网供应链信息安全体系的建立是多方面的，工业互联网基础设施的安全优势之一是开发人员在构建系统时将会充分考虑安全风险，而不是在IT资产进入市场后再处理安全解决方案。首先，作为基于云的服务，工业互联网平台是整个基础架构的一部分，是解决工业供应链信息安全性和互操作性问题的基础。其次，工业互联网供应链是面向目标的，意味着数据是为特定目标而收集的，并需要准确地知道所存储、收集和分析的数据的属性[45]。因此，工业互联网供应链信息安全防护技术应至少包含以下几方面内容。

- 面向生产制造现场的非军事化区（Demilitarized Zone，DMZ）区域：工厂运行和云端系统之间的DMZ，管理和协调企业内外的数据传输。DMZ和云服务之间的数据传输需要进行安全管理或审查，如果发生网络攻击事件，DMZ的网络分段机制可以缓解攻击的破坏性。
- 分层防御：通过基于云的工业互联网平台解决方案，网络防御技术机制将嵌入工业系统的每一层（身份管理、数据收集、数据传输和认证、数据语境化、物理行为认证），而不是从外围处理工业互联网供应链的数据防护问题。
- 取证分析：当检测到异常行为时，工业互联网平台中的供应链数据的所有者或管

理方，还应该有条件或有权利知道其供应链数据的整个传输过程，以及供应链数据资产的使用记录和操作行为日志。这是在攻击事件发生后，实现取证分析或追踪溯源的关键支撑。

- 检测机制：工业互联网平台支持企业建模和分析，建立包括整个供应链在内的预期行为的数据模式。应该在整个供应链中建立数据传感器的标准工作流程、技术及机制，并用于检测异常数据，这些数据模式可以在上下文中触发告警（类似于银行的信用卡额度超限提示），不仅包括传感器数据采集模式，还应包括数据的计算分析方法。此外，还可以从工业互联网平台的基础设施、平台、软件和部署层，分析对基础设施各个级别的数据期望或正常数据范围。通过协同、联动或独立运行，所有这些数据分析方式，将有助于安全检测。
- 身份认证和数据授权：工业互联网平台将管理数据的访问详情（包括过程、人员等），以及数据的访问权限。这种数据管理能力对于正常的安全操作至关重要，对于发生安全攻击事件时的可靠检测、缓解和恢复等也至关重要。
- 感染设备的快速分区：如果供应链数据服务器本身受到损害，基于云的系统应快速隔离和删除受污染的服务器资源。但是，当恶意攻击软件驻留在制造企业的专用硬件设备中，隔离和删除操作将非常复杂。在这种情况下，工业供应链数据安全解决方案将通过管理经过验证的软件映像，而不是重复编译的软件许可证，对软件映像进行跟踪管理。
- 数据防泄露：工业互联网供应链中存在大量对企业、用户非常敏感的数据资产。在信息可以在几秒钟内传遍全球的工业互联网时代，防止数据泄露（无论是事故还是蓄意攻击）仍然是工业制造企业的首要任务之一。工业企业或组织在保护供应链数据的最小化意外泄露方面，可以采取的基本措施包括：在数据访问中应用最小特权策略（POLP），限制企业员工在公司任何信息系统中处置电子邮件的行为，严格制定自带设备的管控措施并认真执行，确保清除非关键系统中的敏感数据，在所有供应链网络的端点中安装基本的网络安全保护机制，使用纵深防御安全策略，安装 IDS/IPS 系统并运行渗透测试。

工业互联网将促进整个供应链中更大范围的互操作性，但需要 IT 和操作控制部门之间更多的协作。要获得整个工业价值链的生产力优势，每个供应链环节都将更多地参与全域数据的使用，将面临更多的信息安全风险，以工业数据为中心的防护理念、策略、技术、产品和服务，将是有效保护工业互联网供应链安全的基础条件。

8.2　工业大数据信息安全防护技术应用

工业大数据是由生产制造领域的各种来源产生的，如传感器、设备、物流车辆、厂房、人、制造过程要素（提高生产效率措施、环境保护监测机制、降低能源消耗和降低生产成本的控制手段）。工业互联网企业产生数据的来源包括：①大规模控制设备数据——移动互联网和信息物理系统（CPS）将改变连接到企业系统的设备类型，这些新连接的设备将产生新类型的数据。CPS 将传感器、执行器、工业摄像机和流水线 RFID 阅读器等物理设备连接到互联网中，并相互连接。大数据处理和分析无论是在内部还是在云端，都将收集和分析物联网设备的数据。这些解决方案将把数据转换成上下文相关的信息，可以用来帮助人和机器做出更高效合理、更有价值的决策[46]。②生产生命周期数据——包括生产要求、设计、制造、测试、销售、维护。对产品的各种数据进行记录、传输和计算，实现产品的全生命周期管理，满足个性化产品的需求。首先，外部设备将不再是记录产品数据的主要手段，嵌入式传感器将在产品中得到更多、实时的产品数据，使产品管理通过需求、设计、生产、销售和售后消除所有无用的生命过程。其次，企业与消费者之间的互动和交易行为会产生大量的数据，对这些数据进行挖掘和分析，可以帮助消费者参与产品需求分析和产品设计、柔性制造创新活动等。③企业运营数据——包括组织结构、企业管理、生产、设备、营销、质量控制、生产、采购、库存、目标、计划、电子商务等数据，将创新企业研发、生产、经营、营销和管理方式。首先，可以利用生产线和设备的数据对设备本身进行实时监控，同时将生产产生的数据反馈给生产过程，实现工业控制和管理优化；其次，通过对采购、仓储、销售、配送及后续环节的数据进行收集和分析，将助力供应链效率的提高和成本的大幅下降，并将大大减少库存，改善和优化供应链；再次，利用销售数据、供应商数据的变化，可以动态调整生产节奏，优化库存和规模；最后，基于实时感知数据的能源管理系统，可以实时优化生产过程中的能源效率。④制造业价值链——主要是客户、供应商、合作伙伴和其他数据。当前全球经济激烈的竞争，要求企业充分了解技术开发、生产、采购、销售、服务、内外部物流竞争力等因素。大数据技术的发展和应用，使价值链各个环节的信息流能够得到深入分析和挖掘，为企业管理者和参与者观察价值链提供新视角，使企业有机会将价值链的各个环节转化为更具战略优势的资源。例如，汽车企业可以利用大数据预测特定车型的购买群体，从而实现目标客户响应率的提高。⑤外部协作数据：包括经济、行业、市场、竞争对手等数据。为应对外部环境变化带来的风险，企业必须充分把握外部环境发展的现状，以增强应变能力。工业大数据分析技术在宏观经济分析、行业研究中得到了越来越广泛的应用，已经成为企业经营决策和市场应变能力的重要手段。一些大型跨国企业已经通过为包括从高管到营销人员，甚至车间员工提供市场信息、新技能和新工具的方式，更好地引导员工在市场需求变化中及时做出决策[47]。

1. 制造企业应用大数据的信息安全需求

工业互联网愿景中的智能工厂制造流程，将包括基于云的数据收集和业务分析，促进实时决策。未来工厂预期的工业大数据的云生态系统将部署在公共和私有云基础设施中，并可以协调任何规模的制造企业的业务需求。工业互联网面临的信息安全挑战是需要在制造组织的各个部门内部和跨部门开发数据访问和保护机制，以及为关键 CPPS 组件部署有效的事件响应机制，实现工业大数据的安全存储，确保多级数据的完整性和机密性，保障工厂级智能制造流程的业务连续性。工业大数据安全不能被视为一个单独的内部风险，而是关系整个供应链。在工业互联网时代，与制造企业开展业务合作的每个实体都可能构成威胁，因为合作的基础是数据交互，而数据丢失或泄露将给合作双方造成多方面的损失。制造企业的信息安全性将取决于最弱合作伙伴的网络安全防护能力，建立工业互联网大数据信息安全的基础需要每个潜在合作伙伴进行广泛的信息安全审核和规划[48]。企业内部孤立的信息安全措施无法防止这些数据泄露。例如，在已曝光的一起针对制造企业的攻击事件中，恶意攻击者通过盗取第三方暖通空调供应商的凭证，入侵该企业的销售管理系统，窃取大量有价值的高价值数据，给企业造成了巨大的经济损失。除了大数据自身的安全防护需求之外，工业大数据的信息安全需求还表现在以下几方面。

（1）行业敏感数据机密性保护机制：大多数工业大数据服务提供商由于容量有限，无法有效地维护和分析庞大的数据集。制造企业被迫依赖专业人员或工具分析这些数据，增加了潜在的安全风险，必须采取适当的预防措施保护这些敏感数据，确保其安全性，才能将大数据的分析交给第三方处理。此外，确保敏感数据（尤其是与财务、配方、工艺、核心技术和工人相关的数据）的隐私，并确定存储这些敏感数据的最佳方法[49]（工业控制现场与云端），也是行业敏感数据机密性保护机制需要重点关注的内容。

（2）安全信息共享和数据隐私：在多方参与产品制造的定制化生产实践中，工业互联网企业涉及将敏感数据移动到大数据集群中的问题，对敏感数据的保护将非常重要。对于传统的 SIEM，这种需求的实现并不困难，因为关系数据库提供了很多不同的安全模型，可以实现对敏感数据的保护。但工业大数据的安全信息共享和数据隐私保护，涉及的是保护大数据集群本身。在工业互联网企业中，仓库管理系统、ERP 等系统是网络攻击的核心目标之一，针对这些系统的漏洞攻击将导致产品产量受到明显影响，并且暴露企业的敏感信息。

（3）智能工厂关键基础设施中的访问控制和数据完整性：智能工厂环境须集成来自异构数据源的许多数据，因此必须针对每个数据源实施细粒度访问控制。此外，数据完整性也非常重要，因为工业大数据是用于做出决策的基本信息（可能是动态的），而且很容易被篡改。因此，还应包括确保数据完整性的具体解决方案，以便为工业互联网提供可靠的数据分析解决方案。

（4）智能工厂中的选择性匿名：设计数据必须进行匿名化的最佳方法（例如，工人数据、制造的产品参数、生产线或单元信息等），即不能妨碍第三方在现场控制站点层级有效进行数据采集和分析，也不影响性能和数据质量。

（5）定制化产品设计阶段中的数据保密与知识产权：工业互联网提供的大规模定制

和产品的极端个性化特点，要求若干新的实体（如供应商、销售商等组织，也包括个人和消费者）参与产品设计过程，但却带来了工业产品的机密性和知识产权保护问题。

（6）个性化产品后期生产和运营中的隐私保护：保护对单个客户定制化产品的生命周期进行使用情况分析的匿名性（例如，通过差异隐私），而且不妨碍每个客户使用单个产品的隐私。此外，还需要平衡个人用户体验的提升与个人客户市场地位的信息共享的矛盾。

（7）敏捷价值网络中的网络安全与信任：网络安全和信任是建立可靠的工业互联网供应链的先决条件。供应链应特别关注网络系统的安全性，关注中小企业及其需求。为了通过智能供应链实现价值创造，应保护相关公司之间数字交易中的安全通信。从评估公司是否纳入价值网络的角度来看，可信度也是一个关键挑战。此外，还需要评估整个智能供应链安全水平的方法和模型。安全身份对于安全的智能供应链也至关重要，将确保在链中涉及的企业内部和企业之间进行数据交换时的数据完整性。

2. 面向应用的工业大数据信息安全防护技术

制造企业在应用工业大数据的过程中，从信息安全防护技术角度，至少应考虑如下具体技术措施。

- 重要数据加密：保护制造企业的静态敏感数据，并确保管理员或其他应用程序无法直接访问文件，并防止信息泄露。建议使用文件/操作系统级的加密，因为这种方式可以随着节点的添加而扩展，并且对 NoSQL（非关系型数据库）操作是透明的。
- 身份认证和授权：应确保有安全的密码管理功能、应用程序用户的身份认证功能，即必须在获得对数据集的访问权限之前进行应用程序用户的身份认证。开发人员、用户和管理员角色应分离，并有相应的账户和权限管理功能。而且这些功能内置在一些软件产品发布版中，并可以链接到内部目录管理系统。
- 节点身份认证：目前，在制造企业的工业大数据管理实践中，由于经济效益等多方因素，在企业级的大数据集群中添加不需要的节点和应用程序缺乏有效保护措施，特别是在云和虚拟环境中，复制机器映像和启动新实例非常简单。使用 Kerberos 等工具，有助于确保恶意节点无法发出查询或接收数据副本的操作。
- 合理的密钥管理机制：密钥安全和数据加密一样重要，密钥管理将决定企业的工业大数据加密方案的安全性；因此，应使用外部密钥管理系统保护密钥，如果可能的话，还需要周期性地验证密钥的使用情况。
- 日志管理：日志记录内置于 Hadoop 和许多其他工业大数据集群中。当制造企业使用大数据作为 SIEM 时，记录系统事件数据需要耗费一定的存储资源，但是考虑到工业大数据集群的安全性不同于所有其他网络设备和应用程序的安全性，建议电力、石油、核电或轨道交通等关键基础设施行业用户，启用内置的日志记录或利用许多开源或商业日志记录工具，跟踪及记录系统日志事件。

- 增强级的数据通信协议：SSL 或 TLS 协议是内置的，并在大多数 NoSQL 发行版中可用，如果工业大数据隐私是非常关键的，建议考虑实现协议安全性以保护数据的隐私性。
- 工业大数据集群操作保护：目前主要有三种方法，第一种方法是标记化技术，使用标记替换敏感数据，然后再将其加载到工业大数据集群中。即使用与原始数据相似的变换值替换原始敏感数据，从而保持数据安全。此外，标记化技术还提供引用原始数据值（取消标记化的请求）的方法。第二种方法是利用掩码技术处理敏感数据，同时保留分析价值。这种技术使用率较高，因为敏感数据常常需要用于数据挖掘目的。第三种方法则对特定的数据阵列使用保留格式的加密，在集群中保持加密，但允许根据需要访问敏感数据。选择哪一种技术处理制造企业的敏感数据，取决于企业使用数据的方式，并且需要确保该方法的扩展方式可以满足大数据量日益增加的需求。尽管如此，如果敏感数据的安全性有问题，那么考虑到当前大数据安全的状况，在集群内保护数据往往比保护集群本身更容易。

3. 医疗行业大数据信息安全应用案例

在医疗领域，电子病历（EPR）系统、电子健康记录（EHR）系统、远程诊断系统等医疗产品，以及将电子病历与传感器（电子血压计、非接触式温度传感器、生物酶传感器等）网络组合的医疗辅助等先进医疗技术的出现，极大地提高了医疗诊断水平。然而，医疗产品的设计、生产、使用和维护等环节，必须非常慎重地处理好信息安全和病人数据隐私保护问题。

（1）医疗大数据存储与存取。

众所周知，医疗大数据记录使用最广泛的形式是 EPR，以及使用传感器网络的远程患者监控系统，这些记录容易受到黑客、恶意攻击者和未经授权的访问，从而增加了损害隐私和机密性的风险。医疗行业信息系统开发者可以将数据集中存储在中央数据库中，或者存储在连接到网络中每个数据库的本地数据库中，存储方案的选择对于医疗行业信息系统开发者和用户处理安全和隐私问题至关重要。医疗领域一个特殊的场景是：遇到紧急情况时，需要在未经患者同意的情况下披露医疗数据，以便在最短时间内提供必要的护理。因此，数据访问策略需要根据这种特定情况，设计访问 EPR 系统中的任何病历的情形，用户根据其访问病历的权限将分为两类：①编辑读/写权限（如医生、护士等）；②只读权限（如医疗保险提供商）。

（2）医疗隐私数据的可信任访问。

医疗数据只应被有权知晓的人员了解，以便进行诊断和治疗。医疗机构应限制患者治疗数据记录的披露，并实施适当的程序和控制访问权限策略，信任是增加医疗数据价值的必要条件。

（3）信息安全和隐私条例、立法、法律框架和标准之间的冲突。

在当前的医疗技术环境中，已经有许多安全和隐私法规/立法/法律框架和标准，如美国医疗健康方面的 HIPAA 方案。同时，美国也有许多州的立法/法律，如《健康隐私项目》《健康隐私状况》和《健康信息技术促进经济和临床健康法案》（HITECH），其中存在相互冲突的情形，因而为安全威胁打开了大门；此外，全球其他不同的地理区域也发布了一些医疗信息技术方面的标准，如 HL7（High-Level International Version 7）、ICD（International Classification of Disease）等，标准的公开易获得性增加了恶意攻击的概率。

（4）大数据挖掘和数据仓库、Web 挖掘技术。

借助关系和模式的依存关系分析和识别大数据，并将这些分析和识别的结果存储在数据仓库中，被称为大数据挖掘技术。Web 挖掘是在经典挖掘方法的基础上产生的集成信息关联与分析技术。挖掘医疗健康大数据需要对存储、管理和分析数据的方法进行严格约束，确保安全和隐私。对医疗数据挖掘技术进行有效的监督和/或评估，是确保医疗大数据安全的基础。

在医疗系统中，大量的患者数据（如社会、财务、物理、临床、环境、心理和基因组学等）对于实时分析、预测和决策至关重要，将有助于提供良好的患者护理，而且上述所有数据直接影响患者的病情。医疗大数据信息安全和隐私保护技术的解决方案将至少包含以下几方面的基本要素。

（1）基于角色的访问控制。

访问控制是对医疗大数据信息安全防护的基本手段之一，对数据的访问是任何医疗用户执行指定任务的基础。角色是根据管理者对用户授权可以访问或使用多少资源而分配的，访问控制列表（ACL）必须不断完善。

（2）医疗数据加密技术。

医患信息、病患医疗记录等，不仅是医疗机构的核心资产，也是具有法律意义的隐私数据，其访问和存储应受到严格保护。加密操作是指将敏感的医疗数据信息在传输（网络访问）和存储（医疗数据库）过程中，通过常用的加密算法 DES3、AES 和 IDEA 等进行转换处理。虽然软件和硬件层次都可以执行加密操作，但加密操作将产生额外的经济开支，因此，应合理控制加密数据范围。

（3）身份认证。

有许多用于身份认证的算法，如数字签名、密码机制，特别在医疗传感器网络中，散列函数也可用于身份认证，常用的算法是 Tinysec。Tinysec 是为无线传感器网络（WSN）轻量级操作系统 TinyOS 开发的链路层加密协议，Tinysec 可以随数据包传输计数器的值及内容进行变化，容错性较好。Tinysec 实现了语义安全、重放保护和认证性，最大优势在于所构建的安全通道对网络层以上的应用完全透明，即对一般的 WSN 数据通信业务只需配置 Tinysec 协议即可实现基本安全功能，而无须再进行额外开发[50]。

（4）安全和隐私审查计划。

针对医疗信息的传输和存储部署有效的网络隔离措施，对系统不同的接入用户在权限上进行严格的分级分类，改进安全感知、安全处置和安全审计等方面的数据防护能力，加强对第三方安全运维单位的监管。根据医疗组织机构的需求，制定相应的信息安全策略。完善医疗设备、医用商业化软件及运维服务商的安全审查机制。建立医疗设备及商业化软件的安全审查和安全检测环节，制定设备远程运维过程监管制度。

8.3　智能电网分布式能源控制系统的信息安全技术应用

1. 分布式能源控制系统基本概念

分布式能源控制系统作为智能电网中的新一代供能模式，是集中式供能系统的有效补充。传统的集中式供能系统采用大容量设备集中生产，通过专门的输送设施（大电网、大热网等）将各种能量输送给较大范围内的众多用户；而分布式能源控制系统则是直接面向用户，按用户的需求就地生产并供应能量，具有多种功能，可满足多重目标的中、小型能量转换利用系统的需求。分布式能源控制系统在公共电网的配电控制系统和分布式能源聚合器之间引入信息交换，管理配电网中的能量流。这些信息交换通常采用工业互联网技术，但缺乏有效的信息安全防护能力[55]。此外，分布式能源控制系统的运行特征是动态的，与传统发电能源系统有很大区别。及时管理分布式能源控制系统功能通常需要更高程度的自动化，在管理和控制系统中引入额外的自动化将引入新的网络安全风险[51]。管理自动化、信息跨域交换需求的增加，将使得相关的信息基础设施面临新的安全方面的挑战。图 8-2 显示了分布式能源控制系统的基本结构，包括工业设施微电网、公共部门管理的分布式控制系统及其与配电控制系统（配电网）的连接的概念架构。

例如，国外某天然气热电厂企业在校园微电网中增加太阳能电池阵列和电池存储设施，实现产能的扩大，从而实现进一步减少校园用电负载对地方电网的依赖。此外，太阳能电池板将允许该设施将多余的电力出售给当地的电网公司。校园微电网的各个组成部分都有几个独立的控制系统，即太阳能电池阵列、电池储存和热电厂都有自己的控制系统。每个单独的控制系统与操作人员和整个微电网管理系统进行交互，微电网管理系统与操作人员和当地公用事业公司的配电控制中心进行交互。这些控制系统通过有线以太网和无线 WiFi 连接在校园内进行通信，微电网管理系统通过互联网与当地电力公司进行通信。

分布式能源控制系统一般既有太阳能电池阵列，又有电池储存能力。该系统的电能源输入增加了电力公司从其他来源的供应，并降低了满足峰值电力需求的成本。电力公司的分布式能源系统一般存在控制系统，然而，所有公用电网的控制系统却通过有线以太网连接进行交互。分布式能源控制系统一般包含以下基本功能组件。

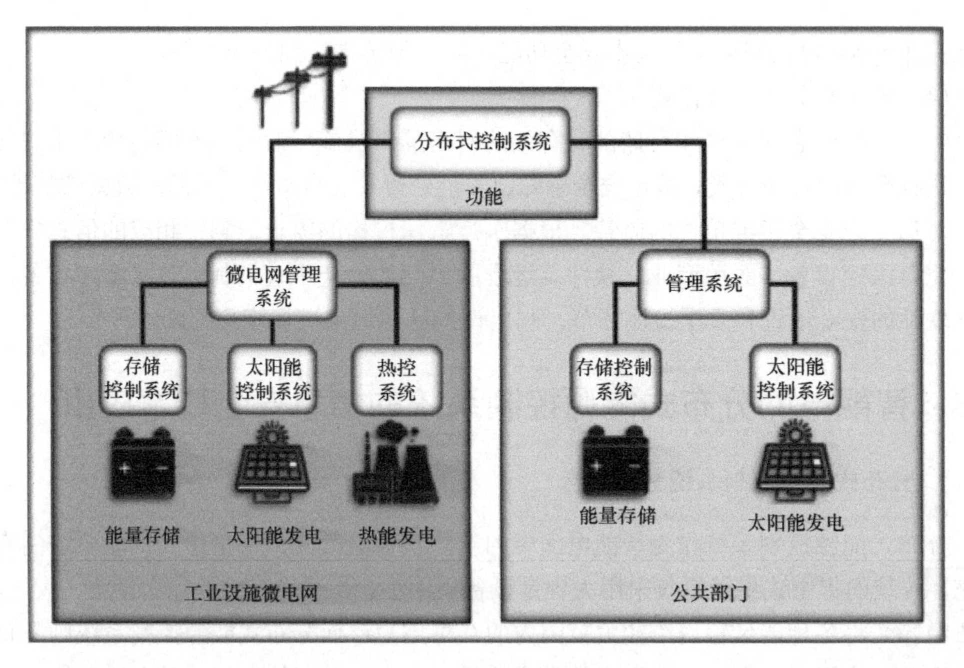

图 8-2　分布式能源控制系统的基本结构

- 配电控制系统：控制本地电网公司配电网运行的系统。由《NIST 机构间/内部报告 7628：智能电网网络安全指南中描述的 NIST 智能电网逻辑参考模型》（以下简称《NIST 智能电网逻辑参考模型》）所定义的四个部分组成：①actor 25——分布式发电和存储管理；②actor 27——分配管理系统；③actor 29——配电监控与数据采集；④actor 32——负载管理系统/需求管理系统。
- 微电网管理系统：控制微电网的运行，包括可用能源的分配，如能源储存，太阳能、热能分配和当地公用事业能源分配。微电网管理系统是《NIST 智能电网逻辑参考模型》中描述的消费者能源管理系统（CDEMS）的一个实例。
- 管理系统：控制电网公司分布式能源系统的运行。在功能方面类似《NIST 智能电网逻辑参考模型》的 CDEMS，但由电网公司管理和控制[52]。
- 存储控制系统：管理进出储能装置的电能源。
- 太阳能控制系统：管理太阳能发电过程。
- 热控制系统：管理热能产生的系统。
- 太阳能发电：由发电和供电的光伏组件组成，结合太阳能控制系统的太阳能发电是《NIST 智能电网逻辑参考模型》actor 4——客户分布式能源系统发电和存储的一个实例[53]。
- 储能系统：一种储存能量的电池组。
- 热能发电系统：一种天然气发电厂。

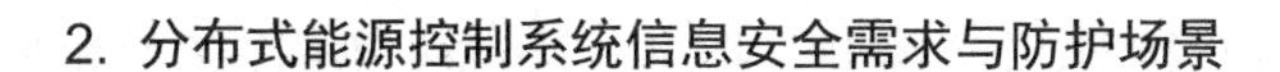

2. 分布式能源控制系统信息安全需求与防护场景

下面描述的场景说明了分布式能源控制系统信息安全防护需要解决的问题，以及相应的信息安全需求和防护效果。

1）场景 1：工业控制系统恶意软件的检测和防护

微电网管理系统在对自身软件模块进行升级维护的过程中，只能有限地访问互联网，但恰恰就在这段时间范围内，恶意攻击者却可以有机会访问微电网管理系统。通过这种短暂的访问过程，恶意攻击者搜索定位商业网络的连接，该网络用于从微电网向与能源市场交互的系统提供信息。攻击者修改配置参数，使其能够持久地远程访问微电网管理系统。利用这种持久性访问，恶意攻击者可以植入恶意软件收集有关微电网的信息。随着时间的推移，攻击者将可以深入窥探微电网控制系统的内部结构，侦察微电网业务信息交换的通信协议与会话模式细节，并利用信息攻击手段破坏储能电池和太阳能控制系统。在掌握网络结构和数据交换模式的基础上，攻击者通过向数据交换中注入攻击信息执行操纵控件的异常操作。

该场景中的安全需求/防护效果为：防止恶意软件感染，以及有效阻断恶意软件的攻击行为；检测恶意软件的变形、变种及躲避安全防护机制的手段并进行拦截[54]。

2）场景 2：数据完整性

攻击者从入侵微电网控制系统开始，就向电网公司的配电控制系统伪造监控数据消息。恶意攻击者通过不断发送各种形态的异常数据消息，监视应用程序发现正常数据被更改后的响应过程，分析系统响应方式，并观察发出的命令流的规律。攻击者利用从微电网内部侦察到的信息，通过微电网外部的互联网接入途径，不断尝试从电网公司的配电管理系统向电力公司的分布式能源控制系统发送虚假控制命令，达到扰乱、破坏分布式能源控制系统的功能软件正常运转的目的。

该场景中的安全需求/防护效果为：保护数据完整性，确保用于监视和控制数据信息的真实性。

3）场景 3：设备和数据真实性

当成功接入微电网控制系统实现信息互联互通，并在掌握内部控制特点的基础之上，攻击者将有能力伪装配电控制系统，伪造控制指令并发送至分布式能源控制系统和公用电网中，实施破坏性控制，产生停电等严重后果。

该场景中的安全需求/防护效果为：保护分布式能源控制系统不受非法入侵，有效识别与检测潜在的攻击威胁，检测分布式能源控制系统存在的行为和性能异常[55]。

3. 智能电网分布式能源控制系统的网络安全解决方案

基于上述场景的安全需求/防护效果分析，分布式能源控制系统的网络安全防护功能包括分析和可视化、身份认证、访问控制、行为监控、指令安全存储、数据完整性和恶意软件检测。智能电网分布式能源控制系统中部署网络安全防护技术的机制如图 8-3 所示。

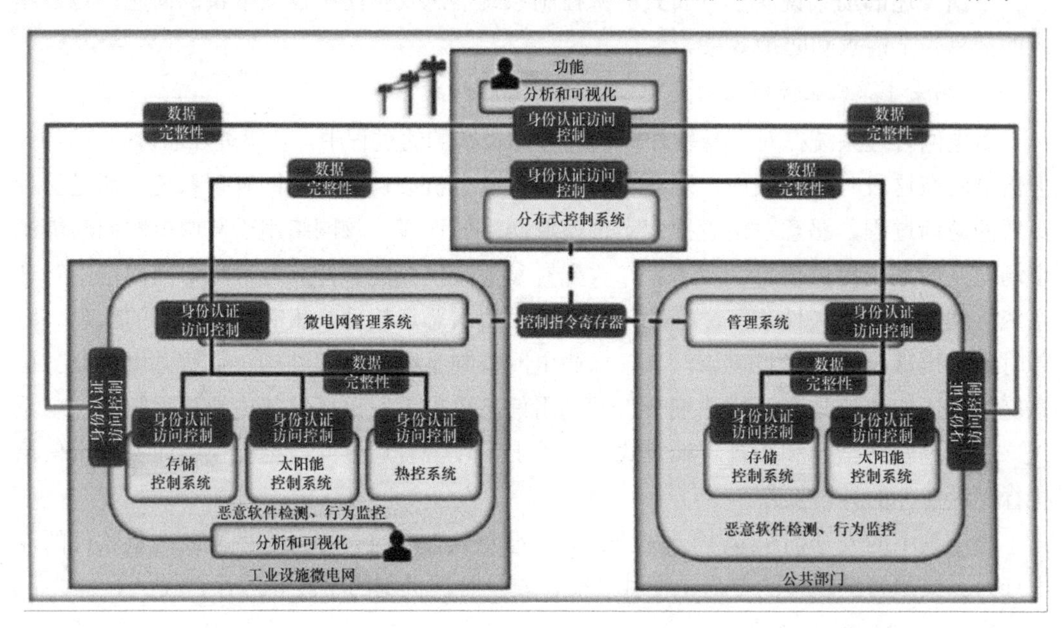

图 8-3　智能电网分布式能源控制系统中部署网络安全防护技术的机制

分析和可视化功能单元从通信、管理系统和控制系统收集和处理监控数据，实现检测异常并识别潜在恶意攻击行为的流量。分析和可视化功能单元由安全信息和事件管理（SIEM）系统、工作流、图形分析、仪表板、预测分析、机器学习和其他技术组成。分析和可视化功能部署在配电公司的运营中心，为配电运营人员提供安全态势感知能力。如果这些安全设施是非自治或封闭型的，这些防护技术也可以部署在工业微电网中。身份认证和访问控制功能单元用于管理和控制系统之间的所有通信过程，这些安全防护功能单元确保只有已知的授权系统/设备才能交换信息。此外，这些功能单元将根据设置的策略限制交换的信息类型。一旦检测发现未经授权的通信尝试行为或未知系统/设备的通信尝试行为，将立即报告给分析和可视化功能单元[56]。身份认证技术分为非交互式身份认证技术和交互式身份认证技术两类，非交互式身份认证技术用于设备与系统，以及系统与系统之间的信息交换，确保设备和系统的真实性；交互式身份认证技术用于人与系统之间的信息交换，该认证技术需要不同的系统与组织、人的协作，因为系统/设备由独立组织拥有和操作。访问控制功能单元提供策略强制、终端设备掩蔽和控制网络分段能力。行为监控功能单元测量管理和控制系统的行为特征，将测量值与预期的或正常的行为特征值进行比较，而这些特征是随着时间的推移持续变化的。如果出现异常情况，将报告给分析和可视化功能模块，这一功能流程由数据传感器、机器学习算法模块、预测分析模块和其他监控技术模块组成。行为监控功能单元需要与 SIEM 技术集成使用[57]。

行为监控功能单元部署于工业微电网和智能电网控制系统中。指令安全存储功能单元安全存储并记录分布式控制系统在管理分布式能源时产生的事务交互信息，该单元允许应用程序和分布式能源控制系统操作人员的认证信息的安全信息交换。信息交换可以是从应用程序到分布式能源控制系统的控制命令，或从分布式能源系统到应用程序的状态信息。由于能源系统都是广域物理分布的，并且是独立所有和操作的，因此没有一个系统或组织能够保持对信息交换和操作的全程审计跟踪，指令安全存储功能单元作为单独的功能实体，为整个分布式能源控制系统间的交互提供了这种能力。数据完整性功能单元确保信息在发送方和接收方之间传输时不会被恶意篡改，如果信息被非法篡改，该功能单元将检测到篡改操作，并通知分析和可视化功能单元[58]。数据完整性功能由密码完整性模块、数据传感器和其他工业控制数据完整性保护技术模块组成。数据完整性功能单元必须与 SIEM 集成，实现向分析和可视化功能单元发送通知消息。恶意软件检测功能单元监测各监控管理和控制系统之间的信息交换，以及管理和控制系统的响应动作，跟踪发现疑似恶意攻击软件的行为轨迹。如果检测发现异常或错误的指标，将通知分析和可视化功能单元，实现该功能流程需要数据传感器、数据采集设备、智能传感器网关和其他技术模块协同，并必须与 SIEM 集成使用，以向分析和可视化功能单元发送通知信息。恶意软件检测功能单元将部署于工业微电网和市政电网设施中。

分数式能源控制系统的工业互联网设备将按要求内置完整性和可信赖性功能单元（软件或硬件形态），确保在通电时设备的硬件和软件没有被非法篡改。为有效实现分布式能源控制系统的网络安全防护能力，信息安全厂商或服务机构应提供的技术和产品如下：

- 管控网络、应用和数据访问行为的访问控制技术。
- 数据完整性保护技术，用于保护静止或传输中的数据，检测数据完整性缺陷，并确保数据的真实性。
- 图形分析、机器学习、行为监控和预测分析，有助于检测恶意软件和破坏数据完整性的行为。
- 将分析结果呈现给操作和管理人员的信息可视化和多维层次化呈现技术。
- 反演或模拟分布式能源控制系统结构元素的基础结构组件库，包含信息和物理系统两个方面。
- 包含完整性和可信技术的基础架构组件。
- 数据传感器、网络监控、系统监控、数据采集设备、智能传感器网关及为分析提供数据和事件信息的 SIEM 系统。
- 支持跨实体系统的系统和人员身份认证技术。
- 可信的分布式审计跟踪能力。
- 多来源数据融合分析与协同防护能力[59]。

8.4 轨道交通控制系统终端信息安全技术应用

铁路电力转换器系统是电气化铁路（高、快速铁路和城市轨道交通）的核心控制系统之一，是牵引供电系统中的重要功能单元，在轨道交通行业应用较为广泛。并且相关系统或产品的研制很复杂，涉及电气工程技术和电子信息技术等领域，不同厂商的产品在功能和性能方面差异较大，自主知识产权保护需求迫切。在这一产品研发领域中，一些技术领先的轨道交通电气系统制造商期望保护其专用控制软件产品中的技术创新成果（如关键算法、关键功能实现方式等）免受伪造、逆向工程和篡改破坏。铁路电力转换器系统的实时知识产权和完整性保护问题，是轨道交通控制系统中涉及产品级的信息安全防护的基本需求。

铁路电力转换器系统信息安全防护产品的研发具有显著的供应链特点，涉及信息安全厂商、芯片厂商，以及轨道交通电气系统制造商、轨道交通运营商等。其研发过程涉及产品零部件供应商、产品研发企业、第三方软件及产品用户方等多方参与交互，具有较为明显的工业互联网产品研发的特点。首先，轨道交通电气系统制造商提出产品研发的信息安全需求，即提出研发新产品的诉求。其次，该产品用于轨道交通系统中，不仅需要轨道交通用户的最终认可，还需要符合轨道交通安全生产运行的管理要求，绝对不能影响轨道交通系统的正常运转。最后，铁路电力转换器系统信息安全防护产品涉及信息安全技术，轨道交通电气系统制造商对此并不专业，需要邀请专业的信息安全研发产商介入，并提供满足信息安全防护强度要求的功能模块，铁路电力转换器系统信息安全防护产品的开发将是具有高可靠性要求的、多方参与的过程。因此，该产品是一个定制化的产品，需要不同价值利益体协同参与设计、研发、测试和维护，是一个典型的工业互联网开发过程[60]。

1. 面临的技术挑战

轨道交通电气系统制造商为轨道交通供电系统研发制造实时控制器，这类产品必须能够在恶劣条件中使用，满足高铁、地铁等轨道交通系统持续和稳定供电的基本需求。虽然该类产品设计采用了故障保护机制，但一旦出现故障造成断电将会给乘客带来不便，有可能导致整个列车运行网络的延迟，并诱发其他安全事故。因此，铁路电力转换器系统信息安全防护产品面临的技术挑战是多方面的：

- 在电气工程专业方面，铁路电力转换器系统必须构建一个足够健壮的控制软件，其鲁棒性应能提供轨道交通工具在各种运行工况条件下的控制逻辑，满足各种轨道交通上车运行测试要求和系列安全生产规定。
- 在信息安全方面，需要确保该装置的软件和硬件，以及有关的供应链环节，不容易受到本地和远程网络攻击行为的影响。

- 增加新的信息安全防护功能造成的软件和硬件形态变化，应在考虑财务成本、体积大小、重量尺寸等前提下，满足轨道交通系统复杂的运行环境条件要求，特别是列车车载信息技术产品安全性方面的强制要求和规范，并确保在各种极端条件下的系统可用性（如网络可用等）。
- 在产品设计阶段，应考虑新增加的信息安全防护功能的软件或硬件载体，对原有的电气工程控制功能软硬件实现的影响最小化，确保整个产品系统的可靠性。
- 考虑商业价值，必须注意增加信息安全防护功能后，该产品的可复制性问题，即可以在不同国家和地区重复销售。

2. 解决方案

某轨道交通电气系统制造商基于成熟的功能构件：信息安全厂商提供（如 Wibu-Systems，全球领先的软件加密技术提供商）的加密狗软件，芯片厂商（如英飞凌科技公司）提供的安全元件芯片 SLE 97 安全控制器，利用几个月时间，就开发成功适用于轨道交通电力转换器系统的产品软件完整性保护产品，并将其集成到铁路电力转换器系统中。在产品研发过程中，信息安全厂商、芯片厂商及轨道交通电气系统制造商、轨道交通运营商协同攻关，提出了适用于轨道交通运行环境和相关安全运行规定的产品研发方案。其中，为防止铁路电力转换器系统软件被恶意逆向分析或破解盗版，其固件是在供应商的安全研发环境中加密，然后在高铁、地铁等列车控制系统承包商的生产设施中进行首次下载。产品软件系统的信息安全防护功能，将通过在每个嵌入式系统中使用工业级的加密狗和安全的 SD 卡组合实现。该铁路电力转换器系统在安全引导启动期间提供信任锚（Trust Anchor），并及时解密转换器软件。并且该解密操作只能在指定的硬件环境中进行，必须与有效的许可证相关联。所有加密进程在启动时或在单独的线程下运行，不会影响控制器系统的实时操作。软件安全要素是保证对网络威胁的高度安全性，并与已经使用的实时操作系统兼容[61]的有效手段。当完成系统启动后，安全防护功能单元直接对文件进行加密，加密密钥存储在嵌入智能卡芯片的 USB 加密狗中。

为实现产品的全球通用，制造电源转换器的外国承包商将 USB 加密狗中的加密文件加载到控制器中，并将 SD 卡插入系统。使用该轨道交通电气系统制造商的加密狗在线生成许可证，并加载到卡中。这使制造商可以控制铁路电力转换器系统信息安全防护产品的生产量，并确保轨道交通列车控制系统承包商不能接触到解密密钥。铁路电力转换器系统信息安全防护产品的操作系统基于 VxWorks，控制器设备加电后，引导加载程序解密 VxWorks 映像，加载并检查其完整性。然后对主应用程序进行解密、加载和检查。所有必要的密钥都存储在加密狗的安全内存中。加密操作发生在智能卡芯片内部，因此密钥永远不会离开安全区域。因此，CodeMeter 技术与 VxWorks 的目标系统集成，可以支持安全引导过程和从引导加载程序到应用程序的完整工作流执行。所有加密过程都使用

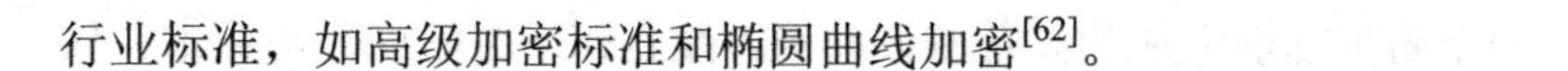

行业标准，如高级加密标准和椭圆曲线加密[62]。

3. 最终的防护和应用效果

轨道交通电气系统制造商用户获得的收益十分明显：通过加密控制器软件实现了核心知识产权保护；完整性保护通过安全引导过程获得，并将程序代码加密狗用作安全元件；在启动阶段或独立线程中使用加密技术最大限度地保留了实时控制能力。

铁路电力转换器系统信息安全防护产品已经在全球轨道交通行业得到推广应用，该产品的研发过程体现了工业互联网信息安全产品的典型研发特点：柔性、高效、迭代、集成和多方参与开发。

参考文献

[1] Industrial Internet Consortium. The Industrial Internet reference architecture technical document[EB/OL]. [2015-06-30]. https://www. iiconsortium.org/white-papers.htm.

[2] The Industrial Internet of Things Volume G1: Reference Architecture Version1.9 [EB/OL].[2020-11-11].https://www.iiconsortium.org/white-papers.htm.

[3] SISINNI E, SAIFULLAH A, HAN S, et al.Industrial Internet of Things: Challenges, Opportunities,and Directions[J]. IEEE Transactions on Industrial Informatics, 2018(14):4724-4734.

[4] FLATT H, SCHRIEGEL S, JASPERNEITE J, et al. Analysis of the cyber-security of industry 4.0 technologies based on RAMI 4.0 and identifification of requirements[C]. Germany Berlin:IEEE 21st International Conference on Emerging Technologies and Factory Automation (ETFA)，2016.

[5] LEE J, BAGHERI B, KAO H A, A cyber-physical systems architecture for industry 4.0-based manufacturing systems[R]. Manuf. Lett, 2015: 18-23.

[6] 全国信标委云计算标准工作组．工业云应用发展白皮书（2016）[R]. 北京：全国信标委，2016.

[7] 中国工业技术软件化产业联盟.工业互联网 APP 发展白皮书（2018）[R]. 南京：中国工业 APP 联盟，2018.

[8] 张钰雯，池程，朱斯语，等.工业互联网标识解析体系发展趋势[J]. 信息通信技术与政策，2019（8）：43-46.

[9] 饶志宏，兰昆，蒲石.工业 SCADA 系统信息安全技术[M]. 北京：国防工业出版社，2014：47.

[10] 张焕国，王丽娜，杜瑞颖，等.信息安全学科体系结构研究[J]. 武汉大学学报（理学版），2010（5）：614-618.

[11] Industrial Internet of Things Volume G4: Security Framework[EB/OL].[2020-12-17]. https://www.iiconsortium.org/pdf/IIC_PUB_G4_V1.00_PB-3.pdf.

[12] STAMP M.信息安全原理与实践[M]. 2 版. 张戈，译. 北京：清华大学出版社，2013：17.

[13] CHEMINOD M, DREANTE L, VALENZANO A, Review of security issues in industrial networks, Industrial Informatics[J]. IEEE Transactions on Industrial Informatics, 2013(9): 277-293.

[14] CRUZ T, BARRIGAS J, PROENCA J, et al, Improving network security monitoring for industrial control systems,Integrated Network Management [C]. Canada Ottawa: IFIP/IEEE International Symposium on Integrated Network Management，2015.

[15] 曹瑞珉，白国力，郝丽娜，等. 基于混杂随机时延 Petri 网的服装定制 CPPS 建模和分析[J].信息与控制，2018（1）：90-96.

[16] MANADHATA P K, WING J M. An Attack Surface Metric[J]. IEEE Transactions on Software Engineering，2011(3): 371-386.

[17] The Industrial Internet of Things Distributed Computing in the Edge[EB/OL]. [2021-1-12]. https://www.iiconsortium.org/pdf/IIoT-Distributed-Computing-in-the-Edge.pdf.

[18] Implementation Aspect: IIoT and Blockchain[EB/OL].[2020-12-27]. https: //www.iiconsortium.org/pdf/Implementation_Aspect_IIoT_and_Blockchain_White_Paper_2020-07-22.pdf.

[19] 张中霞，王明文. 区块链钱包方案研究综述[J]. 计算机工程与应用，2020，56（6）：28-38.

[20] BUCHANAN W J, LI S C, ASIF R. Lightweight Cryptography Methods[J]. Journal of Cyber Security Technology, 2018(4):134-141.

[21] 段明. 高阶差分分析技术研究[D/OL]. 上海：上海交通大学，2012[2021-01-26]. https://kns.cnki.net/kcms/detail/detail.aspx?dbcode=CDFD&dbname=CDFD1214&filename=1013003806.nh&v=oA6T%25mmd2BYI7BR5FXAY1lMe4g7vMPLvIuKr1JNowbICc939fBikbmM5IK%25mmd2BLRHLZ335tY.

[22] 任炯炯，张仕伟，李曼曼，等. 基于 SAT 的 ARX 不可能差分和零相关区分器的自动化搜索[J]. 电子学报，2019（12）：2524-2532.

[23] KHALIFA M, ALGARNI F, Mohammad Ayoub Khan,et al.A lightweight cryptography (LWC) framework to secure memory heap in Internet of Things[J].Alexandria Engineering Journal,2020(8): 245-298.

[24] 贾乘，周悦芝. 基于结构关系检索的隐藏进程检测[J]. 计算机工程，2017(9)：180-184.

[25] 严东华，张凯. Java 虚拟机及其移植[J]. 北京理工大学学报，2002（2）：64-67.

[26] 周明天，谭良. 可信计算及其进展[J]. 电子科技大学学报，2006（8）：686-690.

[27] ECKHART M, EKELHART A. Towards Security-Aware Virtual Environments for Digital Twins[EB/OL].[2021-02-05].https://www.researchgate. net/ publi cation/325376009.

[28] TUEGEL E J, INGRAFFEA A R, EASON T G, et al. Reengineering Aircraft Structural Life Prediction Using a Digital Twin[J].International Journal of Aerospace Engineering, 2011(8):135-141.

[29] 陶飞，刘蔚然，刘检华，等. 数字孪生及其应用探索[J]. 计算机集成制造系统，2018（1）：58-61.

[30] 李欣，刘秀，万欣欣. 数字孪生应用及安全发展综述[J]. 系统仿真学报，2019（3）：385-391.

[31] 樊留群，丁凯，刘广杰. 智能制造中的数字孪生技术[J]. 制造技术与机床，2019（7）：61-64.

[32] 庄存波，刘检华，熊辉. 产品数字孪生体的内涵、体系结构及其发展趋势[J]. 计算机集成制造系统，2017（6）：753-768.

[33] 陆剑峰，王盛张，晨麟，等. 工业互联网支持下的数字孪生车间[J]. 自动化仪表，2019（5）：1-5.

[34] 关欣，李海花. 工业互联网标准化最新动态[J]. 电信网世界，2015（12）：46-47.

[35] 石文昌，孙玉芳. 信息安全国际标准 CC 的结构模型分析[J]. 计算机科学，2001（1）：8-11.

[36] 关鸿鹏，李琳，李鑫，等. 工业互联网信息安全标准体系研究[J]. 自动化博览，2018（3）：50-53.

[37] CHEN Q Q, CSABA G, LUGLI P, et al. The Bistable Ring PUF: A new architecture for strong Physical Unclonable Functions[J]. San Diego CA, USA：IEEE Press，2011(6):67-78.

[38] PENG X. Helping Developers Analyze and Debug Industrial Microservice Systems[J]. USA:Computer, 2020(2):4-5.

[39] FAY A，BARTH M，STUTZ A, et al. Choreographies in Microservice-Based Automation Architectures - Next Level of Flexibility for Industrial Cyber-Physical Systems[J]. 3rd IEEE International Conference on Industrial Cyber-Physical Systems, 2020(6):35-41.

[40] HUELSMAN T, et al. Cyber risk in advanced manufacturing, Deloitte and MAPI [EB/OL].[2021-02-08].https://www2.deloitte.com/us/en/pages/manufacturing/articles/cyber-risk-in-advanced-manufacturing.html.

[41] AHMAD A, PAUL A, RATHORE, et al. Power Aware Mobility Management of M2M for IoT Communications[J]. Mobile Information Systems, 2015(10):54-73.

[42] BUDA A, KARY F, KUBLER S,et al. Data supply chain in Industrial Internet[C]. IEEE World Conference on Factory Communication Systems, 2015(11):102-120.

[43] RADANLIEV P, ROWLANDS H, THOMAS A. Supply Chain Paradox: Green-field

Architecture for Sustainable Strategy Formulation[C]. Sustainable Design and Manufacturing International Conference, 2014(8):57-62.

[44] MOHAMMED J, THAKRAL A, OCNEANU A F, et al. Internet of Things: Remote patient monitoring using web services and cloud computing[C]. IEEE Green Computing and Communications (GreenCom), and IEEE Cyber, Physical and Social Computing (CPSCom), 2014.

[45] UR REHMAN M H, YAQOOB I, SALAH K, et al. The role of big data analytics in industrial Internet of Things[R]. Future Generation Computer Systems, https://doi.org/10.1016/j.future.2019.04.020.

[46] GE. The case for an industrial big data platform[EB/OL].[2017-03-27]. http://www. ge.com/digital/sites/default/files.

[47] EPPSTEIN D, GOODRICH M T, SUN J Z. The skip quadtree:a simple dynamic data structure from multidimensional data[J]. International Journal of Computational Geometry & Applications,2011,18(9):131-160.

[48] Industrial Big Data.Know the future-automate processes[EB/OL].[2015-10-23].http://di@erentia.co/qlikview/docs/Blue-Yonder-White-Paper-Industrial-Big-Data.pdf.

[49] WANG JB, WU S, GAO H, et al. Indexing multidimensional data in a cloud system[C]. New York:Association for Computing Machinery,2010.

[50] PERRIG A, SZEW C R, Tygar J D, et al. SPINS:Security Security Protocols for Sensor Networks[J].Wireless Networks,2002,8(5):521-534.

[51] Data Protection Best Practices[EB/OL].[2019-07-15].https://www. iiconsortium.org/pdf/Data_Protection_Best_Practices_Whitepaper_2019-07-22.pdf.

[52] Electric Sector Failure Scenarios and Impact Analyses－Version 3.0, Electric Power Research Institute, National Electric Sector Cybersecurity Organization Resource[EB/OL].[2015-12-17]. http://smartgrid.epri.com/ doc/NESCOR%20Failure%20Scenarios%20v3%2012-11-15.pdf.

[53] NIST Interagency/Internal Report 7628: Guidelines for Smart Grid Cybersecurity[S/OL].[2014-07-11]. https://nvlpubs.nist.gov/nistpubs/ir/2014/NIST.IR.7628r1.pdf.

[54] NIST SP 800-82 Revision 2: Guide to Industrial Control Systems (ICS) Security[S/OL].[2013-05-14]. https://nvlpubs.nist.gov/nistpubs/specialpublications/nist.sp.800-82r2.pdf.

[55] North American Electric Reliability Corporation (NERC) Reliability Guideline: Cyber Intrusion Guide for System Operators[S/OL]. [2013-07-21]. https://www. nerc.com/comm/OC_Reliability_Guidelines_DL/Cyber_Intrusion_Guide_for_System_Operators_approved.pdf.

[56] Industrial Internet Consortium.IoT Security Maturing Model:Description and Intended Use[EB/OL].[2020-05-26].https://www.iiconsortium. org/pdf/SMM_Description_and_Intended_Use_2018-04-09.pdf.

[57] VOLLMER T, MANIC M. Cyber-physical system security with deceptive virtual hosts for industrial control networks[J].IEEE Transactions on Industrial Informatics,2014,10(2): 1337-1347.

[58] PASQUALETTI F, DORFLER F, BULLO F. Control-theoretic methods for cyberphysical security:Geometric principles for optimal cross-layer resilient control systems[J].Control Systems IEEE,2015,35(1):110-127.

[59] HASHIMOTO Y, TOYOSHIMA T, YOGO S, et al. Safe securing approach against cyber attacks for process control system[J]. Computers & Chemical Engineering,2013, 57(20): 181-186.

[60] YUE X, HU C, YAN H, et al.Cloud-assisited industrial cyber-physical systems: An insight[J]. Microprocessors&Microsystems, 2015,39(8): 1262-1270.

[61] LAKHINA A, CROVELLA M, DIOT C. Mining anomalies using traffic feature distributions[C]. Proceedings of ACM SIGCOMM Computer Communication Review，US Pennsylvania, 2005.

[62] MARKMAN C, WOOL A, CARDENAS A A. A new burst-DFA model for SCADA anomaly detection[C]. Proceedings of Proceedings of the 2017 Workshop on Cyber-physical Systems Security and Privacy, US Dallas,Texas, 2017.